Methoden der Regelungs- und Automatisierungstechnik

Herausgegeben von
Otto Föllinger, Hans Sartorius und Volker Krebs

Nichtlineare Regelungen II

Harmonische Balance
Popow- und Kreiskriterium
Hyperstabilität
Synthese im Zustandsraum

von
Professor em. Dr. rer. nat. Dr.-Ing. E. h. Otto Föllinger
Universität Karlsruhe

7., überarbeitete und erweitere Auflage

Mit 207 Bildern und
18 Übungsaufgaben mit Lösungen

R. Oldenbourg Verlag München Wien 1993

Die Deutsche Bibliothek — CIP-Einheitsaufnahme

Föllinger, Otto:
Nichtlineare Regelungen / von Otto Föllinger. – München ;
Wien : Oldenbourg.
  (Methoden der Regelungs- und Automatisierungstechnik)

2. Harmonische Balance, Popow- und Kreiskriterium,
  Hyperstabilität, Synthese im Zustandsraum : mit 18
  Übungsaufgaben mit Lösungen. – 7., überarb. und erw. Aufl. –
  1993
  ISBN 3-486-22503-0

© 1993 R. Oldenbourg Verlag GmbH, München

Druck: Grafik + Druck, München
Bindung: R. Oldenbourg Graphische Betriebe GmbH, München

ISBN 3-486-22503-0

Inhaltsverzeichnis

Band II

4 Harmonische Balance (Harmonische Linearisierung, Methode der Beschreibungsfunktion)

In den beiden vorangegangenen Kapiteln über die Anwendung der Zustandsebene und die Direkte Methode wurden die Regelungen im Zustandsraum und damit im Zeitbereich behandelt. Im Mittelpunkt stand dabei die Analyse und Verbesserung des Stabilitätsverhaltens von Ruhelagen sowie die Erzeugung günstiger Zeitvorgänge beim Übergang eines Systems von einer Ruhelage in eine andere.

Wir wollen nunmehr unsere Sichtweise verändern und statt des Stabilitätsverhaltens der Ruhelage ein anderes Phänomen zum Gegenstand der Betrachtung machen, das uns bereits im Kapitel 1 als charakteristische Erscheinung in nichtlinearen Systemen aufgefallen ist: das Auftreten von *Dauerschwingungen,* wobei hierunter beliebige periodische Zeitvorgänge verstanden sind.

Nichts liegt näher als der Versuch, sie in Fourierreihen zu entwickeln und durch geeignete Vernachlässigungen zu einer übersichtlichen Beschreibung zu gelangen, um so tieferen Einblick in die Eigenschaften der Dauerschwingungen zu gewinnen. Auf diese Weise erhält man den Begriff der *Beschreibungsfunktion,* der Ähnlichkeit mit dem Begriff des Frequenzgangs linearer Systeme aufweist und unter gewissen Voraussetzungen das Verhalten einer Nichtlinearität zu beschreiben vermag. Mit der Einführung dieser Beschreibung verläßt man den Zeitbereich und geht in den Frequenzbereich über. In ihm werden wir uns in diesem Kapitel bewegen.

Die *Methode der Beschreibungsfunktion,* aus Gründen, die wir bald kennenlernen werden, auch *Harmonische Balance* oder *Harmonische Linearisierung* genannt, besitzt zwar nicht die Anschaulichkeit der Betrachtung in der Zustandsebene, kommt aber – wie schon die vorangegangene grundsätzliche Charakterisierung andeutet – den Vorstellungen des Ingenieurs in anderer Weise entgegen. In der Tat handelt es sich um eine leicht zu handhabende und dabei sehr wirkungsvolle Methode. Allerdings ist sie nicht vom gleichen Exaktheitsgrad wie die Betrachtungen in der Zustandsebene oder die Direkte Methode, jedenfalls dann nicht, wenn man ihr die Leichtigkeit der Handhabung erhalten und sie nicht durch einschränkende Bedingungen beengen will. Mit einem Wort: Sie ist eine leistungsfähige *Ingenieur*methode, und als solche wollen wir sie hier auch behandeln (und nicht versuchen, aus ihr eine mathematische Theorie zu machen).

4.1   Einführung der Beschreibungsfunktion und die Gleichung der Harmonischen Balance

Es sollen die Dauerschwingungen des nichtlinearen Standardregelkreises im Bild 4/1 ermittelt werden. Dazu nimmt man an, daß sich der Regelkreis im *Zustand des Schwingungsgleichgewichts* befindet. Das heißt: Jede der zeitveränderlichen Größen e, u und x der Regelung führt eine Dauerschwingung aus, wobei die Dauerschwingung am Eingang des Kennliniengliedes gerade eine derartige Dauerschwingung an dessen Ausgang erzeugt, daß diese wiederum am Ausgang des linearen Teilsystems bis auf das Vorzeichen die ursprüngliche Dauerschwingung hervorbringt. Unter gewissen Voraussetzungen kann man die Dauerschwingungen durch harmonische Schwingungen annähern. Da auf diesen Vorstellungen die näherungsweise Bestimmung der Dauerschwingungen beruht, wird das Verfahren nach *N. M. Krylow* und *N. N. Bogoljubow* durch die Benennung „Harmonische Balance" treffend charakterisiert[1]).

Wie ein solcher Zustand des Schwingungsgleichgewichts entsteht, wird beim Verfahren der Harmonischen Balance nicht untersucht, er wird vielmehr als gegeben angenommen. Die Methode zielt darauf, Amplitude und Frequenz der Schwingung näherungsweise zu ermitteln und dabei auch Bedingungen anzugeben, wann eine solche Schwingung überhaupt auftreten kann.

Wir wollen zunächst die Voraussetzungen zusammenstellen, die neben der Grundvoraussetzung des vorhandenen Schwingungsgleichgewichts für die Herleitung des Verfahrens erforderlich sind.

(I)   Annahmen über das lineare Teilsystem.

(L1) $L(s) = R(s)e^{-T_t s}$ mit einer rationalen Funktion $R(s) = Z(s)/N(s)$, $T_t \geq 0$ und $L(0) > 0$ (letzteres, damit keine Mitkopplung vorliegt).

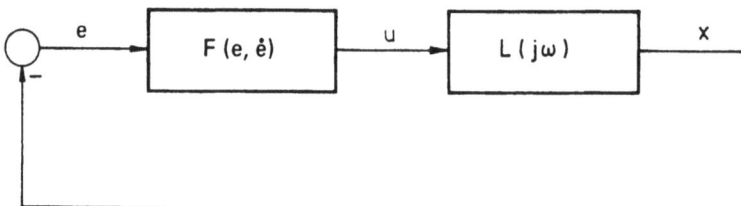

Bild 4/1   Nichtlinearer Standardregelkreis

---

[1]) *N. M. Krylow – N. N. Bogoljubow:* Einführung in die nichtlineare Mechanik. Kiew, 1937 (russisch). Englische Übersetzung: Princeton University Press, 1947.

(L2) Pole von R(s) links der j-Achse gelegen, mit etwaiger Ausnahme eines einfachen Pols in s = 0 (I-Glied im linearen Teilsystem).

(L3) Der Frequenzgang L(jω) des linearen Teilsystems besitzt genügend starken Tiefpaßcharakter, d.h. |L(jω)| fällt mit wachsendem ω genügend stark. Das ist sicher der Fall, wenn Grad Z ≤ Grad N - 2 ist. Nimmt man bei der späteren Approximation größere Abweichungen in Kauf, so kann manchmal schon der Gradunterschied 1 ausreichen.

(II) Annahmen über die Nichtlinearität F(e,ė).

(N1) F(e,ė) ist symmetrisch zum Ursprung, d.h. F(-e,-ė) = -F(e,ė). Das bedeutet bei einer eindeutigen Kennlinie, daß sie ungerade ist, bei einer Hysteresekennlinie, daß sie durch Spiegelung am Ursprung in sich übergeht.

(N2) Die Kennlinie F(e) bzw. die beiden Äste $F_u(e)$, $F_o(e)$ einer Hysteresekennlinie sind monoton steigend („enthalten keine Wellen").

Als wichtigste Eigenschaften in (I) und (II) sind der Tiefpaßcharakter des linearen Teilsystems und die Ursprungssymmetrie der Nichtlinearität anzusehen. Erstere darf man bei realistischen Systemen fast stets voraussetzen, letztere war bei allen bisher von uns betrachteten Kennlinien vorhanden.

Es wird sich zeigen, daß wir noch eine weitere Voraussetzung benötigen, die sich auf die Dauerschwingungen selbst bezieht:

(III) Die Frequenz $ω_p$ der Dauerschwingung liegt im Bereich der Knickfrequenzen $1/T_1$, $1/T_2$, ... des linearen Teilsystems.

Bild 4/2 zeigt die Betragskennlinie des linearen Teilsystems mit diesen Knickfrequenzen und veranschaulicht so, daß die Frequenz der Dauerschwingung auf

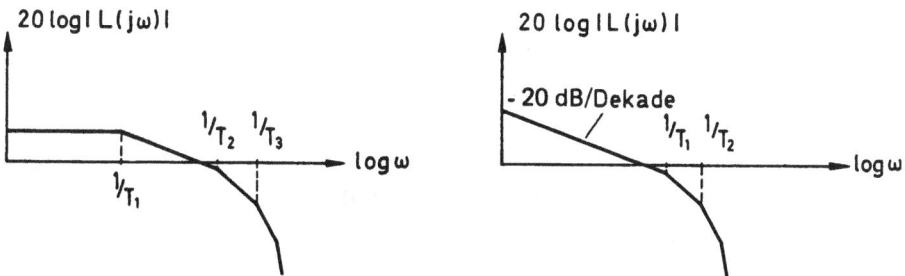

Bild 4/2   Betragskennlinie von L(jω) bei Proportional- und Integralverhalten des linearen Teilsystems

dem genügend abschüssigen Teil der Betragskennlinie liegen soll. Warum das verlangt wird und wie diese Bedingung zu überprüfen ist, wird alsbald klar werden.

Im Zustand des Schwingungsgleichgewichts sind die zeitveränderlichen Größen u, x und e = −x periodische Funktionen und können deshalb in Fourierreihen entwickelt werden. Bezeichnet man ihre − noch unbekannte − Frequenz mit ω_p, so gilt für u die Reihenentwicklung

$$
\begin{aligned}
u(t) &= b_0 + \sum_{\nu=1}^{\infty} (a_\nu \sin \nu\omega_p t + b_\nu \cos \nu\omega_p t) = \\
&= b_0 + \sum_{\nu=1}^{\infty} C_\nu \sin(\nu\omega_p t + \varphi_\nu) .
\end{aligned}
\tag{4.1}
$$

Unter den von uns gemachten Annahmen ist der Gleichterm $b_0 = 0$. Dafür entscheidend ist die Voraussetzung (N1), also die Symmetrie der Kennlinie zum Ursprung. In der Tat erscheint es plausibel, daß eine zum Ursprung symmetrische Kennlinie eine zur t−Achse symmetrische Ausgangsgröße produzieren wird. Doch reicht allein die Voraussetzung (N1) hierfür nicht aus, vielmehr sind auch unsere anderen Voraussetzungen erforderlich, besonders (N2). Doch wollen wir hierauf nicht weiter eingehen [2].

Da im Schwingungsgleichgewicht der eingeschwungene Zustand vorliegt, erzeugt jede Einzelschwingung in u(t) beim Durchlaufen des linearen Teilsystems wiederum eine Sinusschwingung. Daher ist

$$
x(t) = \sum_{\nu=1}^{\infty} |L(j\nu\omega_p)| C_\nu \sin\left[\nu\omega_p t + \varphi_\nu + \underline{/L(j\nu\omega_p)} \right] ,
\tag{4.2}
$$

wobei also $|L(j\omega)|$ der Betrag und $\underline{/L(j\omega)}$ das Argument des Frequenzganges $L(j\omega)$ ist. Nach der Voraussetzung (L3) stellt das lineare Teilsystem einen kräftigen Tiefpaß dar, der Betrag $|L(j\omega)|$ nimmt also mit wachsendem ω schnell ab, wie dies im Bild 4/2 skizziert wurde. Daher werden die Terme der Fourierentwicklung (4.2) mit wachsendem Index ν dem Betrage nach rasch kleiner. Man wird deshalb in (4.2) die Oberschwingungen ($\nu > 1$) gegenüber der Grundschwin-

[2]) Für den Beweis siehe *O. Föllinger − M. Pandit:* Anwendung der Harmonischen Balance beim Vorhandensein von Gleichtermen. Regelungstechnik 20 (1972), S. 237−246, und zwar S. 239.

gung ($\nu = 1$) vernachlässigen dürfen, so daß x(t) annähernd durch eine Sinusschwingung dargestellt wird.

Um allerdings sämtliche Oberschwingungen vernachlässigen zu können, muß
man voraussetzen, daß nicht etwa die im Bild 4/3 skizzierte Situation vorliegt,
bei der die Grundschwingung und mindestens noch eine Oberschwingung beim
Durchlaufen des linearen Teilsystems mit dem gleichen Betragsfaktor versehen
werden. Dies wird durch unsere Voraussetzung (III) ausgeschlossen, daß ω_p auf
dem abschüssigen Teil der Betragskennlinie liegen soll.

Allerdings kann man diese Voraussetzung erst überprüfen, nachdem man ω_p ge-
funden hat. Man wendet also das im folgenden hergeleitete Verfahren an und berechnet ω_p. Danach verifiziert man die Annahme (III). In der Praxis wird man
sich dies normalerweise schenken. Treten aber bei der Anwendung der Harmonischen Balance Ungereimtheiten oder Widersprüche auf, so ist (III) unbedingt
nachzuprüfen. Nicht selten beruhen sie auf der Nichtbeachtung der Voraussetzung (III), wofür im Unterabschnitt 4.4.4 ein Beispiel gebracht wird. Wie die
folgenden Betrachtungen zeigen werden, steht und fällt die Harmonische Balance (in der hier gebrachten normalen Form) mit der Tatsache, daß die Eingangsgröße der Nichtlinearität hinreichend sinusförmig ist. Das ist aber gewiß nicht
mehr der Fall, wenn die Voraussetzung (III) verletzt wird.

Gelten jedoch die Voraussetzungen (I) bis (III), so wirkt die Eingangsgröße u(t)
des linearen Teilsystems so, als ob sie nur aus ihrem ersten Teil bestände, da die
Wirkungen der übrigen Terme ja vernachlässigt werden können. Obwohl also die
höheren Summanden in u(t) durchaus vorhanden sind und keineswegs vernach-
lässigbar sein müssen, darf man sie bei der Betrachtung des Schwingungsgleichgewichts ignorieren, da sie sich im geschlossenen Kreis nicht auswirken. Mithin
darf man u durch die harmonische Schwingung

$$u_1 = a_1 \sin \omega_p t + b_1 \cos \omega_p t = C_1 \sin(\omega_p t + \varphi_1) \tag{4.3}$$

ersetzen.

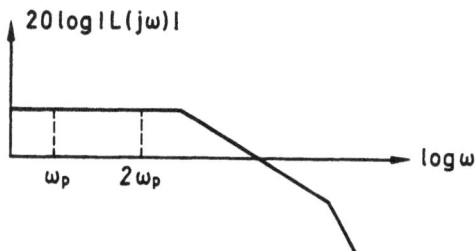

Bild 4/3
Unerwünschte Lage der Frequenz ω_p
der Dauerschwingung

Weiterhin darf man mit x auch e = -x als reine Sinusschwingung ansehen und kann infolgedessen

$$e = A_p \sin\omega_p t \qquad (4.4)$$

schreiben. Dabei ist die Phasenkonstante gleich Null gesetzt, was man bei *einer* der im Regelkreis auftretenden Sinusschwingungen annehmen darf. Die Amplitude A_p der Dauerschwingung ist vorläufig noch unbekannt.

Läßt man in den Beziehungen (4.3) und (4.4) der Einfachheit halber den Index p nunmehr weg, so erhält man das Bild 4/4 als Darstellung des Regelkreises im Schwingungsgleichgewicht. Dabei handelt es sich um eine Näherung, bei der die periodischen Zeitvorgänge durch ihre Grundschwingungen ersetzt sind.

Wie man sieht, stellt der zum Bild 4/4 führende Gedankengang keine strenge Schlußweise dar. Bei der Anwendung der Harmonischen Balance ist daher eine gewisse Vorsicht geboten, um Irrtümer in Grenzfällen zu vermeiden. Bei den üblicherweise in technischen Systemen auftretenden linearen Teilsystemen und Nichtlinearitäten sind Schwierigkeiten jedoch nicht zu erwarten.

Wie man aus Bild 4/4 abliest, besteht die Wirkung des Kennliniengliedes im Schwingungsgleichgewicht darin, aus der Eingangsgröße

$$e = A\sin\omega t$$

die Ausgangsgröße

$$u_1 = a_1 \sin\omega t + b_1 \cos\omega t = C_1 \sin(\omega t + \varphi_1) \qquad (4.5)$$

zu machen, also aus einer Sinusschwingung wiederum eine Sinusschwingung der gleichen Frequenz, nur mit anderer Amplitude und Phase, zu erzeugen. Das ist aber ein Verhalten, das von den linearen Übertragungsgliedern her ganz geläufig

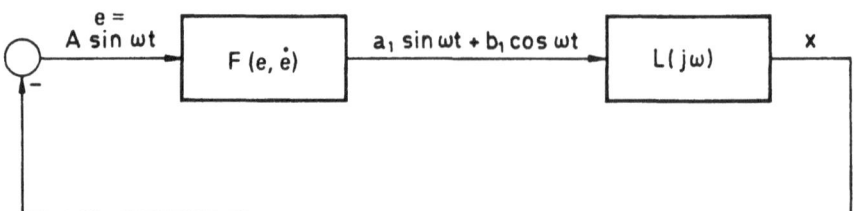

Bild 4/4   Nichtlinearer Regelkreis im Zustand der Harmonischen Balance

ist. Nichts liegt daher näher, als das Übertragungsverhalten des Kennliniengliedes genau so wie bei ihnen zu beschreiben. Man geht von den Sinusschwingungen zu den Zeigerdarstellungen[3])

$$\tilde{e} = A e^{j\omega t}$$

und

$$\tilde{u}_1 = C_1 e^{j(\omega t + \varphi_1)}$$

über und bildet deren Quotienten:

$$\frac{\tilde{u}_1}{\tilde{e}} = \frac{C_1}{A} e^{j\varphi_1} = \frac{C_1 \cos\varphi_1}{A} + j\frac{C_1 \sin\varphi_1}{A}.$$

Da aus (4.5)

$$C_1 \cos\varphi_1 = a_1, \quad C_1 \sin\varphi_1 = b_1$$

folgt, kann man auch

$$\frac{\tilde{u}_1}{\tilde{e}} = \frac{a_1}{A} + j\frac{b_1}{A}$$

schreiben. Bei den linearen Übertragungsgliedern ist der Quotient $\tilde{u}_1/\tilde{e}$ der *Frequenzgang*. Man hat also in dem zuletzt gebildeten Ausdruck eine Art *Ersatzfrequenzgang des Kennliniengliedes* vor sich. Er wird – leider sehr farblos – als dessen *Beschreibungsfunktion* bezeichnet (in der russischen Literatur: äquivalenter komplexer Verstärkungsfaktor).

In

$$N = \frac{a_1}{A} + j\frac{b_1}{A} \tag{4.6}$$

---

[3]) Unter der Zeigerdarstellung einer harmonischen Schwingung $z = A\sin(\omega t + \varphi)$ versteht man die komplexwertige e-Funktion $\tilde{z} = A e^{j(\omega t + \varphi)}$.

sind a_1 und b_1 gemäß (4.1) die ersten Fourierkoeffizienten der Funktion u(t). Bezeichnet man die zur Dauerschwingungsfrequenz ω gehörige Periode $2\pi/\omega$ mit τ, so ist

$$a_1 = \frac{2}{\tau} \int_0^\tau u(t)\sin\omega t \, dt \, , \qquad b_1 = \frac{2}{\tau} \int_0^\tau u(t)\cos\omega t \, dt \, .$$

Führt man an der Stelle von t die neue Integrationsvariable $\omega t = v$ ein, so wird wegen $dt = (1/\omega)dv$ und $\omega\tau = 2\pi$:

$$a_1 = \frac{1}{\pi} \int_0^{2\pi} u\left[\frac{v}{\omega}\right]\sin v \, dv \, , \qquad b_1 = \frac{1}{\pi} \int_0^{2\pi} u\left[\frac{v}{\omega}\right]\cos v \, dv \, .$$

Damit wird

$$N = \frac{1}{\pi A} \int_0^{2\pi} u\left[\frac{v}{\omega}\right]\sin v \, dv + j\frac{1}{\pi A} \int_0^{2\pi} u\left[\frac{v}{\omega}\right]\cos v \, dv \, . \qquad (4.7)$$

Hierin ist $u\left[\frac{v}{\omega}\right]$ nichts weiter als die Ausgangsgröße u des Kennliniengliedes, nur als Funktion von $v = \omega t$ ausgedrückt.

Berücksichtigt man, daß im Schwingungsgleichgewicht

$$u(t) = F(e,\dot{e}) = F(A\sin\omega t, \omega A\cos\omega t) \, ,$$

also

$$u\left[\frac{v}{\omega}\right] = F(A\sin v, \omega A\cos v)$$

gilt, so kann man für (4.7) auch schreiben:

$$N = \frac{1}{\pi A} \int_0^{2\pi} F(A\sin v, \omega A\cos v)\sin v \, dv +$$

$$+ j\frac{1}{\pi A} \int_0^{2\pi} F(A\sin v, \omega A\cos v)\cos v \, dv \, . \qquad (4.8)$$

Da F bekannt ist, hat man hiermit eine Formel zur Berechnung der Beschreibungsfunktion N.

Die Beschreibungsfunktion hängt also im allgemeinen von A und ω ab. Für die im vorhergehenden betrachtete Klasse von Kennlinien ist aber die Abhängigkeit von ω nur eine scheinbare. Ist nämlich die nichtlineare Kennlinie eindeutig, so ist F eine Funktion von e = A sin v allein, so daß ω im Integranden von vornherein gar nicht vorkommt. Liegt eine Hysteresekennlinie vor, so hängt sie zwar von $\dot{e}$ = Aωcos v ab, jedoch in sehr spezieller Weise über die Vorzeichenfunktion sgn $\dot{e}$ = sgn(Aωcos v) . Da ω und auch A gewiß als $\geq$ 0 vorausgesetzt werden dürfen, wird die Vorzeichenfunktion durch sie nicht beeinflußt, und so wird sgn $\dot{e}$ = sgn cos v . Das heißt: Auch bei mehrdeutigen Kennlinien ist die Beschreibungsfunktion von der Frequenz ω unabhängig. Sie ist somit eine Funktion von A allein:

$$N(A) = R(A) + j I(A) \tag{4.9}$$

mit

$$R(A) = \frac{1}{\pi A} \int_0^{2\pi} u\left[\frac{v}{\omega}\right] \sin v \, dv = \frac{1}{\pi A} \int_0^{2\pi} F(A \sin v, \omega A \cos v) \sin v \, dv \, , \tag{4.10}$$

$$I(A) = \frac{1}{\pi A} \int_0^{2\pi} u\left[\frac{v}{\omega}\right] \cos v \, dv = \frac{1}{\pi A} \int_0^{2\pi} F(A \sin v, \omega A \cos v) \cos v \, dv \, . \tag{4.11}$$

Ausdrücklich sei bemerkt, daß bei komplizierteren Nichtlinearitäten, in denen die Kennlinien mit Differentialgleichungsgliedern verquickt sind, die Beschreibungsfunktion auch von ω abhängen kann (siehe Abschnitt 4.11).

Aus der Herleitung der Beschreibungsfunktion geht hervor, daß sie für das Kennlinienglied die gleiche Rolle spielt wie der Frequenzgang für ein lineares Übertragungsglied. Da also durch die Einführung der Beschreibungsfunktion das nichtlineare Glied ganz entsprechend wie ein lineares Übertragungsglied beschrieben wird, spricht man auch von *Harmonischer Linearisierung,* harmonisch deshalb, weil es sich um die Reaktion des nichtlinearen Gliedes auf die Aufschaltung von harmonischen Schwingungen handelt. Selbstverständlich ist diese Art der „Linearisierung" nicht identisch mit der „Linearisierung um einen Arbeitspunkt". Dort wird eine Kennlinie durch die Tangente im Arbeitspunkt ersetzt, was nur dann zulässig ist, wenn die Abweichungen vom Arbeitspunkt genügend klein sind. Irgendeine derartige Voraussetzung wird bei der Beschreibungsfunktion nicht gemacht; hier wird vielmehr das unveränderte nichtlineare System untersucht.

Wenngleich die *Beschreibungsfunktion* eine dem Frequenzgang analoge Begriffsbildung ist, so sind doch die *Unterschiede gegenüber dem Frequenzgang* eines linearen Übertragungsgliedes tiefgehend. Während der lineare Frequenzgang allein von der Frequenz ω abhängt, aber nicht von der Amplitude A der Eingangsschwingung, ist bei der Beschreibungsfunktion gerade die Amplitude A die wesentliche unabhängige Variable. Das muß auch so sein, wenn man wirklich etwas von den Eigenschaften der Nichtlinearität erfassen will, denn die Unabhängigkeit von der Amplitude ist eine unmittelbare Folge der linearen Grundgesetze, insbesondere des Verstärkungsprinzips, und kann daher bei einer Nichtlinearität gar nicht erhalten bleiben. Daß die Beschreibungsfunktion hingegen bei den von uns betrachteten Kennlinien nicht von ω abhängt, ist demgegenüber von sekundärer Bedeutung und rührt von der Trennung in (im wesentlichen) statische Nichtlinearitäten und dynamische lineare Glieder her.

Noch in einem weiteren Punkt besteht ein erheblicher Unterschied zwischen der Beschreibungsfunktion und dem linearen Frequenzgang. Der letztere wird zunächst durch die Reaktion des Übertragungungsgliedes auf die Aufschaltung von Sinusschwingungen definiert – jedenfalls ist das die in der Regelungstechnik meist übliche Einführung des Frequenzganges. Aber durch seinen unmittelbaren Zusammenhang mit der komplexen Übertragungsfunktion – stellt er doch deren analytische Fortsetzung auf die imaginäre Achse dar – kann er zur Beschreibung des gesamten Übertragungsverhaltens dienen. Insbesondere kann man aus ihm auch die Antwort des linearen Übertragungsgliedes auf andere Eingangsgrößen als Sinusschwingungen berechnen. Eine derartig allgemeine Bedeutung besitzt die Beschreibungsfunktion für das Kennlinienglied nicht. Sie beschreibt dessen Verhalten nur im Zustand des Schwingungsgleichgewichts und aus Stetigkeitsgründen überdies noch in Nachbarzuständen, also bei auf- und abklingenden Schwingungen, die eventuell aus der Dauerschwingung entstehen. Es ist jedoch beispielsweise sinnlos, die Beschreibungsfunktion zu benutzen, um die Antwort des nichtlinearen Regelkreises auf den Einheitssprung zu ermitteln.

Im Zustand der Harmonischen Balance aber gilt für das Kennlinienglied die Gleichung

$$\bar{u}_1 = N(A)\bar{e} , \qquad (4.12)$$

wobei $\tilde{e} = Ae^{j\omega t}$ und $\tilde{u}_1 = C_1 e^{j(\omega t + \varphi_1)}$ die Grundschwingung von Ein- und Ausgangsgröße in Zeigerdarstellung sind. Für ein lineares Übertragungsglied mit der Eingangsgröße x_e, der Ausgangsgröße x_a und dem Frequenzgang $G(j\omega)$ gilt bei Aufschaltung einer Sinusschwingung im stationären Schwingungszustand die völlig entsprechende Gleichung

$$\tilde{x}_a = G(j\omega)\tilde{x}_e$$

mit den Zeigerdarstellungen $\tilde{x}_e$ und $\tilde{x}_a$ von Ein- und Ausgangsgröße. Diese Übereinstimmung in den Zeigergleichungen zwischen Nichtlinearität und linearem Übertragungsglied ist entscheidend dafür, daß die Behandlung nichtlinearer Systeme durch die Beschreibungsfunktion ganz wesentlich vereinfacht wird: Man kann nun mit Nichtlinearitäten und linearen Gliedern in der gleichen einfachen Weise umgehen. Aber, um es nochmals zu sagen: Das gilt nur im Zustand des Schwingungsgleichgewicht (und Nachbarzuständen).

Für das lineare Teilsystem gilt nach Bild 4/4 wegen $x = -e$

$$-\tilde{e} = L(j\omega)\tilde{u}_1 , \tag{4.13}$$

wo $L(j\omega)$ der lineare Frequenzgang ist. Setzt man (4.12) in (4.13) ein, so erhält man

$$-\tilde{e} = L(j\omega)N(A)\tilde{e}$$

oder

$$[L(j\omega)N(A) + 1]\tilde{e} = 0 .$$

Da dies für alle t gelten soll, muß

$$L(j\omega)N(A) + 1 = 0 \tag{4.14}$$

sein.

Wenn also in dem nichtlinearen Regelkreis eine Dauerschwingung existiert und wenn man sie durch ihre Grundschwingung approximiert, so erfüllen Amplitude A und Frequenz ω die Gleichung (4.14). Sie stellt die *charakteristische Gleichung der nichtlinearen Regelung* dar und sei die *Gleichung der Harmonischen Balance* genannt. Es handelt sich bei ihr um eine komplexe Gleichung, die somit zwei reellen Gleichungen entspricht. Aus ihnen hat man die Unbekannten A und ω zu bestimmen.

Bevor man an die Lösung der Gleichung der Harmonischen Balance herangeht, wird es gut sein, sich eine Vorstellung vom Aussehen der Beschreibungsfunktion zu verschaffen. Dazu sollen für die wichtigsten in Abschnitt 1.3 besprochenen Kennlinien die Beschreibungsfunktionen berechnet werden.

4.2 Berechnung der Beschreibungsfunktion

Als erste nichtlineare Kennlinie möge die allgemeine Relaiskennlinie in Bild 4/5 betrachtet werden, die dem *Dreipunktglied mit Hysterese* entspricht. Sie enthält mehrere andere Relaiskennlinien als Spezialfälle:

a) Für q=1 ergibt sich das *Dreipunktglied*, da alsdann qa mit a und –qa mit –a zusammenfällt.

b) Für q = 1 und a = 0 wird aus dem Dreipunktglied das *Zweipunktglied*.

c) Setzt man q = –1 , so fällt qa mit –a und umgekehrt –qa mit +a zusammen. Dadurch ergibt sich die Kennlinie des *Zweipunktgliedes mit Hysterese*.

Auf die allgemeine Relaiskennlinie wird nun als Eingangsgröße

$$e = A\sin\omega t = A\sin v , \qquad 0 \leq v \leq 2\pi ,$$

gegeben. Da das Verhalten des Systems im Zustand der Harmonischen Balance interessiert, darf man annehmen, daß der Parameter A > a ist. Denn andernfalls kommt keine Schwingung der Ausgangsgröße u zustande.

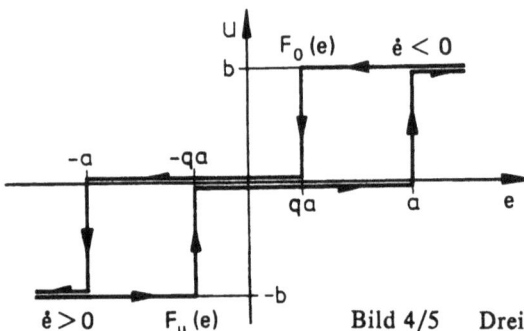

Bild 4/5   Dreipunktkennlinie mit Hysterese

Während $v = \omega t$ von 0 ab läuft, durchquert $e = A\sin v$ zunächst das Stück von 0 bis a auf der e–Achse, so daß u = 0 ist. Bei e = a, wenn also $A\sin v = a$ geworden ist, springt u auf den Wert b um und bleibt dort auf dem oberen Ast, bis e nach Durchlaufen seines Maximums A bei $v = \pi/2$ abnehmend die Stelle qa erreicht. Dies ist der Fall für $A\sin v = qa$. Darauf bleibt u wiederum Null, bis e = 0, also $v = \pi$ wird. Während v nun das Intervall von π bis 2π durchläuft, wiederholt sich der ganze Vorgang, nur daß u entgegengesetztes Vorzeichen hat.

Man erhält so das Bild 4/6. Darin ist v_a durch die Gleichung $A\sin v = a$, also $\sin v_a = a/A$ gegeben, wobei $0 \le v_a \le \pi/2$ gelten muß. Entsprechend ist v_{qa} durch $A\sin v = qa$, also $\sin v_{qa} = qa/A$ bestimmt, und zwar mit $\pi/2 \le v_{qa} \le \pi$.

Aus Bild 4/6 ersieht man unmittelbar, daß das Produkt $u\sin v = F(A\sin v, A\omega\cos v)\sin v$, also der Integrand von R(A) in (4.10), periodisch mit π ist. Daher ist nach (4.10)

$$R = \frac{1}{\pi A} \cdot 2 \cdot \int_0^\pi u\sin v \, dv .$$

Liest man u aus Bild 4/6 ab, so erhält man hieraus

$$R = \frac{2}{\pi A} \int_{v_a}^{v_{qa}} b\sin v \, dv = \frac{2b}{\pi A} (\cos v_a - \cos v_{qa}) . \tag{4.15}$$

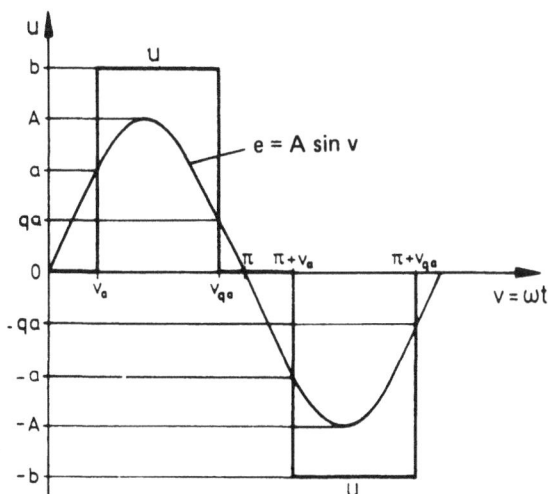

Bild 4/6   Die Ausgangsgröße u des Dreipunktgliedes mit Hysterese zur Eingangsgröße $e = A\sin v$

Wegen $\sin v_a = \dfrac{a}{A}$ ist

$$\cos v_a = \sqrt{1 - \sin^2 v_a} = \sqrt{1 - (a/A)^2} \ .$$

Entsprechendes gilt für $\cos v_{qa}$. Dabei ist nur zu beachten, daß im Gegensatz zu v_a der Wert v_{qa} bereits $\geq \pi/2$ ist und damit der Cosinus ≤ 0 werden muß. Deshalb ist $\cos v_{qa} = -\sqrt{1 - (qa/A)^2}$. Auf diese Weise bekommt man aus (4.15)

$$R(A) = \frac{2b}{\pi A} \left[\sqrt{1 - \left[\frac{a}{A}\right]^2} + \sqrt{1 - q^2 \left[\frac{a}{A}\right]^2} \right] , \quad A \geq a \ . \tag{4.16}$$

Den *Imaginärteil I(A) der Beschreibungsfunktion* kann man in der gleichen Weise berechnen. Man hat lediglich die in Bild 4/6 dargestellte Funktion u(v) mit $\cos v$ statt mit $\sin v$ zu multiplizieren. Es soll jedoch ein anderer Weg eingeschlagen werden, der über die Berechnung der speziellen Beschreibungsfunktion hinaus ein bemerkenswertes allgemeines Ergebnis liefert.

Dazu wird von der Tatsache ausgegangen, daß

$$u = F(e,\dot{e}) = \begin{cases} F_u(e) & \text{für } \dot{e} > 0 \\ F_o(e) & \text{für } \dot{e} < 0 \end{cases}$$

ist (Bild 4/5). Bewegt sich v von 0 bis $\pi/2$, so wächst e von 0 bis zum Maximalwert A, sodaß $u = F_u(e) = F_u(A\sin v)$ ist. Während v von $\pi/2$ bis $3\pi/2$ läuft, nimmt e von A bis $-A$ ab; daher ist jetzt $u = F_o(e) = F_o(A\sin v)$. Bewegt sich schließlich v von $3\pi/2$ bis 2π, so nimmt e wieder von $-A$ bis 0 zu, und infolgedessen hat man $u = F_u(e) = F_u(A\sin v)$ zu setzen. Das Integral (4.11) kann man daher in der folgenden Form aufspalten:

$$I(A) = \frac{1}{\pi A} \left[\int_0^{\pi/2} F_u(A\sin v)\cos v\, dv + \int_{\pi/2}^{3\pi/2} F_o(A\sin v)\cos v\, dv + \int_{3\pi/2}^{2\pi} F_u(A\sin v)\cos v\, dv \right] .$$

Da $e = A\sin v$, ist $de = A\cos v\, dv$, also $\cos v\, dv = 1/A\ de$. Setzt man dies in die letzte Gleichung ein, so erhält man

$$I(A) = \frac{1}{\pi A^2} \left[\int_0^A F_u(e) \, de + \int_A^{-A} F_o(e) \, de + \int_{-A}^0 F_u(e) \, de \right].$$

Daraus folgt weiter

$$I(A) = \frac{1}{\pi A^2} \left[\int_{-A}^A F_u(e) \, de - \int_{-A}^A F_o(e) \, de \right]$$

oder

$$I(A) = -\frac{1}{\pi A^2} \int_{-A}^A \left[F_o(e) - F_u(e) \right] de . \tag{4.17}$$

Ein Blick auf Bild 4/5 lehrt, daß das Integral nichts anderes ist als die von der Kennlinie eingeschlossene Fläche.

Dieses Resultat wurde hergeleitet, ohne irgendeine spezielle Eigenschaft der Relaiskennlinie zu benutzen. Es wird lediglich vorausgesetzt, daß die Hystereseschleife tatsächlich umlaufen wird. Es gilt daher allgemein, ganz gleich, ob es sich um eine Relaiskennlinie, eine andere stückweise lineare Kennlinie oder um eine gekrümmte Kennlinie handelt. Sie darf auch eindeutig sein; dann sind die Funktionen $F_u(e)$ und $F_o(e)$ identisch und die von ihnen eingeschlossene Fläche ist Null.

Man kann das Ergebnis daher in der folgenden Form aussprechen:

Der Imaginärteil I(A) der Beschreibungsfunktion einer Kennlinie ist allgemein durch

$$I(A) = -\frac{S}{\pi A^2}$$

gegeben, wo S die von der Kennlinie umschlossene Fläche ist, so umlaufen, daß sie zur Linken liegt. Ist die Kennlinie insbesondere eindeutig, so ist I(A) = 0, also die Beschreibungsfunktion reell. (4.18)

Bei der allgemeinen Relaiskennlinie ist

$$S = 2(a - qa)b = 2ab(1 - q) ,$$

so daß

$$I(A) = -\frac{2ab(1-q)}{\pi A^2}.$$ (4.19)

Aus den Formeln (4.18) und (4.19) kann man nunmehr durch Spezialisierung die Beschreibungsfunktionen der einzelnen Relaiskennlinien erhalten:

a) *Dreipunktglied*

Für $q = 1$ wird

$$N(A) = \frac{4b}{\pi A}\sqrt{1-\left[\frac{a}{A}\right]^2}, \quad A > a.$$ (4.20)

b) *Zweipunktglied*

Aus (4.20) folgt für $a = 0$

$$N(A) = \frac{4b}{\pi A}, \quad A > 0.$$ (4.21)

c) *Zweipunktglied mit Hysterese*

Setzt man $q = -1$, so wird

$$N(A) = \frac{4b}{\pi A}\sqrt{1-\left[\frac{a}{A}\right]^2} - j\frac{4ab}{\pi A^2}, \quad A > a.$$ (4.22)

Auch für den *Realteil der Beschreibungsfunktion* kann man eine allgemeine Formel herleiten, die entsprechend wie der Ausdruck (4.17) für den Imaginärteil aufgebaut ist:

$$R(A) = \frac{1}{\pi A^2}\int_{-A}^{A}\left[F_o(e) + F_u(e)\right]\frac{e}{\sqrt{A^2-e^2}}\,de.$$ (4.23)

Leider gibt es aber bei ihr keine so schöne geometrische Deutung wie bei der Formel des Imaginärteils! Man kann sie noch etwas vereinfachen. Wegen der Symmetrie der Kennlinie zum Ursprung gilt

$$F_o(-e) = -F_u(e) , \quad F_u(-e) = -F_o(e) .$$

Demgemäß gilt für den Integranden $J(e)$ in (4.23):

$$J(-e) = \left[F_o(-e) + F_u(-e) \right] \frac{(-e)}{\sqrt{A^2 - e^2}} =$$

$$= - \left[F_u(e) + F_o(e) \right] \frac{(-e)}{\sqrt{A^2 - e^2}} = J(e) .$$

$J(e)$ ist also eine gerade Funktion, und deshalb folgt aus (4.23)

$$R(A) = \frac{2}{\pi A^2} \int_0^A \left[F_o(e) + F_u(e) \right] \frac{e}{\sqrt{A^2 - e^2}}\, de . \qquad (4.24)$$

Handelt es sich speziell um eine eindeutige Kennlinie, so ist $F_o(e) = F_u(e) = F(e)$ und (4.24) geht in

$$R(A) = \frac{4}{\pi A^2} \int_0^A F(e) \frac{e}{\sqrt{A^2 - e^2}}\, de \qquad (4.25)$$

über. Sofern das Integral in (4.24) bzw. (4.25) einfach auszuwerten ist, besteht der Vorzug dieser Ausdrücke gegenüber der ursprünglichen Formel (4.10) darin, daß man auf die Ermittlung des Verlaufs von u über der v−Achse verzichten kann, wie sie bei der Bestimmung von $R(A)$ für das Dreipunktglied mit Hysterese durchgeführt wurde.

Als Beispiel für die Anwendung von (4.25) berechnen wir die Beschreibungsfunktion der *Begrenzungskennlinie* (Bild 4/7). Für sie gilt

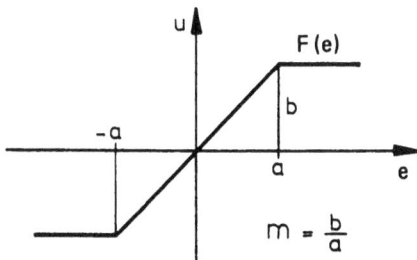

Bild 4/7   Begrenzungskennlinie

$$u = F(e) = \begin{cases} me = \dfrac{b}{a}e \, , \ 0 \le e \le a \, , \\ b \qquad , \ e > a \, . \end{cases}$$

Da sie eine eindeutige Kennlinie ist, gilt $N(A) = R(A)$. Daher ist in $0 \le A \le a$

$$N(A) = \frac{4}{\pi A^2} \int_0^A me \frac{e}{\sqrt{A^2-e^2}} \, de = \frac{4m}{\pi A^2} \left[-\frac{e}{2}\sqrt{A^2-e^2} + \frac{A^2}{2} \arcsin\frac{e}{A} \right]_0^A =$$

$$= \frac{4m}{\pi A^2} \cdot \frac{\pi A^2}{4} = m \, .^{4)}$$

Für $A > a$ ist nach (4.25)

$$N(A) = \frac{4}{\pi A^2} \left\{ \int_0^a me \frac{e}{\sqrt{A^2-e^2}} \, de + \int_a^A b \frac{e}{\sqrt{A^2-e^2}} \, de \right\} =$$

$$= \frac{4m}{\pi A^2} \left[-\frac{e}{2}\sqrt{A^2-e^2} + \frac{A^2}{2}\arcsin\frac{e}{A} \right]_0^a + \frac{4b}{\pi A^2} \left[-\sqrt{A^2-e^2} \right]_a^A \, .$$

Hieraus folgt durch Einsetzen der Grenzen und Zusammenfassen

$$N(A) = \frac{2m}{\pi} \left[\arcsin\frac{a}{A} + \frac{a}{A}\sqrt{1-\left[\frac{a}{A}\right]^2} \right] \, .$$

Insgesamt hat man so als *Beschreibungsfunktion der Begrenzungskennlinie*

$$N(A) = \begin{cases} m \qquad , \ A \le a \\ \dfrac{2m}{\pi} \left[\arcsin\dfrac{a}{A} + \dfrac{a}{A}\sqrt{1-\left[\dfrac{a}{A}\right]^2} \right] , \ A > a \, . \end{cases} \qquad (4.26)$$

Manchmal ist es möglich, eine *Kennlinie durch Addition oder Subtraktion anderer Kennlinien* zu erhalten:

$$F(e) = F_1(e) \pm F_2(e) \, .$$

---

4) Hier wie auch im folgenden ist unter $y = \arcsin x$ der Hauptwert zu verstehen, d.h. der Funktionswert im Intervall $-\frac{\pi}{2} \le y \le \frac{\pi}{2}$. Speziell ist $\arcsin 1 = \frac{\pi}{2}$.

Dann folgt unmittelbar aus der Definition der Beschreibungsfunktion:

$$N(A) = N_1(A) \pm N_2(A) \, .$$

Dies kann die Berechnung der Beschreibungsfunktion $N(A)$ erleichtern.

Als *Beispiel* betrachten wir die *Totzone* (Bild 4/8). Für die Gerade g ist $F(e) =$
me , also mit $e = A\sin v$:

$$N(A) = R(A) = \frac{1}{\pi A} \int\limits_0^{2\pi} mA\sin v \cdot \sin v \, dv = m \, .$$

Für eine Gerade, die ja ebenfalls eine spezielle Kennlinie darstellt und damit
eine Beschreibungsfunktion besitzt, ergibt sich ihr Anstieg m als Beschreibungsfunktion – vernünftigerweise, wird doch jede aufgeschaltete Sinusschwingung
einfach mit m multipliziert.

Benutzt man nun das Ergebnis (4.26), so wird die Beschreibungsfunktion der
Totzone

$$N(A) = m - \begin{cases} m & , A \leq a \, , \\ \dfrac{2m}{\pi} \left[\arcsin\dfrac{a}{A} + \dfrac{a}{A} \sqrt{1 - \left[\dfrac{a}{A}\right]^2} \right] , & A > a \, , \end{cases}$$

also

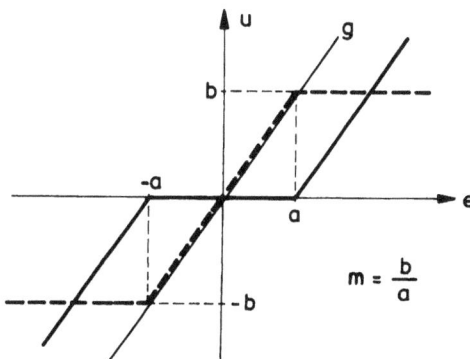

Bild 4/8   Totzone als Differenz von Gerade g und Begrenzungskennlinie (gestrichelt)

$$N(A) = m - \frac{2m}{\pi} \left[\arcsin\frac{a}{A} + \frac{a}{A} \sqrt{1 - \left[\frac{a}{A}\right]^2} \right], A > a , \qquad (4.27)$$

während für $A \leq a$ $N(A) = 0$ ist, da im Bereich der Nullzone $u = 0$ gilt, also keine Dauerschwingung auftritt.

Beschreibungsfunktionen für weitere nichtlineare Kennlinien findet man in den Abschnitten 4.8, 4.10, 4.11 und den Übungsaufgaben sowie in [36, 37], aber auch in anderen Büchern, die nichtlineare Systeme behandeln. Am Schluß dieses Kapitels sind einige Beschreibungsfunktionen zusammengestellt (Abschnitt 4.12).

4.3 Lösung der Gleichung der Harmonischen Balance

Als erstes wird man eine *formelmäßige* Lösung der Gleichung

$$L(j\omega)N(A) + 1 = 0 \qquad (4.28)$$

anstreben, die in der Tat in vielen praktisch wichtigen Fällen ohne Schwierigkeit zu erhalten ist. Dazu ist es angebracht, (4.28) in der Form

$$N(A) = -L^{-1}(j\omega) \qquad (4.29)$$

zu schreiben. Vielfach hat nämlich das lineare Teilsystem reines Verzögerungsverhalten, das heißt, es ist totzeitfrei und der Zähler von $L(j\omega)$ ist eine Konstante. Dann ist $L^{-1}(j\omega)$ ein Polynom in $j\omega$ und keine wirklich gebrochene rationale Funktion, was die weitere Rechnung sehr erleichtert. Auch ein eventuell vorkommender Totzeitfaktor $e^{-T_t j\omega}$ in $L(j\omega)$ stört dabei nicht, da er lediglich in $e^{+T_t j\omega}$ übergeht, was rechnerisch gegenüber $e^{-T_t j\omega}$ keine zusätzlichen Schwierigkeiten macht.

Geht man in (4.29) zum Real- und Imaginärteil über, so erhält man

$$\text{Re}\, N(A) = -\text{Re}\, L^{-1}(j\omega) , \qquad (4.30)$$

$$\text{Im}\, N(A) = -\text{Im}\, L^{-1}(j\omega) . \qquad (4.31)$$

Damit hat man ein *System von zwei reellen Gleichungen zur Ermittlung der beiden Unbekannten A und ω*, die als Amplitude und Frequenz einer Dauerschwingung reell und ≥ 0 sind.

Handelt es sich speziell um eine eindeutige Kennlinie, so nimmt das Gleichungssystem eine einfachere Form an. Da alsdann nach (4.18) die Beschreibungsfunktion N(A) reell ist, wird ihr Imaginärteil Null, und es ergibt sich

$$\operatorname{Im} L^{-1}(j\omega) = 0 , \tag{4.32}$$

$$\operatorname{Re} N(A) = -\operatorname{Re} L^{-1}(j\omega) . \tag{4.33}$$

Die Lösung des Gleichungssystems reduziert sich hier auf die Lösung zweier getrennter Gleichungen. Man bestimmt zunächst aus (4.32) die Wurzeln ω. Setzt man sie in die rechte Seite von (4.33) ein, so hat man eine Gleichung für A allein.

In komplizierteren Fällen, etwa bei hoher Ordnung des linearen Teilsystems oder bei schwierigeren Kennlinien, kann es unmöglich oder doch zu mühselig sein, zu einer formelmäßigen Lösung zu gelangen. Dann kann man zur numerischen Lösung der Gleichungen übergehen, worüber nichts Spezielles gesagt zu werden braucht. Man kann aber auch versuchen, auf geometrischem Weg weiter zu kommen. Dazu ist es angebracht, die Gleichung der Harmonischen Balance anders umzuformen als bei der formelmäßigen Lösung, sie nämlich in der Gestalt

$$L(j\omega) = -\frac{1}{N(A)} \tag{4.34}$$

zu schreiben. Dann stellt

$$z = L(j\omega) \tag{4.35}$$

die gewöhnliche *lineare Ortskurve* dar, deren Aussehen und Verhalten bei Parameteränderungen dem Regelungstechniker von den linearen Systemen her vertraut ist. Durch die Funktion

$$z = N_J(A) = -\frac{1}{N(A)} , \tag{4.36}$$

also die negative inverse Beschreibungsfunktion, wird jedem Parameterwert A eine eindeutig bestimmte komplexe Zahl z zugeordnet. Deutet man sie ebenfalls als Punkt der komplexen z–Ebene, der „Ortskurvenebene", so stellt (4.36) für den laufenden Parameter A eine zweite Ortskurve dar, die für das Kennlinienglied charakteristisch ist. Sie sei als *nichtlineare Ortskurve* bezeichnet. Die Gleichung (4.34), also die umgeschriebene Gleichung der Harmonischen Balance, besagt alsdann:

Man erhält die Amplituden A und Frequenzen ω der Dauerschwingungen des nichtlinearen Regelkreises, wenn man die Schnittpunkte der linearen und der nichtlinearen Ortskurve ermittelt und die zugehörigen Parameterwerte A und ω feststellt. (4.37)

Das ist im Bild 4/9 skizziert. Diese geometrische Methode zur Lösung der Gleichung der Harmonischen Balance bezeichnet man als *Zwei- Ortskurven- Verfahren.* Es geht auf *W. Oppelt* zurück und wurde unabhängig davon auch von *Tustin, Kochenburger* und *Goldfarb* angegeben [5]).

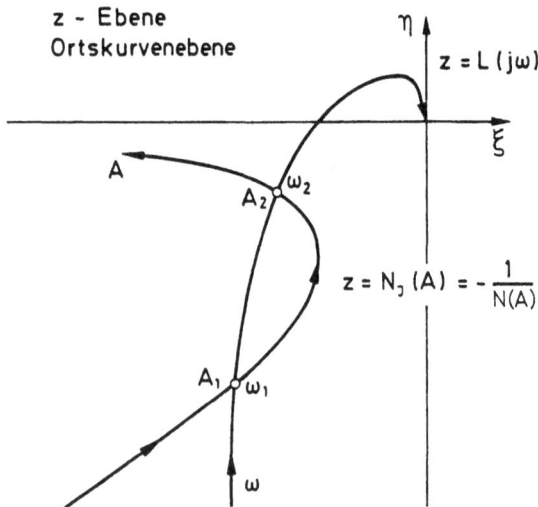

Bild 4/9   Zwei-Ortskurven-Verfahren

[5]) *W. Oppelt:* Über die Stabilität unstetiger Regelvorgänge. Elektrotechnik 2(1948), S. 71–78.
W. Oppelt: Über Ortskurvenverfahren bei Regelvorgängen mit Reibung. Zeitschrift des VDI 90 (1948), S. 179–183.
L. C. Goldfarb: Über einige nichtlineare Phänomene in Regelsystemen (russisch). Automatika i Telemechanika 8 (1947), S. 349–383
A. Tustin: The effects of backlash and of speed-dependent friction on the stability of closed cycle control systems. Journ. Instn. El. Engrs. 94, Pt. IIA (1947), S. 143–151.
R. J. Kochenburger: A frequency response method for analyzing and synthesizing contactor servo mechanisms. Trans. AIEE 69 Pt. I (1950), S. 270–284.

Mit dem Zwei-Ortskurven-Verfahren kann man sich in sehr anschaulicher Weise zunächst einen Überblick verschaffen, ob überhaupt Lösungen der Gleichung der Harmonischen Balance existieren, ob also überhaupt Dauerschwingungen vorhanden sind, und wie viele es gibt. Beide Fragen sind ja bei einem nichtlinearen Gleichungssystem, wie es hier vorliegt, zunächst völlig offen.

Sofern eine formelmäßige Lösung nicht möglich ist, kann man aus dem Ortskurvenbild eine numerische Näherungslösung erhalten, indem man die ω-Skala auf der linearen und die A-Skala auf der nichtlinearen Ortskurve vom Rechner aufzeichnen läßt und die Parameterwerte der Schnittpunkte interpoliert. Die so erreichte Genauigkeit wird für regelungstechnische Zwecke normalerweise genügen. Wenn nicht, kann man ein numerisches Verfahren zur Nullstellenbestimmung anschließen, da man jetzt durch das Zwei-Ortskurven-Verfahren über gute Startwerte verfügt.

Bei eindeutigen Kennlinien kann es auch möglich sein, ähnlich wie im linearen Bereich von den Ortskurven zu den Frequenzkennlinien (oder Bode-Diagrammen) überzugehen. Dies wird im nächsten Abschnitt beschrieben werden.

Will man das Zwei-Ortskurven-Verfahren anwenden, muß man sich zunächst mit der *Gestalt der nichtlinearen Ortskurve* vertraut machen. Für die im vorhergehenden betrachteten Kennlinien soll sie jetzt skizziert werden.

Betrachtet man als einfachste Nichtlinearität zunächst das *Zweipunktglied*, so ist wegen (4.21)

$$z = N_J(A) = -\frac{1}{N(A)} = -\frac{\pi A}{4b}, \quad 0 \leq A < +\infty .$$ (4.38)

Die Ortskurve fällt also gerade mit der negativen reellen Achse der Ortskurvenebene zusammen, wobei sie für A = 0 im Ursprung beginnt und mit wachsendem A gegen $-\infty$ geht (Bild 4/10).

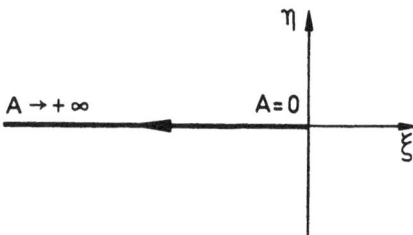

Bild 4/10   Ortskurve z = $N_J(A)$ des Zweipunktgliedes

Beim *Dreipunktglied* ist nach (4.20)

$$z = N_J(A) = -\frac{1}{N(A)} = -\frac{\pi A}{4b}\frac{1}{\sqrt{1-\left[\frac{a}{A}\right]^2}} = -\frac{\pi a}{4b}\frac{\frac{A}{a}}{\sqrt{1-\left[\frac{a}{A}\right]^2}}\ .$$

Erweitert man mit A/a, so wird

$$z = N_J(A) = -\frac{\pi a}{4b}\frac{\left[\frac{A}{a}\right]^2}{\sqrt{\left[\frac{A}{a}\right]^2-1}}\ ,\qquad a < A < +\infty\ . \tag{4.39}$$

Das ist eine Funktion der normierten Amplitude A/a. Da sie reell und negativ ist, liegt die Ortskurve vollständig in der negativen reellen Achse. Für $A \to a+0$ geht sie $\to -\infty$, ebenso für $A \to +\infty$, da der Zähler stärker anwächst als der Nenner. Für $A/a = \sqrt{2}$ weist die Funktion ein Maximum auf, nämlich $-\pi a/2b$. Die Ortskurve hat daher die im Bild 4/11 skizzierte Gestalt. Links vom Maximum wird die negative reelle Achse doppelt überdeckt. Zu jedem derartigen Punkt der reellen Achse gehören somit zwei Parameterwerte A_1 und A_2, von denen einer, etwa A_1, $< a\sqrt{2}$, der andere $> a\sqrt{2}$ ist.

Bei der *Begrenzungskennlinie* hat man von den Gleichungen (4.26) auszugehen. Setzt man $a/A = \lambda$ und betrachtet zunächst die Funktion

$$f(\lambda) = \arcsin\lambda + \lambda\sqrt{1-\lambda^2}\ ,\qquad 1 \geq \lambda > 0\quad (a \leq A < \infty)\ ,$$

so ist $f(1) = \pi/2$ und $f(+0) = 0$. Da $f'(\lambda) = 2\sqrt{1-\lambda^2} > 0$, wächst die Funktion mit zunehmendem λ, nimmt also ab mit zunehmendem A. Man erhält so die

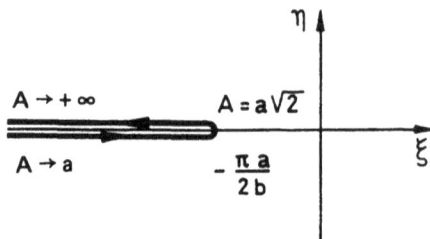

Bild 4/11
Ortskurve $z = N_J(A)$ des
Dreipunktgliedes

Kurve z = N(A) in Bild 4/12. Dabei ist zu beachten, daß für das gesamte Intervall $0 \leq A \leq a$ N(A) = m ist. Geht man nun in der z-Ebene vom Punkt z = N(A) zum Punkt $z = N_J(A) = -1/N(A)$ über, so erhält man die gewünschte Ortskurve, die gleichfalls in Bild 4/12 dargestellt ist.

Ganz entsprechend wie für die Begrenzung kann man auch für die *Totzone* die nichtlineare Ortskurve z = -1/N(A) skizzieren. Im Gegensatz zur Begrenzung beginnt sie für A = a bei $-\infty$ auf der reellen Achse und endet für $A \rightarrow +\infty$ im Punkt -1/m. Sie durchläuft also das gleiche Stück der reellen Achse wie die Ortskurve $z = N_J(A)$ der Begrenzungskennlinie, jedoch in der entgegengesetzten Richtung (Bild 4/13).

Bisher wurden eindeutige Kennlinien betrachtet, deren Ortskurven zwangsläufig auf der reellen Achse liegen müssen. Als Beispiel einer mehrdeutigen Kennlinie mag das *Zweipunktglied mit Hysterese* dienen. Aus (4.22) folgt

$$N(A) = \frac{4b}{\pi a}\left[\frac{a}{A}\sqrt{1-\left[\frac{a}{A}\right]^2} - j\left[\frac{a}{A}\right]^2 \right], \qquad (4.40)$$

also mit $\lambda = \frac{a}{A}$:

$$N_J(A) = -\frac{\pi a}{4b}\frac{1}{\lambda\sqrt{1-\lambda^2} - j\lambda^2}.$$

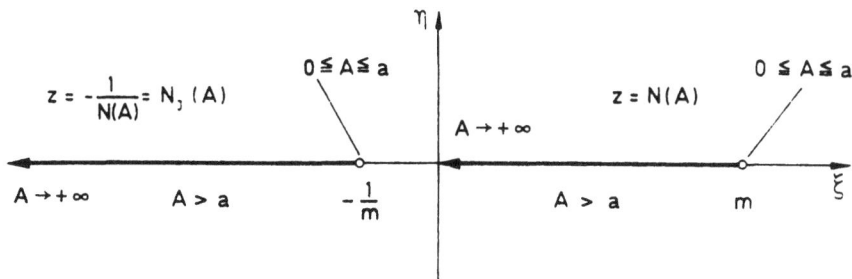

Bild 4/12   Ortskurven z = N(A) und $z = N_J(A)$ der Begrenzungskennlinie

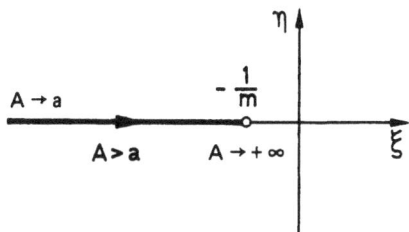

Bild 4/13
Ortskurve $z = N_J(A)$ der Totzone

Erweitern mit der konjugiert komplexen Zahl des Nenners führt auf

$$N_j(A) = -\frac{\pi a}{4b} \frac{\lambda\sqrt{1-\lambda^2}+j\lambda^2}{\lambda^2}$$

oder

$$N_j(A) = -\frac{\pi a}{4b}\sqrt{\left[\frac{A}{a}\right]^2-1} - \frac{\pi a}{4b}j\ , \tag{4.41}$$

wobei A > a ist, da sonst keine Dauerschwingung vorhanden sein kann. Die nichtlineare Ortskurve läuft also parallel zur reellen Achse im Abstand $-\pi a/4b$. Für A = a beginnt sie auf der imaginären Achse und strebt für A → ∞ gegen $-\infty$. Man erhält so das Bild 4/14.

Schließlich findet man im Bild 4/15 die Ortskurve des Dreipunktgliedes mit Hysterese, vom Rechner aufgezeichnet, und zwar in Abhängigkeit vom Parameter q der Kennlinie. Man erkennt, daß im Grenzfall q = -1 die Ortskurve des *Zwei*punktgliedes mit Hysterese entsteht, im Grenzfall q = 1 die Ortskurve der Dreipunktkennlinie ohne Hysterese. Im letztgenannten Fall ist zu beachten, daß die reelle Achse links von -2 doppelt überdeckt wird, ein Verhalten, das nach Bild 4/15 offensichtlich als Grenzverhalten der Ortskurven für q → 1 zustande kommt.

Nunmehr soll an einigen typischen Fällen gezeigt werden, wie die Gleichung der Harmonischen Balance durch Kombination des Zwei-Ortskurven-Verfahrens mit der algebraischen Behandlung der Gleichung gelöst werden kann.

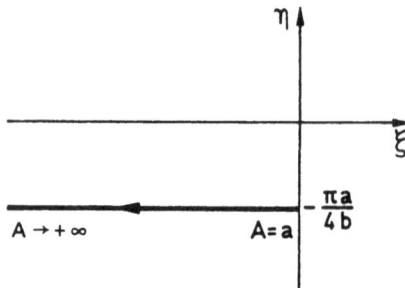

Bild 4/14   Ortskurve $z = N_j(A)$ des Zweipunktgliedes mit Hysterese

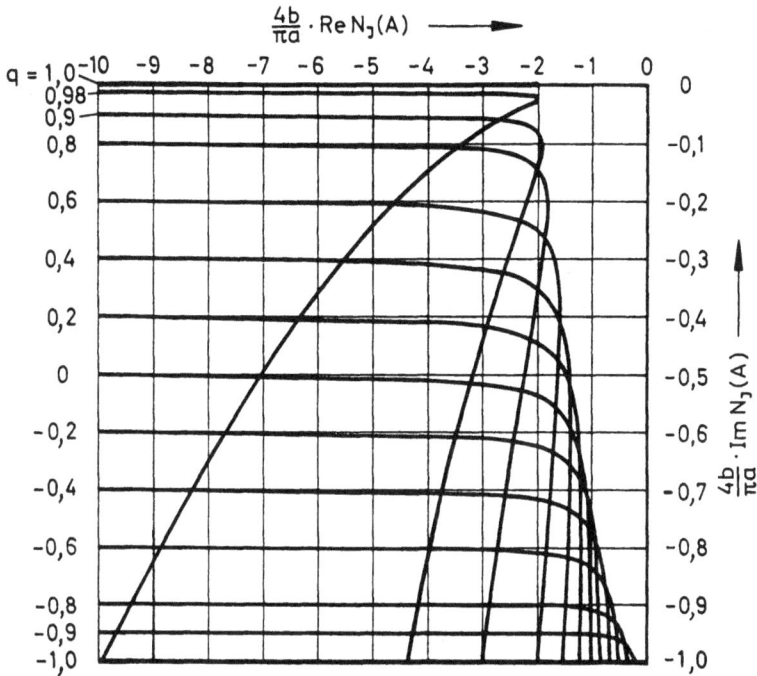

$$\frac{4b}{\pi a} \cdot \operatorname{Re} N_J(A) \longrightarrow$$

Bild 4/15 Ortskurve $z = N_J(A)$ des Dreipunktgliedes mit Hysterese

4.4 Beispiele zur Lösung der Gleichung der Harmonischen Balance

4.4.1 Regelkreis mit Dreipunktkennlinie (Bild 4/16)

Das lineare Teilsystem sei ein Verzögerungssystem: totzeitfrei, mit konstantem
Zähler (den man stets zu 1 normieren kann) und Polen links der j–Achse mit
etwaiger Ausnahme eines einfachen Pols in $s = 0$, der einem I–Glied entspricht.
Dann ist

$$L(s) = \frac{1}{a_0 + a_1 s + \dots + a_n s^n}$$

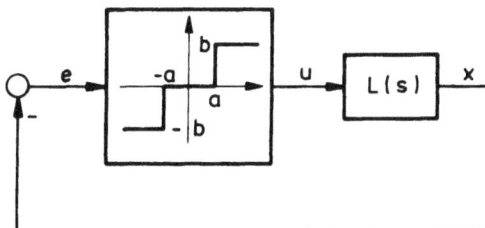

Bild 4/16
Regelkreis mit Dreipunktkennlinie

mit $a_1, \ldots, a_n > 0$ und $a_0 \geq 0$, wobei $a_0 = 0$ mit dem Auftreten des I-Gliedes korrespondiert. Der Fahrstrahl der Ortskurve des linearen Teilsystems dreht dann im Uhrzeigersinn monoton aus der Anfangslage 0^0 (für P-Verhalten des linearen Teilsystems) bzw. -90^0 (für I-Verhalten des linearen Teilsystems) in die Endlage $-n \cdot 90^0$ (siehe [73], Abschnitt 4.9). Dieses Verhalten ist im Bild 4/17 für I-Verhalten des linearen Teilsystems skizziert, in welchem Fall die Ortskurven für $\omega = +0$ aus dem Unendlichen, und zwar aus der Richtung der negativen j-Achse, kommen. Der Anfangsverlauf der Ortskurven spielt für die folgende Untersuchung jedoch keine Rolle.

Wie man sieht, gibt es für $n = 2$ keinen Schnittpunkt mit der negativen reellen Achse, während für $3 \leq n \leq 6$ genau ein derartiger Schnittpunkt vorliegt. ω_p sei der Parameter dieses Schnittpunktes. Man erkennt auch, daß für $n > 6$ mehr als ein Schnittpunkt mit der reellen Achse vorhanden ist, da die lineare Ortskurve dann weiter vordreht.

Da die nichtlineare Ortskurve des Dreipunktgliedes nach Bild 4/11 vollständig auf der negativen reellen Achse liegt, kann es *im Fall $n = 2$* keinen Schnittpunkt der linearen und nichtlinearen Ortskurve und somit *keine Dauerschwingung des Regelkreises* geben.

Wir setzen nun voraus, daß

$$3 \leq n \leq 6$$

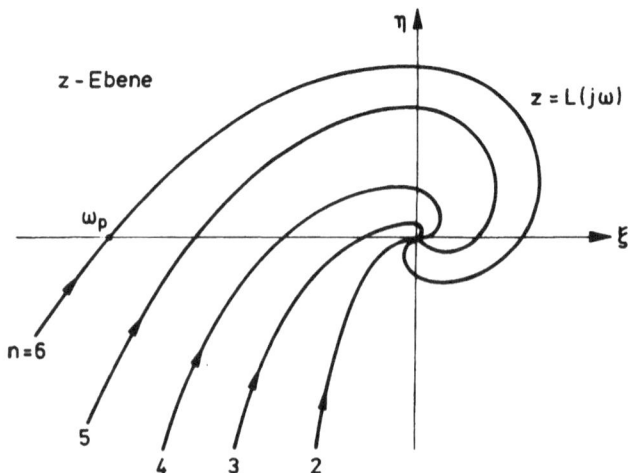

Bild 4/17   Ortskurven des linearen Teilsystems aus Bild 4/16
n Ordnung des linearen Teilsystems

gilt. Darin werden die praktisch auftretenden Fälle normalerweise enthalten sein, da man im Rahmen einer nichtlinearen Untersuchung das lineare Teilsystem im allgemeinen durch ein System höchstens 6. Ordnung annähern wird. Die dann vorliegende Situation werde zunächst im Licht des Zwei-Ortskurven-Verfahrens betrachtet: Bild 4/18. Es gibt hier zwei Möglichkeiten:

(I)   Kein Schnittpunkt der beiden Ortskurven und daher keine Dauerschwingung. Die Bedingung hierfür lautet

$$L(j\omega_p) = \mathrm{Re}\,L(j\omega_p) > -\frac{\pi a}{2b}\,. \tag{4.42}$$

(II) Zwei Schnittpunkte der beiden Ortskurven, die übereinander liegen, da die beiden Äste der nichtlinearen Ortskurve sich überdecken und in Bild 4/18 nur aus zeichnerischen Gründen nebeneinander gelegt sind. Zu diesen beiden Schnittpunkten gehört nur *ein* Parameterwert ω_p. Jedoch sind die beiden zugehörigen Amplitudenwerte verschieden, da sie den zwei verschiedenen Ästen der nichtlinearen Ortskurve entsprechen:

$$A_1 < a\sqrt{2} \quad \text{(gehört zum nach rechts strebenden Ast)}\,,$$

$$A_2 > a\sqrt{2} \quad \text{(gehört zum nach links strebenden Ast)}\,.$$

Man hat also zwei Dauerschwingungen mit der gleichen Frequenz, jedoch verschiedenen Amplituden. Die Bedingung für diese Situation lautet

$$L(j\omega_p) < -\frac{\pi a}{2b}\,. \tag{4.43}$$

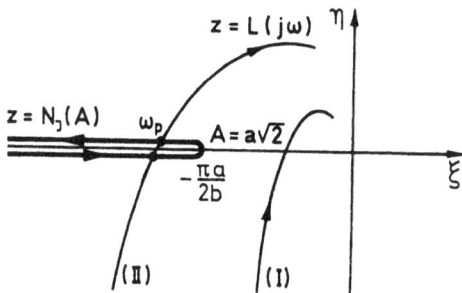

Bild 4/18   Typische Lage der Ortskurven von Dreipunktglied und Verzögerungssystem 3. bis 6. Ordnung

Die Zwischenposition, daß die lineare Ortskurve gerade durch den Scheitelpunkt der nichtlinearen Ortskurve geht, können wir ignorieren, da sie praktisch nicht auftreten wird.

Man kann an diesem Beispiel sehr schön sehen, welche Einsichten in das Verhalten nichtlinearer Regelungen das Zwei-Ortskurven-Verfahren ermöglicht, ohne daß irgendwelche Rechnungen erforderlich sind. Sie sind erst dann vonnöten, wenn man außer Existenz und Anzahl der Dauerschwingungen etwas über ihre Amplitude und Frequenz erfahren will.

Um zur formelmäßigen Lösung zu gelangen, gehen wir von den Gleichungen (4.30), (4.31) der in Real- und Imaginärteil zerlegten Gleichung der Harmonischen Balance aus. Da die Dreipunktkennlinie eindeutig und demgemäß ihre Beschreibungsfunktion reell ist, gilt $\mathrm{Im}N(A) = 0$, also wegen (4.31)

$$\mathrm{Im}\,L^{-1}(j\omega) = 0 \ . \tag{4.44}$$

Wie stets ist dabei $L^{-1}(j\omega) = \dfrac{1}{L(j\omega)}$. (4.44) ist eine Gleichung nur für $\omega = \omega_p$, während die zweite Unbekannte A in ihr nicht mehr auftritt. Hat man ω_p berechnet und in (4.30) eingesetzt, so wird aus dieser Gleichung

$$\mathrm{Re}N(A) = -\,\mathrm{Re}L^{-1}(j\omega_p) \ .$$

Da $N(A)$ und $L^{-1}(j\omega_p)$ reell sind, gilt $N(A) = \mathrm{Re}N(A)$, $L^{-1}(j\omega_p) = \mathrm{Re}L^{-1}(j\omega_p)$ und man kann schreiben

$$N(A) = -\,L^{-1}(j\omega_p) \ . \tag{4.45}$$

Dies ist eine Bestimmungsgleichung für A allein.

Bei dieser Betrachtung wurde weder von speziellen Eigenschaften der Dreipunktkennlinie noch des linearen Teilsystems Gebrauch gemacht, sie gilt daher für jede eindeutige Kennlinie. Man hat so als *allgemeinen Satz:*

Ist die Kennlinie der nichtlinearen Standardregelung eindeutig, so
erhält man die Frequenzen ω_p der Dauerschwingungen aus

$$Im\,L^{-1}(j\omega_p) = 0 \ ,$$

die Amplituden der Dauerschwingungen aus

$$N(A) = -L^{-1}(j\omega_p) .$$ (4.46)

Speziell für die Dreipunktkennlinie wird aus der Gleichung (4.45) mit N(A) aus (4.20)

$$\frac{4b}{\pi a} \frac{a}{A} \sqrt{1 - \left[\frac{a}{A}\right]^2} = -\frac{1}{L(j\omega_p)} ,$$ (4.47)

wobei wir die Frequenz ω_p, auf deren Berechnung wir später zurückkommen, als bekannt annehmen. Mit

$$\frac{a}{A} = \lambda$$

wird aus (4.47)

$$\lambda \sqrt{1 - \lambda^2} = \rho$$ (4.48)

mit

$$\rho = -\frac{\pi a}{4b} \frac{1}{L(j\omega_p)} .$$ (4.49)

Dabei ist ρ eine bekannte Zahl > 0, da $L(j\omega_p)$ den Schnittpunkt der linearen Ortskurve mit der negativen reellen Achse bezeichnet und deshalb reell und < 0 ist. Aus (4.48) folgt durch Quadrieren die biquadratische Gleichung

$$\lambda^4 - \lambda^2 = -\rho^2 .$$

Da sie eine quadratische Gleichung in λ^2 ist, kann man sie ohne weiteres lösen:

$$\lambda^2 = \frac{1 \pm \sqrt{1 - 4\rho^2}}{2} ,$$

also

$$\frac{a}{A_{1,2}} = \lambda_{1,2} = +\frac{\sqrt{1 \pm \sqrt{1 - 4\rho^2}}}{\sqrt{2}} \qquad \text{(A positiv!)}$$

oder

$$A_{1,2} = \frac{a\sqrt{2}}{\sqrt{1 \pm \sqrt{1-4\rho^2}}} \cdot \qquad (4.50)$$

In Übereinstimmung mit dem Zwei-Ortskurven-Verfahren erhält man also 2 Amplitudenwerte, und auf Grund der Vorzeichen ± im Nenner sieht man auch sofort, daß ein Amplitudenwert $> a\sqrt{2}$, der andere $< a\sqrt{2}$ sein muß. Allerdings gilt dies nur, sofern die innere Wurzel reell, also

$$\rho^2 < \tfrac{1}{4} \qquad \text{bzw.} \qquad |\rho| < \tfrac{1}{2}$$

ist. Da $\rho > 0$, kann man für die letzte Ungleichung auch $\rho < \tfrac{1}{2}$ schreiben. Setzt man ρ gemäß (4.49) ein, so wird daraus

$$-\frac{\pi a}{4b} \frac{1}{L(j\omega_p)} < \frac{1}{2}$$

oder

$$L(j\omega_p) < -\frac{\pi a}{2b} \cdot$$

Das ist, wie zu erwarten war, die bereits aus dem Zwei-Ortskurven-Verfahren abgelesene Bedingung (4.43) für die Existenz von Dauerschwingungen.

Bleibt noch die Frequenz ω_p der Dauerschwingung aus (4.44) zu ermitteln, was eine Aufgabe aus der linearen Theorie ist. Hier ist

$$L^{-1}(j\omega) = a_0 + a_1(j\omega) + a_2(j\omega)^2 + a_3(j\omega)^3 + a_4(j\omega)^4 + a_5(j\omega)^5 + \dots,$$

$$L^{-1}(j\omega) = (a_0 - a_2\omega^2 + a_4\omega^4 - a_6\omega^6 + - \dots) + {} \\ + j\omega (a_1 - a_3\omega^2 + a_5\omega^4 - a_7\omega^6 + - \dots) \, .$$

Die Schnittpunkte mit der reellen Achse ergeben sich aus

$$\operatorname{Im} L^{-1}(j\omega) = 0 \, ,$$

also aus der Gleichung

$$a_1 - a_3\omega^2 + a_5\omega^4 - a_7\omega^6 + - \ldots = 0 \, . \tag{4.51}$$

Wir wollen nun 2 Fälle unterscheiden.

(I) $n = 3$ oder 4.
Dann geht (4.51) wegen $a_5 = a_7 = \ldots = 0$ in

$$a_1 - a_3\omega^2 = 0$$

über, woraus

$$\omega_p = + \sqrt{\frac{a_1}{a_3}} \tag{4.52}$$

folgt, wobei nur das positive Wurzelvorzeichen in Frage kommt, weil die Frequenz positiv ist.

(II) $n = 5$ oder 6.

Dann wird aus (4.51)

$$a_5\omega^4 - a_3\omega^2 + a_1 = 0 \, ,$$

also eine quadratische Gleichung für ω^2. Ihre Lösung lautet

$$\omega^2 = \frac{a_3}{2a_5} \pm \sqrt{\left[\frac{a_3}{2a_5}\right]^2 - \frac{a_1}{a_5}} \, . \tag{4.53}$$

Das Ergebnis ist im ersten Augenblick verblüffend, da sich zwei verschiedene Frequenzen zu ergeben scheinen, während nach dem Zwei-Ortskurven-Verfahren doch nur eine Frequenz auftreten darf! Der scheinbare Widerspruch ist aber schnell zu klären. Durch die Gleichung $L^{-1}(j\omega) = 0$ werden *sämtliche* Schnittpunkte mit der reellen Achse bestimmt, während hier nur die Schnittpunkte mit der *negativen* reellen Achse gefragt sind. Wie man aus Bild 4/17 entnimmt, hat die Ortskurve für n = 5 oder 6 in der Tat zwei Schnittpunkte mit der reellen Achse. Davon liegt nur der erste, also derjenige mit *kleinerem* ω, auf der negativen reellen Achse. Demgemäß ist in (4.53) das negative Wurzelvorzeichen zu nehmen, und man erhält als Frequenz der Dauerschwingung

$$\omega_p = \sqrt{\frac{a_3}{2a_5} - \sqrt{\left[\frac{a_3}{2a_5}\right]^2 - \frac{a_1}{a_5}}} \; . \tag{4.54}$$

Damit haben wir das Problem, Frequenz und Amplituden der Dauerschwingungen der nichtlinearen Regelung im Bild 4/16 zu bestimmen, formelmäßig gelöst, und zwar bis zur Ordnung 6 des linearen Teilsystems – ein sicherlich nichttriviales Ergebnis.

Als spezieller Fall werde der Regelkreis im Bild 4/19 betrachtet. Hier ist

$$L^{-1}(j\omega) = \frac{1}{K}\left[j\omega + (T_1+T_2)(j\omega)^2 + T_1T_2(j\omega)^3\right] ,$$

$$L^{-1}(j\omega) = \frac{1}{K}\left[-(T_1+T_2)\omega^2 + j\omega(1-T_1T_2\omega^2)\right] . \tag{4.55}$$

Aus der Gleichung

$$\mathrm{Im}\,L^{-1}(j\omega) = \frac{\omega}{K}(1 - T_1T_2\omega^2) = 0 \tag{4.56}$$

folgt, da auf der negativen reellen Achse gewiß $\omega \neq 0$ ist:

$$1 - T_1T_2\omega^2 = 0 , \quad \text{also} \quad \omega_p = \frac{1}{\sqrt{T_1T_2}} .$$

Die Bedingung (4.43) für die Existenz von Dauerschwingungen kann man auch in der Form

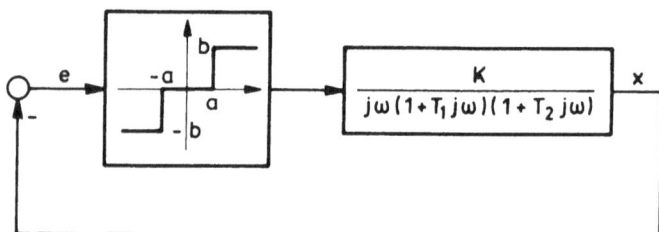

Bild 4/19   Regelkreis aus Dreipunktglied und I–VZ–Strecke

$$L^{-1}(j\omega_p) > -\frac{2b}{\pi a}$$

schreiben, woraus wegen (4.55) und (4.56) folgt:

$$-\frac{T_1 + T_2}{K} > -\frac{2b}{\pi a}$$

oder

$$K > \frac{\pi a}{2b}\left[\frac{1}{T_1} + \frac{1}{T_2}\right]. \tag{4.57}$$

Dies ist also die *Bedingung für das Auftreten von Dauerschwingungen im Regelkreis von Bild 4/19*. Sie treten erst dann auf, wenn der Verstärkungsfaktor K des linearen Teilsystems genügend groß wird. Das wird bereits durch Bild 4/18 zum Ausdruck gebracht, in dem die lineare Ortskurve erst für hinreichend hohen Verstärkungsfaktor die nichtlineare Ortskurve schneidet.

Für die speziellen Werte

$$bK = 1\,,\ a = 0{,}2\,,\ T_1 = 1\,,\ T_2 = 0{,}5$$

ergibt sich

$$\omega_p = \sqrt{2} = 1{,}414\,,\ A_1 = 0{,}243\,,\ A_2 = 0{,}356\,.$$

Im Bild 4/20 sieht man einen Rechnerschrieb zu diesem Regelkreis. Es ist zu sehen, daß die beiden Dauerschwingungen von x sehr sinusähnlich sind, obgleich die Ausgangsgröße der Nichtlinearität eine Rechteckschwingung darstellt. Aber der kräftige Tiefpaß des linearen Teilsystems filtert die Oberschwingungen im wesentlichen heraus. Die aus der Simulation erhaltenen Amplitudenwerte stimmen gut mit den formelmäßig berechneten überein, und gleiches gilt für die Frequenz, für die man aus dem Bild 4/20 $\omega_p = 1{,}42$ erhält.

4.4.2 Nichtlineare Regelungen mit Totzeit

Als zweiter Anwendungsfall der Harmonischen Balance möge ein nichtlinearer Standardregelkreis betrachtet werden, dessen *linearer Teil eine Totzeit enthält*. Die Nichtlinearität bestehe aus einem *Zweipunktglied*.

PILAR

$A_2 = 0,35$
$A_1 = 0,24$

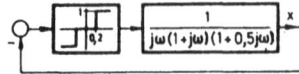

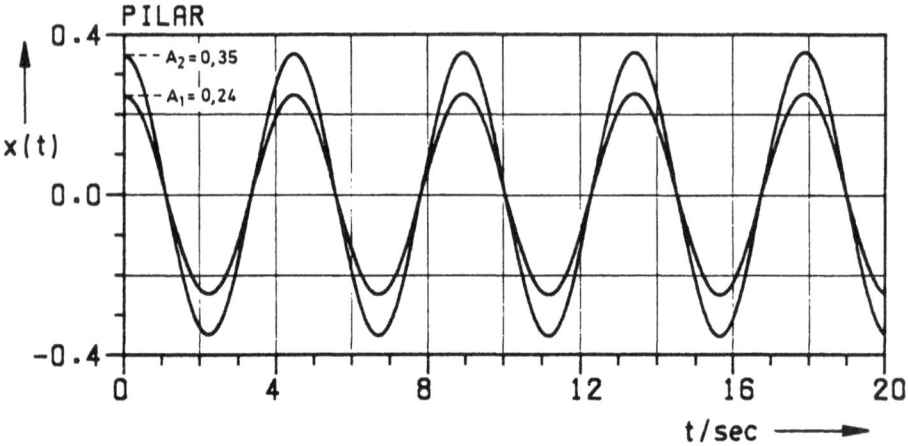

Bild 4/20   Dauerschwingungen des Regelkreises nach Bild 4/19

Um einen Eindruck von den hierbei vorliegenden Verhältnissen zu gewinnen, werde zunächst der lineare Frequenzgang so einfach wie möglich angenommen:

$$L(j\omega) = \frac{V}{j\omega}e^{-T_t j\omega}.$$

Der zugehörige Regelkreis ist in Bild 4/21 dargestellt.

Die lineare Ortskurve hat infolge der mit wachsendem ω unbegrenzt sinkenden Phase $-T_t\omega$ des Totzeitgliedes den in Bild 4/22 skizzierten Verlauf. Sie weist infolgedessen unendlich viele Schnittpunkte mit der nichtlinearen Ortskurve auf.

Wegen

$$L^{-1}(j\omega) = \frac{j\omega}{V}e^{T_t j\omega} = \frac{j\omega}{V}(\cos T_t\omega + j\sin T_t\omega) =$$
$$= -\frac{\omega}{V}\sin T_t\omega + j\frac{\omega}{V}\cos T_t\omega$$

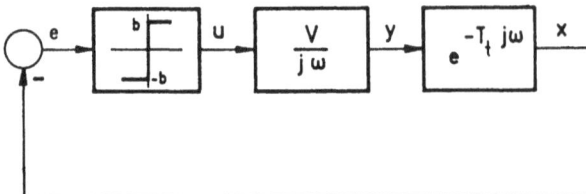

Bild 4/21   Nichtlinearer Regelkreis 1. Ordnung mit Totzeit

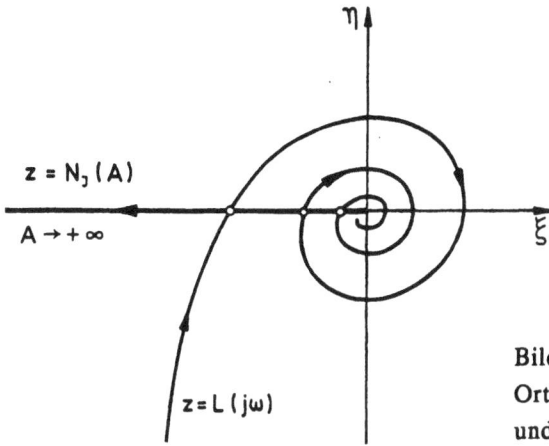

Bild 4/22

Ortskurven von Zweipunktglied
und I-Glied mit Totzeit

und $N(A) = 4b/\pi A$ lauten die Bestimmungsgleichungen (4.32) und (4.33) für ω und A:

$$\cos T_t \omega = 0 \, , \tag{4.58}$$

$$\frac{4b}{\pi A} = \frac{\omega}{V} \sin T_t \omega \, . \tag{4.59}$$

Aus der ersten dieser Gleichungen folgt, da man nur die Schnittpunkte mit der *negativen* reellen Achse zu berücksichtigen braucht:

$$T_t \omega = \frac{\pi}{2} + 2k\pi \, ,$$

also

$$\omega_p = \frac{\pi}{2T_t} + 2k\frac{\pi}{T_t} \, , \qquad k = 0, 1, 2, \dots . \tag{4.60}$$

Das gibt , in (4.59) eingesetzt,

$$\frac{4b}{\pi A} = \frac{\omega_p}{V} \, .$$

Man erhält so

$$A_p = \frac{4bV}{\pi \omega_p} \, . \tag{4.61}$$

Handelt es sich um ein reales System, so wird man das Ergebnis mit einem gewissen Mißtrauen betrachten. Sollen wirklich unendlich viele Dauerschwingungen auftreten können? Bei dem hier untersuchten einfachen Regelkreis kann man die Zeitvorgänge unmittelbar überblicken. Wir wollen von der Annahme ausgehen, daß eine Dauerschwingung vorliegt. Ihre Periode τ ist unbekannt. Es ist aber sicher, daß es sich um eine Dreiecksschwingung handeln muß. Geht man von der Schwingung x(t) im Bild 4/23a aus, so gelangt man zwangsläufig über e(t) und u(t) zu der Schwingung y(t) im Bild 4/23d. Der Vergleich von x(t) und y(t) zeigt, daß beide Dauerschwingungen um $\tau/4 + k\tau$ gegeneinander verschoben sind, wobei k eine beliebige ganze Zahl ist. Andererseits liegt zwischen y und x nur das Totzeitglied. Daher ist y(t) nach Durchlaufen des Totzeitgliedes genau dann mit x(t) identisch, wenn

$$T_t = \frac{\tau}{4} + k\tau \qquad\qquad (4.62)$$

ist. Damit sind die möglichen Perioden τ bestimmt. Sie stimmen wegen $\omega = \frac{2\pi}{\tau}$ mit dem Ergebnis der Harmonischen Balance überein. Darüber hinaus lehrt die

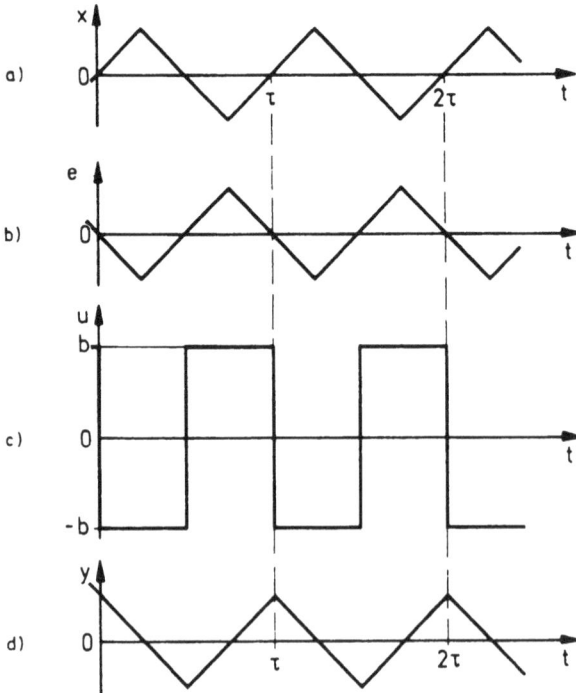

Bild 4/23   Zustand des Schwingungsgleichgewichts im Regelkreis von Bild 4/21

eben durchgeführt Betrachtung, daß alle diese Schwingungen in der Tat möglich sind. Ist ein solcher periodischer Vorgang einmal vorhanden, so bleibt er erhalten, vorausgesetzt, daß keine Störungen auftreten.

Eine andere Frage ist, ob alle diese Dauerschwingungen im realen System *entstehen* können. Wir wollen den Regelkreis vom Zeitpunkt t = 0 an betrachten. Der Anfangswert hinter dem Integrierglied sei $y_0 > 0$. Das Systemverhalten ist jedoch durch diese Angabe keineswegs festgelegt, vielmehr bestimmt die Zeitfunktion y(t) im Intervall $-T_t \leq t \leq 0$ ganz entscheidend den Einschwingvorgang und muß daher irgendwie vorgegeben werden. x(t) nimmt dann um die Totzeit später, also in $0 \leq t \leq T_t$, diese „Vergangenheitsfunktion" an, woraus sich über e(t) = -x(t) die Stellfunktion u(t) ergibt. Man muß nur beachten, daß bei jedem Nulldurchgang von e(t) das Zweipunktglied umschaltet. Man erhält so Bild 4/24. Man erkennt, daß *von selbst in dem realen System* zwangsläufig *nur eine einzige Dauerschwingung entsteht*. Sie hat die Periode $\tau = 4T_t$, entspricht also demjenigen Schnittpunkt der beiden Ortskurven, zu dem die kleinste Frequenz und die größte Amplitude gehören.

Die Dauerschwingungen mit größerer Frequenz können nur künstlich erzeugt werden, indem man nämlich während der Zeitspanne $0 \leq t \leq T_t$ in das ruhende System die gewünschte Schwingung als Anfangsfunktion einspeist, etwa hinter dem Integrierglied. Bei Abwesenheit von Störungen bleibt sie erhalten. Bei der geringsten Störung aber geht sie in die Dauerschwingung mit der Periode $4T_t$ über. Das wird später bei der Behandlung des Stabilitätsverhaltens von Dauerschwingungen ersichtlich werden.

Was hier für den nichtlinearen Regelkreis 1. Ordnung mit Totzeit gesagt wurde, gilt auch dann, wenn das lineare Teilsystem von höherer Ordnung ist.[6] Es ist festzuhalten, daß in dem realen System nur die Dauerschwingung mit der größten Amplitude und kleinsten Frequenz wirklich in Erscheinung tritt.

Das eben behandelte Beispiel ist noch in einer anderen Hinsicht von Interesse. Wegen seiner außerordentlichen Einfachheit kann man die Dauerschwingung ohne weiteres durch Betrachtung der Zeitvorgänge bestimmen, wie wir das bereits am Beispiel der Temperaturregelung im einführenden Kapitel durchgeführt hatten (Bild 1/8,1/9). Dort ergaben sich gemäß (1.24) und (1.25) die exakten Parameter der Dauerschwingung zu

---

[6] *M. Pandit:* Untersuchung periodischer Zustände in totzeitbehafteten Relaisregelungssystemen. Regelungstechnik 18 (1970), S. 207–210.

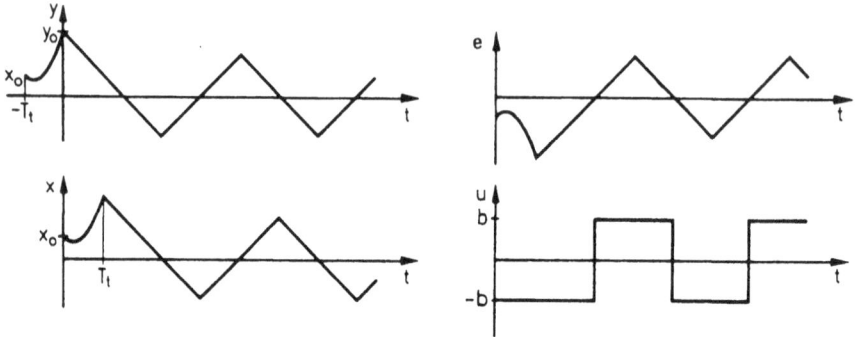

Bild 4/24   Entstehung einer Dauerschwingung im Regelkreis von Bild 4/21

$$A_p = bKT_t, \quad \omega_p = \frac{\pi}{2T_t}.$$

Die Harmonische Balance liefert gemäß (4.60) für k = 0 den exakten Wert von ω_p. Für den Amplitudenwert folgt aus (4.61) und (4.60), wenn man die Bezeichnung V durch K ersetzt:

$$A_p = \frac{8}{\pi^2} bKT_t \approx 0{,}81\,bKT_t.$$

Die Annäherung ist also, im Gegensatz zum vorhergehenden und den nachfolgenden Beispielen, nur sehr grob. Das ist darauf zurückzuführen, daß das Integrierglied nur schwachen Tiefpaßcharakter hat, so daß die Vernachlässigung der Oberschwingungen in den periodischen Funktionen zu beträchtlichen Abweichungen führt. Liegt im rationalen Bestandteil des linearen Teilsystems der Zählergrad um mindestens 2 unter dem Nennergrad, so ist eine erheblich bessere Annäherung zu erwarten. Das wird durch die anderen hier durchgerechneten Beispiele belegt.

Nun soll eine weitere *Totzeitregelung* betrachtet werden, bei der aber *das lineare Teilsystem von 2. Ordnung* ist (Bild 4/25). Ein lineares System von der in Bild 4/25 dargestellten Art kann als genügende Approximation für viele Regelstrecken samt Stelleinrichtung angesehen werden. Beispielsweise kann man sich unter dem in Bild 4/25 angegebenen Regelkreis eine Temperaturregelung vorstellen, wobei das Integrierglied der Stelleinrichtung, das Totzeitglied dem Wärmetransport und das Verzögerungsglied dem Ausgleichsvorgang entspricht.

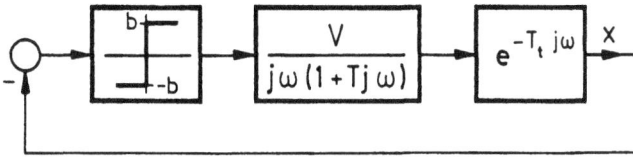

Bild 4/25   Nichtlinearer Regelkreis 2. Ordnung mit Totzeit

Für die Bestimmungsgleichungen von ω und A erhält man hier aus (4.32) und (4.33) ganz entsprechend wie im vorigen Beispiel:

$$\cos T_t\omega - T\omega\sin T_t\omega = 0 \, ,$$

$$\frac{4b}{\pi A} = \frac{\omega}{V}(\sin T_t\omega + T\omega\cos T_t\omega) \, .$$

Mit

$$T_t\omega = \Omega \tag{4.63}$$

wird daraus

$$\cos\Omega - \frac{T}{T_t}\Omega\sin\Omega = 0 \, , \tag{4.64}$$

$$\frac{4bVT_t}{\pi A} = \Omega(\sin\Omega + \frac{T}{T_t}\Omega\cos\Omega) \, . \tag{4.65}$$

Für (4.64) kann man schreiben:

$$\tan\Omega = \frac{T_t}{T\Omega} \, . \tag{4.66}$$

Dies ist eine transzendente Gleichung für Ω, für die man zwar keine formelmäßige Lösung angeben kann, die sich aber für jeden konkreten Fall sehr einfach numerisch oder graphisch lösen läßt. Bild 4/26 zeigt, daß es unendlich viele Lösungen gibt. Nach dem, was beim vorigen Beispiel gesagt wurde, kommt für das reale System nur die kleinste als Ω_p in Frage.

Hat man sie ermittelt, so erhält man A aus (4.65). Der Ausdruck für A vereinfacht sich, wenn man berücksichtigt, daß

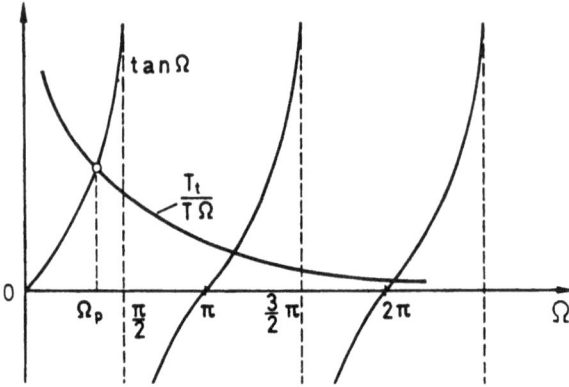

Bild 4/26   Lösung der transzendenten Gleichung $\tan\Omega = T_t/(T\Omega)$

$$\sin\Omega_p = \frac{\tan\Omega_p}{\sqrt{1 + \tan^2\Omega_p}} = \frac{\dfrac{T_t}{T\Omega_p}}{\sqrt{1 + \left[\dfrac{T_t}{T\Omega_p}\right]^2}},$$

$$\cos\Omega_p = \frac{1}{\sqrt{1 + \tan^2\Omega_p}} = \frac{1}{\sqrt{1 + \left[\dfrac{T_t}{T\Omega_p}\right]^2}},$$

ist. Man erhält dann

$$A_p = \frac{4bVT_t}{\pi} \frac{1}{\Omega_p\sqrt{1 + \left[\dfrac{T}{T_t}\Omega_p\right]^2}}. \qquad (4.67)$$

Abschließend ein Zahlenbeispiel: Es sei $bV = 1$, $T = 1$ und $T_t = 1$. Dann lautet die zu lösende transzendente Gleichung

$$\tan\Omega = \frac{1}{\Omega}.$$

Aus Bild 4/27 liest man $\omega_p = \Omega_p = 0{,}86$ ab. Aus (4.67) folgt dann $A_p = 1{,}13$.

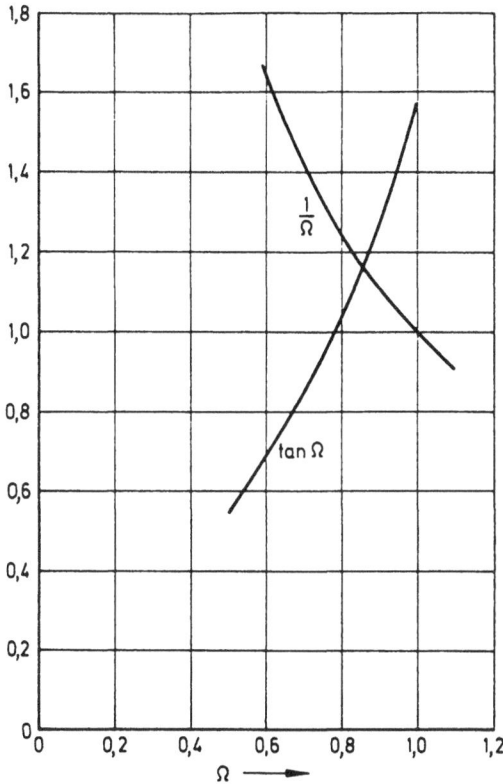

Bild 4/27   Lösung der transzendenten Gleichung $\tan \Omega = \frac{1}{\Omega}$

Die exakte Untersuchung in der Zustandsebene, die für ein System 2. Ordnung möglich ist und im Unterabschnitt 2.3.4 durchgeführt wurde (Bild 2/37 – 2/40) ergab $\omega_p = 0,84$, $A_p = 1,20$.

4.4.3   Regelkreis mit Hysterese (Bild 4/28)

Als dritte Anwendung der Harmonischen Balance möge ein *Regelkreis mit einer mehrdeutigen Kennlinie* untersucht werden. Er ist in Bild 4/28 dargestellt, während man die zugehörigen Ortskurven in Bild 4/29 findet. Da beide Ortskurven genau einen Schnittpunkt besitzen, wird es eine eindeutig bestimmte Dauerschwingung geben.

Zur rechnerischen Ermittlung ihrer Frequenz und Amplitude muß man von den allgemeinen Bestimmungsgleichungen (4.30) und (4.31) ausgehen, da es sich um

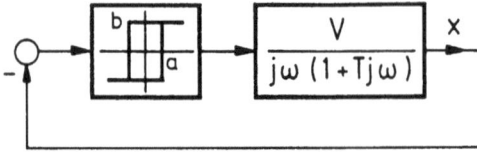

Bild 4/28
Regelkreis mit Hysterese-
kennlinie

eine mehrdeutige Kennlinie handelt. Daraus erhält man wegen (4.22) für ein allgemeines lineares Teilsystem

$$\frac{4b}{\pi A}\sqrt{1-\left[\frac{a}{A}\right]^2} = -\,\mathrm{Re}\,L^{-1}(j\omega)\,,$$

$$-\frac{4ab}{\pi A^2} = -\,\mathrm{Im}\,L^{-1}(j\omega)\,.$$

Führt man den normierten Parameter $\frac{a}{A} = \lambda$ ein und setzt überdies $\frac{4b}{\pi a} = k_n$, so erhält man die Beziehungen

$$k_n\lambda\sqrt{1-\lambda^2} = -\,\mathrm{Re}\,L^{-1}(j\omega)\,,$$

$$k_n\lambda^2 = \mathrm{Im}\,L^{-1}(j\omega)$$

oder

$$\lambda^4 - \lambda^2 = -\frac{1}{k_n^2}(\mathrm{Re}\,L^{-1})^2\,,$$

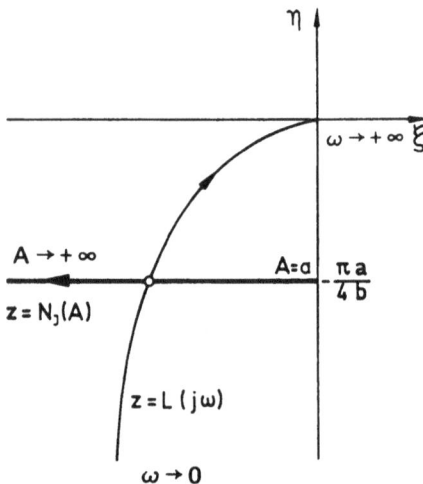

Bild 4/29
Lineare und nichtlineare Ortskurve
zu Bild 4/28

$$\lambda^2 = \frac{1}{k_n} \operatorname{Im} L^{-1}.$$ (4.68)

Setzt man den letzten Ausdruck in die vorhergehende Gleichung ein, so ergibt sich

$$[\operatorname{Re} L^{-1}(j\omega)]^2 + [\operatorname{Im} L^{-1}(j\omega)]^2 - k_n \operatorname{Im} L^{-1}(j\omega) = 0.$$ (4.69)

Sofern $L(j\omega)$ rational, ist dies eine algebraische Gleichung für ω allein. Handelt es sich insbesondere um ein reines Verzögerungssystem, ist also $L(j\omega) = 1/Q(j\omega)$, so geht (4.69) in die Gleichung

$$|Q(j\omega)|^2 - k_n \operatorname{Im} Q(j\omega) = 0$$

über, wird also vom Grad $2n$ sein, wenn ein System n-ter Ordnung vorliegt.

Hat man ω_p aus (4.69) ermittelt, so erhält man die Amplitude A_p aus (4.68):

$$A_p = \sqrt{\frac{k_n}{\operatorname{Im} L^{-1}(j\omega_p)}}.$$ (4.70)

Im vorliegenden Fall ist

$$L^{-1}(j\omega) = \frac{j\omega}{V}(1+Tj\omega) = -\frac{T}{V}\omega^2 + j\frac{\omega}{V}.$$

Damit wird aus (4.69)

$$\frac{T^2}{V^2}\omega^4 + \frac{\omega^2}{V^2} - k_n\frac{\omega}{V} = 0$$

oder, da auf der negativen reellen Achse $\omega \neq 0$ ist,

$$T^2\omega^3 + \omega - k_n V = 0.$$

Multipliziert man diese Gleichung mit T und setzt anschließend $T\omega = \Omega$, so wird daraus

$$\Omega^3 + \Omega = k_n VT.$$

Die graphische Lösung dieser kubischen Gleichung ist in Bild 4/30 skizziert. Aus Ω_p erhält man nach (4.70) die Amplitude

$$A_p = a \sqrt{\frac{k_n VT}{\Omega_p}} \; .$$

Auch *hierzu ein Zahlenbeispiel:* Es möge bV = 1, a = 0,2 und T = 1 sein. Dann ist $k_n VT = (4b/\pi a)VT = 6,37$. Damit folgt gemäß Bild 4/30 mittels einer kleinen Wertetabelle der Funktion $f(\Omega) = \Omega(\Omega^2+1)$, daß $\Omega_p = \omega_p = 1,67$ sein muß. Für die Amplitude ergibt sich so $A_p = 0,39$. Diese Werte stimmen mit den exakten Werten überein, welche wir im Unterabschnitt 2.3.3 (Bild 2/28, 2/33) durch Betrachtung in der Zustandsebene erhalten hatten.

Die behandelten Beispiele zeigen, daß man in vielen Fällen auf der Basis des Zwei-Ortskurven-Verfahrens zu formelmäßigen oder doch weitgehend formelmäßigen Lösungen der Gleichung der Harmonischen Balance gelangen kann. Hierdurch werden *allgemeine* Aussagen über die Abhängigkeit des dynamischen Verhaltens der nichtlinearen Regelung von den Parametern des linearen Teilsystems und der Nichtlinearität ermöglicht. Aber es ist klar, daß dieses Vorgehen eine Grenze hat. Sie kann entweder dadurch erreicht werden, daß das lineare Teilsystem von hoher Ordnung ist, Nullstellen besitzt oder Totzeiten enthält oder aber dadurch, daß die Beschreibungsfunktion komplizierter wird, wie etwa bei der Dreipunktkennlinie mit Hysterese oder der Begrenzungskennlinie.

Auch dann kann man in einfacher und anschaulicher Weise die quantitative Behandlung der Aufgabe durchführen, indem man das Zwei-Ortskurven-Verfahren als numerische Methode auffaßt: Die beiden Ortskurven werden samt ihren Parameterskalen vom Rechner aufgezeichnet, wonach man ihre Schnittpunkte mit den zugehörigen Parameterwerten ablesen kann. Bei eindeutigen

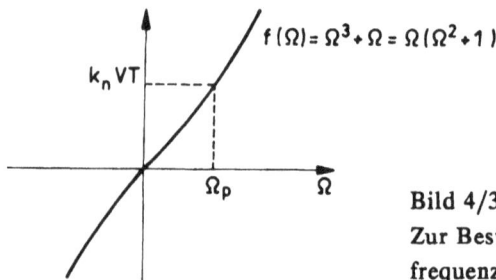

Bild 4/30
Zur Bestimmung der Dauerschwingungsfrequenz des Regelkreises von Bild 4/28

Kennlinien kann es auch zweckmäßig sein, in Analogie zur linearen Theorie von
den Ortskurven zu ihren Frequenzkennlinien überzugehen. Davon soll im nächsten Abschnitt 4.5 die Rede sein. Zuvor sei aber noch ein kritischer Fall untersucht, der bei praktischen Problemen auftreten kann.

4.4.4   Ein kritischer Fall

Es geht um die in Bild 4/31 dargestellte Regelkreisstruktur, bei der ein *Zweipunktglied mit Hysterese und ein lineares Teilsystems mit P- Verhalten* (Proportionalverhalten) zusammentreffen. Die genannte Voraussetzung über das lineare
Teilsystem ist wesentlich. Bei I - Verhalten (Integrierverhalten) des linearen
Systems kann die zu erörternde Schwierigkeit nicht auftreten. In der Tat gab es
beim Beispiel des letzten Unterabschnitts keine Probleme.

Die beiden Ortskurven zum Regelkreis von Bild 4/31 sind im Bild 4/32 skizziert, und dabei wurde sogleich die kritische Situation dargestellt. Die beiden
Ortskurven brauchen sich nicht zu schneiden. Nach der Methode der Harmonischen Balance sollte dann keine Dauerschwingung auftreten. Dennoch zeigt die
Rechnersimulation, daß Dauerschwingungen vorliegen können.

Betrachten wir den extremen Fall, daß das lineare Teilsystem ein $P - T_1$ - Glied
mit $G(s) = \frac{K}{1+Ts}$ ist - ein Fall, der zwar praktisch kaum vorkommen wird, da
die linearen Teilsysteme in der Realität gewöhnlich von höherer Ordnung sind,
der aber das Wesentliche zeigt. Die Ortskurven sieht man in Bild 4/33. Wie
auch die (positiven) Parameter der Nichtlinearität und des linearen Systems
sein mögen, ein Schnitt der beiden Ortskurven findet nicht statt. Dennoch führt
der Regelkreis für K > b/a eine Dauerschwingung aus, wie man hier nicht nur
durch Simulation feststellt, sondern auch durch Anwendung der Zustandsebene
erkennen kann. Im Unterabschnitt 2.6.1 wurde diese Untersuchung durchge-

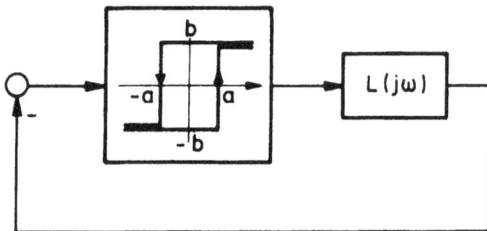

Bild 4/31   Regelkreis mit Hysterese und linearem Teilsystem mit P - Verhalten

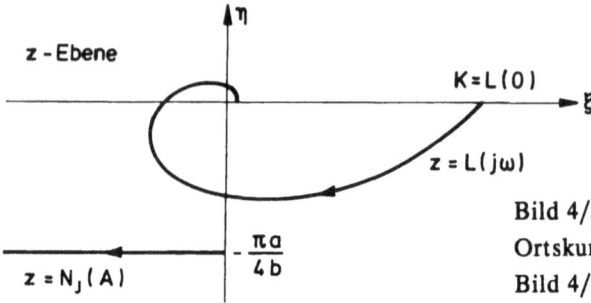

Bild 4/32
Ortskurven zum Regelkreis von
Bild 4/31

führt. Bild 2/71 zeigt als Ergebnis das Bild der Dauerschwingung in der Zustandsebene in Gestalt des Parallelogramms $P_1 P_2 P_3 P_4$.

Woran scheitert hier die Harmonische Balance? Aus der Herleitung des Verfahrens geht hervor, daß über sein Gelingen die Tatsache entscheidet, *ob die Eingangsgröße der Nichtlinearität genügend sinusförmig ist.* Das ist hier in keiner
Weise der Fall. Man kann dies sofort in der Zustandsebene einsehen. Das Bild
einer Sinusschwingung in der x - v - Ebene ist wegen

$$x = A \sin \omega t , \qquad v = \dot{x} = -\omega A \cos \omega t$$

durch

$$\left[\frac{x}{A}\right]^2 + \left[\frac{v}{\omega A}\right]^2 = \sin^2 \omega t + \cos^2 \omega t = 1$$

gegeben, stellt also eine Ellipse dar, deren Achsen in die Koordinatenachsen fallen. Es liegt auf der Hand, daß das Parallelogramm $P_1 P_2 P_3 P_4$ im Bild 2/71 hiermit keine Ähnlichkeit hat. Damit ist das Scheitern der Harmonischen Balance
erklärt: Die bei ihr gemachte Grundannahme ist nicht erfüllt.

Aber wie erkennt man dies aus den Voraussetzungen (I) bis (III) im Abschnitt
4.1? Man kann im vorliegenden Fall sagen, daß der Tiefpaßcharakter des linearen Teilsystems bei der Graddifferenz 1 von Nenner und Zähler nicht genügend

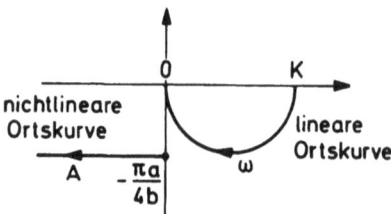

Bild 4/33
Ortskurven zum Regelkreis von
Bild 4/31, wenn das lineare Teil-
system ein $P - T_1$ - Glied ist

ausgeprägt ist und daher die Oberschwingungen nicht hinreichend herausgefiltert werden. Dieses Argument ist zweifellos zutreffend, doch befriedigt es nicht ganz. Denn im ersten Beispiel von Unterabschnitt 4.4.2 (Regelkreis im Bild 4/21) ist die Graddifferenz ebenfalls nur 1, die Harmonische Balance liefert jedoch das richtige Ergebnis, wenn auch mit einem beträchtlichen Amplitudenfehler (gut 20%). Dort hat aber auch die Eingangsgröße der Nichtlinearität die Gestalt einer Dreiecksschwingung, ist also zumindest sinus*ähnlich*, während im hier betrachteten Fall diese Eingangsgröße nicht einmal eine ungerade Funktion ist!

Durch unsere einfach zu überprüfenden Voraussetzungen wird die Sinusähnlichkeit der Eingangsgröße der Nichtlinearität zwar im wesentlichen, aber offenbar noch nicht vollständig genug eingefangen.

Betrachten wir noch einen zweiten, etwas anders gelagerten Fall, der jedoch ebenfalls unter die Regelungsstruktur im Bild 4/31 fällt. Die spezielle Situation ist im Bild 4/34 dargestellt. Auch hier kann die Situation von Bild 4/32 vorliegen. Vergrößert man den Verstärkungsfaktor K des linearen Teilsystems, so wird die lineare Ortskurve aufgebläht und ab einem gewissen K – Wert schneiden sich lineare und nichtlineare Ortskurve. Wir wollen zunächst diesen K – Wert ermitteln.

Für ihn gilt

$$\mathrm{Re}\,L(j\omega) = 0 , \tag{4.71}$$

$$\mathrm{Im}\,L(j\omega) \le - \frac{\pi a}{4b} . \tag{4.72}$$

Dabei ist

$$L(j\omega) = \frac{K}{N(j\omega)} \tag{4.73}$$

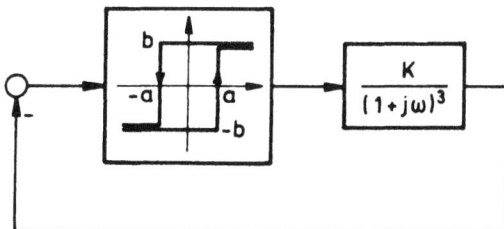

Bild 4/34   Regelkreis mit Hysterese und Verzögerungssystem 3. Ordnung

mit

$$N(j\omega) = 1 + 3j\omega + 3(j\omega)^2 + (j\omega)^3$$

oder

$$N(j\omega) = (1 - 3\omega^2) + j\omega(3 - \omega^2) \,. \qquad (4.74)$$

Aus (4.73) folgt allgemein

$$ReL = K\frac{ReN}{|N|^2}\,, \qquad (4.75)$$

$$ImL = -K\frac{ImN}{|N|^2}\,. \qquad (4.76)$$

Damit wird aus (4.71)

$$ReN(j\omega) = 0 \,, \qquad (4.77)$$

und hiermit wieder aus (4.76)

$$ImL(j\omega) = -\frac{K}{Im\,N(j\omega)} \,. \qquad (4.78)$$

Wegen (4.74) ergibt sich aus (4.77) $1 - 3\omega^2 = 0$, also $\omega_0 = \frac{1}{3}\sqrt{3} = 0{,}577$.
Dies ist der Parameterwert der linearen Ortskurve, der zum Schnittpunkt mit
der j-Achse gehört.

Weiterhin folgt aus (4.78)

$$ImL(j\omega_0) = -\frac{K}{Im\,N(j\omega_0)}\,,$$

also gemäß (4.74)

$$ImL(j\omega_0) = -\frac{K}{\omega_0(3-\omega_0^2)} = -\frac{3}{8}\sqrt{3}\ K \,.$$

Aus der Ungleichung (4.72) wird so $K \geq \frac{2}{9}\sqrt{3}\ \pi\frac{a}{b} = 1{,}21\frac{a}{b}$.

Ab dem Wert $K_0 = 1{,}21\,\frac{a}{b}$ haben also lineare und nichtlineare Ortskurve einen Schnittpunkt. Ab dann tritt also gemäß der Harmonischen Balance eine Dauerschwingung auf. Speziell für den Wert K_0 selbst liegt der Schnittpunkt auf der j-Achse. In diesem Grenzfall ist $A = a$ und die Frequenz der Dauerschwingung

$$\omega_p = \omega_0 = \frac{1}{3}\sqrt{3} = 0{,}577 \; .$$

Bild 4/35 zeigt diese Situation.

Eine Betrachtung zur Ruhelage der Regelung mahnt jedoch zur Vorsicht! In Abschnitt 1.4 wurden Regelkreise dieser Art untersucht (Bild 1/22, 1/23): Für $0 < K < a/b$ existiert eine Ruhelage, für größere K-Werte hingegen nicht. Es ist daher anzunehmen, daß im gesamten Bereich $K \geq a/b$ Dauerschwingungen vorhanden sind. Der Rechnerschrieb von Bild 4/36 belegt dies. Er zeigt die Projektion der Regelungstrajektorien auf die x-v-Ebene, wobei ein beliebiger Anfangszustand gewählt wurde und der Verstärkungsfaktor K des linearen Teilsystems variiert wird. Man sieht, daß in der Tat bereits für $K = b/a = 0{,}4$ eine geschlossene Kurve, also eine Dauerschwingung, auftritt.

Woher kommt nun diese Diskrepanz zwischen Harmonischer Balance und Realität? Am mangelnden Tiefpaßcharakter des linearen Teilsystems kann es hier gewiß nicht liegen. Zur Erklärung betrachte man die Frequenz der Dauerschwingung für den kleinsten K-Wert, bei dem nach der Harmonischen Balance überhaupt eine Dauerschwingung auftreten kann: $K_0 = 1{,}21\,\frac{a}{b} = 0{,}484$.   Diese Frequenz wurde schon oben berechnet:

$$\omega_0 = 0{,}577 \; .$$

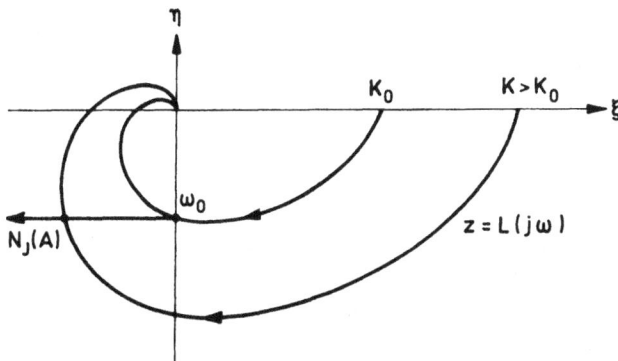

Bild 4/35   Zum Auftreten von Dauerschwingungen beim Regelkreis von Bild 4/34

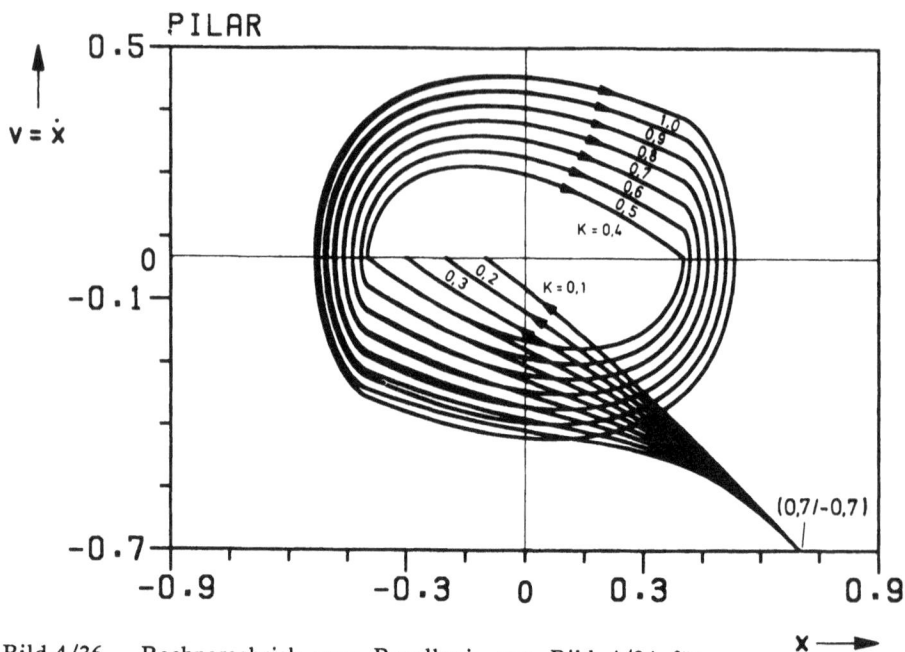

Bild 4/36   Rechnerschrieb zum Regelkreis von Bild 4/34 für
$a = 0{,}4$ und $b = 1$

Damit liegt sie aber erheblich unterhalb der dreifachen Knickfrequenz

$$\omega_K = \frac{1}{T} = 1$$

des linearen Teilsystems. Aus Stetigkeitsgründen gilt dies auch für die Frequenzen ω_p der Dauerschwingungen mit etwas größerem K. Damit liegt genau die Situation von Bild 4/3 vor. D.h.: Die Voraussetzung (III) der Harmonischen Balance ist verletzt.

Daß die Oberschwingungen für K-Werte aus der Nachbarschaft von K_0 in der Tat nur ungenügend weggefiltert werden, erkennt man auch aus dem Bild 4/36. Die Trajektorien für $K = 0{,}4$ und die unmittelbar darauffolgenden K-Werte sind einer Ellipse recht unähnlich und nähern sich erst mit wachsendem K der Ellipsengestalt.

In Fällen der eben betrachteten Art ist also bei der Anwendung der Harmonischen Balance Aufmerksamkeit geboten, doch sollte dies dem Ingenieur die Freude an der Anwendung dieser schönen Methode nicht trüben. Von einem „Versagen" der Harmonischen Balance möchte ich dabei nicht sprechen: Wenn die Voraussetzungen eines Verfahrens nicht erfüllt sind, kann man nicht verlangen, daß es funktioniert.

Man kann versuchen, die Harmonische Balance zu verbessern, wenn solche kritischen Fälle auftreten. Ein interessanter Vorschlag stammt von *K.-S. Yeung:* Durch strukturelle Umformung der nichtlinearen Regelung wird die Eingangsgröße der Nichtlinearität möglichst sinusähnlich gemacht [7]. Auf der Hand liegend ist der Gedanke, neben der Grundschwingung auch noch Oberschwingungen zu berücksichtigen (siehe vor allem [36, 37]). Doch wird die Vorgehensweise dann erheblich komplizierter und schwerfälliger und verliert den entscheidenden Vorzug der leichten Handhabbarkeit.

4.5 Benutzung von Frequenzkennlinien

Ist eine formelmäßige Lösung der Gleichung der Harmonischen Balance nicht möglich oder zu umständlich, so kann man die beiden Ortskurven mittels des Rechners aufzeichnen und ihre Schnittpunktsparameter feststellen. Bei eindeutigen Kennlinien kann es auch von Nutzen sein, ganz entsprechend wie bei linearen Systemen zu den logarithmischen Frequenzkennlinien (Bode-Diagrammen) überzugehen [8].

Dabei ist es zweckmäßig, von der Feststellung auszugehen, daß die Beschreibungsfunktion der am häufigsten auftretenden Kennlinienglieder sich in der Form

$$N(A) = k_n N_n(\alpha) \qquad (4.79)$$

darstellen läßt, wobei k_n eine von der Amplitude A unabhängige Konstante ist und $N_n(\alpha)$ von der normierten Amplitude $\alpha = A/a$, aber von keinerlei weiteren Parametern abhängt.

So ist beispielsweise beim Zweipunktglied mit Hysterese nach (4.22)

$$N(A) = \frac{4b}{\pi A} \sqrt{1 - \left[\frac{a}{A}\right]^2} - j\frac{4ab}{\pi A^2},$$

also

---

[7] *K.-S. Yeung:* Verbesserung der harmonischen Balance durch Strukturumformung. Regelungstechnik 23 (1975), S. 312–317.

[8] Für die Verwendung von Frequenzkennlinien in der linearen Theorie siehe etwa [73], Kapitel 5 und Abschnitt 7.6.

$$N(A) = \frac{4b}{\pi a} \cdot \frac{a}{A} \sqrt{1 - \left[\frac{a}{A}\right]^2} - j \cdot \frac{4b}{\pi a} \cdot \left[\frac{a}{A}\right]^2 ,$$

$$N(A) = \frac{4b}{\pi a} \left[\frac{\sqrt{\alpha^2 - 1}}{\alpha^2} - j \frac{1}{\alpha^2} \right] .$$

In Bild 4/37 sind die so erhaltenen normierten Beschreibungsfunktionen $N_n(\alpha)$ und die abgespaltenen Faktoren k_n für die häufigsten eindeutigen Kennlinien zusammengestellt.

Führt man die normierte Beschreibungsfunktion in die Gleichung

$$N(A)L(j\omega) = -1$$

der Harmonischen Balance ein, so nimmt sie die Form

$$k_n N_n(\alpha) L(j\omega) = -1$$

an. Schlägt man den Faktor k_n zum linearen Frequenzgang und führt den *nor-mierten Frequenzgang*

$$L_n(j\omega) = k_n L(j\omega) \tag{4.80}$$

ein, so wird aus der Gleichung der Harmonischen Balance

$$N_n(\alpha)L_n(j\omega) = -1$$

oder

$$L_n(j\omega) = - \frac{1}{N_n(\alpha)} .$$

Spaltet man sie in Betrag und Phase auf, so entsteht das Gleichungssystem

$$|L_n(j\omega)| = \frac{1}{|N_n(\alpha)|} , \qquad \underline{/L_n(j\omega)} = \underline{/-1} ,$$

da bei den Kennlinien aus Bild 4/37 $N_n(\alpha)$ reell und positiv ist.

Logarithmiert man die Betragsgleichung und versieht sie wie üblich mit dem Maßstabsfaktor 20, so erhält man die Gleichungen

Kennlinienglied	Gestalt der Kennlinie	k_n	α	$N_n(\alpha)$
Zweipunktglied	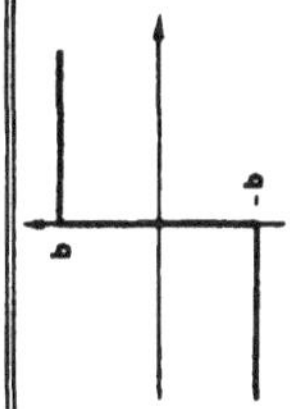 (Kennlinie mit b, $-b$)	$\dfrac{4b}{\pi}$	A	$\dfrac{1}{\alpha}, \quad \alpha > 0$
Dreipunktglied	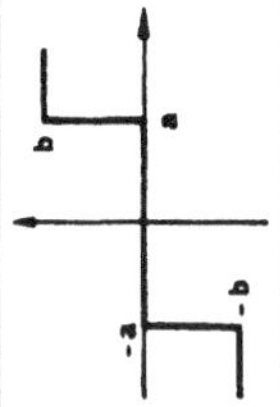 (Kennlinie mit b, a, $-a$, $-b$)	$\dfrac{4b}{\pi a}$	$\dfrac{A}{a}$	$\sqrt{\dfrac{\alpha^2-1}{\alpha^2}}, \quad \alpha \geq 1$
Begrenzung	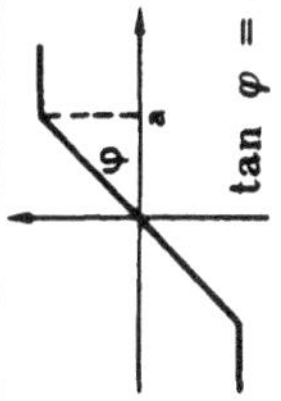 (Kennlinie, φ, a, $\tan \varphi = m$)	m	$\dfrac{A}{a}$	$1, \quad 0 \leq \alpha \leq 1$ $\dfrac{2}{\pi}\left[\arcsin\dfrac{1}{\alpha} + \sqrt{\dfrac{\alpha^2-1}{\alpha^2}}\right], \quad \alpha \geq 1$ *)
Totzone	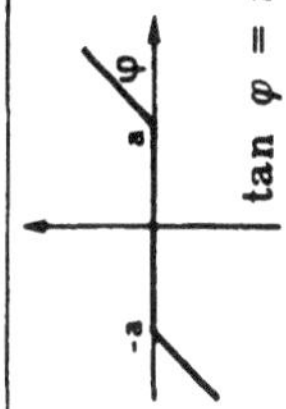 (Kennlinie, φ, a, $\tan \varphi = m$)	m	$\dfrac{A}{a}$	$1 - \dfrac{2}{\pi}\left[\arcsin\dfrac{1}{\alpha} + \sqrt{\dfrac{\alpha^2-1}{\alpha^2}}\right], \quad \alpha \geq 1$ *)

*) Auch hier ist unter $\arcsin\dfrac{1}{\alpha}$ der Hauptwert zu verstehen

Bild 4/37   Normierte Beschreibungsfunktionen

$$20\log|L_n(j\omega)| = -20\log|N_n(\alpha)|, \qquad (4.81)$$

$$\underline{/L_n(j\omega)} = (2\nu+1)\pi, \quad \nu \text{ beliebig ganz.} \qquad (4.82)$$

Diese beiden Gleichungen sind der Gleichung der Harmonischen Balance äquivalent. Auf den linken Seiten stehen die Frequenzkennlinien des normierten Frequenzganges $L_n(j\omega)$. Die rechten Seiten werden allein durch die nichtlineare

Kennlinie bestimmt. Entscheidend für den praktischen Nutzen ist die Tatsache, daß sie parameterfrei sind, also ein für alle Mal graphisch fixiert werden können.

Die Vieldeutigkeit des Winkels $(2\nu+1)\pi$ ist praktisch von geringer Bedeutung; man wird sich meist auf $-\pi$ beschränken können. Nimmt nämlich die Phase von $L_n(j\omega)$ die Werte -3π, -5π, ..., an, so wird im allgemeinen der Betrag von $L_n(j\omega)$ so weit abgesunken sein, daß die Betragsgleichung nicht mehr erfüllt wird.

Aus der Frequenzkennliniendarstellung liest man die Frequenzen ω_{p1}, ω_{p2}, ... ab, bei denen die Phasenkennlinie von L_n die Werte $-\pi$, -3π, ... annimmt. Zugleich entnimmt man die zugehörigen Betragswerte

$$20\log|L_n(j\omega_{p1})| \;,\; 20\log|L_n(j\omega_{p2})| \;,\; ... \;.$$

Man hat nun festzustellen, ob zu ihnen α-Werte existieren, die (4.81) erfüllen. Das ist ohne weiteres möglich, wenn man die Funktion

$$f(\alpha) = -20\log|N_n(\alpha)|$$

über der α-Achse aufzeichnet, was für einen bestimmten Kennlinientyp nur einmal geschehen muß, da $N_n(\alpha)$ parameterfrei ist. Aus dieser Kurve liest man die α-Werte ab, für welche

$$f(\alpha) = -20\log|L_n(j\omega_{p\nu})| \tag{4.83}$$

gilt.

Die Funktion $f(\alpha)$ ist für die Kennlinien von Bild 4/37 in den Bildern 4/38 bis 4/41 dargestellt.

Ein Beispiel mag zeigen, wie einfach das Verfahren anzuwenden ist. Es liege der Regelkreis von Bild 4/42 vor. Da es sich bei der Nichtlinearität um eine Begrenzung handelt, ist $k_n = m$. Der normierte Frequenzgang ist daher

$$L_n(j\omega) = mL(j\omega) = \frac{3{,}2\,e^{-0{,}5j\omega}}{j\omega(1+j\omega)(1+0{,}5j\omega)}\;.$$

Seine Frequenzkennlinien findet man in Bild 4/43. Aus ihm liest man $\omega_p = 0{,}85$ und

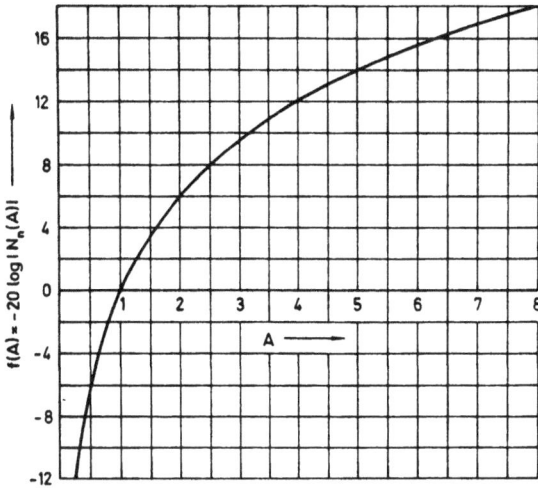

Bild 4/38   Die logarithmische Beschreibungsfunktion $f(A) = -20 \log|N_n(A)|$
für das Zweipunktglied

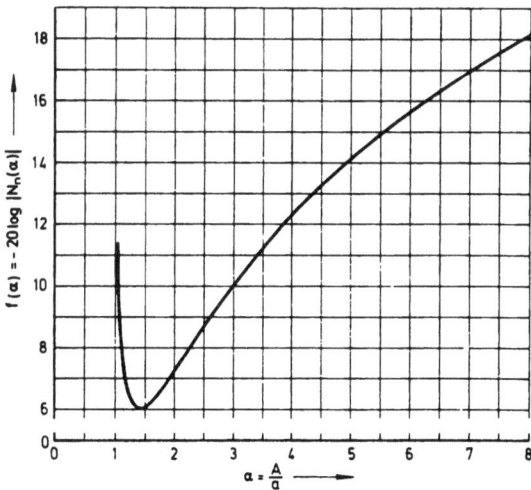

Bild 4/39   Die logarithmische Beschreibungsfunktion $f(\alpha) = -20 \log|N_n(\alpha)|$
für das Dreipunktglied

$$20\log|L_n(j\omega_p)| = 8{,}5$$

ab. Geht man mit dem letzteren Wert in das Bild 4/40, so erhält man $\alpha = A/a$
$= 3{,}33$, sodaß

$$A_p = 3{,}33a \approx 6{,}7$$

folgt. Wie nahe die so berechneten Werte ω_p und A_p bei den exakten Werten liegen, geht aus Bild 4/44 hervor, das den Rechnerschrieb für einige Zeitvorgänge x(t) sowie den zugehörigen Grenzzyklus zeigt. Bei der Darstellung über der Zeitachse ist die Dauerschwingung stärker ausgezogen. Außer ihr sind zwei

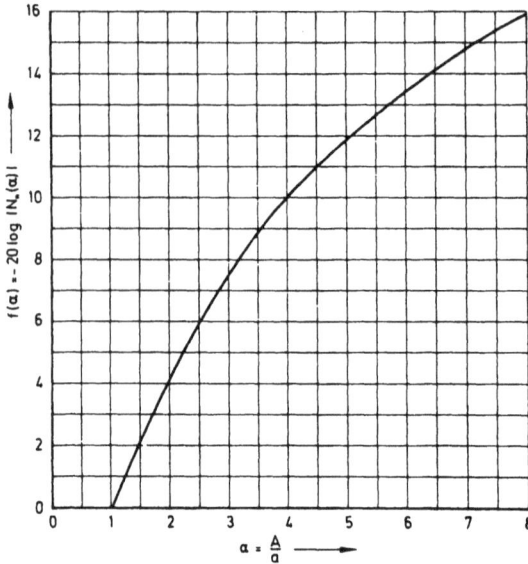

Bild 4/40   Die logarithmische Beschreibungsfunktion $f(\alpha) = -20 \log|N_n(\alpha)|$
für die Begrenzung

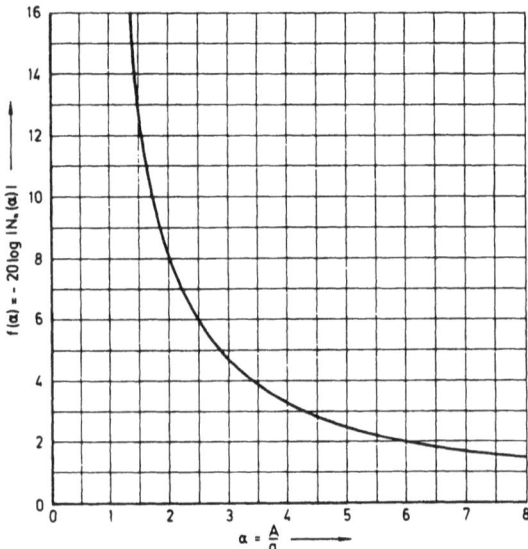

Bild 4/41   Die logarithmische Beschreibungsfunktion $f(\alpha) = -20 \log|N_n(\alpha)|$
für die Totzone

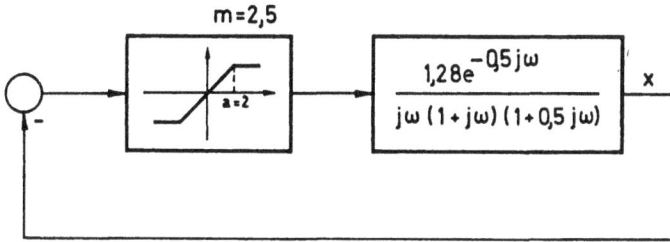

Bild 4/42   Regelkreis mit Begrenzung und Totzeit

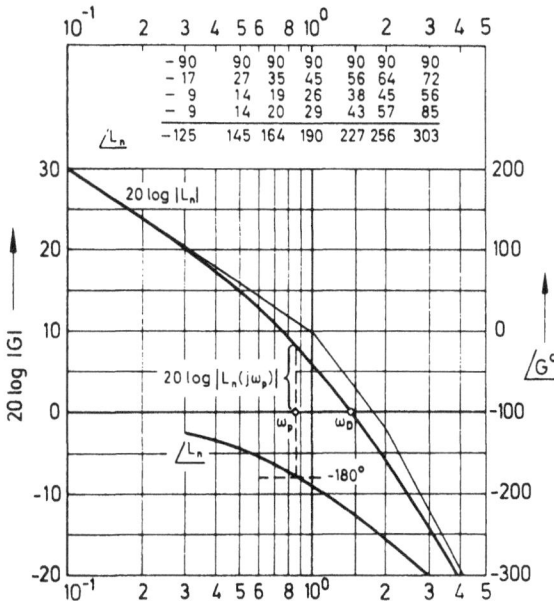

Bild 4/43   Frequenzkennlinien des normierten Frequenzganges $L_n(j\omega)$ = $mL(j\omega)$ aus Bild 4/42

Einschwingvorgänge dargestellt, die sich für Anfangswerte kleiner und größer als die Amplitude der Dauerschwingung ergeben ($x_0 = 2$ und $x_0 = 12$). Man sieht, daß beide mit wachsendem t in die Dauerschwingung übergehen, abgesehen von einer Phasenverschiebung, die für die Gestalt der periodischen Vorgänge ohne Belang ist.

4.6   Stabilitätsverhalten von Dauerschwingungen

Dem Ingenieursprachgebrauch folgend haben wir periodische Zeitvorgänge in dynamischen Systemen als Dauerschwingungen bezeichnet, um sie so von auf- und abklingenden Schwingungen zu unterscheiden. Die Frage liegt nahe, wann sie in

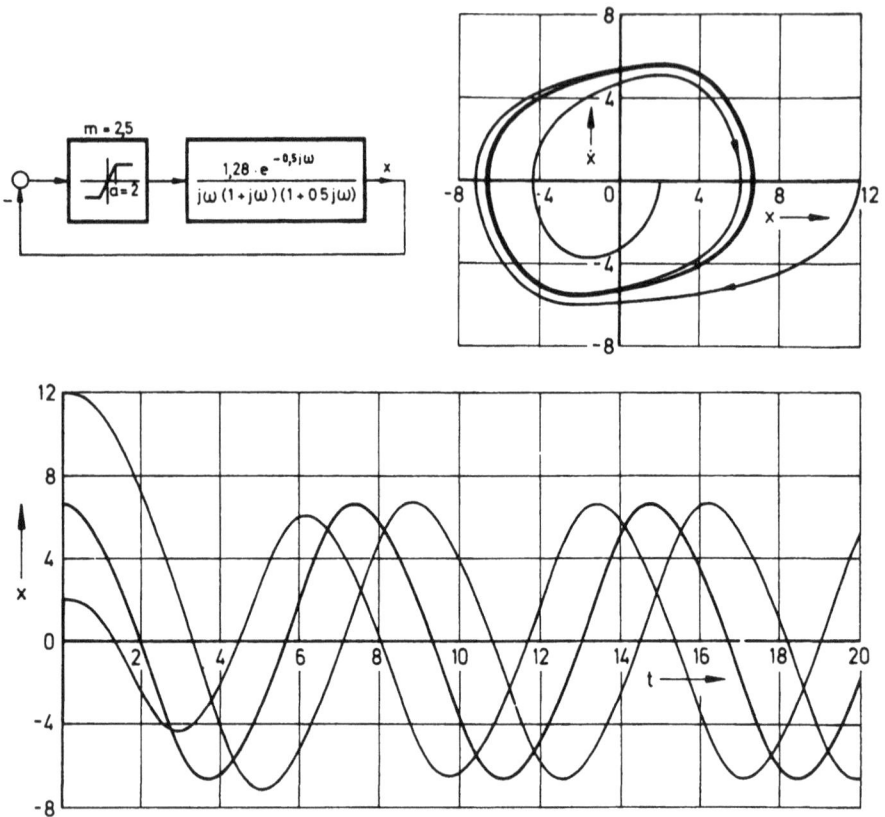

Bild 4/44   Dauerschwingung und Grenzzyklus des Regelkreises von Bild 4/42

einem realen System wirklich dauerhafte Vorgänge sind, sich also bei Störungen regenerieren.

Um diese Frage zu untersuchen, werde eine Dauerschwingung, also ein periodischer Zeitvorgang, mit der Amplitude A und der Frequenz ω betrachtet. Im Zustandsraum der Regelung gehört zu ihr eine geschlossene Kurve, da die Zustandsvariablen mit der Periode $\tau = 2\pi/\omega$ die gleichen Werte durchlaufen. Durch äußere Einwirkung, z.B. eine plötzlich auftretende kurzzeitige Störung, möge der auf der geschlossenen Kurve umlaufende Zustandspunkt des Systems etwas ausgelenkt und dann wieder sich selbst überlassen werden. Er durchläuft dann nicht mehr die ursprüngliche geschlossene Kurve, sondern eine Trajektorie in deren Umgebung. Betrachtet man den Vorgang über der Zeitachse, so ist an die Stelle der Dauerschwingung ein Zeitvorgang getreten, der nicht mehr streng periodisch ist. Aber da er – mindestens für einige Zeit nach der Störung – nur wenig von der Dauerschwingung abweicht, kann man ihn in erster Näherung wieder als Dauerschwingung ansehen, allerdings mit einer von A etwas abweichenden Amplitude A+ΔA, die sich relativ langsam ändert. In diesem Sinne ist die Ausdrucksweise zu verstehen, daß durch die äußere Störung die Amplitude der Dauerschwingung geändert worden sei. Strenggenommen liegt natürlich gar keine Dauerschwingung mehr vor, sondern eine langsam auf- oder abklingende Schwingung, die jedoch, zumindest anfänglich, einer Dauerschwingung recht nahekommt.

Die durch eine derartige Anfangsstörung aus der Dauerschwingung hervorgehenden Einschwingvorgänge können verschiedenes Verhalten zeigen. Von besonderem Interesse sind die folgenden drei Möglichkeiten:
(I) Sowohl bei einer Vergrößerung als auch bei einer Verkleinerung der Amplitude A (innerhalb gewisser Grenzen) strebt der entstehende Einschwingvorgang mit wachsender Zeit t gegen die ursprüngliche Dauerschwingung (abgesehen von einer etwaigen Phasenverschiebung).
(II) Der Einschwingvorgang strebt bei der Vergrößerung der Amplitude gegen die ursprüngliche Dauerschwingung, bei Verkleinerung der Amplitude jedoch von ihr weg, oder umgekehrt.
(III) Der Einschwingvorgang strebt bei Vergrößerung und Verkleinerung der Amplitude von der ursprünglichen Dauerschwingung weg.

Allen drei Fällen ist gemeinsam, daß die zur Dauerschwingung benachbarten Einschwingvorgänge dieser gegenüber ein bestimmtes Grenzverhalten für t → +∞ an den Tag legen, insofern sie von ihr weg oder auf sie zustreben. Eine derartige Dauerschwingung bezeichnen wir deshalb als *Grenzschwingung* und nennen sie im ersten Fall *stabil,* im zweiten *semistabil* und im dritten *instabil.*

Es sind durchaus auch andere Verhaltensmöglichkeiten des durch die Anfangsstörung entstandenen Zeitvorganges denkbar. Zum Beispiel kann er selbst eine exakte Dauerschwingung darstellen, die von der ursprünglichen Dauerschwingung verschieden ist und weder auf diese zu noch von ihr wegstrebt. Ein Beispiel hierfür haben wir schon bei den Untersuchungen in der Zustandsebene kennengelernt, nämlich den Regelkreis im Bild 2/12, dessen Trajektorien im Bild 2/14 dargestellt sind.

Das Bild einer Grenzschwingung im Zustandsraum ist ein *Grenzzyklus.* Beispiele von Grenzschwingungen sind uns schon öfters begegnet, meist in Gestalt von Grenzzyklen. So im Kapitel 2 bei nichtlinearen Regelkreisen 2. Ordnung (eventuell mit Totzeit):

- Regelkreis aus Zweipunktglied mit Hysterese und $I-PT_1$-System (Bild 2/28, 2/33),
- Regelkreis aus Zweipunktglied und $I-PT_1-TZ$-System (Bild 2/37, 2/40),
- Regelkreis aus Totzone und $I-PT_1-TZ$-System (Bild 2/42, 2/43).

Beispiele von Systemen 3. Ordnung treten im vorliegenden Kapitel auf:

- Regelkreis aus Zweipunktglied mit Hysterese und $P-T_3$-Glied (Bild 4/34, 4/36),
- Regelkreis aus Dreipunktglied und $I-PT_2-TZ$-System (Bild 4/44).

Hierzu gehören auch die im Bild 4/20 dargestellten Dauerschwingungen, die in einem Regelkreis mit Dreipunktkennlinie und einem aus I-Glied und zwei $P-T_1$-Gliedern bestehenden linearen Teilsystem auftreten. Denkt man sich als Zustandsvariablen dieser Regelung x, $\dot{x}$ und $\ddot{x}$ eingeführt und zeichnet die Projektion der Trajektorien auf die $x-\dot{x}$-Ebene auf, wie dies im Bild 4/45 geschehen ist, so hat man die Grenzschwingungseigenschaft der beiden Dauerschwingungen aus Bild 4/20 anschaulich vorliegen. Man erkennt zwei (stärker ausgezogene) geschlossene Kurven oder Zyklen, die den beiden Dauerschwingungen des Regelkreises entsprechen. Wie man sieht, stimmt der äußere Zyklus sehr gut mit einer Ellipse überein, während der innere etwas mehr abweicht. Die Annäherung der wirklichen Dauerschwingung durch die Grundschwingung ist hier durchaus zufriedenstellend. Die aus Bild 4/45 abgelesenen Amplitudenwerte A_1 = 0,22 und A_2 = 0,36 zeigen befriedigende Übereinstimmung mit den früher berechneten Werten A_1 = 0,24 und A_2 = 0,35 (Bild 4/20).

Außer dem Bild der beiden Dauerschwingungen in der $x-\dot{x}$-Ebene sind noch die Bilder einiger typischer Einschwingvorgänge aufgezeichnet. Es handelt sich dabei um die Projektionen von räumlichen Trajektorien, die von einem Anfangspunkt $x(0) = x_0$, $\dot{x}(0) = 0$, $\ddot{x}(0) = 0$ ausgehen, also von einem Punkt der x-Achse. Diese Vorgänge entstehen somit dadurch, daß man die Amplitude der vorliegenden Dauerschwingung, der größeren oder der kleineren, abändert. Aus dem Bild 4/45 ist zu sehen, daß die so entstehenden Kurven von dem inneren Zyklus weglaufen. Die innerhalb von ihm beginnenden laufen auf die Zone $-0,2 \leq x \leq +0,2$ der Ruhelagen zu und enden dort. Die außerhalb beginnenden streben gegen den äußeren Zyklus und stimmen praktisch nach einiger Zeit mit ihm überein. Ebenso streben die außerhalb des äußeren Zyklus beginnenden Kurven gegen ihn. In diesem Sachverhalt drückt sich die Tatsache aus, daß beide Dauerschwingungen Grenzschwingungen sind, wobei diejenige mit der größeren Amplitude stabil, die andere hingegen instabil ist.

Die Grenzschwingungen stellen, eben auf Grund ihres Grenzverhaltens, einen besonders ausgezeichneten Typ von Dauerschwingungen dar. Treten in einem rea-

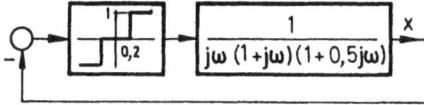

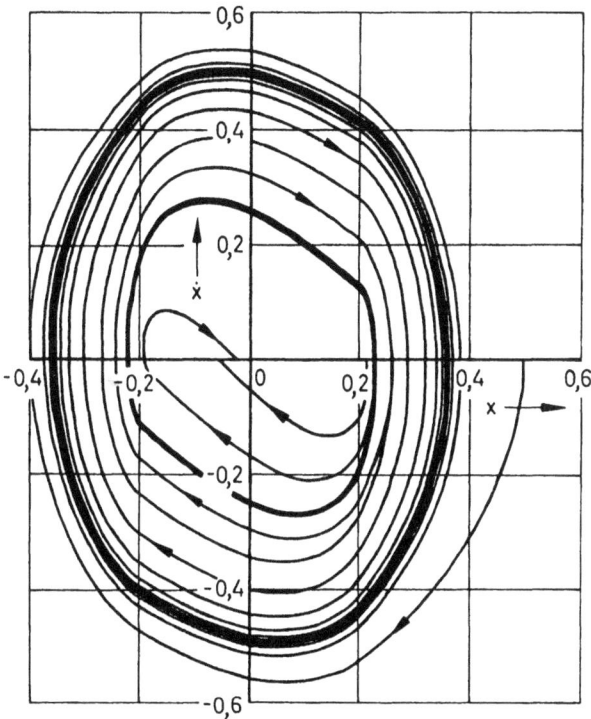

Bild 4/45 Trajektorien eines nichtlinearen Regelkreises (Projektion auf die
$x - \dot{x}$ -Ebene) mit zwei Grenzschwingungen

len Regelkreis Dauerschwingungen auf, so handelt es sich meist um Grenzschwingungen. In den von uns behandelten Beispielen waren die Dauerschwingungen mit einer einzigen Ausnahme (Regelung von Bild 2/12) Grenzschwingungen.

Wir wenden uns nunmehr der Frage zu, wie man aufgrund der Harmonischen
Balance das **Stabilitätsverhalten der Grenzschwingungen** erkennen kann. Wir
wollen sie in einer zwar nicht exakten, aber dafür sehr anschaulichen und für die
Zwecke der Regelungspraxis ausreichenden Weise beantworten.

Dazu gehen wir von der Tatsache aus, daß die Beschreibungsfunktion N(A) das
Verhalten der Nichtlinearität im Zustand der Harmonischen Balance und aus

Stetigkeitsgründen auch in benachbarten Einschwingzuständen genügend gut beschreibt. Für irgendein festes A aus der Umgebung einer Dauerschwingungsamplitude A_p stellt

$$K = N(A)$$

eine feste Zahl dar. Man kann für den durch A charakterisierten Schwingungszustand die Nichtlinearität als Proportionalglied mit der Übertragungskonstante K = N(A) ansehen. Man erhält so für diesen Schwingungszustand der nichtlinearen Standardregelung die lineare Ersatzregelung in Bild 4/46.

Ist speziell $A = A_p$, so befindet sich die lineare Ersatzregelung im Zustand der Dauerschwingung. Setzt man $N(A_p) = K_p$, so muß

$$K_p L(j\omega) = -1$$

oder

$$L(j\omega) = - \frac{1}{K_p}$$

gelten (Bild 4/47a). Nun denke man sich die Amplitude verändert:

$$A = A_p + \Delta A ,$$

womit $K_p = N(A_p)$ in einen neuen Wert $K = N(A_p + \Delta A)$ übergeht. $L(j\omega)$ bleibt hierbei unverändert. Es sind jetzt zwei Fälle möglich. Liegt $-1/K$ rechts von $-1/K_p$, so umschließt die lineare Ortskurve $z = L(j\omega)$ den Punkt $-1/K$ (Bild 4/47b). Nach dem Nyquist-Kriterium ist die lineare Ersatzregelung dann instabil. Daher muß die Amplitude des durch die Änderung ΔA hervorgerufenen Einschwingvorganges aufklingen. Liegt hingegen $-1/K$ links von $-1/K_p$, so wird der Punkt $-1/K$ von der linearen Ortskurve nicht umschlossen (Bild 4/47c). Die

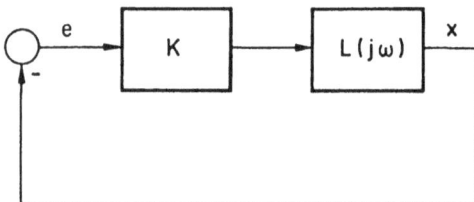

Bild 4/46   Lineare Ersatzregelung für einen der Harmonischen Balance benachbarten Schwingungszustand der nichtlinearen Standardregelung

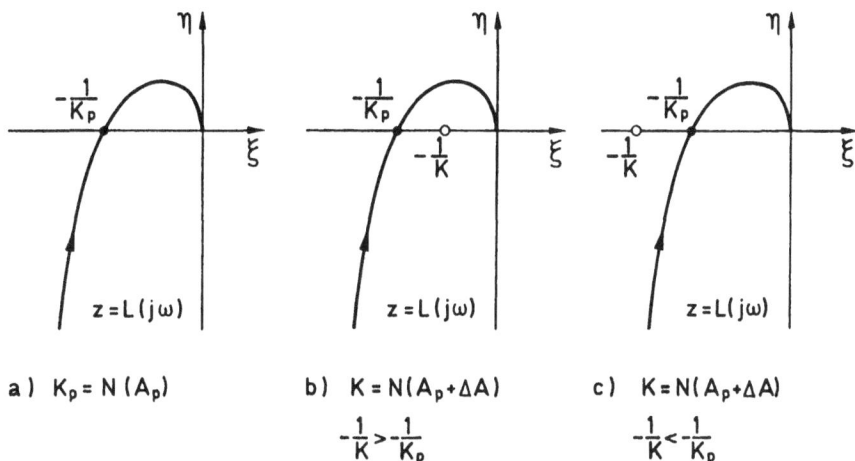

a) $K_p = N(A_p)$ b) $K = N(A_p + \Delta A)$ c) $K = N(A_p + \Delta A)$

$$-\frac{1}{K} > -\frac{1}{K_p} \qquad\qquad -\frac{1}{K} < -\frac{1}{K_p}$$

Bild 4/47 Verhalten der linearen Ersatzregelung bei Änderung der Amplitude A

lineare Ersatzregelung ist nach dem Nyquist-Kriterium stabil, und daher muß der durch die Änderung ΔA erzeugte Einschwingvorgang abklingen [9]).

Diese Überlegung kann man sogleich in die Zwei-Ortskurven-Darstellung übertragen, wenn man berücksichtigt, daß

$$- \frac{1}{K} = - \frac{1}{N(A)} = N_J(A)$$

ist, also $-1/K$ bei veränderlichem A den laufenden Punkt der nichtlinearen Ortskurve darstellt. In Bild 4/48 ist eine typische Situation skizziert. Der Schnittpunkt 1 entspricht einer Dauerschwingung mit der Amplitude A_{p1}. Wird sie vergrößert, indem man zu $A_{p1} + \Delta A$ mit positivem ΔA übergeht, so wird der zugehörige Punkt $-1/K = -1/N(A_{p1} + \Delta A)$ von der linearen Ortskurve nicht umschlungen, da man in Richtung wachsender Parameter A auf der nichtlinearen Ortskurve weitergeht. Der durch die Amplitudenerhöhung ΔA erzeugte Einschwingvorgang klingt daher ab. D.h.: A geht von $A_{p1} + \Delta A$ wieder auf A_{p1} zurück. Geht man umgekehrt durch Verkleinerung der Amplitude um ΔA zum Punkt 1" über, so wird der Punkt $-1/K = -1/N(A_{p1} - \Delta A)$ von der linearen Ortskurve umschlungen, da man jetzt in Richtung abnehmender A auf der nichtlinearen Ortskurve fortschreitet. Der durch die Amplitudenerniedrigung $-\Delta A$ hervorgerufene Einschwingvorgang klingt infolgedessen auf. Die Amplitude wächst an, bis schließlich wieder der ursprüngliche Wert A_{p1} erreicht ist.

---

[9]) Diese Überlegungen gelten auch dann, wenn K = N(A) nicht reell ist, da auch in diesem Fall das Nyquist-Kriterium anwendbar bleibt.

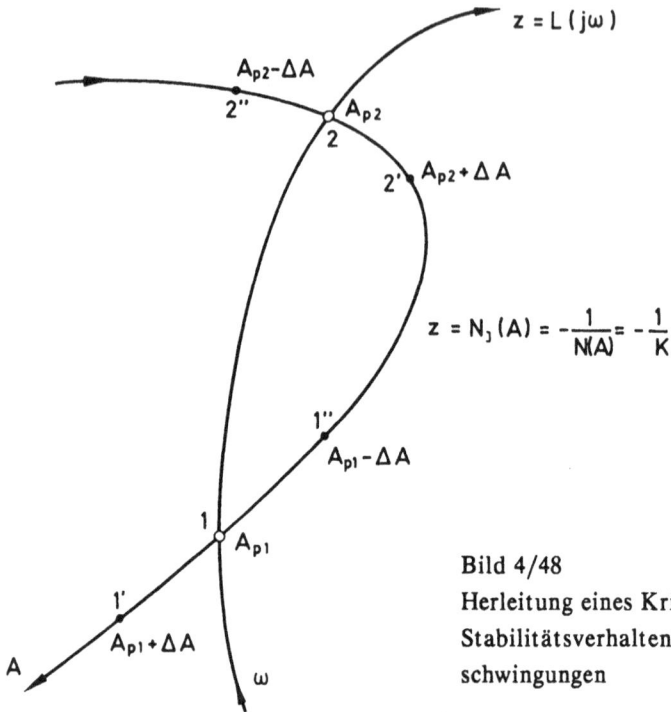

$$z = L(j\omega)$$

$$A_{p2} - \Delta A$$

$$A_{p2}$$

$$A_{p2} + \Delta A$$

$$z = N_{J}(A) = -\frac{1}{N(A)} = -\frac{1}{K}$$

$$A_{p1} - \Delta A$$

$$A_{p1}$$

$$A_{p1} + \Delta A$$

Bild 4/48
Herleitung eines Kriteriums für das
Stabilitätsverhalten von Grenz-
schwingungen

Man erkennt hieraus, daß die durch A_{p1} charakterisierte Dauerschwingung eine stabile Grenzschwingung darstellt, da die durch Änderung der Amplitude erzeugten Einschwingvorgänge mit wachsender Zeit gegen sie streben.

Völlig entsprechend sieht man, daß es sich bei der Dauerschwingung mit der Amplitude A_{p2} um eine instabile Grenzschwingung handelt, da man hier durch Vergrößerung der Amplitude auf die rechte Seite der linearen Ortskurve, durch Verkleinerung aber auf ihre linke Seite gelangt – gerade umgekehrt wie im Punkt 1.

Zusammenfassend hat man die folgende *Stabilitätsregel für Grenzschwingungen:*

Die zu einem Schnittpunkt der linearen und der nichtlinearen Orts-
kurve gehörende Dauerschwingung mit der Amplitude A_p stellt eine
stabile Grenzschwingung dar, wenn der laufende Punkt $z = N_J(A)$
der nichtlinearen Ortskurve in der Umgebung des Schnittpunktes von
der linearen Ortskurve für $A < A_p$ umschlungen wird, für $A > A_p$
aber nicht. Im umgekehrten Fall liegt eine instabile Grenzschwingung
vor. Wird sowohl für $A < A_p$ als auch für $A > A_p$ der Punkt $z =$

$N_J(A)$ *von der linearen Ortskurve umschlungen oder nicht um-*
schlungen, so hat man eine semistabile Grenzschwingung. (4.84)

Die letzte Aussage wird durch Bild 4/49 erläutert.

Ganz ähnlich wie bei der Formulierung des Nyquist-Kriteriums kann man die
Begriffe „umschlungen" und „nicht umschlungen", welche die Lage des Punktes
–1/K zur linearen Ortskurve bezeichnen, für nicht zu komplizierte Ortskurven
durch „rechts" und „links" ersetzen. Man gelangt dann zu einer etwas übersicht-
licheren Formulierung:

Eine Dauerschwingung der nichtlinearen Standardregelung ist eine
stabile Grenzschwingung, wenn in dem zugehörigen Schnittpunkt der
beiden Ortskurven die nichtlineare Ortskurve mit wachsendem A die
lineare von rechts nach links durchstößt, sie ist eine instabile Grenz-
schwingung, wenn die nichtlineare Ortskurve die lineare von links
nach rechts durchdringt, sie ist eine semistabile Grenzschwingung,
wenn die nichtlineare Ortskurve auf der gleichen Seite der linearen
Ortskurve bleibt. (4.85)

Die Bilder 4/48 und 4/49 illustrieren diese gegenseitigen Lagebeziehungen.

Ist die lineare Ortskurve verwickelter, so kann man mit dieser Formulierung in
Schwierigkeiten geraten. Ein Beispiel hierfür liefert ein Regelkreis aus einem
Zweipunktglied und einem Verzögerungssystem 7. Ordnung. Wie man aus Bild
4/50 ersieht, haben die Ortskurven zwei Schnittpunkte. Nach der letzten Formulierung der Stabilitätsregel müßten beide Grenzschwingungen stabil sein, da in
beiden Fällen die nichtlineare Ortskurve von der rechten auf die linke Seite der
linearen Ortskurve überwechselt. Ein solches Stabilitätsverhalten erscheint aber

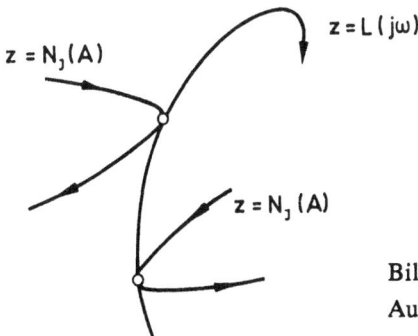

Bild 4/49
Auftreten semistabiler Grenzschwingungen

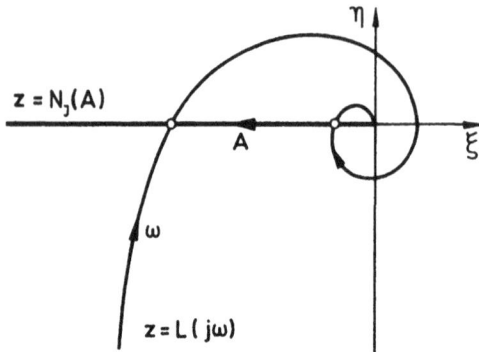

Bild 4/50   Die beiden Ortskurven eines Regelkreises aus einem Zweipunktglied
und einem Verzögerungssystem 7. Ordnung

sogleich unplausibel, wenn man sich die Situation in der $x-v$-Ebene vergegen-
wärtigt: Beide Zyklen müßten die Nachbarkurven anziehen. Dann erwartet man,
daß zwischen beiden ein Zyklus liegt, der sie abstößt, also einer instabilen
Grenzschwingung entspricht. Da es keinen dritten Schnittpunkt beider Ortskurven gibt, kann sie aber nicht existieren. Natürlich ist diese Schlußweise nicht
streng, da es sich ja um ein System 7. Ordnung handelt, dessen wirkliche Trajektorien also in einem 7-dimensionalen Zustandsraum liegen. Aber immerhin
mahnt sie zu einer gewissen Vorsicht. In der Tat liefert die allgemeine Fassung
der Stabilitätsregel für Grenzschwingungen das Resultat, daß nur die Grenzschwingung mit der größeren Amplitude stabil ist, dagegen die mit der kleineren
Amplitude nur semistabil. Denn sowohl bei Vergrößerung als auch bei Verkleinerung der Amplitude wird der laufende Punkt der nichtlinearen Ortskurve von
der linearen umschlungen. Das Ergebnis wird durch den Rechner bestätigt.

Wendet man die Stabilitätsregel für Grenzschwingungen auf die im vorhergehenden betrachteten Nichtlinearitäten und ein lineares Teilsystem mit Verzögerungsverhalten an, so erhält man aus dem Zwei-Ortskurven-Bild unmittelbar
die im Bild 4/51 zusammengestellten typischen Ergebnisse.

Hierbei ist ein Verzögerungsverhalten der linearen Ortskurve vorausgesetzt. Bei
höherer Ordnung des linearen Teilsystems (siehe z.B. Bild 4/50), Auftreten von
Totzeit oder Zählerzeitkonstanten können die Verhältnisse auch anders liegen.
Als Beispiel für abweichendes Verhalten kann der Regelkreis in Bild 4/52 dienen. Eine derartige Ortskurve, deren „Beulen" durch Zählerzeitkonstanten ver-
ursacht sind, kann sich bei der Stabilisierung eines ursprünglich instabilen Kreises ergeben. Hier treten statt der einen Grenzschwingung des Normalfalles deren
drei auf, zwei davon stabil, eine instabil.

Nichtlinearität	Anzahl und Charakter der Grenzschwingungen (GS)
Zweipunktglied	Keine GS für Ordnung < 3, sonst 1 stabile GS
Dreipunktglied	Für n < 3 keine GS ; für n ≧ 3 keine GS oder 2 GS, instabil diejenige mit kleiner Amplitude, stabil die mit großer Amplitude
Begrenzung	Keine GS oder 1 stabile GS
Totzone	Keine GS oder 1 instabile GS
Zweipunktglied mit Hysterese	Keine GS oder 1 stabile GS

Bild 4/51   Überblick über die Anzahl und den Charakter der Grenzschwingungen der nichtlinearen Standardregelung bei Verzögerungsverhalten und Ordnung ≤ 6 des linearen Teilsystems

Die stabilen Grenzschwingungen sind ein typisch nichtlineares Phänomen, das im
linearen Bereich keine Entsprechung hat. Darauf wurde schon im Abschnitt 1.3
am Beispiel der Temperaturregelung hingewiesen. Zwar gibt es bei linearen Systemen Dauerschwingungen, nämlich dann, wenn ein konjugiert komplexes Polpaar auf der imaginären Achse liegt, aber kein Pol rechts davon gelegen ist. Sie
unterscheiden sich jedoch ganz wesentlich von den stabilen Grenzschwingungen,
und zwar in zwei Punkten.

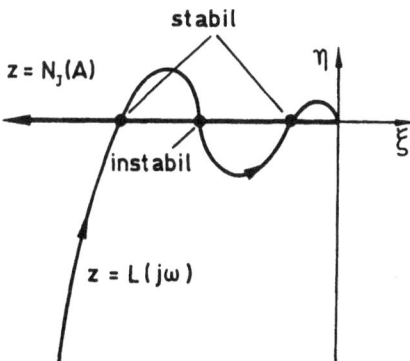

Bild 4/52   Auftreten von Grenzschwingungen bei komplizierterem Verlauf der
linearen Ortskurve

Erstens hängt ihre Amplitude von den Anfangswerten ab. Betrachten wir etwa die Differentialgleichung

$$\ddot{x} + \omega^2 x = 0$$

mit konstantem positivem ω. Führt man die Zustandsvariablen x und $v = \dot{x}$ ein, so sind die Trajektorien der Differentialgleichung durch

$$x^2 + \frac{v^2}{\omega^2} = C \tag{4.86}$$

mit dem Integrationsparameter C gegeben. Es sind die im Bild 4/53 skizzierten Ellipsen. Für die Ellipse mit dem Anfangspunkt (x_0, v_0) gilt

$$x_0^2 + \frac{v_0^2}{\omega^2} = C \,,$$

womit man für (4.86) schreiben kann:

$$x^2 + \frac{v^2}{\omega^2} = x_0^2 + \frac{v_0^2}{\omega^2} \,.$$

Die Amplitude A ergibt sich als Abszisse des Ellipsenschnittpunktes mit der x–Achse für $v = 0$:

$$A = \sqrt{x_0^2 + \frac{v_0^2}{\omega^2}} \,.$$

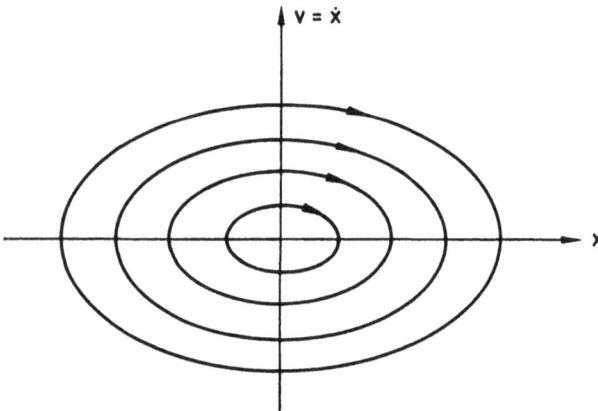

Bild 4/53   Dauerschwingungen eines linearen Systems in der Zustandsebene

Eine Anfangsstörung verändert (x_0, v_0) und damit die Amplitude A. Die Ellipse geht in eine andere Ellipse über, die Dauerschwingung in eine neue Dauerschwingung, ohne daß die ursprüngliche Schwingung wieder angenommen wird, es sei denn zufälligerweise durch eine weitere Störung. Das Bild der Dauerschwingungen in der x-v-Ebene sieht man in Bild 4/53. Von irgendeinem Grenzverhalten ist hier nicht die Rede.

Ganz anders bei der stabilen Grenzschwingung eines nichtlinearen Systems: Wird hier durch eine Anfangsstörung die Schwingung verändert, so entsteht ein Einschwingvorgang, der in Amplitude und Frequenz gegen die ursprüngliche Schwingung strebt, so daß sie praktisch nach einiger Zeit wiederhergestellt ist. Man betrachte beispielsweise das Verhalten des äußeren Zyklus bzw. der größeren Dauerschwingung von Bild 4/45.

Zweitens sind die linearen Dauerschwingungen äußerst empfindlich gegen Parameterschwankungen. Wenn sich das auf der imaginären Achse gelegene Polpaar des linearen Systems auch nur beliebig wenig nach rechts oder links verlagert, wird aus der Dauerschwingung, d.h. der Schwingung konstanter Amplitude, eine auf- oder abklingende Schwingung. Ganz anders eine stabile Grenzschwingung! Ändern sich die Systemparameter der nichtlinearen Regelung, so hat dies eine Verlagerung der linearen oder nichtlinearen Ortskurve oder auch beider Ortskurven zur Folge. Dadurch wird auch der Schnittpunkt verschoben, zu welchem die stabile Grenzschwingung gehört. Sofern die Parameteränderungen nicht zu groß sind, bleibt aber der Schnittpunkt erhalten, und zwar als „stabiler" Schnittpunkt. Es entsteht also wiederum eine stabile Grenzschwingung. Ihre Frequenz und Amplitude sind beliebig wenig von der Frequenz und Amplitude der ursprünglichen Grenzschwingung verschieden, wenn die Parameteränderungen genügend klein sind. Dieses Verhalten kann man im einzelnen an den behandelten Beispielen studieren.

Dauerschwingungen in einem linearen System sind theoretische Phänomene, die in einem realen System wegen der unvermeidlichen Störungen und Parameterschwankungen allenfalls eine kurze Zeitspanne bestehen können. Das gleiche Schicksal teilen ihrer Natur nach die instabilen und semistabilen Grenzschwingungen. *Die stabilen Grenzschwingungen* hingegen sind überaus reale Erscheinungen. Bei Änderung der Anfangsbedingungen infolge äußerer Störung regenerieren sie sich, bei Parameteränderungen des Systems bleiben sie erhalten, nur mit geänderter Amplitude und Frequenz. Sie sind zählebig. Wer sich jemals mit unerwünschten Schwingungen in instabilen Schaltungen oder Regelkreisen abzumühen hatte, weiß das. Sie *sind Struktureigenschaften des nichtlinearen Systems* und werden deshalb auch als seine *Selbstschwingungen* bezeichnet.

4.7 Dauerschwingungen und das Stabilitätsverhalten der Ruhelage

Bereits an früherer Stelle, und zwar im Unterabschnitt 2.3.5, hatten wir festgestellt, daß bei Systemen zweiter Ordnung enge Zusammenhänge zwischen Grenzzyklen, also auch Grenzschwingungen, und dem Stabilitätsverhalten von Ruhelagen bestehen. Leider lassen sich diese Beziehungen nicht auf Systeme höherer Ordnung übertragen. Jedoch kann man einen allgemeinen Zusammenhang zwischen Dauerschwingungen und dem Stabilitätsverhalten der Ruhelage herstellen, der zwar keine exakte Aussage darstellt, sondern nur den Charakter einer Faustregel hat, aber für die praktische Anwendung sehr nützlich ist.

Dazu betrachten wir eine Ruhelage eines nichtlinearen Systems. Sie möge im Ursprung des Zustandsraumes liegen. $\underline{x}_0$ sei ein Punkt aus ihrer unmittelbaren Umgebung. Wir wollen annehmen, daß die in ihm beginnende Trajektorie nicht in der engeren Umgebung der Ruhelage bleibt, sondern von ihr wegstrebt. Welche Verhaltensweisen kann eine solche Trajektorie zeigen? Mathematisch sind die verschiedensten Möglichkeiten denkbar. Bei technischen Systemen treten vor allem drei Fälle auf:

(I) *Die Trajektorien streben mit wachsender Zeit einer neuen Ruhelage zu.*
Die Zustandsvariablen durchlaufen nach der Anfangsauslenkung Einschwingvorgänge, die für t → +∞ gegen neue feste Werte streben. Praktisch äußert sich das gewöhnlich darin, daß eine Größe des Systems "an den Anschlag" geht. Der Anschlag, also die nicht überschreitbare Grenzlage infolge einer Begrenzungskennlinie, bestimmt die neue Ruhelage. In Bild 4/54 ist dieses Verhalten dargestellt, links für ein System mit nur einer Zustandsvariablen über der Zeitachse, rechts für ein System mit zwei Zustandsvariablen in der Zustandsebene. Man kann aus diesen Bildern aber auch auf ein System höherer Ordnung schließen,

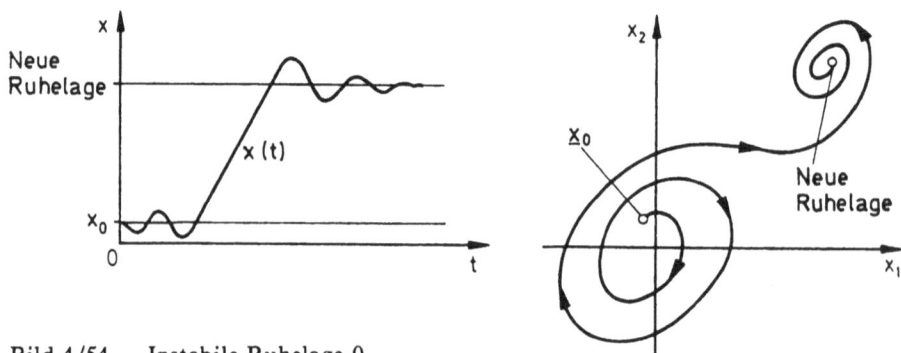

Bild 4/54   Instabile Ruhelage $\underline{0}$
Fall I: Trajektorien streben zu einer neuen Ruhelage.

wobei das linke Bild den Verlauf *einer* Zustandsvariablen beschreibt, während das rechte Bild die Projektion der räumlichen Verhältnisse in eine Ebene wiedergibt. Entsprechendes gilt auch für die folgenden Bilder.

(II) *Die Trajektorien streben mit wachsender Zeit ins Unendliche.*
Die Zustandsvariablen durchlaufen Einschwingvorgänge, die gegen $+\infty$ oder $-\infty$ streben oder aufklingende Schwingungen darstellen, deren Amplitude unbegrenzt anwächst (Bild 4/55)

(III) *Die Trajektorien streben mit wachsender Zeit einer geschlossenen Kurve zu, die sie als Grenzkurve besitzen* (Bild 4/56).
Praktisch ist es so, daß der Zustandspunkt die Grenzkurve nach einiger Zeit ununterbrochen durchläuft. Der zugehörige Einschwingvorgang der Zustandsvariablen strebt hier gegen eine Dauerschwingung. Es ist auch möglich, daß ein eigentlicher Einschwingvorgang gar nicht existiert, daß vielmehr vom Anfangszeitpunkt an die Dauerschwingung einsetzt.

Der Fall (II) kann bei einem realen System strenggenommen nicht vorkommen, da die zeitveränderlichen Größen endlich bleiben müssen. Begegnet man ihm bei der mathematischen Beschreibung eines technischen Systems, so deutet das darauf hin, daß eine wesentliche Nichtlinearität nicht berücksichtigt wurde, nämlich eine Begrenzung, durch deren Wirksamkeit die Zeitvorgänge gewisse Schranken nicht überschreiten. Dennoch kann es nützlich sein, zum Studium des Systems solche Begrenzungseffekte zu vernachlässigen, also den Fall (II) zu betrachten.

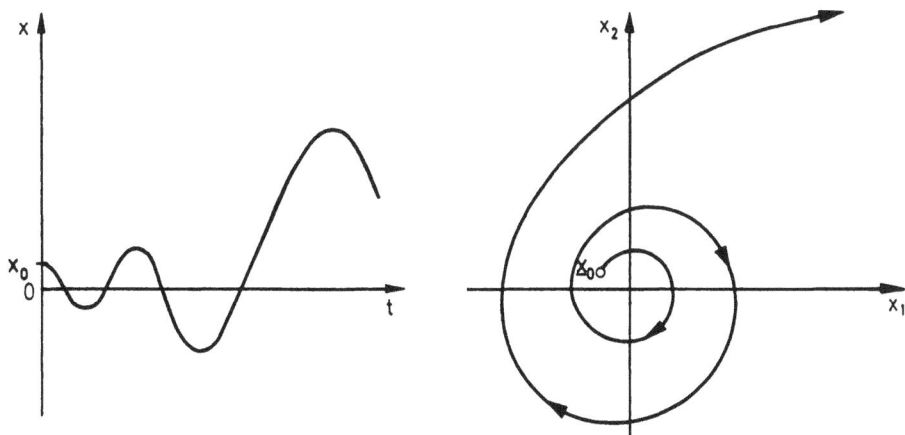

Bild 4/55   Instabile Ruhelage $\underline{0}$
Fall II: Trajektorien streben ins Unendliche

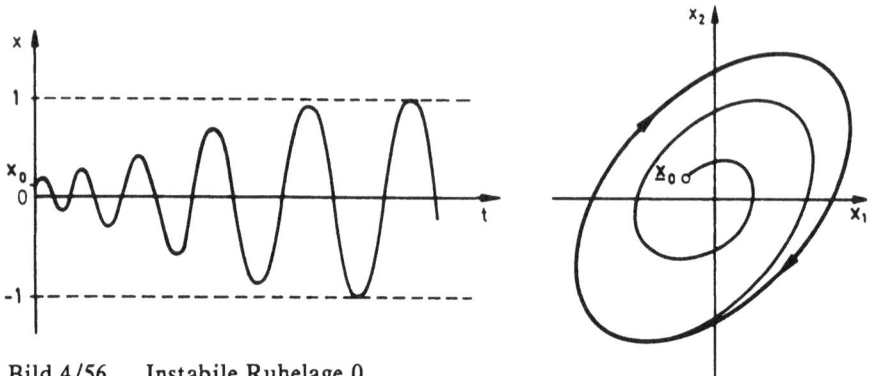

Bild 4/56   Instabile Ruhelage $\underline{0}$
            Fall III: Trajektorien streben gegen eine Grenzkurve

Für ein realistisch beschriebenes technisches System kann man auf Grund der vorhergehenden Ausführungen folgende *Faustregel* formulieren:

Besitzt ein nichtlineares technisches System nur eine Ruhelage und hat man seine wesentlichen Nichtlinearitäten erfaßt, so wird man erwarten dürfen, daß seine Ruhelage global asymptotisch stabil ist, sofern keine Dauerschwingungen auftreten.   (4.87)

Ruhezonen, wie sie beim Dreipunktglied und der Totzone auftreten, sind dabei als *eine* Ruhelage aufgefaßt. Man kann diese Regel noch durch einen Zusatz ergänzen:

Tritt eine Dauerschwingung auf, so kann die Ruhelage nicht global asymptotisch stabil sein.   (4.88)

Im Zustandsraum stellt die Dauerschwingung ja eine geschlossene Trajektorie dar. Daher kann keiner ihrer Punkte zum Einzugsbereich der Ruhelage gehören.

Wir wollen nun die Regeln (4.87) und (4.88) auf *Regelkreise* anwenden, deren *lineares Teilsystem Verzögerungscharakter* hat (Ortskurven gemäß Bild 4/17) und deren *Nichtlinearität* eine der von uns betrachteten *eindeutigen Kennlinien* ist (nichtlineare Ortskurve auf der negativen reellen Achse gelegen).

Was zunächst das *Zweipunktglied* angeht, so erfüllt seine nichtlineare Ortskurve die gesamte reelle Achse. Die lineare Ortskurve liegt für die Ordnungen 1 und 2 des linearen Teilsystems im 3. und 4. Quadranten, schneidet aber für höhere Ordnung auf jeden Fall die reelle Achse, so daß dann eine Dauerschwingung auftritt. Man hat daher sofort das Ergebnis: *Bei einem nichtlinearen Regelkreis aus*

Zweipunktglied und Verzögerungssystem ist die Ruhelage global asymptotisch stabil, sofern das Verzögerungssystem die Ordnung 1 oder 2 hat, bei höherer Ordnung jedoch nicht mehr.

Nunmehr seien *Dreipunktglied, Begrenzung* und *Totzone* betrachtet. Ihre Ortskurven haben einen Maximalwert $\gamma < 0$. Da das *lineare Teilsystem ein Verzögerungssystem* ist, also seine Ortskurve die in Bild 4/17 skizzierte Gestalt hat, haben die beiden Ortskurven genau dann keinen Punkt gemeinsam, wenn die lineare Ortskurve die reelle Achse ausschließlich rechts von γ schneidet. Das heißt: Ihr am weitesten links gelegener Schnittpunkt, der Schnittpunkt mit dem kleinsten ω-Wert also, muß rechts von γ liegen. Dieser Wert ω_s ergibt sich aus

$$\mathrm{Im}\,L(j\omega) = 0 \qquad\qquad (4.89)$$

und liefert als Schnittabszisse

$$\delta_s = \mathrm{Re}\,L(j\omega_s) , \qquad\qquad (4.90)$$

so daß

$$\delta_s > \gamma \qquad\qquad (4.91)$$

gelten muß.

Nun gilt für das Verzögerungssystem

$$
\begin{aligned}
L(j\omega) &= \frac{1}{Q(j\omega)} = \frac{1}{\mathrm{Re}\,Q + j\,\mathrm{Im}\,Q} = \\
&= \frac{\mathrm{Re}\,Q}{(\mathrm{Re}\,Q)^2 + (\mathrm{Im}\,Q)^2} - j\,\frac{\mathrm{Im}\,Q}{(\mathrm{Re}\,Q)^2 + (\mathrm{Im}\,Q)^2}
\end{aligned}
\qquad (4.92)
$$

Damit geht (4.89) in die einfachere Gleichung

$$\mathrm{Im}\,Q(j\omega) = 0 \qquad\qquad (4.93)$$

über. Hat man als kleinste positive Wurzel aus ihr ω_s bestimmt, so folgt weiter aus (4.92) wegen $\mathrm{Im}\,Q(j\omega_s) = 0$:

$$\delta_s = \mathrm{Re}\,L(j\omega_s) = \frac{1}{\mathrm{Re}\,Q(j\omega_s)} .$$

Aus der Bedingung (4.91) wird so

$$\frac{1}{\mathrm{Re}\,Q(j\omega_s)} > \gamma$$

oder, wenn man berücksichtigt, daß beide Zahlen negativ sind:

$$\gamma\,\mathrm{Re}\,Q(j\omega_s) > 1 . \tag{4.94}$$

Genau dann, wenn (4.94) erfüllt ist, treten keine Dauerschwingungen auf, darf also die Ruhelage als global asymptotisch stabil angesehen werden.

Als Beispiel werde das lineare Teilsystem aus Bild 4/19 betrachtet:

$$L(j\omega) = \frac{K}{j\omega(1+T_1 j\omega)(1+T_2 j\omega)} .$$

Da hier

$$Q(j\omega) = \frac{1}{K}[j\omega + (T_1 + T_2)(j\omega)^2 + T_1 T_2 (j\omega)^3] =$$
$$= -\frac{T_1+T_2}{K}\,\omega^2 + j\frac{\omega}{K}(1 - T_1 T_2 \omega^2) ,$$

erhält man ω_s aus $1 - T_1 T_2 \omega^2 = 0$ zu $\omega_s^2 = \frac{1}{T_1 T_2}$. Das ergibt

$$\mathrm{Re}\,Q(j\omega_s) = -\frac{T_1+T_2}{KT_1 T_2} .$$

Die Bedingung für globale asymptotische Stabilität der Ruhelage lautet daher $(-\gamma)(T_1+T_2)/KT_1 T_2 > 1$ oder

$$(-\gamma)\frac{1}{K}(\frac{1}{T_1} + \frac{1}{T_2}) > 1 , \tag{4.95}$$

wobei $1/T_1$ und $1/T_2$ die beiden Knickfrequenzen der Betragskennlinie des linearen Teilsystems sind.

Handelt es sich bei der Nichtlinearität um ein Dreipunktglied, so ist nach Bild 4/17

$$\gamma = -\frac{\pi a}{2b} ,$$

so daß die obige Bedingung in

$$\frac{\pi a}{2bK}(\frac{1}{T_1} + \frac{1}{T_2}) > 1$$

bzw.

$$K < \frac{\pi a}{2b}(\frac{1}{T_1} + \frac{1}{T_2})$$

übergeht. Dies ist in Übereinstimmung mit der früher hergeleiteten Bedingung (4.57) für das Auftreten von zwei Dauerschwingungen.

Ist die Nichtlinearität eine Begrenzung oder Totzone, so ist nach Bild 4/12 und 4/13 $\gamma = -1/m$, wo m die Steigung der ansteigenden Kennlinienstücke ist. Daher lautet die Bedingung für globale asymptotische Stabilität der Ruhelage

$$\frac{1}{mK}(\frac{1}{T_1} + \frac{1}{T_2}) > 1 \; .$$

4.8 Stabilisierung nichtlinearer Regelungen

Unter „Stabilisierung" ist bei nichtlinearen Systemen allgemein die Verbesserung des Stabilitätsverhaltens zu verstehen. Im folgenden geht es um die Frage, wie man auf der Grundlage der Faustregel (4.87) durch geeignete Wahl des Reglers Dauerschwingungen beseitigen und so die Ruhelage einer nichtlinearen Regelung global asymptotisch stabil machen kann. Im Licht des Zwei–Ortskurven–Verfahrens ist die prinzipielle Vorgehensweise denkbar einfach: *Man hat die lineare oder nichtlineare Ortskurve durch den Regler so zu verändern, daß beide Ortskurven sich nicht mehr schneiden.*

Man wird sich hierbei in erster Linie an die lineare Ortskurve halten, da deren Veränderungsmöglichkeiten aus der linearen Theorie wohlbekannt sind. Dieser Möglichkeit, der *linearen* Stabilisierung also, wollen wir uns als erstes zuwenden.

4.8.1 Lineare Stabilisierung

Die Vorgehensweise werde an einem typischen Beispiel beschrieben, das schon bei der Stabilitätsanalyse des vorangegangenen Abschnitts behandelt wurde. Bei dem linearen Teilsystem handele es sich um das Verzögerungssystem aus Bild 4/19, bei der Nichtlinearität um eine eindeutige Kennlinie, deren Ortskurve auf der negativen reellen Achse liegt und dort ein Maximum $\gamma < 0$ hat (z.B. Dreipunktkennlinie, Begrenzung, Totzone). Das Verfahren läßt sich aber auch mit den entsprechenden Abänderungen auf andere lineare Teilsysteme und Nichtlinearitäten übertragen.

Um einen Schnittpunkt der beiden Ortskurven zu vermeiden, muß die Ungleichung (4.95) erfüllt sein. Ist das nicht der Fall, so hat man den Ausdruck auf ihrer linken Seite so lange zu vergrößern, bis sie gültig ist. Sofern die Nichtlinearität unveränderlich, also γ nicht beeinflußbar ist, kann man dies über das lineare System auf zweierlei Weise erreichen:

(I)   Das einfachste Mittel besteht darin, den Verstärkungsfaktor K des linearen Teilsystems zu senken. Der kritische K-Wert, den man dabei unterschreiten muß, folgt aus

$$(-\gamma)\frac{1}{K}(\frac{1}{T_1} + \frac{1}{T_2}) = 1$$

zu

$$K_{krit} = (-\gamma)(\frac{1}{T_1} + \frac{1}{T_2}) \,,$$

wobei man beachten muß, daß $\gamma < 0$ ist.

(II)   Will man K nicht reduzieren, z.B. um die Schnelligkeit des Systems nicht zu verringern, so kann man stattdessen einen realen PD-Regler einführen:

$$G_K(j\omega) = \frac{1 + T_1 j\omega}{1 + T_N j\omega} \,.$$

Dabei ist T_1 die größte Streckenzeitkonstante, die also durch den Regler weggehoben wird, während $T_N < T_1$ ist. Nach Einführung des PD-Reglers wird aus dem Frequenzgang des linearen Teilsystems

$$L_K(j\omega) = G_K(j\omega)L(j\omega) = \frac{K}{j\omega(1 + T_N j\omega)(1 + T_2 j\omega)} \,.$$

Damit geht die linke Seite von (4.95) über in

$$(-\gamma)\frac{1}{K}(\frac{1}{T_N} + \frac{1}{T_2}) \,.$$

Da $T_N < T_1$, also $1/T_N > 1/T_1$ ist, wird die Ungleichung (4.95) erfüllt sein, wenn man T_N klein genug wählt. Der kritische Wert, den man unterschreiten muß, ergibt sich aus

$$(-\gamma)\frac{1}{K}(\frac{1}{T_N} + \frac{1}{T_2}) = 1$$

zu

$$T_{N,krit} = \frac{(-\gamma)T_2}{KT_2 - (-\gamma)} \,.$$

Betrachtet man speziell den Regelkreis im Bild 4/19, und zwar mit

$$bK = 1 \, , \, a = 0,2 \, , \, T_1 = 1 \, , \, T_2 = 0,5 \, ,$$

so ist

$$(-\gamma)\frac{1}{K}(\frac{1}{T_1} + \frac{1}{T_2}) = \frac{\pi a}{2bK}(\frac{1}{T_1} + \frac{1}{T_2}) = \frac{\pi}{10} \cdot 3 < 1 \,.$$

Die Ruhelage ist also nicht global asymptotisch stabil. Führt man aber den PD-Regler mit $(1+j\omega)/(1+0,2j\omega)$ ein, so tritt an die Stelle von $T_1 = 1$ die kleinere Zeitkonstante $T_N = 0,2$, und man erhält

$$\frac{\pi a}{2bK}(\frac{1}{T_N} + \frac{1}{T_2}) = \frac{\pi}{10} \cdot 7 > 1 \,.$$

Die Ruhelage ist nunmehr global asymptotisch stabil geworden.

Wie man sieht, *kann die Stabilisierung einer nichtlinearen Standardregelung grundsätzlich in der gleichen Weise wie bei linearen Systemen erfolgen.* Das gilt nicht nur für das eben betrachtete Beispiel. Vielmehr folgt aus der gegenseitigen Lage von linearen und nichtlinearen Ortskurven, daß man eventuelle Schnittpunkte generell durch Einführung von Gliedern mit Vorhaltecharakter beseitigen kann. Sie bewirken eine Phasenrückdrehung, durch welche die lineare Ortskurve in dem entscheidenden ω-Bereich so weit nach rechts gezogen wird, daß sie die nichtlineare Ortskurve nicht mehr schneidet.

Bei komplizierteren Systemen, jedoch eindeutigen Kennlinien, kann es von Nutzen sein, Frequenzkennlinien heranzuziehen (Abschnitt 4.5). An der logarithmischen Beschreibungsfunktion $f(\alpha)$ und dem Frequenzkennlinienbild ist dann gewöhnlich ohne weiteres zu sehen, was zu tun ist, um den Regelkreis zu stabilisieren, also die Dauerschwingungen zum Verschwinden zu bringen. Das sei am Beispiel des Regelkreises im Bild 4/42 gezeigt, dessen Frequenzkennlinien im Bild 4/43 gezeichnet sind, während Bild 4/44 sein Zeitverhalten wiedergibt.

Da $f(\alpha) \geq 0$ ist, wird ein Schnitt mit $f(\alpha)$ genau dann vermieden, wenn

$$20 \log |L_n(j\omega_p)| < 0$$

ist. Das läßt sich auf zweifache Weise erreichen:

(I)   Durch Absenken der Betragskennlinie $20 \log |L_n(j\omega)|$ bzw. Anheben der 0-Linie des Betrages, was auf dasselbe herauskommt, aber zeichnerisch einfacher ist.

Diese Anhebung muß im vorliegenden Fall $> 8,5$ Dezibel sein. Dann ist nach Bild 4/43 die Übertragungskonstante K_n des normierten Frequenzganges kleiner als 1,5 Dezibel, also kleiner als 1,2. Daraus folgt für die Übertragungskonstante K des Frequenzganges selbst

$$K = \frac{K_n}{m} < \frac{1,2}{2,5} = 0,48 .$$

Dies ist die Stabilitätsgrenze.

(II)   Die Phasenkennlinie $\angle L_n$ wird im mittleren ω-Bereich so weit angehoben, daß ihr Schnitt mit der (-180^0)-Linie sich nach rechts in den Bereich mit $20 \log |L_n| < 0$ verschiebt.

Da bei der Durchtrittsfrequenz $\omega_D = 1,4$ die Phase $\angle L_n = -220^0$ ist, wird dies beispielsweise durch einen idealen PD-Regler $G_K(j\omega) = K_R(1+Tj\omega) = K_R(1+j\omega/\omega_0)$ erreicht, für den $\omega_0 = 1,4$, also $T = 0,71$ ist. Er bewirkt nämlich für $\omega \geq \omega_0$ eine Phasenanhebung von 45^0 und mehr. Das reicht aus, um für niedrigere Frequenzen als ω_D die Phase auf über -180^0 zu halten. Der Wert -180^0 kann von ihr erst hinter der Durchtrittsfrequenz ω_D angenommen werden, wo also $20 \log |L(j\omega)|$ bereits negativ ist. Um letzteres sicherzustellen, muß $K_R \leq 0,71$ (entsprechend $-3dB$) gewählt werden, damit durch die Knickkorrektur der Betragskennlinie ω_D sich nicht nach rechts verschiebt.

4.8.2   Nichtlineare Stabilisierung anhand eines Anwendungsbeispiels

Man kann die Schnittpunkte der linearen und nichtlinearen Ortskurve nicht nur durch Veränderung der linearen Ortskurve beseitigen, sondern ebenso auch durch geeignete Verbiegung der nichtlinearen Ortskurve, was zu einem nichtlinearen Regler führt. Es leuchtet ein, daß dies sehr wirksam sein kann, doch liegen nur wenige Erfahrungen hierüber vor.

Die Vorgehensweise soll an einem Anwendungsbeispiel dargestellt werden, welches zugleich zeigt, daß sie auch in komplizierten Fällen mit Erfolg verwendet werden kann. Es handelt sich um die **Enthalpie-Regelung eines Dampferzeugers**, die von *G. Kallina* entworfen wurde [10]). An seinen Gedankengang lehnen sich die nachfolgenden Betrachtungen an. Dabei kommt es hier nicht auf das spezielle System an, vielmehr geht es um die Darstellung einer allgemeiner verwendbaren Vorgehensweise an einem realistischen Beispiel. Strukturen von der Art der in Bild 4/57 und 4/58 dargestellten treten, vor allem im Bereich der Verfahrenstechnik, öfters auf. Das zu beschreibende Entwurfsverfahren dürfte sich in derartigen Fällen mit Nutzen verwenden lassen.

A) Struktur des Systems

Es wird ein Dampferzeuger mit Zwangdurchlauf [11]) untersucht. Nimmt man an, daß die Brennstoffzufuhr konstant ist, so wird die Enthalpie h am Austritt des Verdampfers allein durch den Wasserzufluß $\dot{m}_W$ am Eintritt des Dampferzeugers bestimmt. Bild 4/57 zeigt die Struktur des Enthalpieregelkreises mit unterlagerter Speisewasserregelung. Die Struktur des Speisewasserregelkreises ist im Bild 4/58 wiedergegeben. Die innere Schleife der Speisewasserregelung (einschließlich

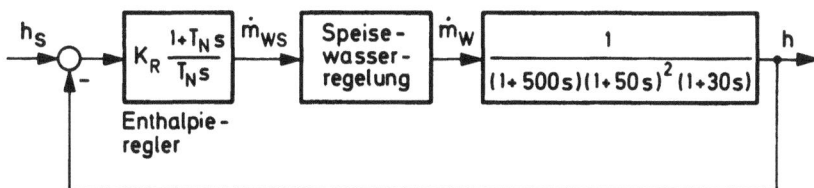

Bild 4/57   Enthalpieregelung (Zeitkonstanten in sec)

---

[10]) Nichtlineare Probleme bei komplexen Regelstrecken. Regelungstechnik 28 (1980), S. 294 - 298.

[11]) Es heißt in der Fachsprache tatsächlich „Zwangdurchlauf" und nicht „Zwangsdurchlauf" .

des nachgeschalteten Stellmotors) stellt einen PI-Regler dar, wie er in der Verfahrenstechnik üblich ist [12]).

Insgesamt liegt ein dreifach verschleiftes System vor, in dessen innerster Schleife die Nichtlinearität liegt. Es wäre ohne weiteres möglich, durch Strukturumformung auf den nichtlinearen Standardregelkreis zu kommen. Es geht jetzt aber nicht nur um die Stabilitäts*analyse,* vielmehr will man gezielte Eingriffe im System vornehmen, und zwar im Bereich des Enthalpiereglers. Daher darf man nur solche Strukturumformungen durchführen, bei denen dort die realen Verhältnisse erhalten bleiben, insbesondere der Solldurchfluß $\dot{m}_{WS}$ nach wie vor greifbar bleibt.

Um überschaubare Verhältnisse zu bekommen, vereinfachen wir zunächst die Struktur der Speisewasserregelung. Von der übergeordneten Regelung her gesehen, ist sie sehr schnell, so daß man T_D vernachlässigen darf. Durch Umzeichnen von Bild 4/58 erhält man dann Bild 4/59a. Faßt man die darin vorkommende Parallelschaltung zu *einem* Block zusammen, so hat dieser die Übertragungsfunktion

$$G(s) = \frac{K_M}{s} + \frac{K_R}{1+T_R s} = \frac{K_M}{s}\left[1 + \frac{K_R}{K_M}\frac{s}{1+T_R s}\right].$$

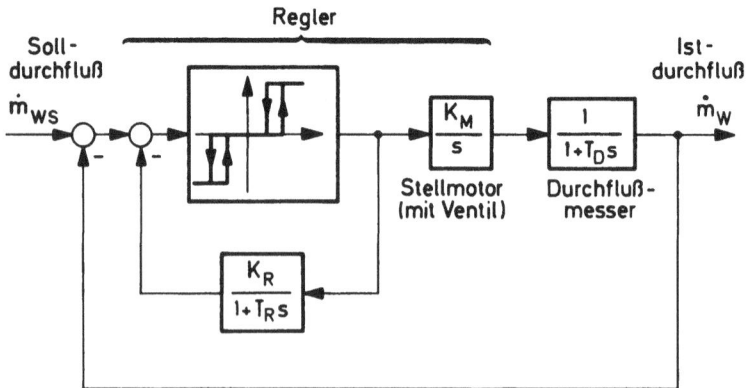

Bild 4/58   Speisewasserregelung aus Bild 4/57

---

[12]) Siehe etwa *W. Böttcher:* Vergleich von Dreipunktreglern mit einem linearen kontinuierlichen PI-Regler. Regelungstechnik 10 (1962), Teil I, S. 114 - 119, und Teil II, S. 210 - 213.
Sowie *P. Schleuning:* Die Wirkung des progressiven dynamischen Verhaltens von Impulsreglern. Regelungstechnik 10 (1962), S. 71 - 77.

Da im Hinblick auf den übergeordneten Regelkreis nur langsame Vorgänge von Bedeutung sind, darf man den Term $\dfrac{K_R}{K_M}\dfrac{s}{1+T_R s}$ vernachlässigen. Daher ist mit genügender Näherung

$$G(s) = \frac{K_M}{s}.$$

Damit hat man Bild 4/59b. Rückverlegung der I–Glieder über die vorangehende Verzweigungsstelle führt schließlich zu Struktur im Bild 4/59c. Darin ist zusätzlich die geringfügige Hysterese des Dreipunktgliedes vernachlässigt. Im Hinblick auf die nächste Untersuchung wurde weiterhin $\dot{m}_{WS}$ mit u und $\dot{m}_{W}$ mit x bezeichnet sowie die zusätzliche Bezeichnung y eingeführt.

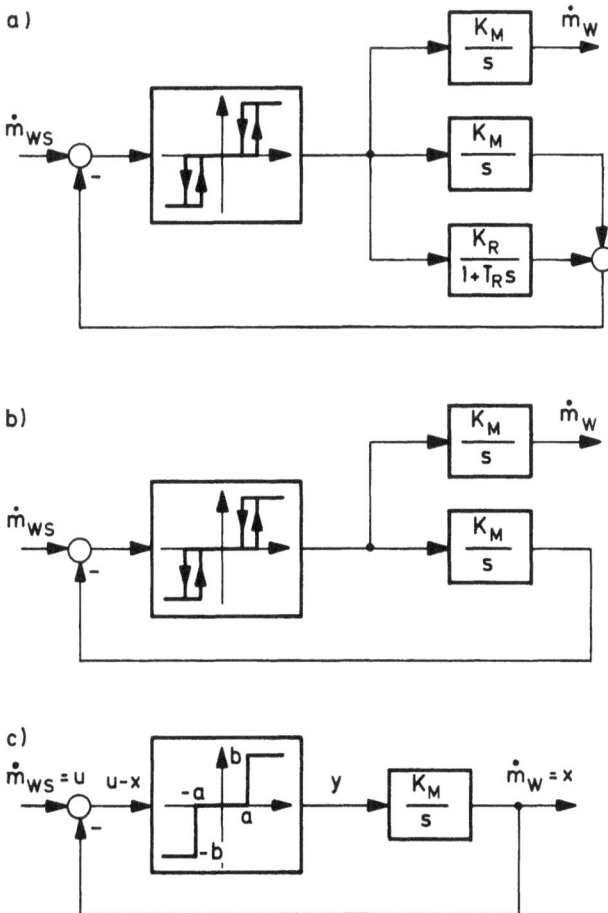

Bild 4/59   Strukturumformung der Speisewasserregelung

Um das dynamische Verhalten der Regelung im Bild 4/59c zu analysieren, betrachtet man es in der u-x-Ebene. Aus Bild 4/59c liest man ab: Im Bereich

$$u - x < -a, \quad \text{also} \quad x > u + a, \quad \text{ist} \quad y = -b,$$

im Bereich

$$u - x > a, \quad \text{also} \quad x < u - a, \quad \text{ist} \quad y = +b,$$

im Zwischenbereich

$$-a < u - x < a \quad \text{ist} \quad y = 0.$$

Geometrisch gesprochen:

Oberhalb der Geraden $\quad g_o$, $x = u + a$, ist $y = -b$,
unterhalb der Geraden $\quad g_u$, $x = u - a$, ist $y = b$,
zwischen beiden Geraden ist $\quad y = 0$.

Diese Einteilung der u-x-Ebene in drei Zonen ist in Bild 4/60 wiedergegeben.

Wir gehen nun von einem beliebigen Anfangszustand aus, etwa dem im Bild 4/60 eingezeichneten Punkt $A = (u_0, x_0)$. $u(t)$ möge wachsen, also $\dot{u}(t) > 0$ sein. Da $y = 0$ ist, verharrt das I-Glied (im Bild 4/59c) zunächst in Ruhe, und x_0 bleibt auf seinem Anfangswert stehen: Der Punkt (u, x) wandert auf der Horizontalen AB nach rechts. Überschreitet er die Gerade g_u, so wird $y = b$ und das I-Glied liefert für x eine mit bK_M ansteigende Rampenfunktion. Da $K_M \gg 1$, bewegt sich der Punkt (u, x) längs BC nahezu senkrecht nach oben sofort wieder in die Zone mit $y = 0$. Dort setzt sogleich die vorangegangene Bewegung ein, und das Spiel wiederholt sich. Wie man sieht, bewegt sich der Punkt (u, x) prak-

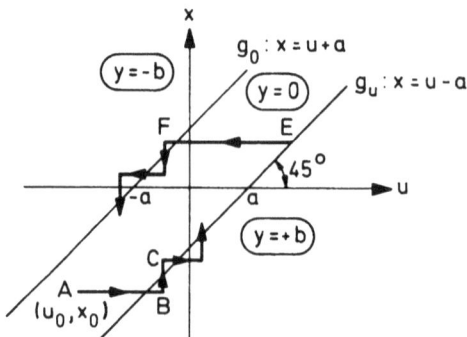

Bild 4/60
Analyse der Speisewasserregelung
in der u-x-Ebene

tisch auf der Geraden g_u. Das geht so lange, wie u(t) wächst. Beginnt u(t) abzu-
nehmen, etwa im Punkt E, so bleibt vorerst y = 0 und die Ausgangsgröße x des
I-Gliedes verharrt auf dem zuletzt erreichten Wert. Das heißt: (u,x) bewegt
sich auf dem Geradenstück EF nach links. Ändert u(t) zwischendurch seine
Richtung, so wandert der Punkt (u,x) auf EF wiederum nach rechts. Kommt er
aber in F an, so bewegt er sich auf g_o nach unten, so lange u(t) abnimmt. Das
sieht man ganz entsprechend ein wie die Bewegung auf g_u.

Man hat so das Ergebnis: *Die Speisewasserregelung verhält sich wie die im Bild
4/61 skizzierte Nichtlinearität.* Diese ist aus der Mechanik wohlbekannt und wird
als *Lose* bezeichnet.

Ehe wir die Enthalpieregelung weiter untersuchen, soll das Auftreten der Lose in
der Mechanik kurz betrachtet und ihre Beschreibungsfunktion berechnet werden.

B) Lose

Greifen zwei sich bewegende mechanische Teile ineinander, so kann *Lose (oder
Spiel)* auftreten, wie dies im Bild 4/62 dargestellt ist. Verschiebt sich M_1, so
bleibt M_2 zunächst in Ruhe und wird erst in Bewegung gesetzt, wenn die Verschiebung e von M_1 gleich a geworden ist. Danach ist die Verschiebung u von M_2
gleich e - a.

Kehrt M_1 nun seine Bewegungsrichtung um, so bleibt M_2 zunächst wieder in
Ruhe, und zwar so lange, bis M_1 den Weg 2a in der entgegengesetzten Richtung
zurückgelegt hat. Danach ist u = e + a.

Der so in Worten beschriebene Zusammenhang zwischen e und u ist durch die
Kennlinie im Bild 4/61 gegeben. Wie aus der vorangegangenen Beschreibung
hervorgeht, können die horizontalen Kennlinienstücke irgendwo von den geneig-
ten Kennlinienstücken abgehen - wo, hängt davon ab, wie weit sich M_1 bewegt

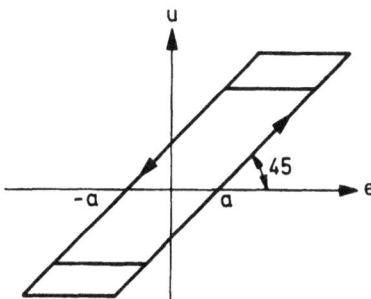

Bild 4/61   Lose-Nichtlinearität

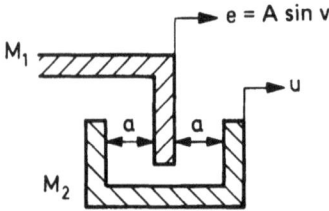

Bild 4/62
Auftreten der Lose bei einem
mechanischen System

bzw. zurückbewegt. Man sieht auch, daß die horizontalen Geradenstücke im Bild
4/61 in beiden Richtungen durchlaufen werden können.

Den *Realteil ReN(A) der Beschreibungsfunktion* berechnet man am einfachsten,
indem man unmittelbar aus dem Bild 4/62 die Verschiebung u von M_2 in
Abhängigkeit von der Verschiebung $e = A \sin v$ von M_1 beschreibt. Wie stets ist
dabei $v = \omega t$ die normierte Zeit. A muß > a sein, wenn überhaupt eine Bewegung von M_2 zustande kommen soll. Geht man von der in Bild 4/62 skizzierten
Position aus, so muß e erst den Weg a zurücklegen, ehe u von Null abweicht.
Dies ist der Einschwingvorgang. Erst dann beginnt die Dauerschwingung, die
hier interessiert (Bild 4/63). Für sie gilt zunächst

$$u = e - a = A \sin v - a \, ,$$

so lange, wie M_1 und M_2 in Kontakt sind, also bis $v = \pi/2$. Dann nimmt e wie-
der ab. M_2 verliert den Kontakt mit M_1 und bleibt in der Endlage stehen: u =
A − a . Das gilt so lange, bis M_1 an der entgegengesetzten Seite mit M_2 Kontakt
aufnimmt (Bild 4/62), also nach Durchlaufen des Weges −2a seit der Endlage e
= A. Der zugehörige Zeitpunkt v_a ist daher durch $e(v_a) = A − 2a$, also $A \sin v_a$
= A − 2a gegeben. Dabei kann $e(v_a) < 0$ sein, nämlich dann, wenn A < 2a ist.
Auf jeden Fall ist $\pi/2 < v_a < 3\pi/2$.   Für $v > v_a$ ist dann nach Bild 4/63   u =
e + a = $A \sin v + a$, und zwar bis zum nächsten Minimum von e. Usw.

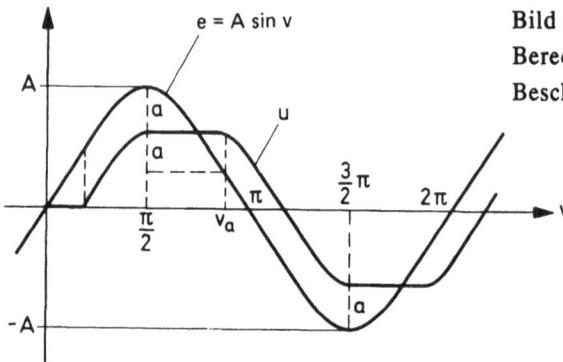

Bild 4/63
Berechnung des Realteils der
Beschreibungsfunktion zur Lose

Wegen der Ungeradheit von u(v) genügt es, das Intervall von $\pi/2$ bis $3\pi/2$ zu betrachten. Dort ist also

$$u = \begin{cases} A - a, & \frac{\pi}{2} \le v \le v_a , \\ A \sin v + a, & v_a \le v \le \frac{3}{2}\pi , \end{cases} \tag{4.96}$$

wobei

$$\sin v_a = \frac{A - 2a}{A} = 1 - \frac{2a}{A}, \tag{4.97}$$

also

$$v_a = \arcsin\left(1 - \frac{2a}{A}\right)$$

ist. Da $\pi/2 < v_a < 3\pi/2$, stellt jedoch die arcsin-Funktion nicht den Hauptwert, d.h. den Wert zwischen $-\pi/2$ und $\pi/2$ dar. Der obige Wert ist aber gleich dem negativen Hauptwert, vermehrt um π [13]):

$$v_a = \pi - \text{Arc}\sin\left(1 - \frac{2a}{A}\right), \tag{4.98}$$

wobei der große Anfangsbuchstabe, wie vielfach üblich, den Hauptwert kennzeichnet.

Die Berechnung von ReN(A) erfolgt nun wie üblich und führt mit $\sin 2v_a = 2 \sin v_a \cos v_a$ zu

$$\text{ReN(A)} = \frac{1}{\pi}\left[\frac{3}{2}\pi - v_a - 2\left(1 - \frac{2a}{A}\right)\cos v_a + \sin v_a \cos v_a\right]. \tag{4.99}$$

Darin ist wegen (4.97)

$$\cos v_a = \pm \sqrt{2\left[\frac{2a}{A}\right] - \left[\frac{2a}{A}\right]^2}. \tag{4.100}$$

Da v_a zwischen $\pi/2$ und $3\pi/2$ liegt, gilt hierin das negative Vorzeichen. Damit und mit (4.97) und (4.98) wird

---

[13]) Siehe z.B. [64], S. 132/133. Man geht zum Haupwert über, um ohne lange Erläuterungen den gemeinten Wert festzulegen. Aber auch aus praktischen Gründen; so liefert der Taschenrechner stets den Hauptwert.

$$\mathrm{ReN(A)} = \frac{1}{2} + \frac{1}{\pi}\left[\mathrm{Arcsin}\left(1 - \frac{2a}{A}\right) + \left(1 - \frac{2a}{A}\right)\sqrt{2\left[\frac{2a}{A}\right] - \left[\frac{2a}{A}\right]^2}\right], \quad A > a \, . \, (4.101)$$

Was die *Berechnung von Im N(A)* betrifft, so ist es am einfachsten, die allgemeine Formel aus (4.18) zu verwenden:

$$\mathrm{ImN(A)} = -\frac{S}{\pi A^2} \, .$$

Hierin ist S die Fläche der Hystereseschleife, die gemäß Bild 4/64 bei der Dauerschwingung e = A sin v umlaufen wird. Da es sich um ein Parallelogramm mit der Grundlinie 2a und der Höhe 2(A - a) handelt, ist S = 4aA - 4a^2 und damit

$$\mathrm{ImN(A)} = -\frac{1}{\pi}\left[2\frac{2a}{A} - \left[\frac{2a}{A}\right]^2\right] . \tag{4.102}$$

Die Darstellung der Beschreibungsfunktion wird noch etwas übersichtlicher, wenn man anstelle von A den Parameter

$$\alpha = 1 - \frac{2a}{A}, \quad a < A < +\infty \, ,$$

einführt. Wegen

$$2\left[\frac{2a}{A}\right] - \left[\frac{2a}{A}\right]^2 = \frac{2a}{A}\left[2 - \frac{2a}{A}\right] = (1 - \alpha)(1 + \alpha) = 1 - \alpha^2$$

wird dann

$$\mathrm{ReN(A)} = \frac{1}{2} + \frac{1}{\pi}\left[\mathrm{Arcsin}\,\alpha + \alpha\sqrt{1 - \alpha^2}\right] , \tag{4.103}$$

$$\mathrm{ImN(A)} = -\frac{1}{\pi}(1 - \alpha^2) \, , \quad -1 < \alpha < 1 \, . \tag{4.104}$$

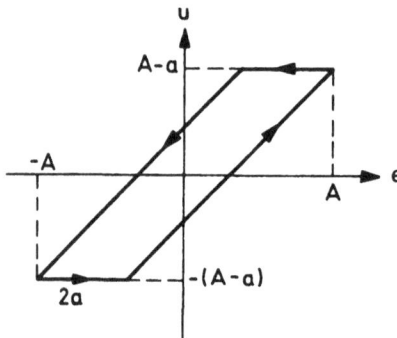

Bild 4/64

Berechnung des Imaginärteils der Beschreibungsfunktion zur Lose

Die nichtlineare Ortskurve ist dann wegen

$$N_J(A) = -\frac{1}{N(A)}$$

durch

$$\xi = \text{Re}\,N_J(A) = -\frac{\text{Re}\,N(A)}{|N(A)|^2},$$

$$\eta = \text{Im}\,N_J(A) = \frac{\text{Im}\,N(A)}{|N(A)|^2}$$

gegeben. Ihr Graph ist im Bild 4/66 wiedergegeben. Für $A \to +\infty$ bzw. $\alpha \to 1$ strebt

$$\text{Re}\,N(A) \to 1, \quad \text{Im}\,N(A) \to 0$$

und damit

$$\text{Re}\,N_J(A) \to -1, \quad \text{Im}\,N_J(A) \to 0.$$

Das Verhalten der nichtlinearen Ortskurve für $A \to a$ bzw. $\alpha \to -1$ ist nicht ohne weiteres zu erkennen, da sowohl $\text{Re}\,N(A)$ als auch $\text{Im}\,N(A) \to 0$ strebt. Um hier weiterzukommen, kann man

$$\alpha = -1 + \epsilon = -(1 - \epsilon), \quad 0 < \epsilon \ll 1,$$

setzen. Dann ist zunächst

$$\text{Re}\,N(A) = \frac{1}{2} - \frac{1}{\pi}\text{Arcsin}(1 - \epsilon) - \frac{1}{\pi}(1 - \epsilon)\sqrt{2\epsilon}.$$

Aus $z = \text{Arcsin}(1 - \epsilon)$ folgt $\sin z = 1 - \epsilon$. Darin ist $\sin z = \cos(\frac{\pi}{2} - z)$, also näherungsweise $\sin z = 1 - \frac{1}{2}(z - \frac{\pi}{2})^2$, sodaß $z = \frac{\pi}{2} - \sqrt{2\epsilon}$ folgt. Damit erhält man

$$\text{Re}\,N(A) = \frac{\epsilon}{\pi}\sqrt{2\epsilon}.$$

Entsprechend ist

$$\mathrm{Im}\,N(A) = -\frac{2}{\pi}\epsilon.$$

Aus $N_J(A) = -\frac{1}{N(A)}$ folgt nun

$$\mathrm{Re}\,N_J(A) = -\frac{\mathrm{Re}\;N(A)}{|\,N(A)\,|^2} = -\frac{\pi}{4}\frac{1}{1+\frac{\epsilon}{2}}\sqrt{\frac{2}{\epsilon}}\,,$$

$$\mathrm{Im}\,N_J(A) = \frac{\mathrm{Im}\;N(A)}{|\,N(A)\,|^2} = -\frac{\pi}{2}\frac{1}{1+\frac{\epsilon}{2}}\frac{1}{\epsilon}\,.$$

Für $\epsilon \to 0$, d.h. $\alpha \to -1$ oder $A \to a$, streben somit

$$\mathrm{Re}\,N_J(A) \to -\infty, \quad \mathrm{Im}\,N_J(A) \to -\infty.$$

C) Stabilitätsanalyse und Stabilisierung

Wir kehren nun zur Enthalpieregelung zurück. Nachdem am Schluß von Punkt A) nachgewiesen wurde, daß die Speisewasserregelung einer Lose äquivalent ist, ergibt sich für die Enthalpieregelung die Struktur im Bild 4/65.

Die Lose wird zunächst ignoriert und für den verbleibenden linearen Regelkreis der im Bild 4/65 eingezeichnete PI-Regler ausgelegt:

$$G_R = 2{,}5\frac{1+200s}{200s}\,.$$

Die damit erzielte Ortskurve des linearen Teilsystems sieht man im Bild 4/66. Nach dem Nyquist-Kriterium ist der lineare Kreis stabil, und zwar mit einer Phasenreserve von etwa 30^0, wie sie für Störverhalten ausreicht.

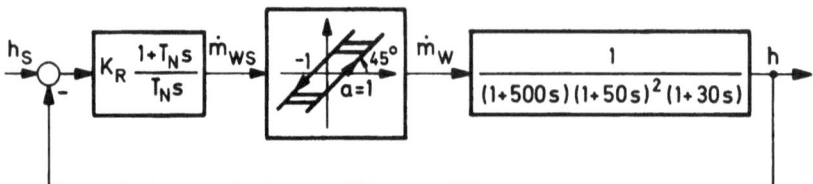

Bild 4/65   Endgültige Struktur der Enthalpieregelung
$K_R = 2{,}5\ \mathrm{m}^3\mathrm{sec}^{-1}\mathrm{J}^{-1}\mathrm{kg}$, $T_N = 200\,\mathrm{sec}$

Bild 4/66

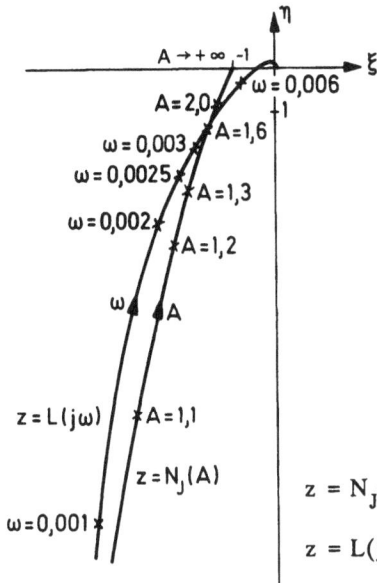

Anwendung des Zwei-Ortskurven-
Verfahrens zur Stabilitätsanalyse
der Enthalpieregelung

$z = N_J(A)$ Ortskurve der Lose

$$z = L(j\omega) = 2,5 \frac{1+200 j\omega}{200 j\omega} \frac{1}{(1+500j\omega)(1+50j\omega)^2(1+30j\omega)}$$

Nun kommt aber die Einwirkung der Lose! Ihre Ortskurve ist ebenfalls im Bild 4/66 eingetragen. Man erkennt einen Schnittpunkt mit der linearen Ortskurve bei

$$\omega_{p1} \approx 5 \cdot 10^{-3} \text{sec}^{-1}, \text{ also } T_{p1} \approx 21 \text{ min},$$

und

$$A_{p1} \approx 1,7 \text{ (bezogen auf a = 1)}.$$

Es muß aber noch einen weiteren Schnittpunkt beider Ortskurven geben. Wie bei jedem System mit I-Verhalten, so strebt auch hier $\mathrm{Re}L(j\omega)$ für $\omega \to +0$ einem endlichen Grenzwert zu. Der Verlauf der linearen Ortskurve im Bild 4/66 deutet das bereits an. Hingegen strebt mit abnehmendem A $(A \to a)$ $\mathrm{Re}N_J(A) \to -\infty$, wie unter Punkt B) gezeigt wurde. Daher muß die nichtlineare Ortskurve die lineare Ortskurve noch in einem zweiten Punkt durchdringen. In der Tat erhält man einen zweiten Schnittpunkt für

$$\omega_{p2} \approx 5 \cdot 10^{-4} \text{sec}^{-1}, \quad \text{also} \quad T_{p2} \approx 3,5\text{h}, \quad A_{p2} \approx 1,05.$$

Die Enthalpieregelung weist also zwei Dauerschwingungen auf. Wie man aus der Skizze im Bild 4/67 entnimmt, ist diejenige mit der größeren Amplitude A_{p1} stabil, diejenige mit der kleineren Amplitude A_{p2} instabil. Daher wird die Ruhelage des Systems, die aus der Zone $\dot{m}_W = 0$, $|\dot{m}_{WS}| < a$ besteht, asymptotisch stabil sein. Da aber A_{p2} nur wenig größer als a ist, *wird die Ruhelage bereits bei kleinen Störungen verlassen und die stabile Dauerschwingung angenommen.*

Was kann man nun tun, um dieses Verhalten zu verbessern? Die nächstliegende Maßnahme besteht darin, die *Verstärkung* K_R des Enthalpiereglers zu *verringern.* Dadurch kann man die lineare Ortskurve so stark zusammenziehen, daß die Schnittpunkte mit der nichtlinearen Ortskurve und damit die Dauerschwingungen verschwinden. Im vorliegenden Fall müßte K_R dazu mindestens auf die Hälfte reduziert werden. Dadurch würde aber die Ausregelung der Störung zu sehr verlangsamt.

Der *Einsatz eines PD-Reglers* zur Rückdrehung der linearen Ortskurve ist zwecklos, da man wegen der Störwelligkeit keinen genügend starken D-Anteil verwirklichen kann.

Will man also das Stabilitätsverhalten verbessern, so ist man gezwungen, dies über die Nichtlinearität zu versuchen. Als erstes wird man an eine *Veränderung des Parameters a der Nichtlinearität* denken. Wegen $\alpha = 1 - 2a/A$ erhält man für ein geändertes a die gleichen α-Werte wie für das ursprüngliche a, nur mit anderen A-Werten. Da die Lage der Punkte der nichtlinearen Ortskurve gemäß (4.103) und (4.104) durch α bestimmt wird, ändert sich bei Wahl eines anderen a die Gestalt der nichtlinearen Ortskurve nicht. Lediglich die Verteilung des Parameters A längs der Ortskurve wird anders. Betrachtet man irgendein festes α und ändert a in a' ab, so gilt für die zugehörigen Werte A und A'

$$1 - \frac{2a}{A} = 1 - \frac{2a'}{A'}, \quad \text{also} \quad \frac{A}{A'} = \frac{a}{a'}.$$

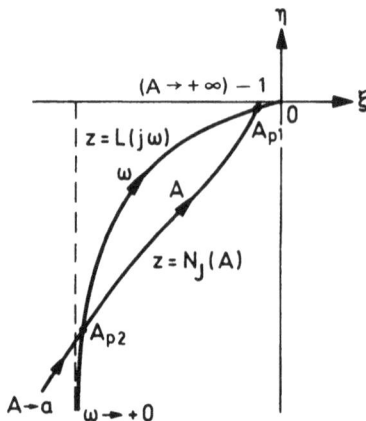

Bild 4/67
Stabilitätsverhalten der Dauerschwingungen des Enthalpieregelkreises

Wird daher *a vergrößert,* so gehören zu den gleichen Ortskurvenpunkten größere A-Werte. Da dies auch für die Schnittpunkte mit der linearen Ortskurve gilt, werden die Amplituden A_{p1} und A_{p2} größer. Weil der Einzugsbereich der Ruhelage von der Amplitude A_{p2} der instabilen Dauerschwingung abhängt, wird er sich also bei Vergrößerung von a ausdehnen, das Stabilitätsverhalten somit verbessert werden. Aber ein solches Vorgehen ist riskant! Tritt doch einmal eine größere Störung auf, durch welche der Einzugsbereich der Ruhelage verlassen wird, so ist die Amplitude der nun entstehenden stabilen Dauerschwingung so groß, daß eine Gefährdung der Anlage eintreten kann.

Wird umgekehrt *a verkleinert,* so gehören zu den Schnittpunkten der beiden Ortskurven kleinere A-Werte als vorher. Der Einzugsbereich der Ruhelage wird dann so klein, daß bei den stets vorhandenen Störungen die stabile Dauerschwingung angenommen wird, das System sich dann also tatsächlich im Zustand der Dauerschwingung befindet. Falls man aber a klein genug wählt, im vorliegenden Fall z.B. a = 0,2 (Verkleinerung auf 1/5), ist deren Amplitude A_{p1} soweit herabgesetzt, daß sie im Bereich der allgemeinen Störwelligkeit liegt und toleriert werden kann.

Beliebig klein darf man a jedoch nicht wählen. Die Nullzone des Dreipunktgliedes im Speisewasserregler (deren halbe Breite a ist) ist nämlich ein notwendiges Übel, das unter anderem eine übermäßige Beanspruchung des Stellmotors verhindert.

Halten wir fest: *Die Verkleinerung der Nullzone im Dreipunktglied des untergeordneten Regelkreises, soweit sie eben möglich ist, stellt eine zweckmäßige Stabilisierungsmaßnahme dar.*

Will man jedoch die Dauerschwingung vollständig beseitigen, so muß man zu einem stärkeren Hilfsmittel greifen, nämlich eine zusätzliche nichtlineare Kennlinie vor die Lose schalten. Eine derartige Maßnahme entspricht der üblichen Reihenstabilisierung im linearen Regelkreis, nur daß jetzt eine Nichtlinearität eingebaut werden soll. Man kann deshalb von einer *nichtlinearen Reihenstabilisierung* sprechen. Wie hat man dabei die Korrekturkennlinie zu wählen?

Die folgende Überlegung soll dafür möglichst einfach einen Anhaltspunkt geben. Ausdrücklich sei darauf hingewiesen, daß sie lediglich heuristischen Charakter hat und durch die nachfolgende rechnerische Untersuchung bestätigt werden muß. Die Schnittpunkte der beiden Ortskurven im Bild 4/66 werden beseitigt, wenn es gelingt, die nichtlineare Ortskurve im Bereich kleiner und mittlerer A nach links wegzudrücken. Das wird der Fall sein, wenn man für die Punkte dieses Ortskurvenbereiches den Betrag $|N_J(A)|$ genügend stark vergrößert. Um zu sehen, wie dies durch Vorschalten einer Kennlinie vor die Lose erreicht werden kann, gehen wir von Bild 4/68 aus.

Darin sei die Nichtlinearität NL 1 eine eindeutige Kennlinie mit der positiven Beschreibungsfunktion $N_1(A)$, die zunächst noch nicht weiter festgelegt wird. Befindet sich die Regelung im Zustand der Harmonischen Balance, so liegt am Eingang von NL1 die harmonische Schwingung $Ae^{j\omega t}$. Falls man ganz überschlägig die periodische Ausgangsgröße von NL1 durch ihre Grundschwingung ersetzt, hat man zwischen den beiden Nichtlinearitäten die harmonische Schwingung

$$Be^{j\omega t} \text{ mit } B = AN_1(A).$$

Auf sie reagiert NL2 mit der Grundschwingung

$$N_2(B)Be^{j\omega t}.$$

Somit ist die „Beschreibungsfunktion" der Reihenschaltung beider Kennlinien

$$\frac{N_2(B)B}{A} = N_1(A)N_2\left[AN_1(A)\right]. \tag{4.105}$$

Nochmals sei bemerkt, daß es sich hierbei um eine heuristische Betrachtung handelt und daß man bei der tatsächlichen Berechnung der Beschreibungsfunktion der Reihenschaltung nicht so vorgehen darf, da die Ersetzung der Schwingung zwischen den beiden Nichtlinearitäten durch eine harmonische Schwingung eine allzu starke Abweichung von der Wirklichkeit darstellt. Die nichtlineare Ortskurve zu (4.105) ist durch

$$z = -\frac{1}{N_1(A)}\frac{1}{N_2\left[AN_1(A)\right]}$$

gegeben. Sofern $N_1(A) < 1$, und zwar ausgeprägt im Bereich kleiner und mittlerer A, kann dies zur gewünschten Streckung der zu N_2, also zur Lose, gehörenden nichtlinearen Ortskurve führen.

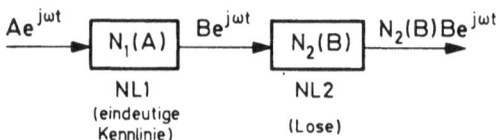

Bild 4/68
Heuristische Betrachtung zur
nichtlinearen Reihenstabilisierung

Eine Kennlinie mit dem gewünschten Verhalten von $N_1(A)$ stellt die Totzone dar. Das kann man aus (4.27) erkennen, aber auch sofort aus dem Bild 4/13 ablesen, wenn man beachtet, daß dort $-1/N(A)$ dargestellt ist. Man gelangt so zu dem Vorschlag, *zur Verbesserung des Stabilitätsverhaltens eine Totzone in Reihe vor die Lose zu schalten:* Bild 4/69.

Um die Tauglichkeit dieses Vorschlags zu überprüfen, hat man zunächst die Beschreibungsfunktion der Reihenschaltung Totzone – Lose exakt zu berechnen. Das kann in der bisherigen Manier geschehen (Abschnitt 4.2), doch wird die Berechnung schon recht umständlich. Man kann deshalb zur numerischen Berechnung übergehen. Dazu denkt man sich $A \sin v$ auf die Totzone geschaltet und erhält so die Ausgangsgröße $\dot{m}_{WS}(v)$ nach Bild 4/70a, die man etwa im Intervall $\pi/2 \le v \le 3\pi/2$ betrachtet. Eine hinreichend dichte Folge von Funktionswerten $\dot{m}_{WS}(v_\nu)$ (Größenordnung: 20) nimmt man als Argumente der Lose-Nichtlinearität (Bild 4/70b) und bekommt so die zugehörigen Werte $\dot{m}_W(v_\nu)$. Mit ihnen berechnet man numerisch das Integral

$$\mathrm{Re}\,N(A) = \frac{2}{\pi A} \int\limits_{\frac{\pi}{2}}^{\frac{3}{2}\pi} \dot{m}_W(v) \sin v \, dv \; .$$

Diese Rechnung hat man für jeden interessierenden A-Wert durchzuführen.

Die Bestimmung des Imaginärteils ist einfacher, weil man sich auf die allgemeine Formel in (4.18) stützen kann. Wie man aus Bild 4/70b sieht, ist die bei Aufschaltung von $A \sin v$ umschlossene Fläche S der Hystereseschleife ein Parallelogramm mit der Grundlinie 2a und der Höhe $2[(A - c) - a]$. Daher ist

$$S = 4aA - 4a^2 - 4ac$$

und somit

$$\mathrm{Im}\,N(A) = -\frac{4}{\pi} \left[\frac{a}{A} \left[1 - \frac{a}{A} - \frac{c}{A} \right] \right] \; . \tag{4.106}$$

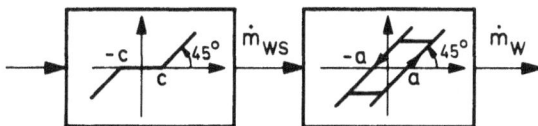

Bild 4/69   Reihenstabilisierung durch Vorschalten einer Totzone

a)

$\dot{m}_{WS}$

$A-c$

$A \sin v - c$

$\frac{\pi}{2}$ $\pi - v_c$ π $\pi + v_c$ $\frac{3}{2}\pi$ $v = \omega t$

$-(A-c)$

$A \sin v + c$

$\sin v_c = \frac{c}{A}$

b)

$\dot{m}_W$

$(v = \frac{\pi}{2})$

$-(A-c)$ $-a$ a $45°$ $A-c$ $\dot{m}_{WS}$

$(v = \frac{3}{2}\pi)$

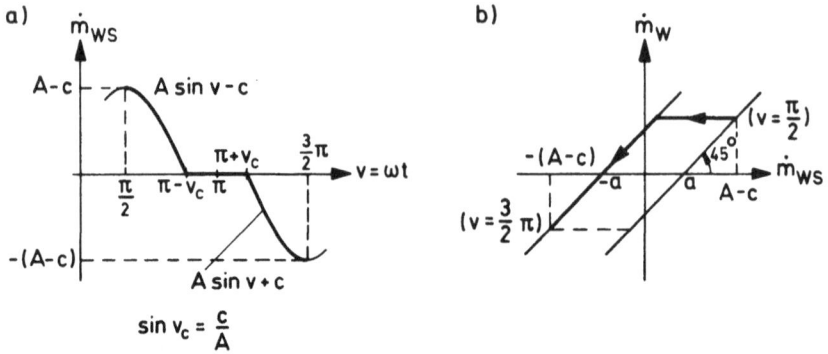

Bild 4/70   Zur numerischen Berechnung der Beschreibungsfunktion der Kenn-
linienschaltung von Bild 4/69

Im vorliegenden Fall ist a = 1. Zwei nichtlineare Ortskurven der Reihenschaltung aus Bild 4/69, und zwar für c = 0,5 und c = 1 , sind im Bild 4/71 dargestellt. Wie man sieht, gibt es in der Tat keinen Schnitt mehr mit der linearen
Ortskurve. Es tritt somit keine Dauerschwingung mehr auf, und die Ruhelage
darf als global asymptotisch stabil angesehen werden.

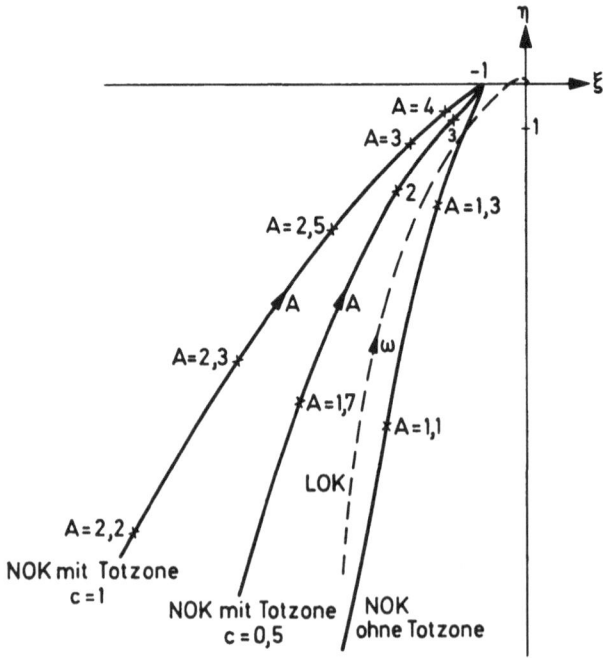

η

-1

ξ

$A=4$

$A=3$ 3 1

2 $A=1,3$

$A=2,5$

A A

$A=2,3$

ω

$A=1,7$ $A=1,1$

LOK

$A=2,2$

NOK mit Totzone
c = 1

NOK mit Totzone
c = 0,5

NOK
ohne Totzone

Bild 4/71   Auswirkung der Korrektur - Nichtlinearität auf die Lose - Ortskurve
LOK: lineare Ortskurve
NOK: nichtlineare Ortskurve

Bleibt abschließend zu sagen, daß die vorstehend beschriebene nichtlineare Stabilisierung mit sehr gutem Erfolg in Kraftwerken eingesetzt wird.

4.9   Anwendung der Harmonischen Balance auf Regelkreise mit mehreren Kennlinien

In den vorangegangenen Abschnitten von Kapitel 4 wurde bei der Beschreibung und Anwendung der Harmonischen Balance stets die Regelkreisstruktur von Bild 4/1 zu Grunde gelegt. Demgemäß wurde angenommen, daß der Regelkreis nur eine Nichtlinearität, und zwar vom Kennlinientyp, enthält und überdies auf ihn keine Eingangsgröße wirkt, er also nur durch Anfangsbedingungen (Anfangsstörungen) angeregt wird.

Von diesen Annahmen wollen wir uns nun befreien und die Harmonische Balance auch auf weitergehende Probleme anwenden:
- Im vorliegenden Abschnitt 4.9 werden Regelkreise mit mehreren Nichtlinearitäten untersucht.
- Im Abschnitt 4.10 werden konstante Eingangsgrößen zugelassen, außerdem gewisse Unsymmetrien der Nichtlinearität.
- Im Abschnitt 4.11 schließlich geht es um die Dauerschwingungen dynamischer Systeme, auf die harmonische Schwingungen von außen einwirken. Zudem werden hier allgemeinere Nichtlinearitäten in die Betrachtung einbezogen, die nicht mehr vom Kennlinientyp zu sein brauchen.

Bei der Entwicklung von Methoden zur Behandlung dieser drei Probleme wird sich zeigen, mit welcher Geschmeidigkeit sich die Harmonische Balance verschiedenartigen Aufgabenstellungen anzupassen vermag.

4.9.1   In Reihe gelegene Kennlinien

Treten in einem Regelkreis zwei Kennlinien auf und liegen sie unmittelbar hintereinander - ein Fall, der wohl selten vorkommen wird - so kann man sie zu einer Kennlinie zusammenfassen. Dann wird aus $u = F_1(e)$, $y = F_2(u)$ die mittelbare Funktion $y = F_2\left[F_1(e)\right]$. Man ist dann wieder beim nichtlinearen Standardregelkreis.

Wir können uns daher auf den Fall beschränken, daß die Kennlinien durch lineare Übertragungsglieder getrennt werden. Bild 4/72 zeigt eine derartige Rege-

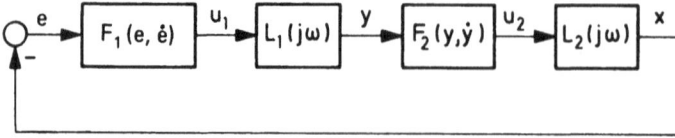

Bild 4/72   Regelkreis mit zwei Nichtlinearitäten in Reihe

lung mit zwei Nichtlinearitäten. Treten mehr als zwei Nichtlinearitäten auf, so können die folgenden Betrachtungen geradlinig übertragen werden.

Für jede Kennlinie und für jedes lineare Teilsystem sollen die Voraussetzungen gelten, die im Abschnitt 4.1 gemacht wurden. Insbesondere soll also *jedes* lineare Teilsystem genügend starken Tiefpaßcharakter haben, damit die Eingangsschwingung jeder Nichtlinearität mit hinreichender Genauigkeit durch die Grundschwingung approximiert werden kann.

Im Zustand des Schwingungsgleichgewichts ist dann

$$e = A \sin \omega t , \quad y = B \sin(\omega t + \varphi) . \tag{4.107}$$

Genau wie im Abschnitt 4.1 kann man nun für jede der beiden Kennlinien die Beschreibungsfunktion als Ersatzfrequenzgang einführen. Dabei spielt die Phasenverschiebung φ der Eingangsschwingung von F_2 keine Rolle. Man erhält so

$$N_1(A) = \frac{1}{\pi A} \int_0^{2\pi} F_1(A \sin v, \omega A \cos v) \sin v \, dv + \\ + j \frac{1}{\pi A} \int_0^{2\pi} F_1(A \sin v, \omega A \cos v) \cos v \, dv , \tag{4.108}$$

$$N_2(B) = \frac{1}{\pi B} \int_0^{2\pi} F_2(B \sin v, \omega B \cos v) \sin v \, dv + \\ + j \frac{1}{\pi B} \int_0^{2\pi} F_2(B \sin v, \omega B \cos v) \cos v \, dv . \tag{4.109}$$

Der Regelkreis im Zustand der Harmonischen Balance kann nunmehr durch Bild 4/73 beschrieben werden, wobei das Schlange-Symbol wiederum die Zeigerdarstellungen kennzeichnet. Aus dem Bild liest man die Beziehung

$$\tilde{x} = L_2(j\omega) N_2(B) L_1(j\omega) N_1(A) \tilde{e}$$

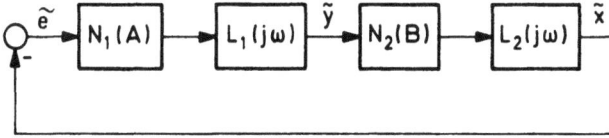

Bild 4/73   Regelkreis mit zwei Kennlinien im Zustand der Harmonischen Balance

ab. Setzt man darin $\tilde{x} = -\tilde{e}$ ein und streicht $\tilde{e}$ heraus, so entsteht die Gleichung

$$N_1(A)N_2(B)L_1(j\omega)L_2(j\omega) = -1 . \tag{4.110}$$

Sie entspricht genau der Gleichung $L(j\omega)N(A) = -1$ im Falle *einer* Kennlinie. Wie diese kann sie in zwei reelle Gleichungen zerlegt werden:

$$\mathrm{Re}\left[N_1(A)N_2(B)\right] = -\mathrm{Re}\,L^{-1}(j\omega) , \tag{4.111}$$

$$\mathrm{Im}\left[N_1(A)N_2(B)\right] = -\mathrm{Im}\,L^{-1}(j\omega) , \tag{4.112}$$

wobei abkürzend

$$L(j\omega) = L_1(j\omega)L_2(j\omega) \tag{4.113}$$

gesetzt ist. Zur Bestimmung der *drei* Unbekannten ω, A und B benötigt man aber noch eine weitere Beziehung.

Man bekommt sie aus Bild 4/73, indem man den Zusammenhang zwischen den Eingangsgrößen der beiden Nichtlinearitäten herstellt. Das ist auf zweierlei Weise möglich:

$$\tilde{y} = L_1(j\omega)N_1(A)\tilde{e} \tag{4.114}$$

und

$$\tilde{e} = -L_2(j\omega)N_2(B)\tilde{y} . \tag{4.115}$$

Faßt man beide Beziehungen zusammen, so hat man wieder die Gleichung (4.110).

Betrachtet man etwa (4.114) und setzt gemäß (4.107)

$$\tilde{e} = A e^{j\omega t}, \quad \tilde{y} = B e^{j(\omega t + \varphi)} \tag{4.116}$$

ein, so entsteht nach Herausstreichen von $e^{j\omega t}$ die Beziehung

$$B e^{j\varphi} = L_1(j\omega) N_1(A) A .$$

Nimmt man von dieser komplexen Gleichung nur den Betrag und berücksichtigt dabei, daß die Amplituden A und B nicht negativ sind, so wird wegen $|e^{j\varphi}| = 1$:

$$B = |L_1(j\omega)| \, |N_1(A)| A . \tag{4.117}$$

Ganz entsprechend erhält man aus (4.115)

$$A = |L_2(j\omega)| \, |N_2(B)| B . \tag{4.118}$$

Fügt man nunmehr *eine* der beiden Gleichungen (4.117), (4.118) zu dem Gleichungspaar (4.111), (4.112) hinzu, so hat man *ein System von drei gekoppelten nichtlinearen Gleichungen zur Berechnung von ω, A und B.*

Wie stets vereinfacht sich das Problem, wenn die *Kennlinien eindeutig* sind. Mit $N_1(A)$ und $N_2(B)$ ist dann auch das Produkt reell, und (4.112) geht in die algebraische Gleichung

$$\mathrm{Im}\, L^{-1}(j\omega) = 0 \tag{4.119}$$

über, aus der sich die Frequenzen ω_p der gesuchten Dauerschwingungen unabhängig von A und B ermitteln lassen. Für die weitere Rechnung ist es zweckmäßig, die Realteil-Gleichung (4.111) zu ignorieren und statt dessen die *beiden* Gleichungen (4.117), (4.118) zu verwenden. Da ω_p bekannt ist, hat man in

$$B = |L_1(j\omega_p)| \, |N_1(A)| A , \tag{4.120}$$

$$A = |L_2(j\omega_p)| \, |N_2(B)| B \tag{4.121}$$

ein symmetrisch gebautes Gleichungspaar zur Ermittlung der Amplituden. Der Aufbau dieses Gleichungssystems suggeriert die in Bild 4/74 skizzierte Lösung, wobei man die beiden Kurven im allgemeinen durch den Rechner wird aufzeichnen lassen. Dabei ist die Kurve (4.120) über der A-Achse, die Kurve (4.121)

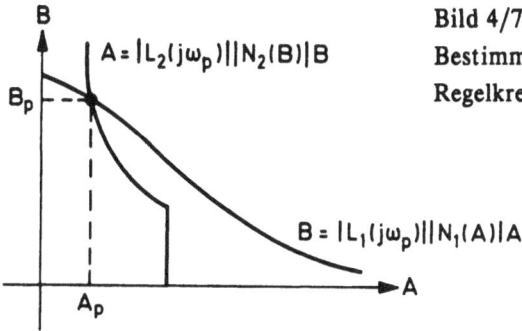

Bild 4/74
Bestimmung der Amplituden bei einem
Regelkreis mit eindeutigen Kennlinien

über der B-Achse aufzutragen. Die zum Schnittpunkt gehörenden Parameterwerte A_p und B_p sind die gesuchten Amplituden.

Besonders übersichtlich werden die Verhältnisse, wenn *mindestens eine der beiden Nichtlinearitäten eine Zweipunktkennlinie ist.* Trifft dies etwa für die Nichtlinearität F_1 zu, so ist nach (4.21)

$$N_1(A) = \frac{4b}{\pi A}.$$

Damit folgt aus (4.120)

$$B = |L_1(j\omega_p)| \frac{4b}{\pi}. \tag{4.122}$$

Die zugehörige Kurve im Bild 4/74 ist daher eine Parallele zur A-Achse. Hier
erübrigt sich die Aufzeichnung beider Kurven. Denn mit (4.122) liegt der Wert
B_p bereits fest, und aus ihm ergibt sich A_p durch Einsetzen in (4.121):

$$B_p = \frac{4b}{\pi} |L_1(j\omega_p)|, \tag{4.123}$$

$$A_p = \frac{4b}{\pi} |L(j\omega_p)| |N_2(B_p)|. \tag{4.124}$$

Hierin ist normalerweise

$$|L(j\omega_p)| = \frac{1}{|L^{-1}(j\omega_p)|} = \frac{1}{-\operatorname{Re} L^{-1}(j\omega_p)}, \tag{4.125}$$

da $\operatorname{Im} L^{-1}(j\omega_p) = 0$ gilt und im allgemeinen $\operatorname{Re} L^{-1}(j\omega_p)$ negativ ist.

Betrachten wir als *Beispiel* den Regelkreis im Bild 4/75, dessen zweite Nichtlinearität in einer Begrenzung besteht. Für ihn ist

$$L^{-1}(s) = \frac{1}{0,48} s (1 + 0,5s)(1 + s)(1 + 2s) ,$$

so daß die Gleichung (4.119) in

$$\mathrm{Im} L^{-1}(j\omega) = \frac{1}{0,48} \omega (1 - 3,5\omega^2) = 0$$

übergeht. Aus ihr folgt $\omega_p = 0,5345$.

Damit wird

$$|L(j\omega_p)| = \frac{1}{-\mathrm{Re} L^{-1}(j\omega_p)} = \frac{1}{(\omega_p^2/0,48)(3,5 - \omega_p^2)} = 0,5227 .$$

Wegen

$$L_1(j\omega) = \frac{0,4}{j\omega (1+0,5j\omega)}$$

ist weiterhin

$$|L_1(j\omega_p)| = \frac{0,4}{\omega_p \sqrt{1+0,25\omega_p^2}} = 0,7230 .$$

Nach Bild 4/75 ist der Parameter des Zweipunktgliedes b = 2. Wegen (4.123) wird deshalb $B_p = 1,841$.

Die Beschreibungsfunktion der Begrenzungskennlinie ist nach (4.26)

$$N_2(B) = \begin{cases} m , & B \le a \\[2ex] \frac{2m}{\pi} \left[\arcsin\frac{a}{B} + \frac{a}{B} \sqrt{1 - \left[\frac{a}{B}\right]^2} \right] , & B \ge a \end{cases} .$$

Nach Bild 4/75 ist a = 1 und m = 1. Da $B_p > 1$ ist, gilt die untere Zeile der letzten Gleichung:

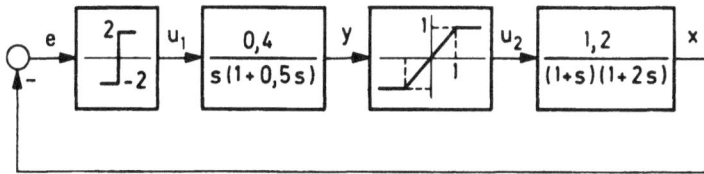

Bild 4/75   Regelkreis mit Zweipunktglied und Begrenzung

$$N_2(B_p) = \frac{2}{\pi}\left[\arcsin\frac{1}{B_p} + \frac{1}{B_p}\sqrt{1-\left[\frac{1}{B_p}\right]^2}\right] = 0,6559 .$$

Hiermit folgt aus (4.124) $A_p = 0,873$.

Im Bild 4/76 sieht man einen Rechnerschrieb der Eingangsgrößen beider Kennlinienglieder. Man erkennt, daß y im wesentlichen eine Dreiecksschwingung ist, bedingt durch das I-Glied im vorhergehenden linearen Teilsystem, das die Rechteckschwingung u_1 integriert. Hingegen ist e nahezu sinusförmig. Für die Schwingungsparameter liest man ab:

$$\omega_p = 0,545 , \quad A_p = 0,85 , \quad B_p = 2,0 .$$

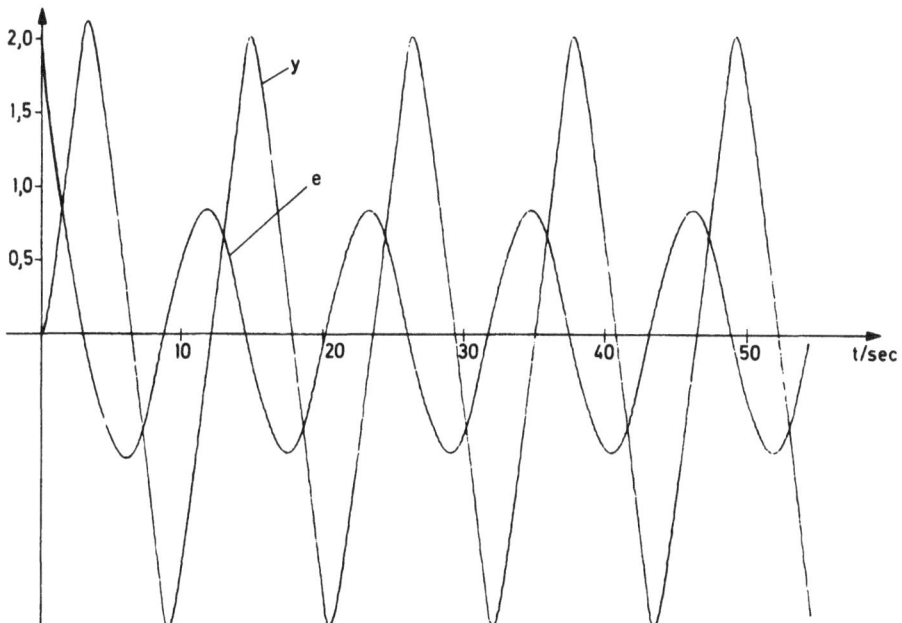

Bild 4/76   Zeitvorgänge im Regelkreis von Bild 4/75

Kehren wir zum allgemeinen Fall zurück! Wenn (mindestens) eine der beiden Kennlinien im Bild 4/72 Hysteresecharakter hat, ist eine so einfache Lösung nicht möglich, weil man keine Gleichung für ω allein abspalten und getrennt lösen kann. Man muß dann bei dem Gleichungssystem (4.111), (4.112), (4.117) bzw. (4.111), (4.112), (4.118) bleiben, also einem gekoppelten System dreier nichtlinearer Gleichungen. Die Schwierigkeit einer numerischen Lösung liegt wieder darin, daß man über keine geeignete Ausgangsnäherung verfügt, ja, nicht einmal weiß, ob überhaupt Lösungen existieren. Gerade die letztere Frage kann hingegen bei einem graphischen Verfahren sofort beantwortet werden. Solche Verfahren werden in [36] und [37] beschrieben. Ein sehr praktikables Verfahren wurde von *K.-S. Yeung* [14]) angegeben.

Schwierigkeiten treten auch dann auf, wenn eines der beiden Teilsysteme, die zwischen den Kennlinien liegen, keinen genügend starken Tiefpaßcharakter aufweist. Dann kann es nützlich sein, von der Trennung in lineare und nichtlineare Teilsysteme abzugehen und die beiden Kennlinien mit dem mangelhaften Tiefpaß zu einer einzigen, komplizierteren Nichtlinearität zusammenzufassen [15]).

4.9.2 Beliebige Lage der Kennlinien im Regelkreis

Die Harmonische Balance läßt sich ohne weiteres auch dann anwenden, wenn es sich um einen vermaschten Regelkreis handelt und die Nichtlinearitäten nicht mehr unbedingt in Reihe liegen. Die Gleichungen zur Berechnung der Schwingungsparameter kann man in der bisherigen Weise aufstellen, indem man vom Zustand der Harmonischen Balance ausgeht. Man kann dabei auf das Hinschreiben der Zeigerdarstellungen weitgehend verzichten, wenn man sich vor Augen hält, daß dieses ja nichts anderes bedeutet, als daß man *bei der Verknüpfung von Übertragungsgliedern mit Beschreibungsfunktionen wie mit Frequenzgängen rechnen kann.* Man denkt sich also die Nichtlinearitäten durch ihre Beschreibungsfunktionen ersetzt und kann dann die üblichen Formeln zur Zusammenfassung von Frequenzgängen anwenden, z.B. die Rückkopplungsformel. Voraussetzung ist da-

---

[14]) *K.-S. Yeung:* Anwendung von Frequenzkennlinien auf Regelkreise mit zwei Nichtlinearitäten. Regelungstechnik 25 (1977), S. 374 - 381.

[15]) *M. Pandit:* Zur Bestimmung von periodischen Zuständen in Regelungssystemen mit mehreren nichtlinearen Gliedern. Regelungstechnik 17 (1969), S. 402 - 408.
P. Moll - M. Pandit: On the Determination of Limit Cycles in Relay Control Systems with Additional Saturation Type Nonlinear Elements. International Journal of Control 10 (1969), S. 703 - 711.

bei wie immer, daß zwischen den Nichtlinearitäten Tiefpaßglieder liegen. Hierbei kann es geschehen, daß man Beschreibungsfunktionen erhält, die außer von der Amplitude der Eingangsschwingung auch von der Frequenz abhängen.

Betrachten wir etwa das Bild 4/77. Es zeigt einen Regelkreis mit innerer Schleife, die eine Kennlinie enthält. Die Kennlinien sind bereits durch ihre Beschreibungsfunktionen ersetzt. Dann hat die innere Schleife die Beschreibungsfunktion

$$N(B,\omega) = \frac{L_2(j\omega)}{1+L_2(j\omega)N_2(B)} .$$

Für den gesamten Regelkreis gilt dann

$$-\tilde{e} = L_3(j\omega)N(B,\omega)L_1(j\omega)N_1(A)\tilde{e} ,$$

also

$$\frac{L_1(j\omega)L_2(j\omega)L_3(j\omega)}{1+L_2(j\omega)N_2(B)} N_1(A) = -1$$

oder

$$L_1(j\omega)L_2(j\omega)L_3(j\omega)N_1(A) + L_2(j\omega)N_2(B) + 1 = 0 . \qquad (4.126)$$

Eine weitere Gleichung erhält man aus der Beziehung

$$-\tilde{e} = L_3(j\omega)\tilde{y}$$

oder

$$Ae^{j\omega t} = -L_3(j\omega)B e^{j(\omega t+\varphi)} .$$

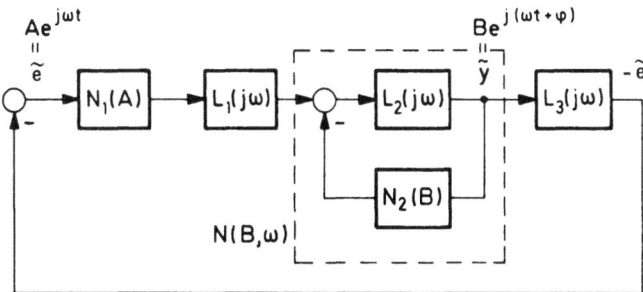

Bild 4/77   Mehrschleifiger nichtlinearer Regelkreis im Zustand der Harmonischen Balance

Man geht zum Betrag über:

$$A = |L_3(j\omega)| \, B \, . \tag{4.127}$$

Mit (4.126) und (4.127) hat man 3 reelle Gleichungen zur Berechnung von A, B und ω.

Als *Beispiel* betrachten wir eine *Lageregelung mit Gleichstrommotor und Drei-punktregler (NL1), wobei im Motor eine trockene Reibung (NL2) berücksichtigt ist* (Bild 4/78) [16]). Wie man aus Bild 4/78 ersieht, kann man sie durch eine Zwei-punktkennlinie mit Vorzeichenumkehr beschreiben.

Zunächst folgt für die Beschreibungsfunktion der geschlossenen Reibungsrück-führung

$$N_R(B,\omega) = \cfrac{\cfrac{1}{\Theta_M j\,\omega}}{1+\cfrac{1}{\Theta_M j\,\omega}\,\cfrac{4M_R}{\pi B}} = \frac{\pi B}{4M_R + j\,\pi\,\Theta_M\,\omega B} \, .$$

Damit erhält man weiter als Beschreibungsfunktion der übergeordneten Gegen-EMK-Rückführung (u_2-Rückführung)

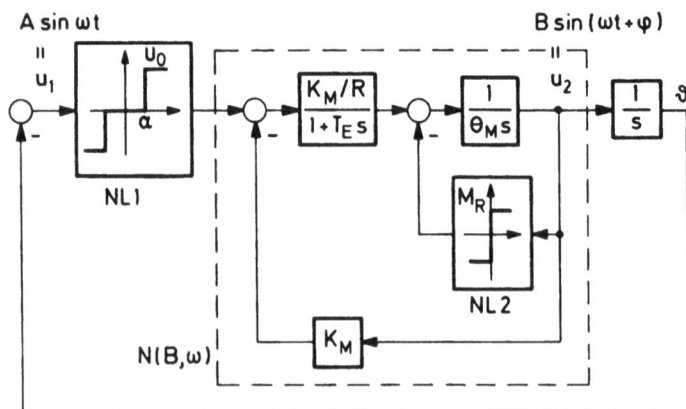

Bild 4/78   Lageregelung mit zwei nicht in Reihe gelegenen Kennliniengliedern

---

[16]) Das Beispiel ist entnommen aus der Arbeit "Stabilitätsuntersuchung von mehrschleifigen Regelkreisen mit zwei Nichtlinearitäten" von *H. Hopfengärtner*, Regelungstechnik 25 (1977), S. 151 - 156. Es dient dort als Illustrationsbeispiel für ein graphisches Verfahren, mit dem man die Gleichungen der Harmonischen Balance auch in komplizierteren Fällen lösen kann, und wird deshalb anders behandelt.

$$N(B,\omega) = \frac{\dfrac{K_M/R}{1+T_E j\omega} N_R(B,\omega)}{1 + \dfrac{K_M/R}{1+T_E j\omega} N_R(B,\omega)K_M} =$$

$$= \frac{\pi\dfrac{K_M}{R}B}{4M_R - \pi\Theta_M T_E \omega^2 B + \pi\dfrac{K_M^2}{R}B + j\omega(\pi\Theta_M B + 4T_E M_R)} . \quad (4.128)$$

Das ist die Beschreibungsfunktion des gestrichelt eingerahmten nichtlinearen Teilsystems im Bild 4/78.

Daraus ergibt sich als Gleichung der Harmonischen Balance des gesamten Regelkreises in der gleichen Weise wie bisher

$$N_1(A)N(B,\omega) \frac{1}{j\omega} = -1 , \quad (4.129)$$

wobei $N_1(A)$ die Beschreibungsfunktion des Dreipunktgliedes ist:

$$N_1(A) = \frac{4U_0}{\pi A} \sqrt{1 - \left[\frac{\alpha}{A}\right]^2} . \quad (4.130)$$

Die neben dem reellen Gleichungspaar (4.129) erforderliche dritte Beziehung zur Berechnung der Unbekannten A, B und ω erhält man aus

$$\tilde{u}_1 = -\frac{1}{j\omega} \tilde{u}_2$$

oder

$$Ae^{j\omega t} = -\frac{1}{j\omega} Be^{j(\omega t+\varphi)} .$$

Durch Betragsbildung wird daraus $A = B/\omega$ oder

$$\omega = \frac{B}{A} . \quad (4.131)$$

In (4.129) und (4.131) hat man die Gleichungen der Harmonischen Balance für das vorliegende Problem.

Um sie zu lösen, schreibt man zunächst für (4.129)

$$N_1(A) = -j\omega N^{-1}(B,\omega) .$$

Setzt man (4.128) ein und zerspaltet in Real- und Imaginärteil, so entstehen die
Gleichungen

$$\pi\Theta_M T_E \omega^2 B - \pi\frac{K_M^2}{R}B - 4M_R = 0 , \tag{4.132}$$

$$\frac{R\omega^2}{\pi K_M B}(\pi\Theta_M B + 4T_E M_R) = N_1(A) . \tag{4.133}$$

Mit $\omega = B/A$ wird aus (4.132)

$$A^2 = k_1 \frac{B^3}{B+B_1} , \tag{4.134}$$

wobei

$$k_1 = \frac{\Theta_M T_E R}{K_M^2} , \quad B_1 = \frac{4RM_R}{\pi K_M^2} . \tag{4.135}$$

Aus (4.133) wird mit $\omega = B/A$:

$$\frac{R}{\pi K_M}\frac{B}{A^2}(\pi\Theta_M B + 4T_E M_R) = \frac{4U_0}{\pi A}\sqrt{1-\frac{\alpha^2}{A^2}} .$$

Daraus folgt durch Multiplikation mit $A^2\frac{\pi}{4U_0}$:

$$\sqrt{A^2-\alpha^2} = \frac{\pi R\Theta_M}{4K_M U_0} B\left[B + \frac{4T_E M_R}{\pi\Theta_M}\right]$$

oder

$$A^2 = \alpha^2 + k_2^2 B^2 (B + B_2)^2 \tag{4.136}$$

mit

$$k_2 = \frac{\pi R\Theta_M}{4K_M U_0} , \quad B_2 = \frac{4T_E M_R}{\pi\Theta_M} .$$

Durch Gleichsetzen von (4.134) und (4.136) entsteht eine Gleichung für die
Amplitude B allein:

$$k_1\frac{B^3}{B+B_1} = \alpha^2 + k_2^2 B^2 (B+B_2)^2 ,$$

eine algebraische Gleichung 5. Grades. Dividiert man sie durch B^2, so ergibt sich

$$k_1 \left[1 - \frac{B_1}{B+B_1} \right] = \frac{\alpha^2}{B^2} + k_2^2 (B+B_2)^2$$

oder

$$(B+B_2)^2 = a_1 - \frac{a_2}{B+B_1} - \frac{a_3}{B^2} \qquad (4.137)$$

mit

$$a_1 = \frac{k_1}{k_2^2}, \quad a_2 = a_1 B_1, \quad a_3 = \left[\frac{\alpha}{k_2} \right]^2 .$$

Der Ausdruck auf der linken Seite von (4.137) stellt eine Parabel dar, der rechtsseitige Ausdruck eine für $B > 0$ monoton steigende und rechtsgekrümmte Kurve, die mit wachsendem B gegen a_1 strebt. Bild 4/79 zeigt die Situation. Wie man sieht, hängt es von den Parametern, insbesondere B_2 und a_1, ab, ob 2 Schnittpunkte, 1 Berührungspunkt oder kein Schnittpunkt vorhanden sind.

Sind die Amplituden $B_{p\nu}$ der Winkelgeschwindigkeit bestimmt, so bekommt man die Amplituden $A_{p\nu}$ des Drehwinkels aus (4.134) und damit die Frequenzen $\omega_{p\nu}$ aus (4.131).

Für die in der oben zitierten Arbeit angegebenen Daten

$$K_M = 0,83 \text{ Vsec}, \quad R = 0,31 \, \Omega, \quad T_E = 6 \cdot 10^{-3} \text{ sec},$$

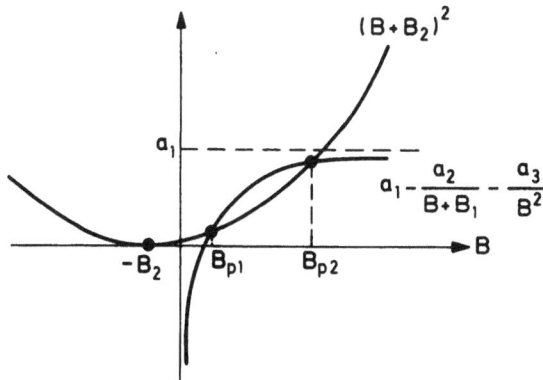

Bild 4/79   Lösung der Gleichung der Harmonischen Balance zu Bild 4/78

$$\Theta_M = 5 \cdot 10^{-2} \text{ kg m}^2, \ U_0 = 13 \text{ V}, \ \alpha = 2,5 \cdot 10^{-2} \text{ und } \ M_R = 5 \text{ Nm}$$

wird aus (4.137)

$$\left[\frac{B}{10} + 0,07639\right]^2 = 1,06053 - \frac{0,30381}{\frac{B}{10} + 0,268647} - \frac{0,04910}{\left[\frac{B}{10}\right]^2}. \qquad (4.138)$$

Die Funktionsverläufe für beide Seiten sind im Bild 4/80 dargestellt. Aus ihnen liest man

$$B_{p1} = 3,5 \text{ sec}^{-1} \text{ und } B_{p2} = 7,5 \text{ sec}^{-1}$$

ab. Damit ist

$$A_{p1} = 0,030 \text{ rad} \ \hat{=} \ 1,72^0 \text{ und } A_{p2} = 0,074 \text{ rad} \ \hat{=} \ 4,24^0$$

und somit schließlich

$$\omega_{p1} = 116,7 \text{ sec}^{-1} \text{ und } \omega_{p2} = 101,4 \text{ sec}^{-1}.$$

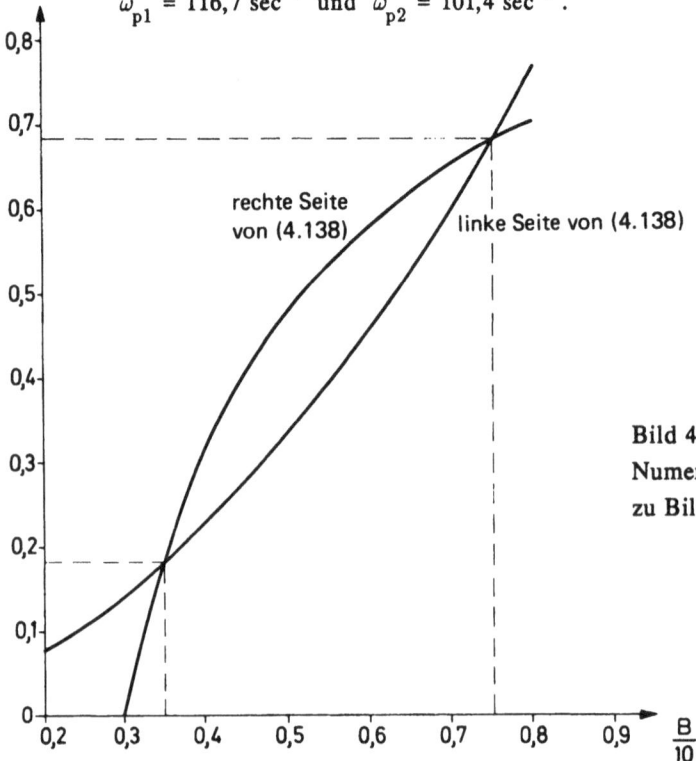

rechte Seite von (4.138)

linke Seite von (4.138)

Bild 4/80
Numerisches Beispiel
zu Bild 4/79

Wie bei jedem realistisch beschriebenen System darf man erwarten, daß von den beiden Dauerschwingungen diejenige mit der größeren Amplitude stabil ist, da anderenfalls unbegrenzt aufklingende Schwingungen entstehen könnten. In der oben zitierten Arbeit von *H. Hopfengärtner* wird gezeigt, daß dies in der Tat der Fall ist. Das dort angeführte Ergebnis einer Analogrechnersimulation zeigt gute Übereinstimmung mit den oben berechneten Parameterwerten der stabilen Dauerschwingung $\left[A_{p2} = 0{,}0745 \text{ rad} ; \ \omega_{p2} = 100{,}5 \text{ sec}^{-1} \right]$.

4.10 Anwendung der Harmonischen Balance auf Regelkreise mit unsymmetrischer Kennlinie und konstanten Eingangsgrößen

4.10.1 Aufstellen der Gleichungen der Harmonischen Balance

Bisher hatten wir angenommen, daß die nichtlineare Kennlinie symmetrisch zum Ursprung liegt. Das muß nicht immer der Fall sein, wie die Ventilkennlinie im Bild 4/81 zeigt. Wenn eine derartige Kennlinie im Regelkreis vorhanden ist und eine Dauerschwingung in ihm auftritt, so wird diese nicht mehr durch eine harmonische Schwingung allein zu approximieren sein. Vielmehr wird die Unsymmetrie der Kennlinie einen zusätzlichen konstanten Term, einen „Gleichterm", erzeugen. Wenn man einen solchen aber schon berücksichtigen muß, kann man auch die Voraussetzung fallen lassen, daß keine Eingangsgröße auf den Regelkreis wirkt, und die konstante Führungsgröße w = W_0 zulassen. Auch eine konstante Störgröße könnte in der gleichen Weise berücksichtigt werden, wie dies im folgenden mit der konstanten Führungsgröße geschieht.

Wie das Beispiel der Ventilkennlinie im Bild 4/81 zeigt, kann eine unsymmetrische Kennlinie häufig *symmetrisiert*, d.h. durch geeignete Parallelverschiebung des Koordinatensystems in eine zum Ursprung symmetrische Kennlinie über-

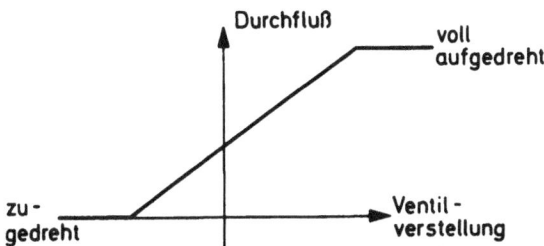

Bild 4/81   Ventilkennlinie als Beispiel einer unsymmetrischen Kennlinie

führt werden. Bild 4/82 zeigt das für den allgemeinen Fall einer mehrdeutigen Kennlinie

$$u = F(e, \dot{e}) \, . \tag{4.139}$$

Dabei ist S ihr Symmetriepunkt, das heißt, durch Spiegelung an S geht die Kennlinie in sich selbst über. Man nimmt nun eine Parallelverschiebung des Koordinatensystems vor, bis sein Ursprung in S liegt. Für die neuen Koordinaten gilt dann

$$e^* = e - e_S \, , \quad u^* = u - u_S \, . \tag{4.140}$$

Im neuen Koordinatensystem ist die Kennlinie symmetrisch:

$$u^* = F_S(e^*, \dot{e}^*) \, , \tag{4.141}$$

wobei der Index S darauf hinweisen soll, daß die Kennlinie in den neuen Koordinaten betrachtet wird. Damit wird aus (4.139)

$$u = u_S + u^* = u_S + F_S(e^*, \dot{e}^*) \, . \tag{4.142}$$

Berücksichtigt man noch die konstante Führungsgröße $w = W_0$, so hat man den im Bild 4/83 dargestellten nichtlinearen Regelkreis. Entscheidend ist dabei, daß die Nichtlinearität $u^* = F_S(e^*, \dot{e}^*)$ wieder symmetrisch ist. Die jetzt vorliegende Regelung unterscheidet sich daher von dem früheren Standardregelkreis nur durch das Auftreten der konstanten Eingangsterme W_0, e_S und u_S.

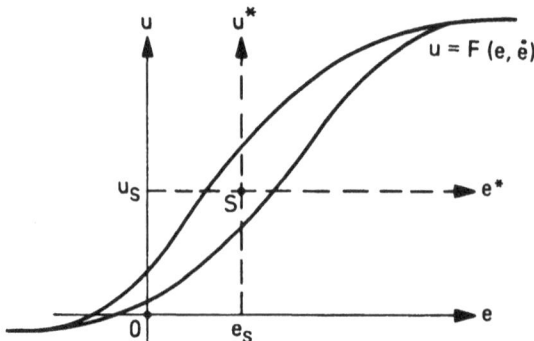

Bild 4/82   Symmetrisierung einer Kennlinie (S Symmetriepunkt der Kennlinie)

Wie stets bei der Harmonischen Balance gehen wir davon aus, daß sich das System im Schwingungsgleichgewicht befindet. Im Hinblick auf den Tiefpaßcharakter von $L(j\omega)$ darf man die Oberschwingungen in x und damit in e^* vernachlässigen. Wegen der konstanten Einspeisungen wird man zur Grundschwingung aber noch einen Gleichterm hinzufügen müssen:

$$e^* = C + A\sin\omega t = C + A\sin v \,, \tag{4.143}$$

wobei C zunächst unbekannt ist. u^* wird dann durch das Anfangsstück seiner Fourierentwicklung, nämlich Gleichterm und Grundschwingung, approximiert:

$$u^* = U_0 + a_1\sin\omega t + b_1\cos\omega t = U_0 + U_1\sin(\omega t + \varphi_1) \,, \tag{4.144}$$

wobei also

$$a_1 = U_1\cos\varphi_1 \,, \quad b_1 = U_1\sin\varphi_1 \tag{4.145}$$

ist.

Hierin sind die Fourierkoeffizienten durch

$$U_0 = \frac{1}{2\pi}\int_0^{2\pi} u^*(v)\,dv = \frac{1}{2\pi}\int_0^{2\pi} F_S(e^*, \dot{e}^*)\,dv =$$

$$= \frac{1}{2\pi}\int_0^{2\pi} F_S(C + A\sin v, \omega A\cos v)\,dv \,, \tag{4.146}$$

$$a_1 = \frac{1}{\pi}\int_0^{2\pi} u^*(v)\sin v\,dv = \frac{1}{\pi}\int_0^{2\pi} F_S(e^*, \dot{e}^*)\sin v\,dv =$$

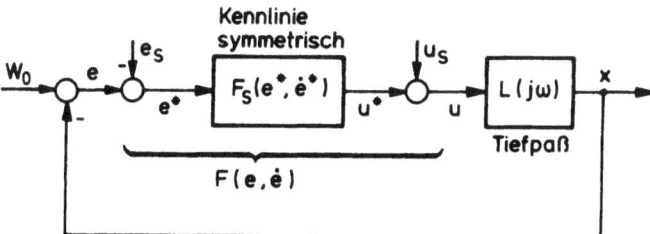

Bild 4/83   Regelkreis mit unsymmetrischer Nichtlinearität und konstanter Führungsgröße

$$= \frac{1}{\pi} \int_0^{2\pi} F_S(C + A\sin v, \, \omega A\cos v)\sin v \; dv \,, \qquad (4.147)$$

$$b_1 = \frac{1}{\pi} \int_0^{2\pi} u^*(v)\cos v \; dv =$$

$$= \frac{1}{\pi} \int_0^{2\pi} F_S(C + A\sin v, \, \omega A\cos v)\cos v \; dv \qquad (4.148)$$

gegeben. Sie hängen nun außer von A auch noch von dem Gleichterm C ab.

Führt man die Approximation (4.143) und (4.144) für e^* und u^* in die Struktur von Bild 4/83 ein, so gelangt man zum Bild 4/84. Es stellt den Regelkreis im Zustand der Harmonischen Balance dar. Sie besteht hier aber nicht nur in einem Gleichgewicht der harmonischen Schwingungen. Vielmehr müssen auch die Gleichterme ausbalanciert sein.

Betrachten wir zunächst das Gleichgewicht der harmonischen Schwingungen, wobei wir die Gleichterme ignorieren dürfen. Dann ist die Situation ganz entsprechend wie im Abschnitt 4.1. Aus der Sinusschwingung $A\sin\omega t$ am Eingang der Kennlinie wird die harmonische Ausgangsschwingung $U_1\sin(\omega t + \varphi_1)$. Da sich die Kennlinie somit wie ein lineares Übertragungsglied verhält, kann man wie bei diesem einen „Frequenzgang" einführen, indem man den Quotienten der Zeigerdarstellungen von Aus- und Eingangsgröße bildet: [17]

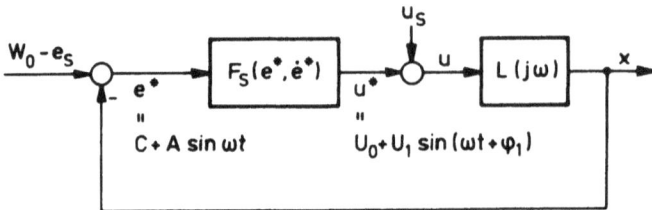

Bild 4/84   Regelkreis mit unsymmetrischer Nichtlinearität und konstanter Führungsgröße im Zustand der Harmonischen Balance

[17]) Dabei sind die Zeigerdarstellungen wie schon früher durch das Schlange-Symbol charakterisiert.

$$\frac{\tilde{u}^*}{\tilde{e}^*} = \frac{U_1 e^{j(\omega t + \varphi_1)}}{A e^{j\omega t}} = \frac{U_1}{A} e^{j\varphi_1} = \frac{U_1}{A}\cos\varphi_1 + j\frac{U_1}{A}\sin\varphi_1 = \frac{a_1}{A} + j\frac{b_1}{A}, \quad (4.149)$$

letzteres wegen (4.145). Da a_1 und b_1 von A und C abhängen, ist dieser Ausdruck eine Funktion von A und C. Wegen (4.147) und (4.148) erhält man für ihn

$$N_1(A,C) = \frac{a_1(A,C)}{A} + j\frac{b_1(A,C)}{A} = R_1(A,C) + jI_1(A,C) \quad (4.150)$$

mit

$$R_1(A,C) = \frac{1}{\pi A}\int_0^{2\pi} u^*(v)\sin v \, dv =$$

$$= \frac{1}{\pi A}\int_0^{2\pi} F_S(C + A\sin v, \omega A\cos v)\sin v \, dv , \quad (4.151)$$

$$I_1(A,C) = \frac{1}{\pi A}\int_0^{2\pi} u^*(v)\cos v \, dv =$$

$$= \frac{1}{\pi A}\int_0^{2\pi} F_S(C + A\sin v, \omega A\cos v)\cos v \, dv . \quad (4.152)$$

Dieser Ausdruck entspricht genau der Beschreibungsfunktion des Falles ohne Gleichterme und sei deshalb ebenfalls als *Beschreibungsfunktion* bezeichnet.

Damit folgt aus (4.149)

$$\tilde{u}^* = N_1(A,C)\tilde{e}^* . \quad (4.153)$$

Diese Gleichung gibt an, wie die Grundschwingung durch die Nichtlinearität im Zustand des Schwingungsgleichgewichtes übertragen wird. Für das lineare Teilsystem gilt nach Bild 4/84 wie üblich

$$\tilde{x} = L(j\omega)\tilde{u}^* , \quad (4.154)$$

da ja die Gleichterme bei der Balance der harmonischen Schwingungen keine Rolle spielen. Aus dem gleichen Grund gilt schließlich noch die Beziehung

$$\tilde{e}^* = -\tilde{x} \; . \tag{4.155}$$

Setzt man (4.155) in (4.153) und diese Gleichung dann in (4.154) ein, so entsteht die Beziehung

$$\tilde{x} = L(j\omega)N_1(A,C)(-\tilde{x}) \; .$$

Aus ihr folgt sofort die Gleichung

$$L(j\omega)N_1(A,C) = -1 \; . \tag{4.156}$$

Sie entspricht genau der Gleichung (4.14), die wir dort als *Gleichung der Harmonischen Balance* bezeichnet hatten.

Jetzt muß aber zur Gleichung (4.156), welche aus der Balance der Sinusschwingungen folgt, noch eine weitere Beziehung hinzuzutreten, in der die Balance der Gleichterme zum Ausdruck kommt. Man erhält sie aus Bild 4/84, wenn man beim Gleichterm C von e^* beginnt und entgegen der Wirkungsrichtung bis zum Gleichterm U_0 von u^* zurückgeht, also die Nichtlinearität beim Durchlaufen des Regelkreises gerade aussart. Dabei werden jetzt die harmonischen Schwingungen ignoriert. Es gilt dann

$$C = W_0 - e_S - x_G \; , \tag{4.157}$$

$$x_G = L(0)(U_0 + u_S) \; . \tag{4.158}$$

Dabei bezeichnet x_G den Gleichterm von x. Er ergibt sich als konstante Ausgangsgröße des linearen Teilsystems unter der Einwirkung der konstanten Eingangsgröße $U_0 + u_S$. Deshalb muß er gleich $L(0)(U_0 + u_S)$ sein. Durch Einsetzen von (4.158) in (4.157) folgt

$$C = W_0 - e_S - L(0)(U_0 + u_S) \; . \tag{4.159}$$

Hierin ist U_0 durch (4.146) gegeben, also ebenfalls eine Funktion von A und C. Sie stellt gewissermaßen *eine weitere Beschreibungsfunktion* dar, die erforderlich ist, um die Balance der Gleichterme zu beschreiben. Sie sei deshalb mit $N_0(A,C)$ bezeichnet:

$$U_0 = N_0(A,C) = \frac{1}{2\pi} \int\limits_0^{2\pi} u^*(v)\, dv = \frac{1}{2\pi} \int\limits_0^{2\pi} F_S(C + A\sin v,\ \omega A\cos v)\, dv \ . \qquad (4.160)$$

Für (4.159) kann man dann schreiben:

$$N_0(A,C) = \frac{1}{L(0)} (W_0 - e_S - C) - u_S \ . \qquad (4.161)$$

Damit hat man neben (4.156) eine *zweite Gleichung der Harmonischen Balance. Sie bringt die Balance der Gleichterme zum Ausdruck, während (4.156) die Balance der Grundschwingungen demonstriert.*

Während (4.156) eine komplexe Gleichung darstellt, mithin einem Paar reeller Gleichungen entspricht, ist gemäß (4.160) $N_0(A,C)$ und damit auch die Gleichung (4.161) reell. Insgesamt hat man so mit den beiden Gleichungen der Harmonischen Balance drei reelle Gleichungen zur Berechnung der gesuchten Schwingungsparameter A, C und ω.

Um sie zu lösen, muß man natürlich zunächst die Beschreibungsfunktionen $N_0(A,C)$ und $N_1(A,C)$ kennen. Sie sind ganz entsprechend wie früher zu berechnen (Abschnitt 4.2), und zwar für die symmetrische Kennlinie $F_S(e^*, \dot{e}^*)$, wobei aber $e^* = C + A\sin v$ jetzt den Gleichterm C enthält. Zunächst kann man das allgemeine Resultat (4.18) über den Imaginärteil der Beschreibungsfunktion ohne weiteres auch jetzt herleiten:

$$I_1(A,C) = \mathrm{Im}\, N_1(A,C) = - \frac{S}{\pi A^2} \ , \qquad (4.162)$$

wobei S die von der Hystereseschleife umschlossene Fläche ist, und zwar so umlaufen, daß sie zur Linken liegt. Daraus folgt auch hier sofort weiter:

Ist die Kennlinie eindeutig, also S = 0, so ist $\mathrm{Im}\, N_1(A,C) = 0$, d.h. $N_1(A,C)$ reell. (4.163)

Für $N_0(A,C)$ und $\mathrm{Re}\, N_1(A,C)$ gibt es leider keine so einfachen allgemeinen Formeln. Wie die Berechnung im einzelnen erfolgt, sei am Beispiel der unsymmetrischen Zweipunktkennlinie aus Bild 4/85 erläutert. Dazu trägt man, wie dies im Bild 4/86 skizziert ist, $e^* = C + A\sin v$ über der v-Achse auf. Ist diese Funktion positiv, so ist $u^* = b$, ist sie negativ, so ist $u^* = -b$, da ja e^* Argument der *symmetrisierten* Zweipunktkennlinie ist. Die so entstehende Funktion

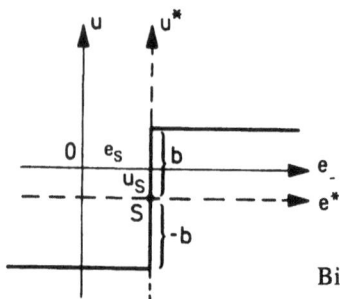

Bild 4/85   Unsymmetrische Zweipunktkennlinie

$u^*(v)$ ist im Bild 4/86 dick eingezeichnet. Dabei ist δ durch die Gleichung $C + A\sin(\pi+\delta) = 0$ gegeben, so daß

$$\sin\delta = \frac{C}{A} \tag{4.164}$$

ist.

Damit folgt aus (4.160)

$$N_0(A,C) = \frac{1}{2\pi}\left[\int\limits_0^{\pi+\delta} b\,dv + \int\limits_{\pi+\delta}^{2\pi-\delta} (-b)\,dv + \int\limits_{2\pi-\delta}^{2\pi} b\,dv\right] = \frac{2b}{\pi}\delta.$$

Wegen (4.164) wird daraus endgültig

$$N_0(A,C) = \frac{2b}{\pi}\arcsin\frac{C}{A}. \tag{4.165}$$

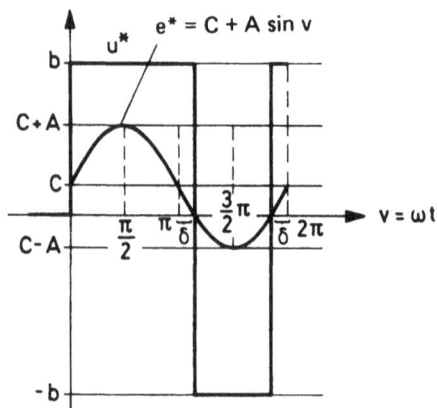

Bild 4/86   Zur Berechnung der Beschreibungsfunktionen für die unsymmetrische Zweipunktkennlinie

Nach Bild 4/86 liegt δ sicher zwischen $-\frac{\pi}{2}$ und $+\frac{\pi}{2}$. Daher ist bei der arcsin-Funktion der Hauptwert zu nehmen.

Weiterhin bekommt man aus (4.151), wiederum mit der Funktion $u^*(v)$ aus Bild 4/86:

$$R_1(A,C) = \frac{1}{\pi A} \left[\int_0^{\pi+\delta} b \sin v \, dv + \int_{\pi+\delta}^{2\pi-\delta} (-b)\sin v \, dv + \int_{2\pi-\delta}^{2\pi} b \sin v \, dv \right] =$$

$$= \frac{4b}{\pi A} \cos \delta = \frac{4b}{\pi A} \sqrt{1-\sin^2 \delta} \; .$$

Setzt man wiederum (4.164) ein, so hat man das Ergebnis

$$R_1(A,C) = \frac{4b}{\pi A} \sqrt{1-\left[\frac{C}{A}\right]^2} \; . \tag{4.166}$$

Vergleicht man das Resultat mit der Beschreibungsfunktion der symmetrischen Zweipunktkennlinie, so sieht man, daß die Formelausdrücke durch die Unsymmetrie komplizierter werden. Im Bild 4/87 sind die Beschreibungsfunktionen $N_0(A,C)$ und $N_1(A,C)$ für die gängigsten eindeutigen Kennlinien zusammengestellt, und zwar in normierter Gestalt. Dazu ist an Stelle von A die normierte Amplitude $\alpha = A/p_1$ und an der Stelle von C der normierte Gleichwert $\gamma = C/p_2$ eingeführt, wobei p_1 und p_2 Parameter der Kennlinie sind. Dann kann man die beiden Beschreibungsfunktionen in der Form

$$N_0(A,C) = k_0 n_0(\alpha,\gamma) \; , \quad N_1(A,C) = k_1 n_1(\alpha,\gamma)$$

schreiben, wobei die k_i konstante Faktoren darstellen, während die $n_i(\alpha,\gamma)$ parameterfrei sind, also außer den Variablen α und γ nur noch feste Zahlen enthalten.

4.10.2   Lösung der Gleichungen der Harmonischen Balance

Man hat nun die Gleichungen (4.156) und (4.161) zu lösen. Zerspaltet man (4.156) in Real- und Imaginärteil, so erhält man die reellen Gleichungen

$$\text{Re}N_1(A,C) = -\text{Re}L^{-1}(j\omega) \; , \tag{4.167}$$

Symmetrisierte Kennlinie	α γ	k_0 k_1	$n_0(\alpha,\gamma)$ $n_1(\alpha,\gamma)$	
Zweipunktglied 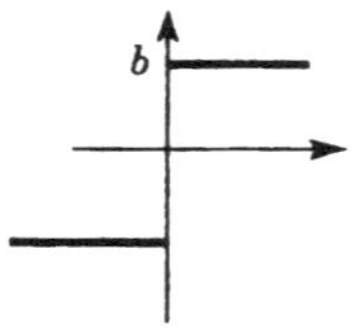 	$\dfrac{A}{1}$	b	$\dfrac{2}{\pi}\arcsin\dfrac{\gamma}{\alpha}$	$\alpha>0,\ |\gamma|\leqq\alpha$
	$\dfrac{C}{1}$	b	$\dfrac{4}{\pi}\dfrac{1}{\alpha}\sqrt{1-\dfrac{\gamma^2}{\alpha^2}}$	
Dreipunktglied 	$\dfrac{A}{a}$	b	$\dfrac{1}{\pi}\left[\dfrac{\pi}{2}-\arcsin\dfrac{1-\gamma}{\alpha}\right]$ $\dfrac{2}{\pi}\sqrt{1-\left(\dfrac{1-\gamma}{\alpha}\right)^2}$	$1+|\gamma|\geqq\alpha\geqq|1-|\gamma||$
	$\dfrac{C}{a}$	$\dfrac{b}{a}$	$\dfrac{1}{\pi}\arcsin\left[\dfrac{1+\gamma}{\alpha}\sqrt{1-\left(\dfrac{1-\gamma}{\alpha}\right)^2}-\dfrac{1-\gamma}{\alpha}\sqrt{1-\left(\dfrac{1+\gamma}{\alpha}\right)^2}\right]$ $\dfrac{2}{\pi}\dfrac{1}{\alpha}\left[\sqrt{1-\left(\dfrac{1-\gamma}{\alpha}\right)^2}+\sqrt{1-\left(\dfrac{1+\gamma}{\alpha}\right)^2}\right]$	$\alpha\geqq1$ $|\gamma|\leqq\alpha-1$

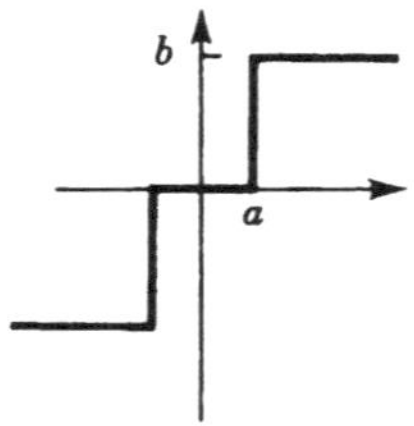

Bild 4/87   Normierte Beschreibungsfunktionen häufiger Kennlinientypen bei Vorhandensein von Gleichtermen (arcsin = Hauptwert)

Begrenzung

$b = am$

	A/a (am)	C/a (m)

A/a (am):
$$\frac{1}{\pi}\left[(\gamma-1)\arcsin\frac{1-\gamma}{\alpha}-\alpha\sqrt{1-\left(\frac{1-\gamma}{\alpha}\right)^2}+(1+\gamma)\frac{\pi}{2}\right]$$

C/a (m):
$$\frac{1}{\pi}\left[\arcsin\frac{1-\gamma}{\alpha}+\frac{\pi}{2}+\frac{1-\gamma}{\alpha}\sqrt{1-\left(\frac{1-\gamma}{\alpha}\right)^2}\right]$$

$$1+|\gamma|\geqq\alpha\geqq|1-|\gamma||$$

A/a:
$$\frac{1}{\pi}\left[(\gamma-1)\arcsin\frac{1-\gamma}{\alpha}+(1+\gamma)\arcsin\frac{1+\gamma}{\alpha}+\alpha\left(\sqrt{1-\left(\frac{1+\gamma}{\alpha}\right)^2}-\sqrt{1-\left(\frac{1-\gamma}{\alpha}\right)^2}\right)\right]$$
$$\alpha\geqq1$$

C/a:
$$\frac{1}{\pi}\left[\arcsin\frac{1-\gamma}{\alpha}+\arcsin\frac{1+\gamma}{\alpha}+\frac{1+\gamma}{\alpha}\sqrt{1-\left(\frac{1+\gamma}{\alpha}\right)^2}+\frac{1-\gamma}{\alpha}\sqrt{1-\left(\frac{1-\gamma}{\alpha}\right)^2}\right]$$
$$|\gamma|\leqq\alpha-1$$

Totzone

$m = \tan\varphi$

A/a (am):
$$\frac{1}{\pi}\left[\frac{\pi}{2}(\gamma-1)-(\gamma-1)\arcsin\frac{1-\gamma}{\alpha}+\alpha\sqrt{1-\left(\frac{1-\gamma}{\alpha}\right)^2}\right]$$

C/a (m):
$$\frac{1}{\pi}\left[\frac{\pi}{2}-\arcsin\frac{1-\gamma}{\alpha}-\frac{1-\gamma}{\alpha}\sqrt{1-\left(\frac{1-\gamma}{\alpha}\right)^2}\right]$$

$$1+|\gamma|\geqq\alpha\geqq|1-|\gamma||$$

A/a:
$$\frac{1}{\pi}\left[\pi-(\gamma-1)\arcsin\frac{1-\gamma}{\alpha}-(\gamma+1)\arcsin\frac{1+\gamma}{\alpha}+\alpha\left(\sqrt{1-\left(\frac{1-\gamma}{\alpha}\right)^2}-\sqrt{1-\left(\frac{1+\gamma}{\alpha}\right)^2}\right)\right]$$
$$\alpha\geqq1$$

C/a:
$$\frac{1}{\pi}\left[\pi-\arcsin\frac{1-\gamma}{\alpha}-\arcsin\frac{1+\gamma}{\alpha}+\frac{1+\gamma}{\alpha}\sqrt{1-\left(\frac{1-\gamma}{\alpha}\right)^2}+\frac{1+\gamma}{\alpha}\sqrt{1-\left(\frac{1+\gamma}{\alpha}\right)^2}\right]$$
$$|\gamma|\leqq\alpha-1$$

$$\operatorname{Im} N_1(A,C) = -\operatorname{Im} L^{-1}(j\omega) , \tag{4.168}$$

$$N_0(A,C) = \frac{1}{L(0)}(W_0 - e_S - C) - u_S . \tag{4.169}$$

Ist die *Kennlinie eindeutig*, so wird nach (4.163) $\operatorname{Im} N_1(A,C) = 0$ und damit vereinfacht sich (4.168) zu

$$\operatorname{Im} L^{-1}(j\omega) = 0 . \tag{4.170}$$

Durch Auflösen dieser algebraischen Gleichung erhält man die Frequenzen ω_p der gesuchten Dauerschwingungen. Setzt man sie in (4.167) ein, so hat man ein gekoppeltes System, das nur noch zwei Gleichungen mit den beiden Unbekannten A und C enthält. Wegen $\operatorname{Re} N_1(A, C) = N_1(A, C)$ kann man dafür schreiben:

$$N_1(A,C) = -\operatorname{Re} L^{-1}(j\omega_p) , \tag{4.171}$$

$$N_0(A,C) = \frac{1}{L(0)}(W_0 - e_S - C) - u_S . \tag{4.172}$$

Eine weitere Vereinfachung tritt dann ein, wenn *das lineare Teilsystem ein I-Glied enthält*. Da alsdann $|L(0)| = \infty$ gesetzt werden darf, wird aus den letzten Gleichungen

$$N_1(A,C) = -\operatorname{Re} L^{-1}(j\omega_p) , \tag{4.173}$$

$$N_0(A,C) = -u_S . \tag{4.174}$$

Wenn es sich bei der Nichtlinearität um eine *Zweipunktkennlinie* handelt, ist eine geschlossene Lösung möglich. Wegen (4.165) und (4.166) hat man die Gleichungen

$$\frac{4b}{\pi A}\sqrt{1-\left[\frac{C}{A}\right]^2} = -\operatorname{Re} L^{-1}(j\omega_p) , \tag{4.175}$$

$$\frac{2b}{\pi}\arcsin\frac{C}{A} = -u_S \quad \text{bzw.} \quad \arcsin\frac{C}{A} = -\frac{\pi u_S}{2b} . \tag{4.176}$$

Dann ist

$$\frac{C}{A} = -\sin\frac{\pi u_S}{2b} . \tag{4.177}$$

Das gibt, in (4.175) eingesetzt,

$$\frac{4b}{\pi A} \cos \frac{\pi u_S}{2b} = -\operatorname{Re} L^{-1}(j\omega_p) \,.$$

Damit ist die Amplitude A_p bekannt:

$$A_p = \frac{4b}{-\pi \operatorname{Re} L^{-1}(j\omega_p)} \cos \frac{\pi u_S}{2b} \,. \tag{4.178}$$

Wie (4.175) zeigt, ist $\operatorname{Re} L^{-1}(j\omega_p)$ negativ, da die linke Seite dieser Gleichung positiv ist. Daher ist der Nenner in (4.178) positiv. Setzt man nun (4.178) in (4.177) ein, so erhält man auch den gesuchten Gleichterm:

$$C_p = \frac{4b}{\pi \operatorname{Re} L^{-1}(j\omega_p)} \cos \frac{\pi u_S}{2b} \sin \frac{\pi u_S}{2b} \,,$$

wofür man wegen $2\cos \alpha \sin \alpha = \sin 2\alpha$ auch

$$C_p = \frac{4b}{\pi \operatorname{Re} L^{-1}(j\omega_p)} \sin \frac{\pi u_S}{b} \tag{4.179}$$

schreiben kann.

Wie bei der Berechnung von N_1 bemerkt, handelt es sich bei der arcsin-Funktion in (4.176) um den Hauptwert, der also zwischen $-\pi/2$ und $\pi/2$ liegen muß. Daher folgt aus (4.176), daß eine Dauerschwingung nur dann auftreten kann, wenn $|u_S| < b$ gilt (für $u_S = \pm b$ ist $A_p = 0$). Das bedeutet nach Bild 4/85: Eine Dauerschwingung ist nur möglich, wenn die Stellgröße u das Vorzeichen wechselt.

Übrigens kann auch hier bei einem Verzögerungssystem 2. Ordnung noch keine Dauerschwingung auftreten. Dann ist nämlich $L^{-1}(j\omega) = a_0 + a_1(j\omega) + a_2(j\omega)^2$, also $\operatorname{Im} L^{-1}(j\omega) = a_1\omega$, woraus $\omega_p = 0$ folgt.

So einfach wie in dem oben behandelten Beispiel ist die Lösung der Gleichungen (4.167) bis (4.169) sonst nicht. Im allgemeinen Fall wird man dieses gekoppelte System von drei nichtlinearen Gleichungen nur numerisch lösen können. Die Schwierigkeit besteht dann vor allem darin, daß man keine Vorstellung von geeigneten Ausgangsnäherungen hat, mit denen das numerische Verfahren beginnen kann. Es ist daher nützlich, daß *für die gängigsten eindeutigen Kennlinien ein einfaches graphisches Verfahren* zur Verfügung steht [18]).

Wir gehen dazu von den Gleichungen (4.171), (4.172) aus und führen die (oben definierten) normierten Beschreibungsfunktionen ein:

$$n_1(\alpha,\gamma) = \rho \,, \tag{4.180}$$

$$n_0(\alpha,\gamma) = -c\gamma + q \tag{4.181}$$

mit den bekannten Zahlen

$$\left. \begin{array}{l} \rho = -\dfrac{1}{k_1}\,\mathrm{Re}\,L^{-1}(j\omega_p) \,, \\[2mm] c = \dfrac{p_2}{k_0 L(0)} \,, \\[2mm] q = \dfrac{1}{k_0}\left[\dfrac{W_0 - e_S}{L(0)} - u_S\right] . \end{array} \right\} \tag{4.182}$$

Dabei sind k_0, k_1 Parameter der Kennlinie und p_1, p_2 die Normierungswerte aus $\alpha = A/p_1$, $\gamma = C/p_2$. Alle diese Werte sind aus Bild 4/87 zu entnehmen.

Um nun die Gleichungen (4.180) und (4.181) in einfacher Weise graphisch lösen zu können, geht man zu den Umkehrfunktionen von

$$n_0 = n_0(\alpha,\gamma) \,, \quad n_1 = n_1(\alpha,\gamma)$$

über, die mit

$$\alpha = \alpha(n_0,n_1) \,, \quad \gamma = \gamma(n_0,n_1)$$

bezeichnet seien. Dann kann man diese Gleichungen so interpretieren: Gesucht sind die Werte α, γ, n_0, n_1, für welche die vier Gleichungen

$$\left. \begin{array}{l} \alpha = \alpha(n_0,n_1) \,, \\ \gamma = \gamma(n_0,n_1) \,, \\ n_1 = \rho \,, \\ n_0 = -c\gamma + q \end{array} \right\} \tag{4.183}$$

mit gegebenen Zahlen ρ, c, q erfüllt sind.

---

[18]) Siehe hierzu *O. Föllinger – M. Pandit:* Anwendung der Harmonischen Balance beim Vorhandensein von Gleichtermen. Regelungstechnik 20 (1972), S. 237–246.

Jetzt denke man sich die Umkehrfunktionen jede für sich als Kurvenschar in einem rechtwinkligen Koordinatensystem dargestellt, wobei n_0 die Abszisse, α bzw. γ die Ordinate und n_1 der Scharparameter ist. Man erhält so Bild 4/88. Lage und Gestalt der Kurvenscharen ergeben sich aus den Eigenschaften der Beschreibungsfunktionen. Insbesondere ist die α–Schar symmetrisch zur Ordinatenachse, die γ–Schar hingegen symmetrisch zum Ursprung. Da die Funktionen $\alpha(n_0,n_1)$ und $\gamma(n_0,n_1)$ parameterfrei sind, kann man diese Kurvenscharen ein für alle Mal für den gesamten Kennlinientyp aufzeichnen und hat sie dann immer zur Verfügung. In beiden Kurvenscharen greift man nun die Kurve mit dem Scharparameter $n_1 = \rho$ heraus (in Bild 4/88 stark ausgezogen). Dann zeichnet man in die Ebene der γ–Schar die Gerade

$$\text{g: } n_0 = -c\gamma + q \quad \text{bzw.} \quad \gamma = -\frac{1}{c}n_0 + \frac{q}{c}, \quad c > 0,$$

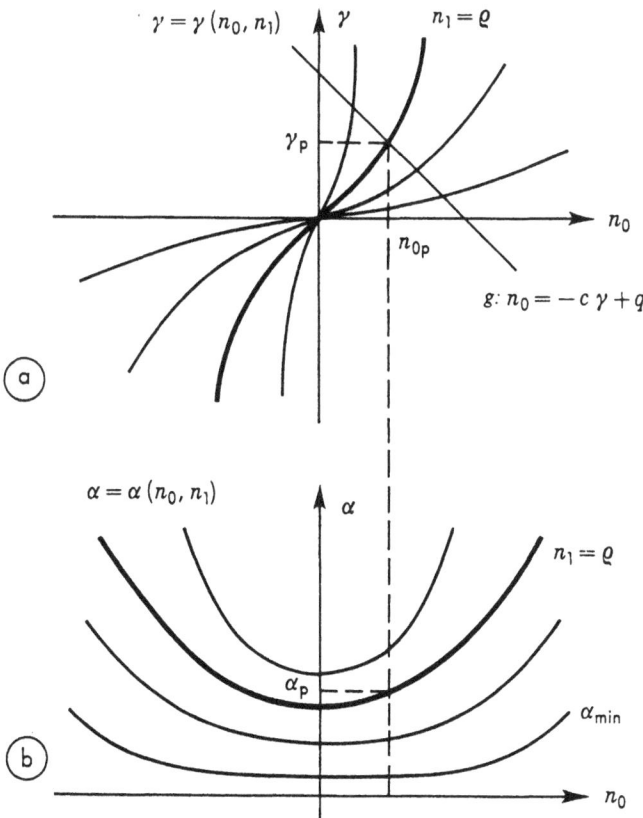

Bild 4/88   Lösung der Gleichungen der Harmonischen Balance bei Auftreten von Gleichtermen

ein, wie dies im Bild 4/88 geschehen ist. Ihr Schnittpunkt mit der Kurve $n_1 = \rho$ liefert den Lösungswert γ_p. Überträgt man die Schnittabszisse n_{0p} in das α-Tableau, so erhält man den zweiten Lösungswert α_p. Damit sind die Gleichungen (4.180), (4.181) der Harmonischen Balance graphisch gelöst. Für die ursprünglichen Werte der Amplitude und des Gleichterms der Dauerschwingungen erhält man

$$A_p = p_1 \alpha_p \, , \quad e_0 = e_S + C_p = e_S + p_2 \gamma_p \, .$$

Wie man sieht, ist der Aufwand für die Behandlung eines konkreten Problems äußerst gering, wenn die Kurvenblätter für den betrachteten Kennlinientyp vorliegen. In den Bildern 4/89 und 4/90 sind sie für das Zweipunktglied und die Begrenzung angegeben. Für Dreipunktglied und Totzone findet man sie in der oben zitierten Arbeit.

Der Regelkreis im Bild 4/91 mag die Anwendung zeigen. Wegen

$$L^{-1}(s) = \frac{1}{1,5} (1 + 0,8s + 1,15s^2 + 0,5s^3)$$

ist

$$\mathrm{Im}\, L^{-1}(j\omega) = \frac{\omega}{1,5} (0,8 - 0,5\omega^2) \, ,$$

woraus $\omega_p^2 = 1,6$ und $\omega_p = 1,26$ folgt. Damit wird

$$\mathrm{Re}\, L^{-1}(j\omega_p) = \frac{1}{1,5} (1 - 1,15\omega_p^2) = -0,56 \, .$$

Zur Berechnung der Zahlenwerte (4.182) liest man aus Bild 4/91 für die *symmetrisierte* Kennlinie

$$e_S = 0,5 \, , \quad u_S = 1,5 \ \text{(Symmetriepunkt)} \, ,$$
$$a = 0,5 \, , \quad b = ma = 1,5 \, , \quad m = 3$$

ab. Aus Bild 4/87 erhält man damit für die Begrenzungskennlinie

$$p_1 = p_2 = a = 0,5 \, , \quad k_0 = ma = 1,5 \, , \quad k_1 = m = 3 \, .$$

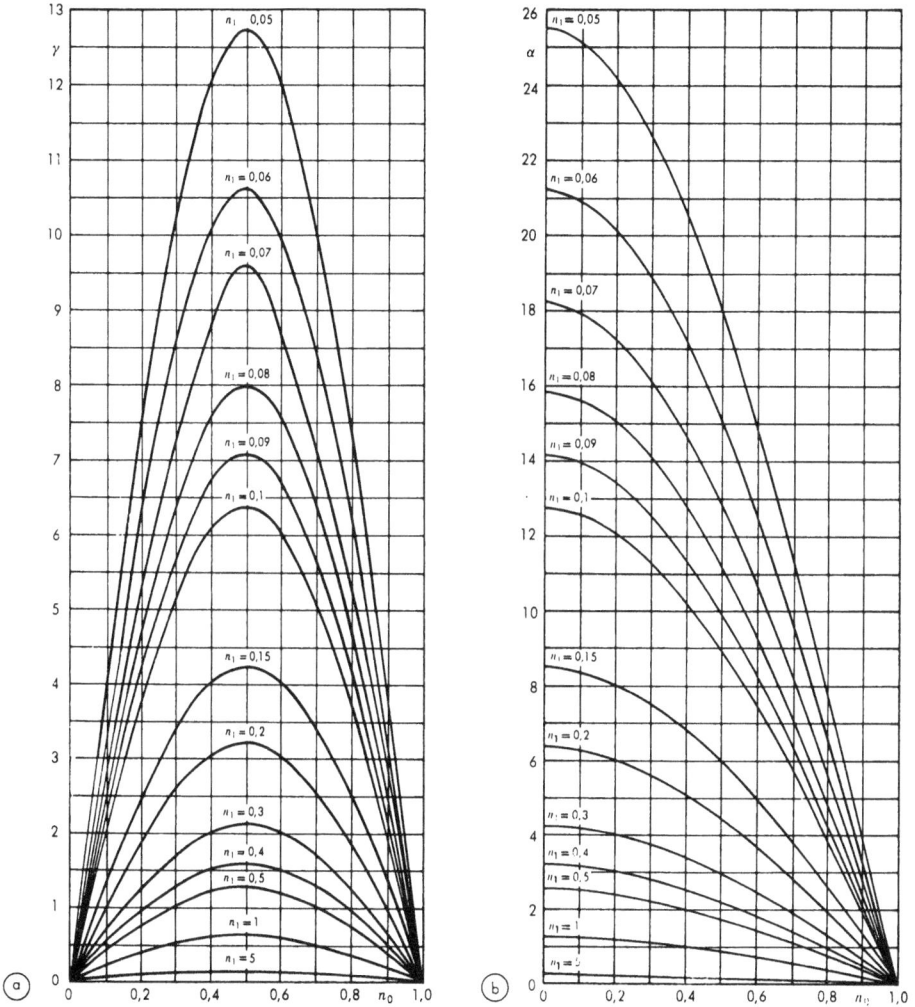

Bild 4/89   Inverse Beschreibungsfunktionen für das Zweipunktglied
a)γ-Schar, symmetrisch zum Ursprung
b)α-Schar, symmetrisch zur Ordinatenachse

Aus (4.182) bekommt man so

$$\rho = 0,187 \ , \quad c = 0,222 \ , \quad q = -0,778$$

und damit für die Gerade g

$$\frac{n_0}{-0,78} + \frac{\gamma}{-3,5} = 1 \ .$$

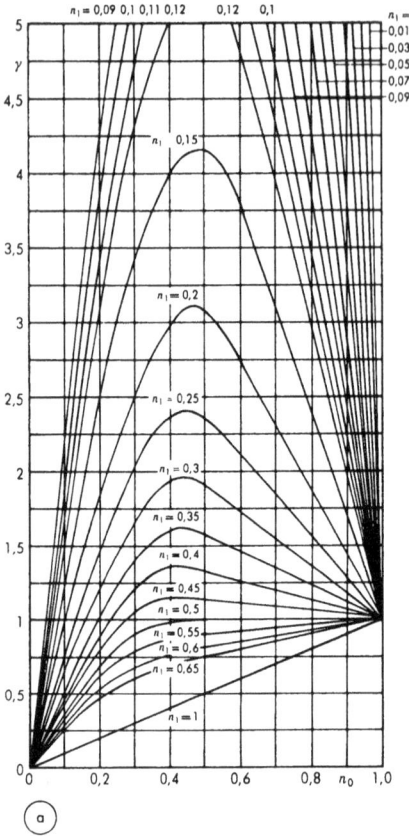

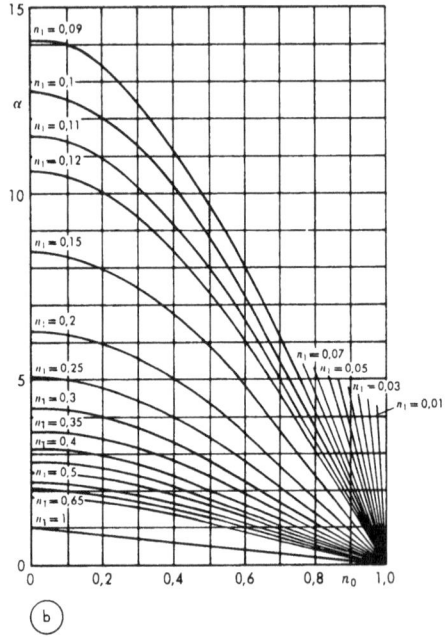

Bild 4/90   Inverse Beschreibungsfunktionen für die Begrenzung

a) γ-Schar, symmetrisch zum Ursprung

b) α-Schar, symmetrisch zur Ordinatenachse

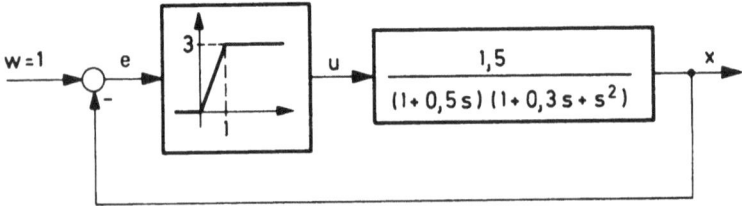

Bild 4/91   Regelkreis mit unsymmetrischer Begrenzung

Da die γ-Kurven symmetrisch zum Ursprung sind, nimmt man statt dieser Geraden die am Ursprung gespiegelte Gerade

$$\hat{g} : \frac{n_0}{0,78} + \frac{\gamma}{3,5} = 1 \, .$$

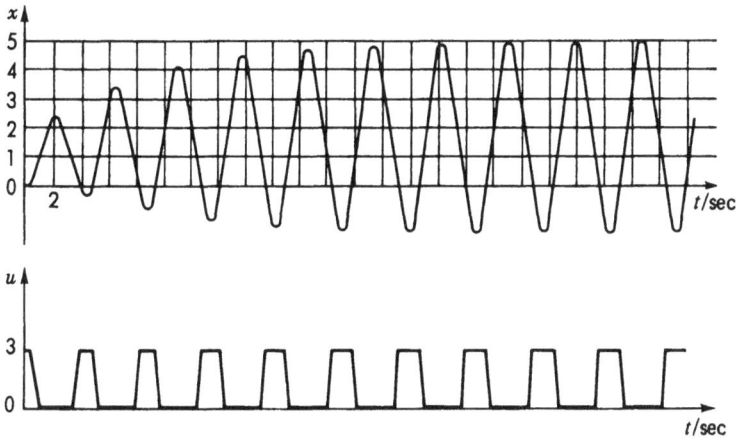

Bild 4/92   Rechnerschriebe zum Regelkreis von Bild 4/91

Ihr Schnittpunkt mit der durch $n_1 = \rho = 0,187$ bestimmten Kurve im Bild 4/90a (man interpoliert längs $\hat{g}$ zwischen den Parametern $n_1 = 0,15$ und $n_1 = 0,2$) liefert dann die Werte

$$-n_{0p} = 0,24 \,, \quad -\gamma_p = 2,43 \,.$$

Mit diesem n_{0p}-Wert erhält man aus Bild 4/90b wegen der Symmetrie der α-Kurvenschar zur α-Achse $\quad \alpha_p = 6,5$. Daraus folgt für die Dauerschwingung

$$\omega_p = 1,26 \,, \quad A_p = p_1 \alpha_p = 3,25 \,, \quad e_0 = e_S + p_2 \gamma_p = -0,72 \,.$$

Analogrechnerschriebe dieses Regelkreises zeigt Bild 4/92. Aus ihm liest man für den eingeschwungenen Zustand ab:

$$\omega_p = 1,31 \,, \quad A_p = 3,3 \,, \quad e_0 = 1 - x_0 = 1 - 1,7 = -0,7 \,.$$

4.11 Harmonische Balance bei sinusförmigen Eingangsgrößen und allgemeineren Nichtlinearitäten (Querverbindung zur Schwingungstechnik)

Bisher gingen wir von der Annahme aus, daß sich das nichtlineare System in Kennlinien und lineare Übertragungsglieder aufspalten läßt, wobei die Kennlinien Nichtlinearitäten darstellen, die nur von der Eingangsgröße selbst, nicht aber von deren Ableitung abhängen (abgesehen vom Vorzeichen bei Hystereseerscheinungen), während das eigentliche Zeitverhalten in den linearen Übertragungsgliedern konzentriert ist. Es können aber Fälle auftreten, in denen sich eine solche Zerlegung des Gesamtsystems nicht mehr durchführen läßt oder unzweckmäßig ist. Dann ist man gezwungen, *Nichtlinearitäten von der Form* $u = F(x, \dot{x}, \ddot{x}, ...)$ zu betrachten.

Noch in einer anderen Hinsicht kann es erforderlich sein, den bisherigen Rahmen zu überschreiten. Bislang hatten wir uns auf konstante (meist verschwindende) Eingangsgrößen beschränkt. Was geschieht aber, wenn zeitabhängige Eingangsgrößen auf das System einwirken? Sollen Dauerschwingungen möglich sein, wird man die Eingangsgrößen als periodisch voraussetzen dürfen und durch harmonische Schwingungen darstellen können. Es tritt so die Frage auf, *wie ein nichtlineares System auf die Aufschaltung harmonischer Schwingungen reagiert.*

Auch solche erweiterten Fragestellungen lassen sich ohne Schwierigkeit mit der Harmonischen Balance angehen. Instruktive und dabei gut überschaubare Beispiele bietet vor allem die Schwingungstechnik - jene Disziplin, in der die nichtlinearen Näherungsverfahren in erster Linie entwickelt und gefördert wurden. Im folgenden soll deshalb die Anwendung der Harmonischen Balance auf die beiden erwähnten Fragestellungen an Hand von Schwingungsproblemen beschrieben werden. Dies ist im Rahmen eines Regelungstechnik-Buches auch dadurch gerechtfertigt, daß sich die nichtlinearen Differentialgleichungen zwanglos als Regelkreise interpretieren und als solche untersuchen lassen.

4.11.1   Die Schwingungsdifferentialgleichung als Regelkreis

Wir gehen von zwei Beispielen aus. Als erstes werde ein *elektrischer Oszillator* betrachtet, dessen prinzipieller Aufbau im Bild 4/93 wiedergegeben ist. Die Kennlinie des offenen Verstärkers ist im Bild 4/94 skizziert. Man hat sie sich symmetrisch zum Betriebspunkt B und mit sehr steilem Mittelstück vorzustellen. Aus Bild 4/93 liest man die folgenden Gleichungen ab:

$$u_a = \frac{1}{C_1} \int_0^t i d\tau + R_1 i + R_2 i_R + u_{e0} \, ,$$

$$u_e = R_2 i_R + u_{e0} \, ,$$

$$u_e = \frac{1}{C_2} \int_0^t i_C d\tau + u_{e0} \, ,$$

$$i = i_R + i_C \, .$$

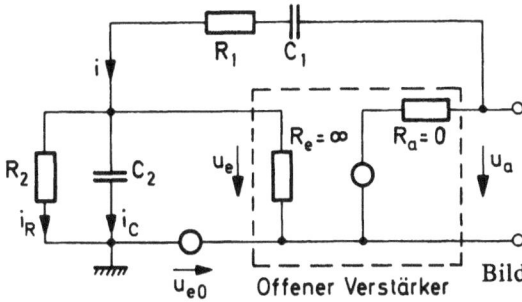

Bild 4/93   Elektrischer Oszillator

Aus ihnen folgt weiter

$$\dot{u}_a = \frac{1}{C_1}i + R_1\dot{i} + R_2\dot{i}_R , \qquad (4.184)$$

$$i_R = \frac{1}{R_2}(u_e - u_{e0}) ,$$

$$i_C = C_2\dot{u}_e ,$$

$$i = \frac{1}{R_2}(u_e - u_{e0}) + C_2\dot{u}_e .$$

Setzt man die letzten drei Beziehungen in (4.184) ein und multipliziert dann mit R_2C_1, so entsteht die Differentialgleichung

$$R_1R_2C_1C_2\ddot{u}_e + (R_1C_1 + R_2C_2 + R_2C_1)\dot{u}_e + u_e - u_{e0} = R_2C_1\dot{u}_a . \quad (4.185)$$

Hinzu kommt nach Bild 4/94 die Kennliniengleichung

$$u_a = f(u_e) . \qquad (4.186)$$

Durch Nullsetzen der Ableitungen in (4.185) erhält man den stationären Zustand $u_e = u_{e0}$, $u_a = u_{a0} = f(u_{e0})$ (Punkt B im Bild 4/94).

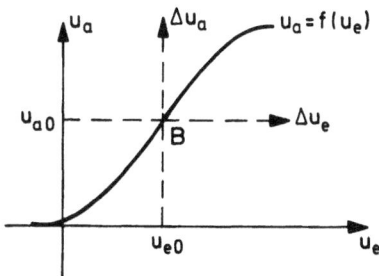

Bild 4/94
Kennlinie des offenen Verstärkers
aus Bild 4/93

Wir gehen nun zu den Abweichungen

$$\Delta u_e = u_e - u_{e0}, \quad \Delta u_a = u_a - u_{a0}$$

vom stationären Zustand über. Da die Differentialgleichung (4.185) linear ist, kann man in ihr die Ableitungen von u_e und u_a einfach durch die Ableitungen von Δu_e und Δu_a ersetzen (siehe Abschnitt 1.4):

$$R_1 R_2 C_1 C_2 (\Delta u_e)^{\cdot\cdot} + (R_1 C_1 + R_2 C_2 + R_2 C_1)(\Delta u_e)^{\cdot} + \Delta u_e = R_2 C_1 (\Delta u_a)^{\cdot} . \quad (4.187)$$

Weil die Kennlinie im Bild 4/94 symmetrisch zum Punkt B liegt, ist sie in den neuen Koordinaten Δu_e und Δu_a eine ungerade Funktion. Sie ist daher näherungsweise durch die Gleichung

$$\Delta u_a = S_1 \Delta u_e - \frac{S_3}{3!}(\Delta u_e)^3 \quad (4.188)$$

mit positiven Koeffizienten S_1 und S_3 gegeben. Durch Differentiation nach t folgt daraus

$$(\Delta u_a)^{\cdot} = \left[S_1 - \tfrac{1}{2} S_3 (\Delta u_e)^2 \right](\Delta u_e)^{\cdot} .$$

Setzen wir dies in (4.187) ein und schreiben zugleich $\Delta u_e = x$, so entsteht die Differentialgleichung

$$R_1 R_2 C_1 C_2 \ddot{x} + (R_1 C_1 + R_2 C_2 + R_2 C_1 - R_2 C_1 S_1 + \tfrac{1}{2} R_2 C_1 S_3 x^2)\dot{x} + x = 0 .$$

Da die Kennlinie im Mittelstück sehr steil ist, überwiegt ihr Anstieg S_1 die anderen Parameter. Im Hinblick auf die Vorzeichen der Koeffizienten ist es deshalb zweckmäßig, die Differentialgleichung in der folgenden endgültigen Form zu schreiben:

$$\ddot{x} - (\alpha - \beta x^2)\dot{x} + \omega_0^2 x = 0 \quad (4.189)$$

mit

$$\alpha = \frac{R_2 C_1 S_1 - (R_1 C_1 + R_2 C_2 + R_2 C_1)}{R_1 R_2 C_1 C_2} > 0 ,$$

$$\beta = \frac{R_2 C_1 S_3}{2 R_1 R_2 C_1 C_2} > 0 , \quad \omega_0^2 = \frac{1}{R_1 R_2 C_1 C_2} .$$

Diese Differentialgleichung heißt *VanderPolsche Differentialgleichung*.

In ihr stellt der Anteil $\ddot{x} - \alpha\dot{x} + \omega_0^2 x = 0$ eine lineare Schwingungsdifferential-gleichung mit negativer Dämpfung dar. Durch irgendeine zufällige Störung ver-ursacht, wird daher eine aufklingende Schwingung entstehen. Der nichtlineare Zusatzterm $\beta x^2\dot{x}$, der eine von der Auslenkung x abhängige Dämpfung charakte-risiert, spielt für kleine Auslenkungen keine Rolle, wächst aber stark mit stei-gendem x. Bei einer gewissen Maximalauslenkung wird er die aufklingende Schwingung abfangen und sie in eine Dauerschwingung überführen.

In dem beschriebenen Oszillator hat man ein Beispiel für ein schwingendes System, dessen Frequenz sicher nicht durch äußere Einflüsse, sondern durch das System selbst gegeben ist. Man spricht dann von einer *autonomen Schwingung*. Im Unterschied dazu wird bei *heteronomen Schwingungen* die Frequenz durch äußere Einflüsse bestimmt. Als Beispiel zeigt das Bild 4/95 *einen mechanischen Schwinger mit trockener Reibung*, an dem eine sinusförmig veränderliche äußere Kraft angreift. Bezeichnet x die Lage der Masse m, also $\dot{x}$ ihre Geschwindigkeit, so ist nach Bild 1/14 der Reibungswiderstand

$$F_r = -b\,\text{sgn}\,\dot{x}\,.$$

Setzt man die Federkraft wie üblich mit $F_e = -cx$ an, und ist die äußere Kraft $F_z = \hat{F}\sin\omega t$, so hat man die Bewegungsgleichung $m\ddot{x} = F_e + F_r + F_z$ oder

$$\ddot{x} + \omega_0^2 x + r\,\text{sgn}\,\dot{x} = E\sin\omega t\,, \tag{4.190}$$

wobei

$$\omega_0^2 = \frac{c}{m}\,, \quad r = \frac{b}{m}\,, \quad E = \frac{\hat{F}}{m}$$

ist.

In beiden Beispielen rührt die Nichtlinearität von der Dämpfung her. Sie kann aber auch andere Ursachen haben. Ein einfaches Beispiel zeigt das Bild 4/96, in dem angenommen ist, daß die Rückstellkraft der Feder durch die Funktion f(x) beschrieben wird. Falls die Dämpfung hier geschwindigkeitsproportional ist, also

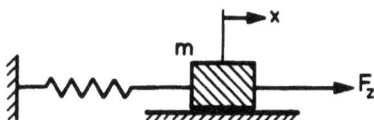

Bild 4/95
Mechanisches System mit nicht-linearem Reibungswiderstand

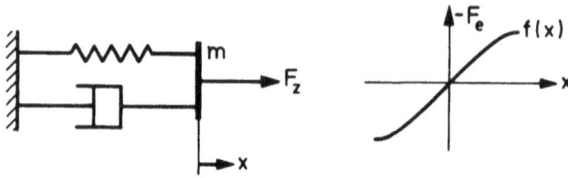

Bild 4/96   Mechanisches System mit nichtlinearer Rückstellkraft

$F_r = -r\dot{x}$, und die äußere Kraft wiederum harmonisch, $F_z = \hat{F}\cos\omega t$, hat man die Bewegungsgleichung $m\ddot{x} = F_e + F_r + F_z$ oder

$$m\ddot{x} + r\dot{x} + f(x) = \hat{F}\cos\omega t \ . \tag{4.191}$$

Für kleine Auslenkungen x darf man $f(x) = cx$ mit konstantem c annehmen und hat dann eine lineare Differentialgleichung. Für größere x ist dies nicht mehr zulässig, und die Differentialgleichung wird nichtlinear. Vielfach genügt es dann, als nächstbessere Approximation

$$f(x) = c_1 x + c_3 x^3 , \ c_1 > 0 , \ c_3 \lessgtr 0 ,$$

zu setzen. Damit wird aus (4.191)

$$\ddot{x} + 2d\dot{x} + \omega_0^2 x + \alpha x^3 = E\cos\omega t \tag{4.192}$$

mit $\ 2d = \dfrac{r}{m} , \ \omega_0^2 = \dfrac{c_1}{m} , \ \alpha = \dfrac{c_3}{m} , \ E = \dfrac{\hat{F}}{m} .$

Dies ist die *Duffingsche Differentialgleichung.*

Die Differentialgleichung der Reibungsschwingungen und die Duffingsche Differentialgleichung beschreiben *heteronome Schwingungen, bei denen der äußere Einfluß additiv in die Differentialgleichung eingreift,* in Form des Störungsgliedes $F_0\sin\omega t$. So erzeugte heteronome Schwingungen nennt man *erzwungene Schwingungen.* Äußere Einflüsse können noch in einer anderen Weise wirksam werden, nämlich *multiplikativ* in die Differentialgleichung eingreifen, und zwar in Gestalt *periodisch veränderlicher Parameter.* Beispielsweise gilt dies für einen elektrischen Reihenschwingkreis, bei dem die Kapazität von außen laufend sinusförmig verändert wird. Man spricht dann von *parametererregten Schwingungen.* Sie sollen hier nicht weiter betrachtet werden, da bei ihnen die Anwendung der Harmonischen Balance zwar nicht aussichtslos, aber auf jeden Fall viel schwieriger ist und bislang kaum versucht wurde [19]).

Bleiben wir bei den autonomen und den erzwungenen Schwingungen, so sieht man aus den Gleichungen (4.189) bis (4.192), daß man sie gemeinsam durch eine Differentialgleichung von der Form

$$\overset{(n)}{x} + a_{n-1}\overset{(n-1)}{x} + \dots + a_1\dot{x} + a_0x + F(x,\dot{x}) = E\sin(\omega t + \varphi_0) \qquad (4.193)$$

beschreiben kann, wobei die a_ν sowie E, ω und φ_0 feste, gegebene Zahlen sind und $F(x,\dot{x})$ die Nichtlinearität darstellt. Im Fall autonomer Schwingungen ist E = 0 zu setzen.

Die Differentialgleichung (4.193) kann man sofort als Regelkreis interpretieren. Durch Laplace-Transformation (bei zu Null angenommenen Anfangswerten) wird aus ihr

$$(s^n + a_{n-1}s^{n-1} + \dots + a_0)X(s) = \mathscr{L}\left\{E\sin(\omega t + \varphi_0) - F(x,\dot{x})\right\}$$

oder

$$X(s) = \frac{1}{P(s)}\,\mathscr{L}\left\{E\sin(\omega t + \varphi_0) - F(x,\dot{x})\right\}, \qquad (4.194)$$

wobei abkürzend

$$P(s) = s^n + a_{n-1}s^{n-1} + \dots + a_0$$

gesetzt ist. Dabei wird man im allgemeinen $P(0) \geq 0$ annehmen dürfen. Bild 4/97 zeigt das Strukturbild der Gleichung (4.194). Wie man sieht, liegt genau die Struktur des bisher schon betrachteten nichtlinearen Regelkreises vor, nur daß im Fall der erzwungenen Schwingung ($E \neq 0$) eine sinusförmige Eingangsgröße eingespeist wird. Dieser Regelkreis werde als *„Regelkreis der Schwingungsdifferentialgleichung"* bezeichnet.

---

[19]) Siehe hierzu [36] sowie
A. Leonhard: The Describing Function Method Applied for the Investigation of Parametric Excited Oscillations. Bericht über den 2. IFAC-Kongreß, Band Theorie, S. 21-28. Butterworths - Oldenbourg, 1964
und
H. Bürklin - O. Föllinger - H. Schmieg: Anwendung der Harmonischen Balance auf nichtlineare Systeme mit zeitveränderlichen Parametern. Regelungstechnik 25 (1977), S. 370-374.

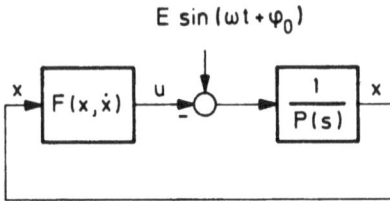

$$E \sin(\omega t + \varphi_0)$$

Bild 4/97
Regelkreis der nichtlinearen
Schwingungsdifferentialgleichung

4.11.2 Die Gleichungen der Harmonischen Balance für den Regelkreis der Schwingungsdifferentialgleichung

Sie lassen sich ganz entsprechend wie früher herleiten (Abschnitt 4.1). Insbesondere setzen wir wieder voraus, daß das lineare Teilsystem Tiefpaßcharakter hat, also der Grad des Polynoms P(s) mindesten 2 beträgt, und daß die nichtlineare Funktion $F(x, \dot{x})$ ungerade ist, d.h. $F(-x, -\dot{x}) = -F(x, \dot{x})$ gilt.

Der Regelkreis befinde sich im Zustand des Schwingungsgleichgewichts. Wenn eine erzwungene Schwingung $(E \neq 0)$ vorliegt, gehen wir von der Annahme aus, daß die im Regelkreis umlaufende Schwingung die äußere Frequenz ω hat [20]. Man entwickelt u und x in Fourierreihen und kann wegen des Tiefpaßcharakters des linearen Teilsystems sämtliche Oberschwingungen vernachlässigen.

Um auch das Verschwinden des Gleichterms zu sichern, ist zur Ungeradheit von $F(x, \dot{x})$ eine zusätzliche Voraussetzung hinzuzufügen: Für jedes $\dot{x} \geq 0$ soll $F(x, \dot{x})$ bezüglich x monoton steigen [21]. Dann darf man

$$x = A \sin(\omega t + \varphi) = A \sin v ,$$

$$u = a_1 \sin v + b_1 \cos v$$

annehmen. Aber auch dann, wenn die letzte Voraussetzung nicht erfüllt ist, also mit dem Auftreten von gleichtermbehafteten Schwingungen gerechnet werden

---

[20] Es können auch Schwingungen anderer Frequenzen auftreten. Beispielsweise kann die Duffingsche Differentialgleichung eine "subharmonische" Schwingung mit der Frequenz $\omega/3$ aufweisen. Auch zur Ermittlung solcher Schwingungen kann man die Harmonische Balance heranziehen [36], doch muß man dann den harmonischen Ansatz um Oberschwingungen erweitern und die Rechnungen werden entsprechend umständlicher.

[21] Das läßt sich ähnlich zeigen wie die entsprechende Aussage für Kennlinien vom Typ F(x). Siehe hierzu O. *Föllinger* – M. *Pandit:* Anwendung der Harmonischen Balance beim Vorhandensein von Gleichtermen. Regelungstechnik 20 (1972), S. 237-246.

muß, interessiert man sich möglicherweise nur für die gleichtermfreie Schwingung. Diese erfaßt man auf jeden Fall mit dem obigen Ansatz.

Sofern es sich um eine autonome Schwingung handelt (E = 0), ist darin $\varphi = 0$ zu setzen, und ω ist der neben A zu bestimmende Schwingungsparameter. Liegt hingegen eine erzwungene Schwingung vor (E $\neq$ 0), so ist ω als Frequenz der äußeren Schwingung bekannt und dafür die Phasenverschiebung φ gegenüber der Eingangsschwingung die neben A zu ermittelnde Unbekannte.

Da numehr Eingangsgröße x und Ausgangsgröße u der Nichtlinearität harmonische Schwingungen darstellen, die Nichtlinearität sich also wie ein lineares Übertragungsglied verhält, kann man für sie genau wie früher (Abschnitt 4.1) einen "Frequenzgang" definieren, den man die *Beschreibungsfunktion* der Nichtlinearität nennt:

$$N = \frac{a_1}{A} + j\frac{b_1}{A} \qquad (4.195)$$

mit

$$a_1 = \frac{1}{\pi}\int_0^{2\pi} u\sin v\,dv = \frac{1}{\pi}\int_0^{2\pi} F(x,\dot{x})\sin v\,dv =$$
$$= \frac{1}{\pi}\int_0^{2\pi} F(A\sin v,\,\omega A\cos v)\sin v\,dv\,, \qquad (4.196)$$

$$b_1 = \frac{1}{\pi}\int_0^{2\pi} u\cos v\,dv = \frac{1}{\pi}\int_0^{2\pi} F(x,\dot{x})\cos v\,dv =$$
$$= \frac{1}{\pi}\int_0^{2\pi} F(A\sin v,\,\omega A\cos v)\cos v\,dv\,. \qquad (4.197)$$

Der einzige Unterschied gegenüber den früheren Betrachtungen besteht darin, daß N jetzt wegen der anderen Art der Nichtlinearität neben A auch von ω abhängen kann.

Den Regelkreis von Bild 4/97 kann man im Zustand der Harmonischen Balance also durch Bild 4/98 beschreiben. Dabei sind die Zeitfunktionen durch ihre Zeigerdarstellungen charakterisiert. Aus Bild 4/98 liest man ab:

$$Ae^{j(\omega t+\varphi)} = \frac{1}{P(j\omega)}\left[Ee^{j(\omega t+\varphi_0)} - N(A,\omega)Ae^{j(\omega t+\varphi)}\right].$$

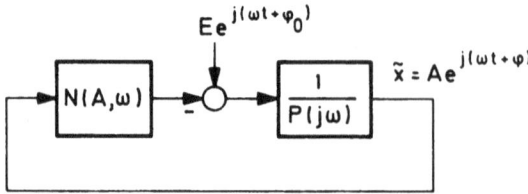

Bild 4/98   Regelkreis der nichtlinearen Schwingungsdifferentialgleichung im Zustand der Harmonischen Balance

Durch Multiplikation mit $\frac{1}{A}e^{-j(\omega t + \varphi)}$ folgt daraus:

$$1 = \frac{1}{P(j\omega)}\left[\frac{E}{A}e^{j(\varphi_0 - \varphi)} - N(A,\omega)\right]$$

oder

$$P(j\omega) + N(A,\omega) = \frac{E}{A}e^{j(\varphi_0 - \varphi)} \ . \tag{4.198}$$

Das ist die *Gleichung der Harmonischen Balance für die nichtlineare Schwingungsdifferentialgleichung* (4.193). Dabei ergibt sich $P(j\omega)$ aus dem linearen Anteil dieser Differentialgleichung gemäß

$$P(j\omega) = (j\omega)^n + a_{n-1}(j\omega)^{n-1} + \ldots + a_1(j\omega) + a_0 \ , \tag{4.199}$$

während $N(A,\omega)$ die Beschreibungsfunktion der Nichtlinearität $F(x,\dot{x})$ und nach (4.195) bis (4.197) zu berechnen ist.

Die Zerspaltung von (4.198) in Real- und Imaginärteil führt zu einem Paar reeller Gleichungen:

$$\operatorname{Re}N(A,\omega) + \operatorname{Re}P(j\omega) = \frac{E}{A}\cos(\varphi_0 - \varphi) \ , \tag{4.200}$$

$$\operatorname{Im}N(A,\omega) + \operatorname{Im}P(j\omega) = \frac{E}{A}\sin(\varphi_0 - \varphi) \ . \tag{4.201}$$

Liegt eine *autonome Schwingung* vor, ist\also E = 0, so hat man in

$$\operatorname{Re}N(A,\omega) = -\operatorname{Re}P(j\omega) \ , \quad \operatorname{Im}N(A,\omega) = -\operatorname{Im}P(j\omega) \tag{4.202}$$

zwei Gleichungen zur Bestimmung der Frequenz ω und der Amplitude A der autonomen Schwingung. Im Falle der *erzwungenen Schwingung* ist E ≠ 0 und ω als

Frequenz des Störgliedes vorgegeben. (4.200) und (4.201) dienen dann bei bekanntem ω zur Berechnung von A und φ:

$$[\operatorname{Re}N(A,\omega) + \operatorname{Re}P(j\omega)]^2 + [\operatorname{Im}N(A,\omega) + \operatorname{Im}P(j\omega)]^2 = \left[\frac{E}{A}\right]^2, \quad (4.203)$$

$$\tan(\varphi_0 - \varphi) = \frac{\operatorname{Im}N(A,\omega) + \operatorname{Im}P(j\omega)}{\operatorname{Re}N(A,\omega) + \operatorname{Re}P(j\omega)}. \quad (4.204)$$

4.11.3 Beispiele

Betrachten wir als erstes Beispiel die *VanderPolsche Differentialgleichung* (4.189). Ihre Zerlegung in Nichtlinearität und lineares Teilsystem kann man in verschiedener Weise vornehmen. Wir wählen als linearen Anteil

$$\ddot{x} - \alpha\dot{x} + \omega_0^2 x \,,$$

so daß $P(j\omega) = (j\omega)^2 - \alpha(j\omega) + \omega_0^2$ und $F(x,\dot{x}) = \beta x^2 \dot{x}$ ist. Mit (4.195) bis (4.197) wird dann

$$\operatorname{Re}N(A,\omega) = \frac{1}{\pi A} \int\limits_0^{2\pi} \beta(A\sin v)^2 \omega A\cos v \cdot \sin v \, dv \,,$$

$$\operatorname{Im}N(A,\omega) = \frac{1}{\pi A} \int\limits_0^{2\pi} \beta(A\sin v)^2 \omega A\cos v \cdot \cos v \, dv \,.$$

Beim ersten dieser Integrale ist der Integrand eine ungerade Funktion von v. Daher ist $\operatorname{Re}N(A,\omega) = 0$. Aus dem zweiten Integral folgt

$$\operatorname{Im}N(A,\omega) = \frac{\beta}{\pi}A^2\omega \int\limits_0^{2\pi} \sin^2 v \, \cos^2 v \, dv = \frac{\beta}{4}A^2\omega \,.$$

Daher ist die Beschreibungsfunktion zur Nichtlinearität $F(x,\dot{x}) = \beta x^2 \dot{x}$:

$$N(A,\omega) = j\frac{\beta}{4}A^2\omega \,, \quad (4.205)$$

ein Beispiel für eine rein imaginäre Beschreibungsfunktion, die überdies von ω abhängt.

Da auf die VanderPolsche Differentialgleichung keine äußere Anregung wirkt, ist in (4.198) E = 0 zu setzen. Damit entsteht die komplexe Gleichung

$$(j\omega)^2 - \alpha j\omega + \omega_0^2 + j\frac{\beta}{4}A^2\omega = 0 \ .$$

Die Zerlegung in Real- und Imaginärteil liefert

$$-\omega^2 + \omega_0^2 = 0 \ , \qquad -\alpha + \frac{\beta}{4}A^2 = 0 \ .$$

Daraus folgt

$$\omega_p = \omega_0 \ , \tag{4.206}$$

$$A_p = 2\sqrt{\frac{\alpha}{\beta}} \tag{4.207}$$

für die *Frequenz und Amplitude der Dauerschwingung der VanderPolschen Differentialgleichung,* deren Existenz wir sofort aus der Struktur der Differentialgleichung erschlossen hatten.

Es läßt sich unschwer zeigen, daß die *VanderPolsche Differentialgleichung keine Dauerschwingung mit Gleichterm* besitzen kann. Angenommen, dies sei der Fall. Dann gilt im Zustand der Harmonischen Balance Bild 4/99. Für die Balance der Gleichterme folgt aus ihm die Beziehung $-C = \frac{1}{\omega_0^2}U_0$. Darin ist

$$\begin{aligned} U_0 &= \frac{1}{2\pi} \int_0^{2\pi} \beta(C + A\sin v)^2 \omega A \cos v \, dv = \\ &= \frac{\beta\omega A}{2\pi} \int_0^{2\pi} [C^2 + 2CA\sin v + A^2\sin^2 v]\cos v \, dv = \\ &= \frac{\beta\omega A^3}{2\pi} \int_0^{2\pi} \sin^2 v \, \cos v \, dv = 0 \ . \end{aligned}$$

Infolgedessen ist auch C = 0 .

Gehen wir nun zur *Duffingschen Differentialgleichung* (4.192) über, so ist

$$P(j\omega) = (j\omega)^2 + 2d(j\omega) + \omega_0^2 = \omega_0^2 - \omega^2 + j2d\omega \tag{4.208}$$

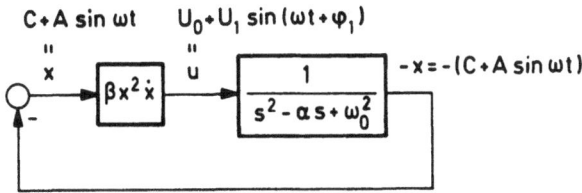

Bild 4/99   Zum Nachweis, daß die VanderPolsche Differentialgleichung keine
             Dauerschwingung mit Gleichterm hat

und

$$F(x, \dot{x}) = \alpha x^3 , \tag{4.209}$$

also eine ungerade Kennlinie. Neuartig ist hier nur das Auftreten der äußeren Anregung $E \sin \omega t$.

Aus (4.209) folgt mit $x = A \sin(\omega t + \varphi) = A \sin v$:

$$N(A) = \frac{1}{\pi A} \int_0^{2\pi} \alpha (A \sin v)^3 \sin v \, dv = \frac{\alpha}{\pi} A^2 \int_0^{2\pi} \sin^4 v \, dv ,$$

also

$$N(A) = \frac{3}{4} \alpha A^2 . \tag{4.210}$$

Damit wird aus den Gleichungen (4.203) und (4.204) der Harmonischen Balance wegen $\varphi_0 = \pi/2$:

$$\left[\frac{3}{4} \alpha A^2 + \omega_0^2 - \omega^2 \right]^2 + 4 d^2 \omega^2 = \frac{E^2}{A^2} , \tag{4.211}$$

$$\cot \varphi = \frac{2 d \omega}{\omega_0^2 - \omega^2 + \frac{3}{4} \alpha A^2} . \tag{4.212}$$

(4.211) ist eine kubische Gleichung für A^2. Aus ihr erhält man die Amplitude $A_p = A_p(\omega)$ der Dauerschwingung, die sich in dem System bei gegebener Frequenz ω der äußeren Schwingung ausbildet. Durch Einsetzen von $A_p(\omega)$ in (4.212) ergibt sich die Phasenverschiebung $\varphi_p(\omega)$ der x-Schwingung gegenüber der von außen vorgegebenen Schwingung. Eine ausführliche Diskussion der Kurvenschar (4.211) in der ω-A-Ebene und des dabei auftretenden „Sprungeffektes" findet man z.B. in [44] , [47].

Ist die Schwingungsdifferentialgleichung ungedämpft und treten dadurch Eigenschwingungen des Systems auf, so werden bei Aufschalten einer sinusförmigen Eingangsgröße im allgemeinen Schwingungsformen entstehen, die sich nicht mehr durch eine harmonische Schwingung approximieren lassen. Vielmehr werden sie aus der Überlagerung der Eigenschwingung des Systems und der äußeren Schwingung hervorgehen und können z.B. die Form von Schwebungen haben. Die Harmonische Balance ist dann, wenn überhaupt, nicht mehr in der hier beschriebenen einfachen Form anwendbar.

4.11.4   Die ungedämpfte Schwingungsdifferentialgleichung $\ddot{x} + f(x) = 0$

Im bisherigen Verlauf unserer Untersuchungen hatten wir die Harmonische Balance zur Ermittlung von Grenzschwingungen benutzt. Es ist mit ihr aber auch möglich, *Dauerschwingungen* zu erfassen, *die keine Grenzschwingungen sind.* Um das zu sehen, betrachten wir die ungedämpfte Schwingungsdifferentialgleichung

$$\ddot{x} + f(x) = 0 \,, \tag{4.213}$$

wobei f(x) eine eindeutige, stückweise stetige, ungerade und monoton steigende Funktion sei. Diese Differentialgleichung ist als Spezialfall in der allgemeinen Schwingungsdifferentialgleichung (4.193) enthalten, weshalb wir ihre Untersuchung an dieser Stelle anschließen, wenngleich sie wegen ihrer Einfachheit schon an früherer Stelle hätte behandelt werden können.

Auf Grund der Eindeutigkeit von f(x) ist N(A) reell. Nach (4.196) gilt

$$N(A) = \frac{1}{\pi A} \int_0^{2\pi} f(A \sin v) \sin v \, dv \,.$$

Da f(x) eine ungerade Funktion von x ist, stellt auch f(A sin v) eine ungerade Funktion von v dar. Demgemäß ist der Integrand eine gerade Funktion von v, also

$$N(A) = \frac{2}{\pi A} \int_0^{\pi} f(A \sin v) \sin v \, dv \,. \tag{4.214}$$

Im Intervall $(0, \pi)$ ist $x = A \sin v > 0$, also $f(A \sin v) \geq 0$, aber im Realfall nicht identisch Null. Daher ist $N(A) > 0$.

In der Differentialgleichung (4.213) tritt keine Eingangsgröße auf. Wegen P(s) = s^2 lautet daher die Gleichung der Harmonischen Balance gemäß (4.198)

$$(j\omega)^2 + N(A) = 0$$

oder

$$\omega^2 = N(A) \ . \qquad (4.215)$$

Diese Gleichung der Harmonischen Balance weicht ganz wesentlich von den bisherigen Gleichungen der Harmonischen Balance ab, insofern hier *nur eine einzige reelle Gleichung* vorliegt. Man erhält aus ihr ω als Funktion von A:

$$\omega = \sqrt{N(A)} \ .$$

Man kann auch sagen, daß die Gleichung der Harmonischen Balance unendlich viele Lösungen hat, und zwar ein *Kontinuum von Lösungen,* da zu jedem A des Definitionsbereiches von N(A) ein eindeutig bestimmter Wert ω gehört.

Das Zwei-Ortskurven-Verfahren veranschaulicht das. Die lineare Ortskurve ist durch

$$z = L(j\omega) = \frac{1}{(j\omega)^2} = -\frac{1}{\omega^2}, \ \omega > 0 \ ,$$

gegeben, erfüllt also die negative reelle Achse. Da weiterhin N(A) > 0 ist, liegt die nichtlineare Ortskurve

$$z = -\frac{1}{N(A)}$$

vollständig auf der negativen reellen Achse. In dem gemeinsamen Bereich, der von *beiden* Ortskurven überdeckt wird, gehört zu jedem Punkt der reellen Achse sowohl ein A- als auch ein ω-Wert. Jedes solche Wertepaar bildet eine Lösung der Gleichung (4.215) der Harmonischen Balance.

Im vorliegenden Fall gibt es also unendlich viele Dauerschwingungen. In der Zustandsebene entsprechen ihnen unendlich viele geschlossene Trajektorien, die einen gewissen Bereich der Zustandsebene überdecken, wobei durch jeden Punkt dieses Bereiches genau eine derartige Trajektorie geht. Ein Grenzverhalten dieser Kurven untereinander liegt nicht vor. Führt man die Zustandsvariablen x und $v = \dot{x}$ ein, so liegen auf der x-Achse Scheitelpunkte dieser Trajektorien. Die Scheitelpunktsabszisse $x_{max} = A$ stellt die Amplitude der zugehörigen Dauerschwingung dar.

Ein Beispiel für derartiges Verhalten haben wir bereits im Unterabschnitt 2.3.1 (Bild 2/12 - 2/14) kennengelernt. Dort wurde die Schwingungsperiode exakt berechnet:

$$T_{ex} = 4 \sqrt{\frac{2 x_0}{K}} \quad .$$

Darin ist x_0 die rechte Scheitelpunktsabszisse der geschlossenen Trajektorie und somit gleich A. Weiterhin ist $K = K_1 K_2 b$, wobei $K_1 K_2$ den Verstärkungsfaktor des linearen Teilsystems darstellt, der im jetzt betrachteten Fall gleich 1 gesetzt ist. Damit ist der exakte Wert der Schwingungsdauer bei gegebener Amplitude A

$$T_{ex} = 4 \sqrt{\frac{2A}{b}} \quad , A > 0 \, . \tag{4.216}$$

Da die Nichtlinearität in diesem Beispiel ein Zweipunktglied ist, hat man

$$N(A) = \frac{4b}{\pi A} \, .$$

Aus (4.215) folgt dann

$$\omega^2 = \frac{4}{\pi} \cdot \frac{b}{A} \, , \quad A > 0 \, . \tag{4.217}$$

Um mit der exakten Lösung vergleichen zu können, bilden wir aus (4.216)

$$\omega_{ex}^2 = \left[\frac{2\pi}{T_{ex}}\right]^2 = \frac{\pi^2}{8} \cdot \frac{b}{A} \, .$$

Daraus folgt $\left[\dfrac{\omega}{\omega_{ex}}\right]^2 = \dfrac{32}{\pi^3}$, also $\dfrac{\omega}{\omega_{ex}} = 1{,}016$.

Der Fehler bei der Anwendung der Harmonischen Balance ist somit < 2%.

Betrachten wir als weiteres Beispiel das schon im Kapitel 1 behandelte *Schwerependel* (Bild 1/20, Trajektorien in Bild 1/28). Seine Differentialgleichung lautet

$$\ddot{\varphi} + \frac{g}{l} \sin\varphi = 0 \; .$$

Daher ist nach (4.214)

$$N(A) = \frac{2}{\pi A} \frac{g}{l} \int\limits_{0}^{\pi} \sin(A\sin v)\sin v \; dv \; .$$

Das Integral kann nicht mehr durch elementare Funktionen ausgedrückt werden, wohl aber mit Hilfe der Besselfunktionen:

$$\int\limits_{0}^{\pi} \sin(A\sin v)\sin v \; dv = \pi J_1(A) \; {}^{22)}.$$

Dabei ist $J_1(A)$ die Bessel-Funktion 1. Ordnung, die man durch ihre Potenzreihe definieren kann [siehe Fußnote 22), Formel (3.16)]:

$$J_1(A) = \frac{A}{2} \left[1 - \frac{(A/2)^2}{1 \cdot 2} + \frac{(A/2)^4}{2! \cdot 3!} - \frac{(A/2)^6}{3! \cdot 4!} + - \ldots \right] \; {}^{23)}.$$

Nach (4.215) ist somit

$$\omega^2 = \frac{2g}{l} \frac{J_1(A)}{A} \; . \tag{4.218}$$

Daraus folgt für die Schwingungsdauer des Pendels mit der Amplitude A (das also durch die Anfangsbedingung $x_0 = A$, $v_0 = 0$ angeregt wird)

$$T = \frac{2\pi}{\omega} = 4\sqrt{\frac{l}{g}} \cdot \pi \sqrt{\frac{A}{8 J_1(A)}} \; .$$

---

22) *R. Sauer – I. Szabo:* Mathematische Hilfsmittel des Ingenieurs, Teil I. B. Spezielle Funktionen von *F. W. Schäfke,* Formel (3.14). Springer–Verlag, 1967. Das Buch enthält keine Funktionstafeln.

23) Weitere Literatur über Bessel–Funktionen:
- *W. Magnus – F. Oberhettinger – R. P. Soni:* Formulas and Theorems for the Special Functions of Mathematical Physics. Springer–Verlag, 3. Auflage, 1966 (enthält keine Funktionstafeln)
- *Jahnke – Emde – Lösch:* Tafeln höherer Funktionen. Teubner, 7. Auflage, 1966.

Die *exakte* Schwingungsdauer des Pendels in Abhängigkeit von der Amplitude A kann ebenfalls nicht durch elementare Funktionen ausgedrückt werden. Sie ist durch

$$T_{ex} = 4\sqrt{\frac{l}{g}} \cdot K(\sin\frac{A}{2}) \tag{4.219}$$

gegeben, wobei die Funktion K(k) durch das Integral

$$K(k) = \int_0^{\pi/2} \frac{d\psi}{\sqrt{1 - k^2\sin^2\psi}}$$

gegeben ist, das man als *vollständiges elliptisches Normalintegral 1. Gattung* bezeichnet [24]. Ebenso wie die Besselfunktion $J_1(A)$ ist es tabelliert (siehe das Buch *Jahnke-Emde-Lösch*).

Um sich ein Bild von der Approximationsgüte der Harmonischen Balance zu machen, kann man die relative Abweichung

$$\epsilon = \frac{T_{ex} - T}{T_{ex}}$$

bilden. Dann sieht man, daß für A = 1,5708 rad, entsprechend einer Anfangsauslenkung von 90°, ϵ erst knapp 0,3% erreicht und selbst bei A = 2,6180 rad, entsprechend einer Anfangsauslenkung von 150°, noch immer unter 5% liegt. Es ist klar, daß bei solchen Auslenkungen die übliche Linearisierung um die Ruhelage versagt. Aber auch eine bessere Approximation wie die in [44], Formel (2.84), angegebene Näherung

$$T^* = 2\pi\sqrt{\frac{l}{g}}\left[1 + \frac{1}{16}A^2\right]$$

weist bei der letztgenannten Anfangsauslenkung einen Fehler von knapp 19% auf.

---

[24] *K. Magnus:* Schwingungen. B. G. Teubner, 3. Auflage, 1976, Formel (2.83).
Literatur über elliptische Integrale:
R. Sauer – I. Szabo: Mathematische Hilfsmittel des Ingenieurs, Teil I. A. Funktionentheorie von *H. Tietz*, Abschnitt II 4.3.
Weiterhin das oben zitierte Buch von *Magnus – Oberhettinger – Soni* und das Tafelwerk von *Jahnke – Emde – Lösch*.

4.12   Zusammenstellung einiger Beschreibungsfunktionen

Benennung der Nichtlinearität	Bild bzw. Gleichung Dabei: $e = A\sin \omega t$	Beschreibungsfunktion N(A)
Zweipunktglied		$\dfrac{4b}{\pi A}$, $A > 0$
Zweipunktglied mit Hysterese		$\dfrac{4b}{\pi A}\sqrt{1-\left(\dfrac{a}{A}\right)^2} - j\dfrac{4ab}{\pi A^2}$, $A \geqq a$
Trockene Reibung		$-j\dfrac{4r}{\pi A}$, $A > 0$
Dreipunktglied		$\dfrac{4b}{\pi A}\sqrt{1-\left(\dfrac{a}{A}\right)^2}$, $A \geqq a$
Dreipunktglied mit Hysterese		$\dfrac{2b}{\pi A}\left[\sqrt{1-\left(\dfrac{a}{A}\right)^2} + \sqrt{1-\left(\dfrac{qa}{A}\right)^2}\right] - j\dfrac{2ab(1-q)}{\pi A^2}$, $A \geqq a$
Begrenzung		m , $0 \leqq A \leqq a$ $\dfrac{2m}{\pi}\left[\text{Arc sin}\,\dfrac{a}{A} + \dfrac{a}{A}\sqrt{1-\left(\dfrac{a}{A}\right)^2}\right]$, $A \geqq a$

Benennung der Nichtlinearität	Bild bzw. Gleichung Dabei: e=Asin ωt	Beschreibungsfunktion N(A)
Totzone	$\tan\alpha = m$	$m\left[1 - \dfrac{2}{\pi}\,\text{Arc sin}\,\dfrac{a}{A} - \dfrac{2}{\pi}\dfrac{a}{A}\sqrt{1-\left(\dfrac{a}{A}\right)^2}\right]$ $A \geq a$
	$\tan\alpha = m$	$\dfrac{4b}{\pi A} + m\ ,\quad A > 0$
Lose (Spiel)		$\dfrac{1}{2}+\dfrac{1}{\pi}\left[\text{Arc sin}\,\alpha + \alpha\sqrt{1-\alpha^2}\right]-j\dfrac{1}{\pi}(1-\alpha^2)$ $-1 < \alpha < 1\ ,\quad \alpha = 1 - \dfrac{2a}{A}$
	$u = e^3$	$\dfrac{3}{4}\,A^2$
	$u = e\lvert e\rvert$	$\dfrac{8A}{3\pi}$
	$u = \sqrt{\lvert e\rvert}\,\text{sgn}\,e$	$\dfrac{4\sqrt{2}}{\pi}\dfrac{\left[\Gamma\left(\frac{5}{4}\right)\right]^2}{\Gamma\left(\frac{5}{2}\right)}\dfrac{1}{\sqrt{A}}\ ,\quad A > 0$

5 Stabilitätskriterien im Frequenzbereich

5.1 Die absolute Stabilität von Regelkreisen

Wenn man die bisher gebrachten Methoden zur Stabilitätsuntersuchung nichtlinearer Regelkreise überschaut, so muß man feststellen, daß vom Standpunkt des Anwenders aus keine voll befriedigend ist, so nützlich sie auch für bestimmte Fragestellungen sind.

Die Harmonische Balance ist anschaulich und einfach in der Anwendung, stellt aber ein Verfahren zur Ermittlung von Dauerschwingungen dar, das primär gar nicht auf das Stabilitätsverhalten der Ruhelage hinzielt. Erst über das Stabilitätsverhalten der Dauerschwingungen kann man auf das Verhalten der Ruhelage schließen, eine Schlußweise, die für Systeme höherer als 2. Ordnung nur Plausibilitätswert besitzt. Was die Anwendung der Zustandsebene angeht, so ist sie im wesentlichen auf Systeme 2. Ordnung beschränkt. Die Direkte Methode schließlich leidet an der Schwierigkeit, zu einem konkreten Problem eine gute Ljapunow - Funktion finden zu müssen.

Es bedeutet daher einen großen Fortschritt in der Stabilitätsuntersuchung, daß der rumänische Wissenschaftler *V. M. Popow* für den Standardtyp nichtlinearer Regelkreise ein Stabilitätskriterium angegeben hat, das ebenso einfach ist wie die linearen Stabilitätskriterien und sich ganz ähnlich wie das Nyquist - Kriterium mit Hilfe einer Ortskurve formulieren läßt (1959). Unmittelbar mit ihm verwandt sind weitere Kriterien, die ebenfalls im Frequenzbereich arbeiten und von denen wegen seiner einfachen geometrischen Formulierung das Kreiskriterium (*J. J. Bongiorno* 1963, *I. W. Sandberg* 1964, *G. Zames* 1964) hervorzuheben ist.

Es sei aber sogleich hinzugefügt, daß auch das Popow - Kriterium (samt den verwandten Kriterien) kein Allheilmittel der nichtlinearen Stabilitätsuntersuchung darstellt. Es behandelt zwar eine für den Regelungstechniker besonders wichtige Problemstellung, erledigt aber keineswegs alle auftretenden Fälle. Die anderen Methoden werden also durch diese Kriterien nicht überflüssig gemacht.

Wir schließen die Frequenzbereichskriterien an die Harmonische Balance an, obgleich zwischen beiden Vorgehensweisen kein innerer Zusammenhang besteht. Aber vom Standpunkt des Anwenders aus haben sie die wesentliche Gemeinsamkeit, im Frequenzbereich zu arbeiten, und heben sich dadurch von der Anwendung der Zustandsebene und der Direkten Methode ab.

Ehe das Popow-Kriterium formuliert werden kann, ist es notwendig, den *Begriff der absoluten Stabilität* einzuführen, der bisher noch nicht vorkam. Er ergibt sich ganz zwangsläufig aus der Anwendung der Direkten Methode auf einen nichtlinearen Regelkreis. Im Unterabschnitt 3.3.4 wurde eine Regelung mit zwei nichtlinearen Kennlinien untersucht. Ihre Ruhelage erwies sich als global asymptotisch stabil, wenn beide Kennlinien in einem bestimmten Sektor der e-u-Ebene liegen (Bild 3/20). Man erhält hierbei also die Stabilität des Regelkreises nicht nur für eine bestimmte Kennlinie, sondern für eine ganze Kennlinienklasse. Vom praktischen Standpunkt aus ist das sehr angenehm. Man hat auf diese Weise das Stabilitätsproblem mit einem Schlag für eine ganze Klasse von Systemen erledigt und kann sich Einzeluntersuchungen sparen. Außerdem kann der Fall eintreten, daß die Lage einer Kennlinie nicht genau bekannt ist, daß sie aber in einem gewissen Sektor liegt.

Unter dem *Sektor* [0,K] versteht man einen Bereich der e-u-Ebene, wie er im Bild 5/1 schraffiert dargestellt ist. Er wird von der e-Achse (mit der Gleichung u = 0) und der Geraden u = Ke, K > 0, begrenzt. Eine im Sektor gelegene Kennlinie genügt den Ungleichungenen

$$0 \leq F(e) \leq Ke \qquad \text{für } e > 0 \, ,$$

$$Ke \leq F(e) \leq 0 \qquad \text{für } e < 0 \, .$$

Dividiert man diese Ungleichungen durch e, so ergibt sich in *beiden* Fällen die Ungleichung

$$0 \leq \frac{F(e)}{e} \leq K \, , \qquad\qquad (5.1)$$

die also für alle e ≠ 0 gilt.

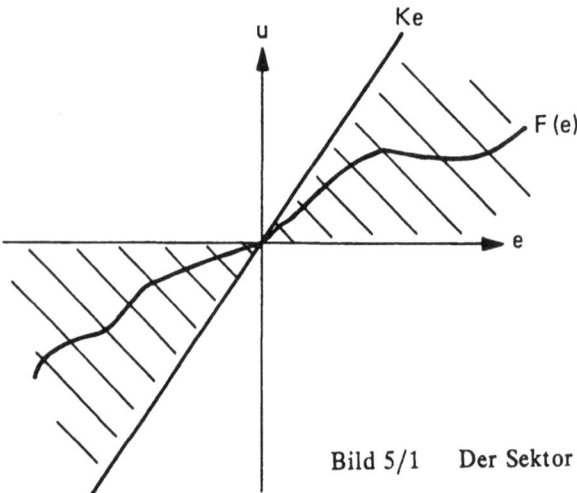

Bild 5/1   Der Sektor [0,K] der Kennlinienebene

Man kann jetzt die folgende Definition aussprechen:

Der Standardregelkreis im Bild 5/2 heißt absolut stabil im Sektor [0, K], wenn für jede Kennlinie F(e), die in diesem Sektor liegt, der Regelkreis eine global asymptotisch stabile Ruhelage besitzt. Im übrigen ist dabei für die Kennlinie nur vorausgesetzt, daß sie für alle e erklärt, eindeutig und stückweise stetig ist sowie durch den Nullpunkt geht.[1)]   (5.2)

Man darf bei dieser Definition nicht außer acht lassen, daß die linearen Kennlinien u = ce, c konstant mit $0 \leq c \leq K$, in der Gesamtheit der Kennlinien u = F(e) enthalten sind.

5.2 Das Popow–Kriterium

Das Popow-Kriterium ist eine *hinreichende Bedingung für die absolute Stabilität* des Regelkreises. Bevor wir es formulieren können, müssen noch die *Voraussetzungen über das lineare Teilsystem* zusammengetragen werden. Es sei durch die Übertragungsfunktion

$$L(s) = \frac{1}{s^p} \, \frac{1+b_1 s+...+b_m s^m}{1+a_1 s+...+a_n s^n}$$

gegeben. Wie stets seien die a_ν und b_ν reell, während p = 0,1,2,... sein darf. Der Zählergrad sei kleiner als der Nennergrad. Zähler und Nenner seien ohne gemeinsame Nullstelle. Die positive Kreisverstärkung V, die im allgemeinen nicht gleich eins sein wird, wollen wir zur Kennlinie schlagen, die also von vornherein mit V multipliziert zu denken ist. Es wird vorausgesetzt, daß kein L-Pol rechts der imaginären Achse liegt. Liegen alle L-Pole links von ihr, so spricht man auch vom *Hauptfall*, hingegen vom *singulären Fall*, wenn mindestens ein L-Pol sich auf der imaginären Achse befindet.

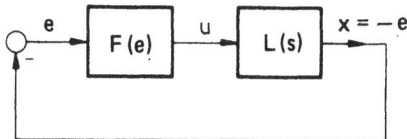

Bild 5/2
Nichtlineares Standardregelkreis

[1)] Allgemein heißt eine Funktion f(x) stückweise stetig, wenn sich ihr Definitionsintervall in endlich viele Teilintervalle zerlegen läßt derart, daß sie im Innern jedes Teilintervalls stetig ist und an seinen Rändern endliche Grenzwerte besitzt.

Der singuläre Fall erfordert noch eine besondere Überlegung. Wenn man die absolute Stabilität im Sektor [0,K] betrachtet, so ist insbesondere die Möglichkeit zugelassen, daß die Kennlinie mit der e‑Achse zusammenfällt, also $F(e) \equiv 0$ und damit $u \equiv 0$ ist. Das bedeutet aber, daß der Regelkreis offen ist, also das Stabilitätsverhalten des linearen Teilsystems allein betrachtet wird (im Sinne des Ljapunowschen Stabilitätsbegriffs). Dieses Teilsystem ist zwar im Hauptfall global asymptotisch stabil, da dann seine sämtlichen Pole links der j‑Achse liegen, ist aber im singulären Fall gewiß nicht mehr asymptotisch stabil, da dann mindestens einer seiner Pole auf der j‑Achse gelegen ist. Hier kann man also keine absolute Stabilität im Sektor [0,K] verlangen.

Um diese für das in Frage stehende Problem unwesentliche Schwierigkeit zu vermeiden, scheidet man die e‑Achse aus, indem man zu dem Sektor [ϵ,K] mit einem beliebig kleinen positiven ϵ übergeht. Dieses Ziel hätte man ebenfalls erreicht, wenn man statt des nach unten abgeschlossenen Sektors $\epsilon \leq F(e)/e \leq K$ den nach unten offenen Sektor $0 < F(e)/e \leq K$ genommen hätte. In der Tat kann man das Popow‑Kriterium auch für einen solchen Sektor (0,K] herleiten, wobei es jedoch etwas anders zu formulieren ist und überdies gewisse zusätzliche Voraussetzungen erfüllt sein müssen [49]. Um alle nicht unbedingt nötigen Fallunterscheidungen zu vermeiden, wollen wir im folgenden den Sektor [ϵ,K] betrachten.

Macht man dies, so scheidet man gegenüber dem Sektor [0,K] vor allem zwei Arten von Kennlinien aus:

I) Kennlinien, die im Nullpunkt die Steigung Null haben, wie z.B. $u = e^3$.

II) Kennlinien, die für $e \to +\infty$ schwächer als jede noch so schwach ansteigende Gerade wachsen, z.B. $u = \sqrt{e}$.

Praktisch sind diese Einschränkungen aber ohne Belang. Denn eine real gegebene Kennlinie ist nicht absolut genau bekannt. Daher ist es gleichgültig, ob man einer Kennlinie im Ursprung die Steigung 0 oder ϵ mit einem beliebig kleinen positiven ϵ beilegt. Was den zweiten Kennlinientyp betrifft, so wird jede Kennlinie eines realen Systems nur in einem gewissen Bereich um e = 0 in Anspruch genommen. Außerhalb desselben darf man sie sich beliebig abgeändert denken, ohne daß hierdurch das Verhalten des realen Systems irgendwie beeinflußt wird.

Soll im singulären Fall absolute Stabilität im Sektor [ϵ,K] mit einem beliebig kleinen positiven ϵ herrschen, so muß insbesondere für die lineare Kennlinie u = ϵe globale asymptotische Stabilität vorliegen. Für eine lineare Kennlinie aber

geht unser Standardregelkreis im Bild 5/2 in einen gewöhnlichen linearen Regelkreis über, wie er nochmals im Bild 5/3 skizziert ist. Dessen offener Kreis hat
die Übertragungsfunktion

$$L_\epsilon(s) = \frac{\epsilon}{s^p} \frac{1 + b_1 s + \ldots + b_m s^m}{1 + a_1 s + \ldots + a_n s^n}.$$ (5.3)

Soll im Sektor $[\epsilon, K]$ absolute Stabilität herrschen, so muß auf jeden Fall der
Regelkreis im Bild 5/3 für jedes noch so kleine positive ϵ global asymptotisch
stabil sein. Er heißt dann *grenzstabil* [49][2].

Über die Grenzstabilität zu entscheiden, ist ein rein lineares Problem. Im singulären Fall ist sie gewiß nicht selbstverständlich. Denn da Pole des offenen Kreises auf der imaginären Achse liegen, gehen Zweige der Wurzelortskurve von dort
aus. Sie können für beliebig kleine Werte von ϵ in die rechte Halbebene eindringen, wodurch der geschlossene Kreis instabil wird. Man wird daher im singulären Fall die Grenzstabilität des linearen Regelkreises von Bild 5/3 voraussetzen müssen, wenn man von absoluter Stabilität im Sektor $[\epsilon, K]$ für beliebig
kleines positives ϵ sprechen will.

Aus den Eigenschaften von L(s) kann man Bedingungen für die Grenzstabilität
herleiten, was im allgemeinen Fall nicht ganz einfach ist ([49], Kapitel III, §5).
Im praktisch häufigsten singulären Fall, daß außer einem 1- oder 2-fachen Pol
im Nullpunkt alle Pole links der j-Achse liegen, ist dies jedoch leicht möglich.

Soll der geschlossene lineare Kreis stabil sein, so muß die Nyquist-Ortskurve z
= $\epsilon L(j\omega)$ den Punkt -1 zur Linken haben bzw. die Ortskurve z = $L(j\omega)$ den
Punkt $-1/\epsilon$ links liegen lassen. Für beliebig kleines $\epsilon > 0$ ist dies ein Punkt, der
weit links auf der reellen Achse liegt. Ist nur ein 1-facher Pol im Nullpunkt
gelegen, so beginnt die Ortskurve bei $\delta - j\infty$, und daher liegt $-1/\epsilon$ auf jeden Fall

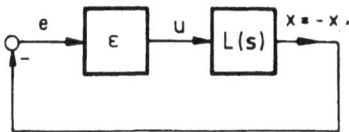

Bild 5/3
Linearer Sonderfall des Standardregelkreises von Bild 5/2

---

[2]) Der Begriff "grenzstabil" wird auch noch in anderem Sinne verwandt: Ist die
Ruhelage eines dynamischen Systems stabil, aber nicht asymptotisch stabil, so
nennt man sie manchmal "grenzstabil" ([70], Definition 3.3). Um Verwechslungen zu vermeiden, sollte man hierfür aber lieber die ebenfalls gebräuchliche Benennung "schwach stabil" verwenden (z.B. [9], Abschnitt 1.5, oder [30], Definition 2.17).

links von ihr. *Liegt ein 1-facher Pol von L(s) in Null, so ist also der Regelkreis auf jeden Fall grenzstabil.*

Der Fall eines 2-fachen Pols in Null muß genauer betrachtet werden. Hier ist

$$L(j\omega) = -\frac{1}{\omega^2} \frac{(1-b_2\omega^2+b_4\omega^4-+...)+j(b_1\omega-b_3\omega^3+b_5\omega^5-+...)}{(1-a_2\omega^2+a_4\omega^4-+...)+j(a_1\omega-a_3\omega^3+a_5\omega^5-+...)} .$$

Für kleine ω gilt daher

$$L(j\omega) \approx -\frac{1}{\omega^2}\frac{1+jb_1\omega}{1+ja_1\omega} = -\frac{1}{\omega^2}\frac{1+a_1b_1\omega^2+j\omega(b_1-a_1)}{1+a_1^2\omega^2} .$$

Infolgedessen ist für kleine ω

$$\mathrm{Im}L(j\omega) \approx -\frac{1}{\omega^2}\frac{\omega(b_1-a_1)}{1+a_1^2\omega^2} \approx \frac{a_1-b_1}{\omega} .$$

Soll die Ortskurve den beliebig weit im Negativen gelegenen Punkt $-1/\epsilon$ links liegen lassen, so muß $\mathrm{Im}L(j\omega)$ für kleine ω negativ sein. Es muß also $a_1 < b_1$ gelten. Schreibt man $L(j\omega)$ in der Form

$$L(j\omega) = \frac{1}{(j\omega)^2}\frac{\prod(1+\tau_\nu j\omega)}{\prod(1+T_\nu j\omega)} ,$$

so ist $b_1 = \Sigma\tau_\nu$, $a_1 = \Sigma T_\nu$, und daher lautet die *Bedingung für die Grenzstabilität*

$$\Sigma T_\nu < \Sigma\tau_\nu . \tag{5.4}$$

Nunmehr ist auch einzusehen, warum kein Pol von $L(s)$ rechts der j-Achse liegen darf. In diesem Fall nämlich würden Zweige der Wurzelortskurve des linearen Kreises von Bild 5/3 rechts der j-Achse beginnen. Infolgedessen würden für kleine ϵ Wurzeln der charakteristischen Gleichung des geschlossenen Kreises in der rechten Halbebene liegen. Daher könnte niemals absolute Stabilität im Sektor $[\epsilon,K]$ mit beliebig kleinem ϵ herrschen.

Jetzt sind alle Begriffe geklärt, die zum Verständnis des Popow-Kriteriums erforderlich sind. In seiner Formulierung seien nochmals alle Voraussetzungen zusammengefaßt. Das *Popow-Kriterium* lautet dann:

Im Regelkreis nach Bild 5/2 sei

$$L(s) = \frac{1}{s^p} \frac{1+b_1 s+...+b_m s^m}{1+a_1 s+...+a_n s^n}$$

mit reellen Koeffizienten a_ν und b_ν, $a_n \neq 0$, $p = 0, 1, 2, ...$ und $m <$ p+n. Zähler und Nenner sollen keine gemeinsamen Nullstellen haben. Kein Pol von L(s) liege rechts der imaginären Achse. Die Kennlinie u = F(e) sei für alle e erklärt, eindeutig, stückweise stetig und gehe durch Null. Liegen alle Pole von L(s) links der j- Achse (Hauptfall), so liege die Kennlinie F(e) im Sektor [0,K], wobei K eine endliche positive Zahl ist.

Liegt mindestens ein Pol von L(s) auf der j- Achse (singulärer Fall), so soll die Kennlinie im Sektor [ε,K] liegen, mit einem endlichen positiven K und einem beliebig kleinen ε > 0. Überdies sei der geschlossene lineare Kreis grenzstabil, d.h. für F(e) = εe sei er global asymptotisch stabil. Dies ist gewiß der Fall, wenn auf der j- Achse nur ein einfacher oder doppelter Pol in Null liegt und im letzteren Fall $a_1 < b_1$ gilt.

Sind diese Voraussetzungen erfüllt, so ist der Regelkreis absolut stabil im Sektor [0,K] bzw. [ε,K], wenn sich eine reelle Zahl q finden läßt, für welche die Ungleichung

$$Re[(1+qj\omega)L(j\omega)] > -\frac{1}{K} \tag{5.5}$$

für alle $\omega \geq 0$ erfüllt ist.

Auf die Herleitung des Popow-Kriteriums wollen wir nicht eingehen. Sie kann mittels der Direkten Methode oder durch Verwendung funktionalanalytischer Hilfsmittel erfolgen. Darüber kann man z.B. in [21, 27, 31, 49] nachlesen, auch bei [10], wo allerdings von einem anderen Stabilitätsbegriff ausgegangen wird.

Auf den ersten Blick mag das Kriterium vielleicht nicht sehr handlich aussehen, da die Voraussetzungen umfangreich sind und die entscheidende Ungleichung (5.5), die *Popow- Ungleichung*, eine recht abstrakte Forderung zu sein scheint. Was zunächst die Voraussetzungen über den linearen Systemteil betrifft, so sind es die üblichen, die beispielsweise auch beim Nyquist-Kriterium gemacht werden und hier nur der Vollständigkeit halber noch einmal zusammengestellt sind. Die Voraussetzungen über die Kennlinie sind ganz allgemeiner Natur und

verlangen zum Beispiel keine Symmetrieeigenschaften der Kennlinie, wie sie bei
der Harmonischen Balance zugrunde gelegt werden. Entscheidend ist nur die
Sektorbedingung. Die Unterscheidung des Hauptfalles und des singulären Falles
von L(s), die sich hierbei bemerkbar macht, ist ganz zwangsläufig, wenn man
überhaupt von absoluter Stabilität sprechen will. Das gilt auch von der
zusätzlichen Forderung der Grenzstabilität im singulären Fall. Wenn man nur
den praktisch wichtigsten Fall betrachtet, daß auf der imaginären Achse
lediglich ein einfacher Pol in Null liegt, so ist die Grenzstabilität unter unseren
Voraussetzungen über L(s) erfüllt und braucht nicht besonders berücksichtigt zu
werden.

Wie steht es nun mit der Auswertung der Popow-Ungleichung? Hat man eine
Vermutung über den Sektor [0,K] bzw. [ε,K], so setzt man diesen K-Wert in die
Popow-Ungleichung ein und versucht, ein q zu finden, für das diese Ungleichung für alle $\omega \geq 0$ erfüllt ist. Im allgemeinen wird man aber keine Vorstellung
haben, wie groß der Wert K sein könnte. Man muß daher die Popow- Ungleichung nach *zwei* Unbekannten auflösen, nach q und K. D.h.: Man hat eine positive Zahl K und eine beliebige reelle Zahl q zu finden, für welche die Ungleichung (5.5) für alle $\omega \geq 0$ erfüllt ist. Dann ist der Regelkreis im Sektor [0,K] absolut stabil, wenn der Hauptfall von L(s) vorliegt; er ist absolut stabil im Sektor
[ε,K] bei Vorliegen des singulären Falles.

Man könnte nun glauben, daß die Auflösung der Popow-Ungleichung nach q
und K eine schwierige Aufgabe darstellt. Wir werden jedoch im nächsten Abschnitt sehen, daß sie in einfachen Fällen, d.h. bei niedriger Ordnung von L(s),
leicht formelmäßig durchzuführen ist, aber auch bei beliebig hoher Ordnung des
linearen Teilsystems in einfacher Weise durch ein Ortskurvenverfahren erledigt
werden kann. Zuvor seien aber noch einige Bemerkungen zur Erweiterung des
Popow-Kriteriums gemacht.

5.3   Erweiterungen des Popow-Kriteriums

Bisher hatten wir ein endliches K vorausgesetzt. Dadurch werden Nichtlinearitäten nach Art der Zweipunktkennlinie

$$F(e) = \begin{cases} -b, & e < 0, \\ 0, & e = 0, \\ b, & e > 0, \quad b > 0, \end{cases}$$

oder der kubischen Parabel

$$F(e) = ae + be^3 , \quad a \geq 0 , \, b > 0 ,$$

ausgeschlossen. Sie können in keinen Sektor mit endlicher Steigung der oberen Begrenzung eingeschlossen werden, erfordern vielmehr $K = +\infty$. In der Tat läßt sich das Popow-Kriterium auch auf einen derartigen Sektor ausdehnen:

Es liege der Hauptfall vor und im übrigen seien die Voraussetzungen von (5.5) erfüllt. Läßt sich dann eine reelle Zahl q finden, für welche die Ungleichung

$$Re\,[(1+qj\omega)L(j\omega)] > 0 \qquad\qquad (5.6)$$

für alle $\omega \geq 0$ erfüllt ist, so ist der Regelkreis absolut stabil im Sektor $[0,\infty)$, also für alle Kennlinien mit $F(e)/e \geq 0$ [3]).

Liegt (unter sonst gleichen Voraussetzungen) ein einfacher Pol von L(s) im Nullpunkt, während alle übrigen Pole links der j-Achse gelegen sind, und läßt sich ein reelles q finden, für das die Ungleichung

$$Re\,[(1+qj\omega)L(j\omega)] \geq 0 \qquad\qquad (5.7)$$

für alle $\omega \geq 0$ erfüllt ist, so ist der Regelkreis absolut stabil im Sektor $(0,\infty)$, also für alle Kennlinien mit $F(e)/e > 0$ [4]).

Die Ungleichung (5.6) für den Hauptfall ergibt sich direkt aus der Popow-Ungleichung (5.5) für endliches K, indem man dort $K = +\infty$ einsetzt. Hingegen weicht die Ungleichung (5.7) für den einfachsten singulären Fall von der Popow-Ungleichung für endliches K in zwei Punkten ab. Setzt man in (5.5) $K = +\infty$ ein, so erhält man die Ungleichung $Re[(1+qj\omega)L(j\omega)] > 0$. Statt dessen braucht hier nur die schwächere Ungleichung erfüllt zu sein, in der das Gleichheitszeichen noch mit zugelassen ist. Zweitens wird die absolute Stabilität bei Erfülltsein dieser Ungleichung nicht nur für den Sektor $[\epsilon,\infty)$, sondern sogar für den Sektor $(0,\infty)$ garantiert.

---

[3]) [49], Seite 171, unten, Punkt 1).

[4]) [49], Seite 171, unten, Punkt 2). Die dort anzutreffende zusätzliche Annahme über die Popow-Ortskurve ist unter unseren Voraussetzungen erfüllt.

Weiterhin ist für den Regelungstechniker noch der Fall von Interesse, daß der Linearteil eine *Totzeit* enthält, insbesondere

$$L(s) = R(s)e^{-T_t s}$$

mit rationalem R(s) ist. Auch dann gilt das Popow–Kriterium gewiß, wenn der Hauptfall vorliegt [23]. Nur muß man hier ein *positives* q finden, das die Popow–Ungleichung erfüllt. Überdies ist F(e) als stetig vorausgesetzt, was aber für die Anwendungen keine ernsthafte Einschränkung bedeutet, da man eine reale Kennlinie immer als kontinuierlich ansehen darf.

Schließlich kann man das Popow–Kriterium auch dann anwenden, wenn die *Nichtlinearität zeitvariant*, also von der Form

$$u = F(e,t)$$

ist. Dabei sei F(e,t) stetig, und es gelte für beliebiges t   F(0,t) = 0.

Die Kennlinie hat dann zu verschiedenen Zeitpunkten verschiedene Gestalt, verbiegt sich also laufend auf Grund äußerer Einflüsse, die auf das System einwirken (Bild 5/4). Beispielsweise kann dies dadurch kommen, daß eine an sich zeitunabhängige Kennlinie von außen durch eine Zeitfunktion angesteuert wird (Bild 5/5):   F(e,t) = N(e)·h(t) .

In diesem Fall ist $\dfrac{F(e,t)}{e} = \dfrac{N(e)}{e} h(t)$. Die Sektorbedingung mit einem endlichen K ist gewiß dann erfüllt, wenn der zeitinvariante Anteil N(e) einer solchen Sektorbedingung genügt und h(t) beschränkt sowie ≥ 0 ist. Von der letztgenannten Voraussetzung kann man sich durch eine Sektortransformation befreien, worauf im Abschnitt 5.6 eingegangen wird. Insbesondere kann die zeitunabhängige

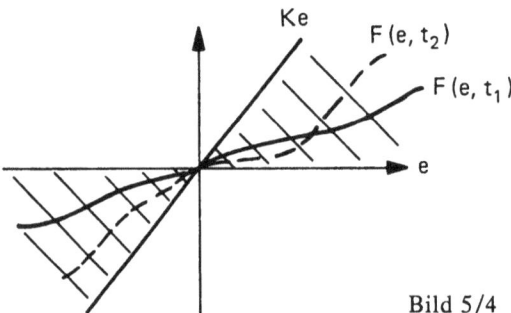

Bild 5/4   Zeitvariante Nichtlinearität

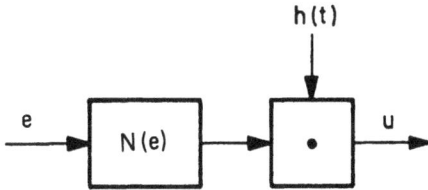

h(t)

Bild 5/5
Spezieller Fall einer zeitvarianten Nichtlinearität

Kennlinie auch linear, also von der Form $N(e) = ke$, $k > 0$, sein. Dann be-schreibt Bild 5/5 ein lineares, aber zeitvariantes Übertragungsglied.

Das Popow-Kriterium nimmt hier folgende Form an [5]):

Liegen die Pole von L(s) mit etwaiger Ausnahme eines einfachen
Pols in s = 0 links der imaginären Achse und erfüllt das lineare
Teilsystem im übrigen die Voraussetzungen von (5.5), ist weiterhin
die Kennlinie F(e,t) stetig mit F(0,t) = 0 für alle t und erfüllt sie die
Sektorbedingung

$$0 < \frac{F(e,t)}{e} < K, \quad e \neq 0, \; K \; endlich, \quad (5.8)$$

so ist der Regelkreis absolut stabil im Sektor (0,K), wenn die Unglei-
chung

$$Re\,L(j\omega) > -\frac{1}{K} \quad (5.9)$$

für alle $\omega \geq 0$ gilt.

Wie man sieht, geht (5.9) aus der ursprünglichen Popow-Ungleichung (5.5) da-durch hervor, daß man q = 0 setzt.

5.4 Formelmäßige Lösung der Popow-Ungleichung

Wenn die Ordnung des linearen Teilsystems niedrig ist, kann man die Popow-Ungleichung formelmäßig nach q und K auflösen. Das sei an einigen Beispielen gezeigt.

---

[5]) *E. N. Rozenvasser:* The Absolute Stability of Nonlinear Systems. Automation and Remote Control 24 (October 1963), Seite 283–291. Für die Erweiterung auf den einfachsten singulären Fall [46], Abschnitt 8.12.

Zunächst wollen wir ein lineares Teilsystem 2. Ordnung mit I-Verhalten betrachten, das überdies eine Zählerzeitkonstante besitzen darf:

$$L(s) = \frac{1+T_1 s}{s(1+Ts)} \text{ mit } T > 0, \ T_1 \geq 0.$$

Hier liegt also der einfachste singuläre Fall vor. Die Popow-Ungleichung lautet

$$\text{Re} \frac{(1+qj\omega)(1+T_1 j\omega)}{j\omega(1+Tj\omega)} > -\frac{1}{K}$$

oder

$$\text{Re} \frac{(1-qT_1\omega^2)+j\omega(q+T_1)}{-T\omega^2+j\omega} > -\frac{1}{K}.$$

Da allgemein

$$\text{Re}\frac{Z}{N} = \frac{\text{ReZ ReN} + \text{ImZ ImN}}{(\text{ReN})^2 + (\text{ImN})^2}$$

gilt, lautet die Ungleichung endgültig

$$\frac{-T\omega^2(1-qT_1\omega^2)+\omega^2(q+T_1)}{T^2\omega^4+\omega^2} > -\frac{1}{K} \quad \text{oder} \quad \frac{qTT_1\omega^2+q+T_1-T}{1+T^2\omega^2} > -\frac{1}{K}.$$

Man möchte die Popow-Ungleichung natürlich für einen möglichst großen K-Wert erfüllen. Der beste überhaupt erreichbare Wert ist $K = +\infty$. Für ihn geht die Popow-Ungleichung in

$$\frac{qTT_1\omega^2+q+T_1-T}{1+T^2\omega^2} > 0 \tag{5.10}$$

über. Soll sie erfüllt werden, so muß die linke Seite durch geeignete Wahl von q positiv gemacht werden. Man sieht, daß dies keine Schwierigkeiten macht.

Ist $T_1 \geq T$, so kann man für q eine beliebige positive Zahl nehmen. Wenn $T_1 < T$ ist, könnte die linke Seite bei $\omega = 0$ negativ werden. Um dies zu vermeiden, wählt man q größer als $T-T_1$, im übrigen ebenfalls beliebig. Die Popow-Ungleichung kann also für K = +∞ durch geeignete Wahl von q befriedigt werden. Wendet man nun das Popow-Kriterium in der Form (5.7) an, so sieht man, daß der Regelkreis im Sektor (0,∞) absolut stabil ist, also für alle Kennlinien aus dem offenen 1. und 3. Quadranten.

Nach dem Kriterium (5.7) hätte man in der Ungleichung (5.10) sogar das Gleichheitszeichen zulassen dürfen, also q noch etwas allgemeiner wählen können. Aber auch so ist q bei gegebenem K nicht eindeutig bestimmt. Wie man q im einzelnen wählt, ist gleichgültig, da q selbst ja nicht interessiert. Es kommt nur darauf an, daß zu dem gewünschten K-Wert mindestens ein q vorhanden ist, mit dem sich die Popow-Ungleichung erfüllen läßt.

Als zweites Beispiel soll

$$L(s) = \frac{1}{1 + a_1 s + a_2 s^2} \quad \text{mit} \quad a_1, a_2 > 0$$

betrachtet werden. Da die Koeffizienten positiv sind, liegen die Pole des linearen Systemteils links der j-Achse. Man hat es daher mit dem Hauptfall zu tun, so daß das Popow-Kriterium in der Form (5.6) anzuwenden ist, wenn man auch hier K = +∞ erwartet. Die Popow-Ungleichung lautet dann

$$\text{Re} \frac{1 + q j \omega}{1 + a_1 j \omega + a_2 (j\omega)^2} > 0 \quad \text{oder} \quad \frac{(q a_1 - a_2) \omega^2 + 1}{(1 - a_2 \omega^2)^2 + a_1^2 \omega^2} > 0$$

für alle $\omega \geq 0$. Dies wird dadurch erreicht, daß man $q a_1 - a_2 \geq 0$, also $q \geq \dfrac{a_2}{a_1}$ setzt.

Der nichtlineare Regelkreis ist somit im Sektor [0,∞) stabil, d.h. für alle Kennlinien des 1. und 3. Quadranten, die in diesem Fall auch beliebige Punkte mit der e-Achse gemeinsam haben dürfen.

Tritt zu L(s) noch eine Zählerzeitkonstante hinzu, so wird die Untersuchung mühsamer. Um Fallunterscheidungen zu vermeiden, wollen wir feste Koeffizienten annehmen:

$$L(s) = \frac{1 + 2s}{1 + s + 3s^2}.$$

Dann hat man als Popow–Ungleichung, wenn man auch jetzt $K = +\infty$ fordert:

$$\frac{6q\omega^4 - (q+1)\,\omega^2 + 1}{(1-3\omega^2)^2 + \omega^2} > 0 \;.$$

Der Zähler der linken Seite ist gleich 1 für $\omega = 0$. Er wird daher gewiß positiv bleiben, wenn er nirgends durch Null geht, also keine reellen Wurzeln besitzt. Nun hat die Gleichung

$$6q\omega^4 - (q+1)\omega^2 + 1 = 0$$

die Lösungen

$$\omega^2 = \frac{q+1}{12q} \pm \sqrt{\frac{(q+1)^2}{(12q)^2} - \frac{1}{6q}} \;.$$

Da der Radikand gleich $(q^2 - 22q + 1)/(12q)^2$ ist, wird er negativ, wenn man z.B. $q = 1$ setzt. Damit ist die Popow–Ungleichung für alle $\omega \geq 0$ erfüllt, so daß auch dieser Regelkreis für alle Kennlinien des 1. und 3. Quadranten absolut stabil ist.

Das Ergebnis läßt sich auf beliebige positive Zählerzeitkonstanten ausdehnen. Ein Regelkreis 2. Ordnung, dessen Linearteil entweder beide Pole links der j-Achse hat oder höchstens einen einfachen Pol in Null besitzt, ist also bezüglich aller Kennlinien aus dem 1. und 3. Quadranten absolut stabil. Das ist aber genau das gleiche Ergebnis, als wenn man nur lineare Kennlinien betrachtet, das Kennlinienglied also durch den konstanten Faktor k ersetzt. Denn, wie bekannt, ist ein solcher linearer Regelkreis für beliebige positive k stabil, wenn also seine Kennlinie u = ke im 1. und 3. Quadranten liegt. Wir haben so das interessante Resultat, daß bei einem Linearteil 2. Ordnung der Sektor der absoluten Stabilität genau mit *dem* Sektor zusammenfällt, in dem der *lineare* Regelkreis global asymptotisch stabil ist. Wenn man bedenkt, daß die nichtlineare Kennlinie dabei beliebig gewählt werden darf (abgesehen von ganz allgemeinen Voraussetzungen), ist das eine erstaunliche Tatsache.

Aus den behandelten Beispielen kann man schon entnehmen, daß für Systeme höherer Ordnung die rechnerische Auflösung der Popow–Ungleichung nach q und K große Schwierigkeiten machen wird. Vor allem tappt man hinsichtlich eines möglichst günstigen K–Wertes im dunkeln. Es ist daher ein sehr glücklicher Umstand, daß die Popow–Ungleichung eine geometrische Deutung zuläßt, durch die man in ganz schematischer Weise den bestmöglichen K–Wert finden kann.

5.5 Geometrische Deutung der Popow–Ungleichung

Wir schreiben die Popow–Ungleichung in der Form

$$\mathrm{Re}L(j\omega) + q\,\mathrm{Re}[j\omega L(j\omega)] > -\frac{1}{K}\,.$$

Hierin ist

$$j\omega L(j\omega) = j\omega[\mathrm{Re}L(j\omega) + j\mathrm{Im}L(j\omega)] = -\omega\mathrm{Im}L(j\omega) + j\omega\mathrm{Re}L(j\omega)\,.$$

Daher kann man für die Popow–Ungleichung auch schreiben:

$$\mathrm{Re}L(j\omega) - q\omega\mathrm{Im}L(j\omega) > -\frac{1}{K}\,.$$

Nun führt man eine neue Ortskurve ein:

$$\xi = \mathrm{Re}L(j\omega)\,,\ \eta = \omega\mathrm{Im}L(j\omega)\,,\ \omega \geq 0\,. \tag{5.11}$$

Sie ist allein durch den Frequenzgang $L(j\omega)$ des linearen Systemteils bestimmt und hängt wie die gewöhnliche lineare Ortskurve vom Parameter ω ab. In der Abszisse stimmen beide Ortskurven überein, in der Ordinate jedoch unterscheiden sie sich um den Faktor ω. Die Gleichungen (5.11) kann man auch zu *einer* komplexen Gleichung zusammenfassen:

$$z = L_p(j\omega) = \mathrm{Re}L(j\omega) + j\omega\mathrm{Im}L(j\omega)\,. \tag{5.12}$$

Man nennt die durch (5.11) bzw. (5.12) bestimmte Kurve *modifizierte* oder *Popow-Ortskurve*. Sofern die Popow–Ungleichung erfüllt ist, gilt für ihre Koordinaten $\xi - q\eta > -\frac{1}{K}$ oder

$$\xi - q\eta + \frac{1}{K} > 0\,, \tag{5.13}$$

wobei also ξ und η gemäß (5.11) einzusetzen sind.

Nun stellt die Gleichung

$$\xi - q\eta + \frac{1}{K} = 0 \tag{5.14}$$

für irgendein festes Wertepaar q und K eine Gerade der ξ-η-Ebene dar.
Schreibt man sie in der Form

$$\eta = \frac{1}{q}\,(\xi + \frac{1}{K}) , \qquad\qquad (5.15)$$

so sieht man, daß es sich um eine Gerade mit der Steigung 1/q handelt, welche
die negative reelle Achse in -1/K schneidet. Speziell für q = 0 steht sie an der
Stelle -1/K senkrecht auf der reellen Achse, während sie für K = ∞ durch den
Nullpunkt der ξ-η-Ebene geht.

Die positive reelle Achse, also die Gesamtheit der Punkte (a,0) mit a > 0 liegt
auf einer Seite dieser Geraden [6]. Sie soll als ihre *rechte Seite* bezeichnet werden.
Für einen Punkt (ξ,η) der Ortskurvenebene, der nicht auf der Geraden liegt, ist
die Gleichung (5.14) nicht erfüllt. Für ihn muß der Ausdruck

$$P(\xi,\eta) = \xi - q\eta + \frac{1}{K}$$

entweder > 0 oder < 0 sein, je nachdem, auf welcher Seite der Geraden er gelegen ist. Für einen Punkt (a,0) der positiven reellen Achse ist

$$P(a,0) = a + \frac{1}{K} > 0 .$$

Daher muß für alle Punkte auf der rechten Seite der durch (5.14) gegebenen
Geraden $P(\xi,\eta)$ > 0 sein und demgemäß für alle Punkte auf der linken Seite
dieser Geraden $P(\xi,\eta)$ < 0.

Kehren wir nun zur Popow-Ungleichung (5.13) zurück, so besagt sie, daß für
die gesamte Popow-Ortskurve $P(\xi,\eta)$ > 0 ist, daß diese also rechts von der
Geraden (5.14) bzw. (5.15) liegen muß. Diese Situation wird durch das Bild 5/6
veranschaulicht. Es bringt die *geometrische Form des Popow-Kriteriums* zum
Ausdruck:

*Man zeichne die Popow-Ortskurve. Dann lege man in die Ortskur-
venebene eine Gerade, welche die Popow-Ortskurve gänzlich rechts
liegen läßt. Der Schnittpunkt dieser Geraden mit der negativen reellen Achse sei -1/K . Dann ist der Regelkreis im Hauptfall absolut
stabil im Sektor [0,K], im singulären Fall absolut stabil im Sektor
[ϵ,K] (sofern hier Grenzstabilität vorliegt).*   (5.16)

---

[6] Wir setzen q stets als endlich voraus. Auch die Möglichkeit q = $\pm\infty$ wird
gelegentlich betrachtet. Siehe hierzu [49], Seite 172.

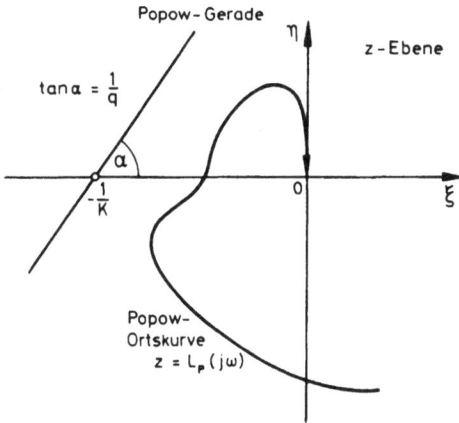

Bild 5/6   Geometrische Deutung des Popow-Kriteriums durch die Popow-
Ortskurve $z = L_p(j\omega) = ReL(j\omega) + j\omega ImL(j\omega)$

Aus Bild 5/6 ersieht man, daß es unendlich viele solcher „*Popow-Geraden*" gibt und daß insbesondere zu einem gegebenen K-Wert im allgemeinen unendlich viele Werte des Hilfsparameters q möglich sind. Nun möchte man einen möglichst großen K-Wert sicherstellen. Dazu muß man den Schnittpunkt der Popow-Geraden mit der negativen reellen Achse so weit wie möglich nach rechts legen. Der Grenzfall besteht darin, daß sie zur Tangente an die Popow-Ortskurve wird (Bild 5/7). Die Grenzlage g_p der Popow-Geraden sei als *kritische Gerade* bezeichnet, ihr Schnittpunkt mit der reellen Achse mit $-1/K_p$.

Da sie Punkte mit der Popow-Ortskurve gemeinsam hat, gilt für sie die Popow-Ungleichung nicht mehr für alle $\omega \geq 0$. Legt man aber links von der kritischen Geraden eine Parallele in beliebig kleinem Abstand, so ist für diese die Popow-

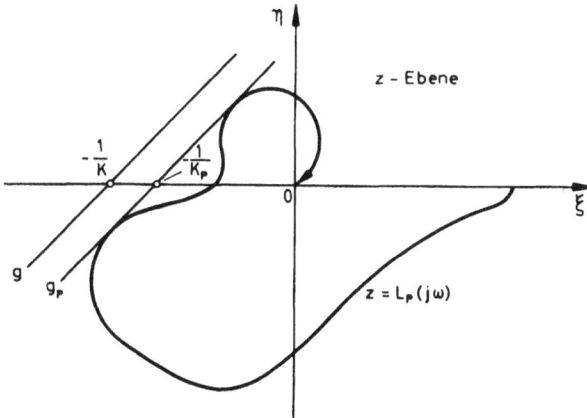

Bild 5/7   Popow-Ortskurve und kritische Gerade g_p

Ungleichung erfüllt. Da ihr Schnittpunkt $-1/K$ mit der reellen Achse beliebig wenig links von $-1/K_p$ liegt, ist K nur beliebig wenig kleiner als K_p. Das heißt aber: In jedem Sektor [0,K] bzw. [ε,K] mit K = $K_p - \delta$, wo δ eine beliebig kleine positive Zahl darstellt, ist der Regelkreis absolut stabil. Der „Grenzsektor" [0,K_p] bzw. [ε,K_p] heißt *Popow–Sektor* des Systems. Es ist der größte Sektor, in dem sich mittels des Popow–Kriteriums absolute Stabilität des Regelkreises (in dem soeben genauer umschriebenen Sinn) nachweisen läßt.

Im singulären Fall gilt die absolute Stabilität sogar für den gesamten Sektor [ε,K_p] einschließlich des oberen Randes, sofern die Popow–Ortskurve eine zusätzliche Voraussetzung erfüllt: Sie darf nicht durch den Punkt $-1/K_p$ der reellen Achse gehen [7]). Natürlich ist auch hier wie stets im singulären Fall Grenzstabilität vorausgesetzt.

Das Popow–Kriterium in geometrischer Gestalt ist so einfach, daß seine Anwendung auf der Hand liegt. Wir wollen aber einige allgemeine Eigenschaften der Popow–Ortskurve zusammenstellen, da sie doch in manchem von der gewöhnlichen linearen Ortskurve abweicht. Dabei beschränken wir uns auf den Hauptfall und den einfachsten singulären Fall als die praktisch wichtigsten Fälle, nehmen also an, daß das lineare Teilsystem entweder Proportional- oder Integralverhalten zeigt.

Zu einem bestimmten ω–Wert gehörige Punkte der linearen und der Popow–Ortskurve haben den gleichen Realteil, liegen also übereinander. Daraus folgt insbesondere, daß die Popow–Ortskurve nicht weiter nach links reicht als die gewöhnliche Ortskurve (Bild 5/8 und 5/9). Legt man also an die letztere von links die Vertikaltangente, so liefert deren Schnittpunkt $-1/K$ mit der reellen Achse einen Sektor der absoluten Stabilität, der im allgemeinen allerdings nicht der größte mit dem Popow–Kriterium erzielbare sein wird.

Da weiterhin $\mathrm{Im}L_p(j\omega) = \omega\,\mathrm{Im}L(j\omega)$ ist, werden die beiden Imaginärteile für die gleichen positiven ω–Werte Null. Beide Ortskurven schneiden daher die reelle Achse in den gleichen Punkten.

Hat das lineare Teilsystem Proportionalverhalten, so ist

$$L(j\omega) = \frac{1+b_1 j\omega+...}{1+a_1 j\omega+...}$$

---

[7]) Siehe [49], Seite 172, Punkt 3).

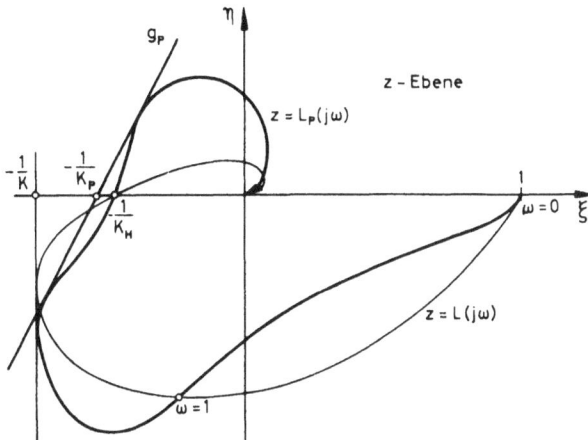

Bild 5/8   Lineare Ortskurve $z = L(j\omega)$ und Popow-Ortskurve $z = L_p(j\omega)$ bei Proportionalverhalten des linearen Teilsystems (Hauptfall) [8]

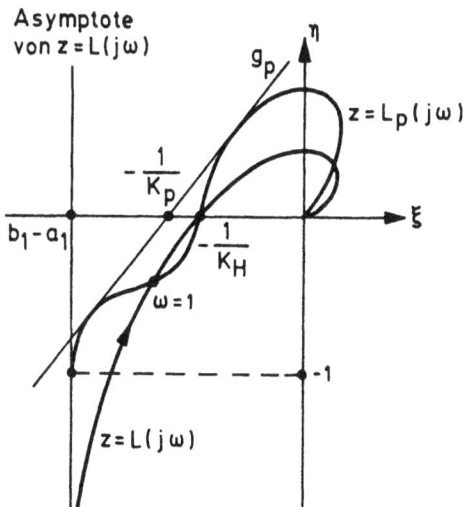

Bild 5/9   Lineare Ortskurve $z = L(j\omega)$ und Popow-Ortskurve $z = L_p(j\omega)$ bei Integralverhalten des linearen Teilsystems (einfachster singulärer Fall)

und daher $L(j0) = 1$. Da $\mathrm{Im}\,L_p(j0) = 0$ gilt, ist

$$L_p(j0) = \mathrm{Re}\,L_p(j0) = \mathrm{Re}\,L(j0) = 1 .$$

---

[8] Die Bedeutung des Parameters K_H, der im Bild 5/8 und den folgenden Bildern erscheint, wird im Abschnitt 5.7 deutlich werden.

Im Falle des Proportionalverhaltens beginnt also auch die Popow–Ortskurve auf der positiven reellen Achse, und zwar im Punkt $(1, 0)$.

Hat das lineare Teilsystem Integralverhalten, ist also

$$L(j\omega) = \frac{1}{j\omega} \frac{1+b_1 j\omega+...}{1+a_1 j\omega+...} = \frac{Z}{N},$$

so erhält man ganz entsprechend wie bei der Untersuchung der Grenzstabilität für $\omega \to +0$:

$$\text{Re}L(j\omega) \to b_1 - a_1, \quad \text{Im}L(j\omega) = -\frac{1}{\omega}\frac{1+...}{1+...} \to -\infty.$$

Die lineare Ortskurve kommt also aus der Richtung der negativen j–Achse, hat aber im allgemeinen nicht diese selbst als Asymptote, sondern eine Parallele dazu im Abstand $b_1 - a_1$ (Bild 5/9).

Ist der Frequenzgang in der Form

$$L(j\omega) = \frac{1}{j\omega} \frac{\prod(1+\tau_\mu j\omega)}{\prod(1+T_\nu j\omega)}$$

gegeben, wobei die Zeitkonstanten τ_μ und T_ν komplex sein dürfen, so wird

$$\text{Re}L(j0) = b_1 - a_1 = \sum \tau_\mu - \sum T_\nu. \tag{5.17}$$

Somit erhält man für den Anfangspunkt der Popow–Ortskurve, wenn $\omega \to +0$ strebt:

$$\text{Re}L_p(j\omega) = \text{Re}L(j\omega) \to b_1 - a_1,$$

$$\text{Im}L_p(j\omega) = \omega \, \text{Im}L(j\omega) = -\frac{1+...}{1+...} \to -1.$$

Zum Unterschied von der linearen Ortskurve beginnt die Popow–Ortskurve also nicht im Unendlichen, sondern im Punkt

$$(b_1 - a_1, -1) = \left[\sum \tau_\mu - \sum T_\nu, -1\right]$$

der komplexen Ebene.

Für $\omega \to +\infty$ streben Real- und Imaginärteil von L(jω) gegen Null, wenn der Zählergrad von L(jω) um mindestens 1 niedriger ist als der Nennergrad. Gleiches gilt daher auch für $ReL_p(j\omega) = ReL(j\omega)$. Bei $ImL_p(j\omega)$ tritt noch der Faktor ω zu dem Imaginärteil von L(jω) hinzu. Damit auch $ImL_p(j\omega) \to 0$ strebt, wenn $\omega \to +\infty$ geht, muß man deshalb voraussetzen, daß *der Zählergrad von L um mindestens 2 niedriger ist als der Nennergrad.* Trifft das zu, was praktisch stets der Fall sein wird, *so strebt die Popow-Ortskurve genau wie die lineare Ortskurve mit wachsendem ω gegen den Ursprung.*

Geht man von einer typischen linearen Ortskurve aus (Bild 5/8 und 5/9), so liegt zunächst wegen $\omega < 1$ die Popow-Ortskurve oberhalb der linearen Ortskurve. Bei $\omega = 1$ haben beide einen Schnittpunkt. Von dort ab liegt für den gleichen ω-Wert die Popow-Ortskurve unterhalb der linearen Ortskurve, und zwar bis zu dem gemeinsamen Schnittpunkt mit der reellen Achse. Von dort ab liegt die Popow-Ortskurve wieder oberhalb der linearen Ortskurve.

Eine bemerkenswerte Erscheinung kann sich in der Umgebung des Schnittpunktes mit der reellen Achse zeigen. Durch die Multiplikation mit ω werden die Ordinatenwerte der Popow-Ortskurve gegenüber den Ordinaten der linearen Ortskurve gestreckt (sofern dort $\omega > 1$), wodurch eine Einbeulung der Popow-Ortskurve entstehen kann. Dies hat zur Folge, daß die kritische Gerade g_p nicht durch den gemeinsamen Schnittpunkt von Popow-Ortskurve und linearer Ortskurve mit der reellen Achse geht, vielmehr die reelle Achse erst weiter links schneidet. Diese Situation ist im Bild 5/8 und 5/9 dargestellt.

In den Bildern 5/10 und 5/11 ist das Popow-Kriterium auf zwei spezielle Regelungen angewandt. Das lineare Teilsystem ist beide Male von der 4. Ordnung und weist einmal Proportional- und einmal Integralverhalten auf. Für eine Regelstrecke ist es insofern ziemlich extrem, als in ihm Schwingungsglieder sehr geringer Dämpfung vorkommen. Aus dem Abschnitt 5.7 wird verständlich werden, warum die Anwendung des Popow-Kriteriums gerade an solchen Regelstrecken gezeigt wird.

5.6   Sektortransformation

Bisher wurde die absolute Stabilität im Sektor [0,K] bzw. [ϵ,K] untersucht. Es kann aber sein, daß die in einer Aufgabenstellung auftretenden Kennlinien in einem Sektor [K_1,K_2] liegen, wobei $K_1 < K_2$ gilt, die beiden Werte aber im übrigen beliebig sein können (Bild 5/12).

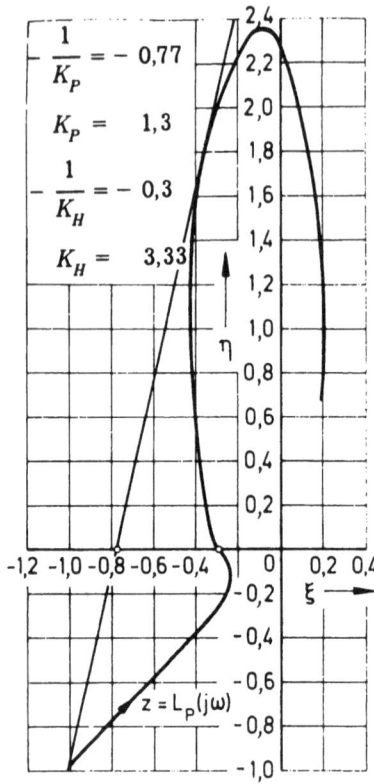

Bild 5/10
Anwendung des Popow–Kriteriums
auf einen Regelkreis mit

$$L(s) = \frac{1}{s(1+s)\left[1+0,1\frac{s}{4}+\left[\frac{s}{4}\right]^2\right]}$$

Bild 5/11
Anwendung des Popow–Kriteriums
auf einen Regelkreis mit

$$L(s) = \frac{1}{\left[1+\frac{0,5}{9,06}s+\frac{1}{9,06}s^2\right]\left[1+\frac{s}{144,25}+\frac{s^2}{144,25}\right]}$$

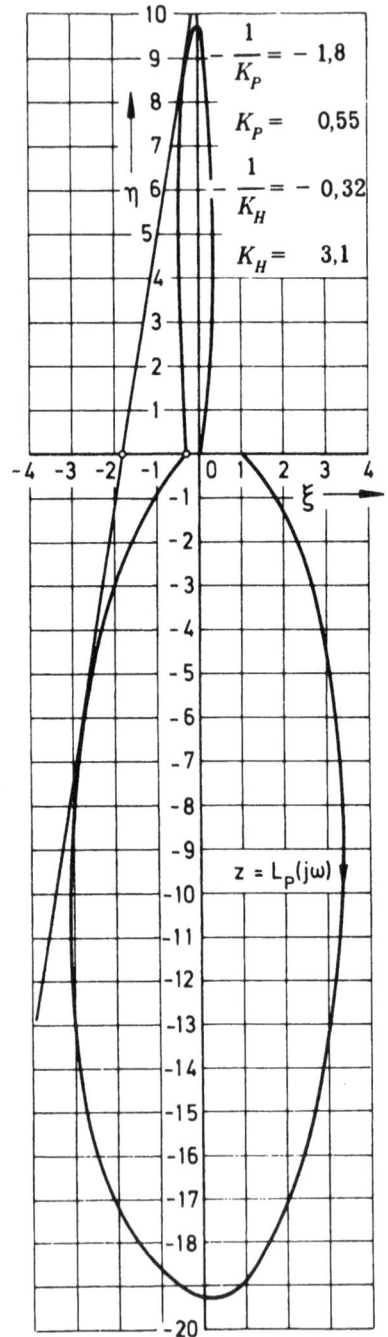

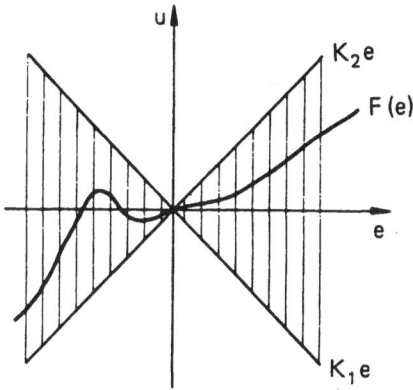

Bild 5/12
Der Sektor $[K_1, K_2]$
der Kennlinienebene

Dann ist es ohne Schwierigkeit möglich, diesen Sektor in den Sektor $[0, K]$ zu überführen. Dazu führt man anstelle von u die neue Größe

$$u^* = u - K_1 e \tag{5.18}$$

ein. Dadurch geht der untere Rand $u = K_1 e$ des Sektors $[K_1, K_2]$ in $u^* = 0$, also in die e-Achse, über. Aus der Kennlinie $u = F(e)$ wird

$$u^* = F(e) - K_1 e = F^*(e),$$

aus dem oberen Rand $u = K_2 e$ des Sektors $[K_1, K_2]$

$$u^* = K_2 e - K_1 e = (K_2 - K_1)e.$$

Bild 5/13 zeigt diese Abbildung des Sektors $[K_1, K_2]$ in den Sektor $[0, K_2 - K_1]$.

Was bedeutet die Transformation (5.18) für den nichtlinearen Regelkreis (Bild 5/2)? Durch sie hat man die Nichtlinearität mittels eines Parallelzweiges überbrückt (dick gezeichnet im Bild 5/14a). Soll der Regelkreis unverändert bleiben,

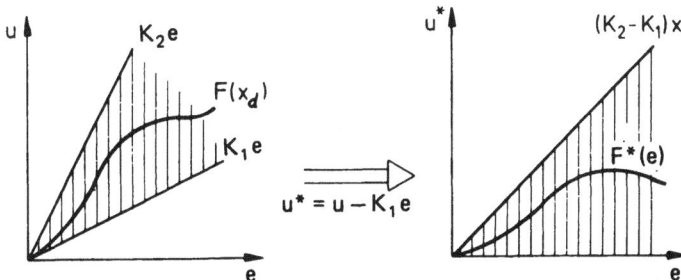

Bild 5/13   Transformation des Sektors $[K_1, K_2]$ in den Sektor $[0, K_2 - K_1]$

muß man einen zweiten Parallelzweig mit entgegengesetztem Vorzeichen einführen (gestrichelt im Bild 5/14a). Verlegt man dessen Verzweigungsstelle entgegen der Wirkungsrichtung, so erhält man Bild 5/14b. Faßt man die so entstan-
dene Rückführung von L(s) zu einem Block zusammen, ergibt sich schließlich
Bild 5/14c. Die Transformation des Sektors $[K_1, K_2]$ in den Sektor $[0, K_2 - K_1]$
bedeutet somit für das lineare Teilsystem den Übergang von der Übertragungsfunktion L(s) zur Übertragungsfunktion

$$L^*(s) = \frac{L(s)}{1 + K_1 L(s)} \,. \tag{5.19}$$

Auf die so erhaltene Regelung kann man nun das Popow-Kriterium in der bisherigen Form anwenden und die absolute Stabilität im Sektor $[0, K_2 - K_1]$ untersuchen. Kann man sie nachweisen, so ist damit die absolute Stabilität der ursprünglichen Regelung im Sektor $[K_1, K_2]$ gesichert.

Damit das Popow-Kriterium auf den transformierten Regelkreis im Bild 5/14c
angewandt werden darf, muß zuvor geklärt sein, daß $L^*(s)$ stabil oder zumindest
grenzstabil ist. Ist die erstgenannte Voraussetzung erfüllt, liegt der Hauptfall
vor. Ist hingegen $L^*(s)$ nur grenzstabil, so kann absolute Stabilität lediglich im
Sektor $[K_1 + \epsilon, K_2]$ mit einem beliebig kleinen positiven ϵ erwartet werden.

Die Sektortransformation kann noch in einem anderen Fall von Interesse sein.
Liegen Pole von L(s) rechts der j-Achse, so ist das lineare Teilsystem gewiß
nicht stabil. Es ist nicht einmal grenzstabil. Die Pole des linearen Regelkreises
in Bild 5/3 liegen ja auf der Wurzelortskurve, die für $\epsilon = 0$ in den Polen von
L(s) startet. Wenn diese nun rechts der j-Achse gelegen sind, gilt das gleiche
von den Polen des linearen Regelkreises für alle genügend kleinen ϵ-Werte. Das
heißt aber doch: Der lineare Regelkreis ist für alle genügend kleinen (positiven)
ϵ instabil. Daher kann von absoluter Stabilität im Sektor $[\epsilon, K]$ mit beliebig
kleinem positivem ϵ keine Rede sein.

Es ist aber durchaus möglich, daß bei instabilem L(s) absolute Stabilität in
einem Sektor $[K_1, K_2]$ mit $K_1 > 0$ herrscht. Um ihn zu ermitteln, betrachtet man
zunächst nur die linearen Kennlinien u = ke und stellt für sie den Sektor der
Stabilität mittels eines linearen Kriteriums, z.B. des Hurwitz-Kriteriums, fest.
Ergibt er sich etwa zu (K_1, K_2), so nimmt man die Sektortransformation $u^* = u$
$- K_1 e$ mit eben diesem K_1 vor und gelangt so zum Sektor $(0, K_2 - K_1)$. Für diesen bzw. den Sektor $[\epsilon, K_2 - K_1 - \epsilon]$ mit einem beliebig kleinen positiven ϵ untersucht man nun die absolute Stabilität in der bisherigen Weise mit Hilfe des
Popow-Kriteriums.

a)

b)

c)

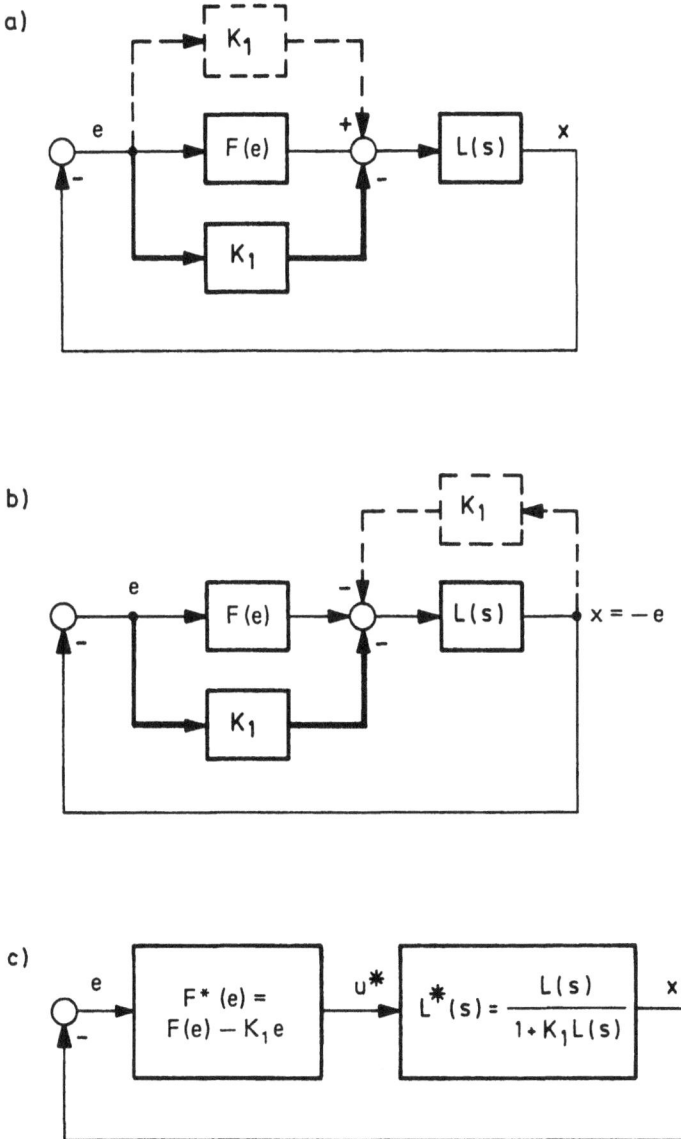

Bild 5/14   Umformung des nichtlinearen Standardregelkreises von Bild 5/2 infolge einer Sektortransformation

Damit man dieses anwenden kann, müssen selbstverständlich die erforderlichen Voraussetzungen über die Kennlinie und das lineare Teilsystem auch hier erfüllt sein. Man überzeugt sich leicht, daß dies der Fall ist. Nur auf *einen* Punkt ist zu achten, daß nämlich der mit $L^*(s)$ gebildete lineare Regelkreis grenzstabil ist, sofern Pole von $L^*(s)$ auf der j-Achse liegen. Beschränken wir uns auch hier auf den Fall, daß es sich um einen einfachen Pol in $s = 0$ handelt, so genügt es zu fordern, daß $L^*(s)$ von der Form

$$L^*(s) = \frac{V^*}{s} \frac{1+b_1^*s+\ldots}{1+a_1^*s+\ldots}$$

mit $V^* > 0$ ist. Die letztgenannte Bedingung ist wesentlich. Ist nämlich $V^* < 0$, so kommt die Ortskurve $z = L^*(j\omega)$ für $\omega = +0$ aus der Richtung der positiven j–Achse. Dann liegt der Punkt $-1/\epsilon$ (siehe Abschnitt 5.2) rechts von ihr, und der lineare Regelkreis ist nicht grenzstabil.

Betrachten wir nun ein Beispiel zur Sektortransformation, und zwar den Regelkreis im Bild 5/15. Die Übertragungsfunktion des linearen Teilsystems ist

$$L(s) = \frac{1}{(s-1)(s+3)^2} = \frac{1}{s^3+5s^2+3s-9},$$

so daß ein Pol in $s = 1$ vorliegt. Die Wurzelortskurve des zugehörigen linearen Regelkreises ist im Bild 5/16 skizziert. Ihre Schnittpunkte mit der imaginären Achse ergeben sich aus $kL(j\omega) + 1 = 0$, also

$$k + (j\omega)^3 + 5(j\omega)^2 + 3(j\omega) - 9 = 0 \quad \text{oder}$$

$$k - 5\omega^2 - 9 + j\omega(-\omega^2 + 3) = 0.$$

Daraus folgen die beiden Gleichungen

$$\omega(-\omega^2 + 3) = 0, \tag{5.20}$$

$$k - 5\omega^2 - 9 = 0. \tag{5.21}$$

Aus (5.20) erhält man die Schnittpunktskoordinaten $\omega = 0$ und $\omega = \pm\sqrt{3}$. Mit (5.21) ergeben sich daraus die zugehörigen Werte des Wurzelortsparameters k: $k_1 = 9$ und $k_2 = 24$.

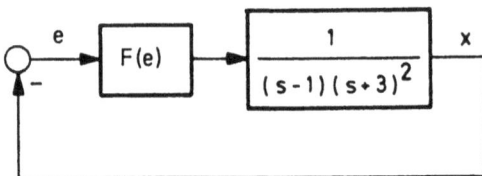

Bild 5/15   Nichtlinearer Regelkreis mit instabilem linearen Teilsystem

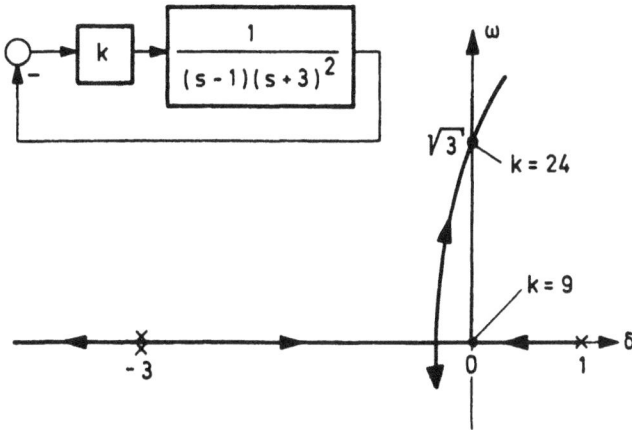

Bild 5/16   Wurzelortskurve des linearen Regelkreises zu Bild 5/15

Man liest unmittelbar aus der Wurzelortskurve ab, daß für k < 9 ein reeller Pol des geschlossenen Kreises rechts der j–Achse liegt, während für k = 24 ein konjugiert komplexes Polpaar die j–Achse nach rechts überschreitet. Im Bereich 9 < k < 24 liegen alle Pole des geschlossenen Kreises links der j–Achse. In diesem Sektor ist also der *lineare* Regelkreis global asymptotisch stabil. Das gleiche Ergebnis hätten wir auch – allerdings mit geringerer Einsicht in das Systemverhalten – mittels des Hurwitz–Kriteriums erlangen können.

Wir nehmen nun die Sektortransformation

$$u^* = u - 9e$$

vor. Nach (5.19) erhält dadurch das lineare Teilsystem die Übertragungsfunktion

$$L^*(s) = \frac{L(s)}{1+9L(s)} = \frac{1}{(s^3+5s^2+3s-9)+9} = \frac{1}{s(s^2+5s+3)}.$$

Sie hat außer dem Pol s = 0 zwei negative reelle Pole und ist grenzstabil.

Für dieses lineare System könnte man nun die Popow–Ortskurve zeichnen und graphisch den Sektor $[\epsilon, K_p]$ bestimmen. Man kann sich diese Arbeit jedoch sparen. Im folgenden Abschnitt wird nachgewiesen, daß für ein derartiges lineares System der Popow–Sektor mit *dem* Sektor übereinstimmt, innerhalb dessen der *lineare* Regelkreis global asymptotisch stabil ist. Wie gezeigt, ist dies im vorliegenden Fall nach der Transformation der Sektor mit der oberen Grenze $K_2 - K_1$

= 24 - 9 = 15. Der Popow-Sektor ist deshalb durch [ϵ,15] gegeben. Der transformierte nichtlineare Regelkreis ist somit im Sektor [ϵ,15 - ϵ] mit beliebig kleinem $\epsilon > 0$ absolut stabil. Denkt man sich nunmehr die Sektortransformation rückgängig gemacht, so sieht man, daß der ursprüngliche nichtlineare Regelkreis aus Bild 5/15 im Sektor [9 + ϵ,24 - ϵ] absolut stabil ist.

5.7 Popow-Sektor und Hurwitz-Sektor

Führt man in dem Standardregelkreis von Bild 5/2 als Kennlinie speziell eine Gerade u = ke ein, so erhält man einen linearen Regelkreis, dessen Kreisverstärkung durch k gegeben ist (Bild 5/17). Für welche k-Werte er global asymptotisch stabil ist, läßt sich mit einem der linearen Stabilitätskriterien entscheiden, etwa mit Hilfe des Hurwitz-Kriteriums. Den so ermittelten Stabilitätssektor pflegt man als den *Hurwitz-Sektor* [0,K_H) bzw. [ϵ,K_H) zu bezeichnen. Der lineare Regelkreis ist dann also global asymptotisch stabil für alle k mit $0 \leq k < K_H$ bzw. $\epsilon \leq k < K_H$.

Ist z.B. $L(s) = \dfrac{1}{a_1 s + a_2 s^2 + s^3}$,   so lautet die charakteristische Gleichung

$kL(s) + 1 = 0$ des geschlossenen linearen Regelkreises: $s^3 + a_2 s^2 + a_1 s + k = 0$.

Die zugehörige Hurwitz-Determinante ist

$$H = \begin{vmatrix} a_2 & k & 0 \\ 1 & a_1 & 0 \\ 0 & a_2 & k \end{vmatrix} .$$

Setzt man die a_ν als positiv voraus, so herrscht globale asymptotische Stabilität für $a_1 a_2 - k > 0$.   Der Hurwitz-Sektor wird somit durch

$$K_H = a_1 a_2 \tag{5.22}$$

bestimmt.

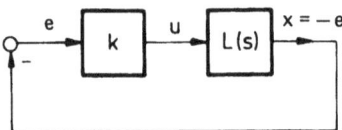

Bild 5/17
Linearer Regelkreis als Spezialfall
des Standardregelkreises von Bild 5/2

Man kann den Hurwitz-Sektor auch mittels des Nyquist-Kriteriums bestimmen. Die Stabilitätsgrenze ist dadurch gegeben, daß die Ortskurve $z = kL(j\omega)$ des offenen linearen Kreises durch den kritischen Punkt -1 der Ortskurvenebene geht. Hierdurch ist der Wert K_H bestimmt:

$$K_H L(j\omega) = -1 \quad \text{oder} \quad K_H = -\frac{1}{L(j\omega)} \, .$$

Im vorliegenden Beispiel führt dies auf die komplexe Beziehung

$$K_H = -\frac{1}{L(j\omega)} = a_2\omega^2 - j\omega(a_1 - \omega^2) \, .$$

Aus ihr folgt, da K_H ja reell sein muß:

$$K_H = a_2\omega^2, \quad a_1 - \omega^2 = 0 \, ,$$

also wiederum $K_H = a_1 a_2$.

Bei der Untersuchung des Standardregelkreises 2. Ordnung mittels des Popow-Kriteriums stellte sich heraus, daß der Sektor der absoluten Stabilität mit dem Hurwitz-Sektor zusammenfällt. So liegt die *Vermutung* nicht allzu fern, daß hier ein allgemein gültiger Zusammenhang besteht, *daß also der maximale Sektor der absoluten Stabilität stets mit dem Hurwitz-Sektor zusammenfällt.* Mit Rücksicht darauf, daß der Hurwitz-Sektor ein „Grenzsektor" ist, in dem für den oberen Rand K_H keine asymptotische Stabilität mehr vorliegt, lautet die präzise Form der Vermutung etwas umständlicher: In jedem Sektor $[0, K_H - \delta]$ bzw. $[\epsilon, K_H - \delta]$ mit beliebig kleinem $\delta > 0$ herrscht absolute Stabilität. Im folgenden wollen wir aber der Kürze halber die vorhergehende Formulierung benutzen.

In der Tat wurde diese Vermutung von *M. A. Aiserman* im Jahre 1949 geäußert. Würde sie zutreffen, so wäre das Problem der absoluten Stabilität mit linearen Mitteln zu erledigen: Man stellt mittels des Hurwitz- oder Nyquist-Kriteriums den Hurwitz-Sektor fest und weiß damit sofort, daß der Standardregelkreis auch für die nichtlinearen Kennlinien in diesem Sektor stabil ist. Einen größeren Sektor der absoluten Stabilität als den Hurwitz-Sektor aber kann es gewiß nicht geben, da in ihm ja nicht einmal für alle linearen Kennlinien Stabilität vorläge. Eine solche rein lineare Erledigung eines seinem Wesen nach nichtlinearen Problems wäre sehr erstaunlich. In der Tat konnte *W. A. Pliss* 1958 durch ein Gegenbeispiel zeigen, daß die von *Aiserman* aufgeworfene Frage negativ zu beantworten ist. Er gab ein System 3. Ordnung mit zwei Nullstellen an, bei dem der maximale Sektor der absoluten Stabilität kleiner als der Hurwitz-Sektor ist [9]).

Wenn also die Aisermansche Vermutung auch nicht für beliebige lineare Teilsysteme zutrifft, so erhebt sich die Frage, in welchen Fällen sie gültig ist. Das ist eine Frage, die auch praktisch von großem Interesse ist, denn wenn die Antwort positiv ausfällt, braucht man nicht einmal das Popow-Kriterium anzuwenden, sondern kann das Problem der absoluten Stabilität mit den üblichen linearen Stabilitätskriterien erledigen.

Das Popow-Kriterium gibt nun die Möglichkeit, die Gültigkeit der Aisermanschen Vermutung zu untersuchen. Da der Sektor der absoluten Stabilität nicht größer als der Hurwitz-Sektor sein kann, muß gewiß $K_p \leq K_H$ gelten. Falls $K_p = K_H$ ist, fallen beide Sektoren zusammen. Da im Popow-Sektor absolute Stabilität herrscht, gilt das gleiche dann auch für den Hurwitz-Sektor, und die Aisermansche Vermutung trifft zu. Man hat somit ein q zu finden, für das die Ungleichung

$$Re\,[(1+qj\omega)L(j\omega)] \geq -\frac{1}{K_H} \qquad (5.23)$$

für alle $\omega \geq 0$ erfüllt ist. Man muß hier das Gleichheitszeichen zulassen, da im Grenzfall $K = K_p = K_H$ die kritische Gerade die Popow-Ortskurve berührt.

Gibt es kein derartiges q, bleibt also der Popow-Sektor kleiner als der Hurwitz-Sektor, so ist damit über die Aisermansche Vermutung nichts ausgesagt. Denn das Popow-Kriterium ist bisher nur als eine *hinreichende* Bedingung der absoluten Stabilität bewiesen. Das heißt, es ist denkbar, daß der maximale Sektor der absoluten Stabilität größer als der Popow-Sektor ist.

Um nun eine Zahl q zu finden, für welche die Ungleichung (5.23) erfüllt ist, kann man von der geometrischen Deutung des Popow-Kriteriums ausgehen. Wie oben erwähnt, ist $-1/K_H$ Schnittpunkt der linearen Ortskurve mit der reellen Achse. Damit ist er zugleich Schnittpunkt der Popow-Ortskurve mit der reellen Achse. Soll nun $K_p = K_H$, also $-1/K_p = -1/K_H$ sein, so muß die kritische Gerade durch den Punkt $-1/K_H$ gehen. Sie darf aber, eben als kritische Gerade, keine Punkte der Popow-Ortskurve zur Linken lassen. Das heißt, sie muß Tangente an die Popow-Ortskurve im Punkt $-1/K_H$ sein. Weist die Popow-

---

[9]) Zur Widerlegung der Aisermanschen Vermutung und einer eingeschränkteren Vermutung von *R. E. Kalman* siehe [10] 5.9, [31] VI 1, [46] 8.15.

Ortskurve in der Umgebung des Punktes $-1/K_H$ eine Einbeulung auf, wie das in extremer Weise bei den Beispielen im Bild 5/10 und 5/11 der Fall ist, so ist das gewiß nicht möglich. Dann ist $K_p < K_H$. Im anderen Fall aber liegt der Anstieg $1/q$ der kritischen Geraden fest: Er muß gleich dem Anstieg der Popow-Ortskurve in $-1/K_H$ sein und kann somit berechnet werden. Diesen q-Wert hat man in die Ungleichung (5.23) einzusetzen. Kann man zeigen, daß sie damit für alle $\omega \geq 0$ erfüllt ist, so hat man die Aisermansche Vermutung für das betrachtete System L(s) bewiesen, also gezeigt, daß der Sektor der absoluten Stabilität des Regelkreises von Bild 5/2 mit dem Hurwitz-Sektor zusammenfällt.

Dieses Programm soll jetzt für das lineare Teilsystem mit

$$L(j\omega) = \frac{1}{N(j\omega)} = \frac{1}{a_1(j\omega) + a_2(j\omega)^2 + (j\omega)^3}$$

durchgeführt werden. Mit $N(j\omega) = R(\omega) + jI(\omega) = -a_2\omega^2 + j\omega(a_1 - \omega^2)$ ist

$$L(j\omega) = \frac{R - jI}{R^2 + I^2} .$$

Damit lautet die Gleichung der Popow-Ortskurve

$$\xi = \frac{R}{R^2 + I^2}, \quad \eta = -\frac{\omega I}{R^2 + I^2} .$$

Bildet man die Ableitung dieser Funktion nach ω und berücksichtigt, daß im Punkt $-1/K_H$ $I(\omega) = 0$ ist, so erhält man

$$\frac{d\eta}{d\xi} = \frac{d\eta/d\omega}{d\xi/d\omega} = \omega_0 \frac{I'(\omega_0)}{R'(\omega_0)} ,$$

wobei ω_0 der Parameter zum Punkt $-1/K_H$ ist. Dies ist der Anstieg der Popow-Ortskurve im Punkt $-1/K_H$.

Da er gleich $1/q$ sein muß, wird $\quad q = \dfrac{R'(\omega_0)}{\omega_0 I'(\omega_0)} .\quad$ Wegen

$$R'(\omega) = -2a_2\omega , \quad I'(\omega) = a_1 - 3\omega^2$$

und $\quad \omega_0^2 = a_1 \quad$ bekommt man $\quad q = \dfrac{a_2}{a_1} .$

Mit diesem Wert und $K_H = a_1 a_2$ gemäß (5.22) geht man nun in die Ungleichung (5.23):

$$\text{Re} \, \frac{1 + \frac{a_2}{a_1} \, j\omega}{-a_2 \omega^2 + j\omega \, (a_1 - \omega^2)} \geq -\frac{1}{a_1 a_2}$$

oder

$$\frac{-a_2 + \frac{a_2}{a_1}(a_1 - \omega^2)}{a_2^2 \omega^2 + (a_1 - \omega^2)^2} \geq -\frac{1}{a_1 a_2} \, .$$

Multipliziert man aus und faßt alle Terme auf einer Seite zusammen, so erhält man die einfache Ungleichung $(a_1 - \omega^2)^2 \geq 0$, die gewiß für alle $\omega \geq 0$ erfüllt ist. Damit ist die Aisermansche Vermutung für das hier betrachtete lineare Teilsystem bestätigt.

Das Ergebnis ist in einem allgemeinen Satz von *Bergen* und *Williams* enthalten, der wiederum von *G. Schmidt* und *G. Preusche* verallgemeinert wurde [10]):

Der Regelkreis von Bild 5/2 ist im Hurwitz-Sektor absolut stabil,
wenn das lineare Teilsystem die Ordnung 3 hat und der Zähler des
linearen Teilsystems konstant ist oder genau eine Nullstelle aufweist,
während die Pole links der j-Achse liegen mit etwaiger Ausnahme
eines einfachen Pols in s = 0.   (5.24)

Auch für Systeme 4. Ordnung mit konstantem Zähler gilt die Aisermansche Vermutung sicher, wenn sie ausschließlich reelle Pole besitzen. Weisen sie ein komplexes Polpaar auf, so gilt sie dann, wenn das komplexe Polpaar – überschlägig gesagt – nicht zu schwach gedämpft ist. Genauer gesagt:

Hat das lineare Teilsystem des Regelkreises von Bild 5/2 die Über-
tragungsfunktion

$$L(s) = \frac{1}{a_0 + a_1 s + a_2 s^2 + a_3 s^3 + a_4 s^4} \, ,$$

[10]) *A. R. Bergen – I. J. Williams:* Verification of Aizerman's Conjecture for a Class of Third-Order Systems. Trans. IRE AC-7(1962), Seite 42–46.
G. Schmidt – G. Preusche: Popows Stabilitätssatz als Mittel zur teilweisen Bestätigung von Aisermans Vermutung. Regelungstechnik 15 (1967), Seite 20 – 24.

*deren Pole mit etwaiger Ausnahme eines einfachen Pols in s = 0
links der j-Achse liegen, so ist der Regelkreis absolut stabil im
Hurwitz-Sektor, wenn sämtliche Pole reell sind oder mindestens
eine der folgenden Ungleichungen gilt:*

$$a_2 a_3 - a_1 a_4 - \frac{a_3^3}{2a_4} \leq 0 \, ,$$

$$\frac{a_0 a_3^2}{a_1} (a_1 a_4 - a_2 a_3) + \left[a_2 a_3 - a_1 a_4 - \frac{a_3^3}{2a_4} \right]^2 \leq 0 \;^{[11]}.$$ (5.25)

Ausdrücklich sei darauf hingewiesen, daß sowohl das Popow-Kriterium als auch
die bestätigte Aiserman-Vermutung Kriterien der *absoluten* Stabilität sind.
Interessiert man sich für eine ganz bestimmte Kennlinie, z.B. eine Dreipunktkennlinie, die nicht vollständig im Popow- bzw. Hurwitz-Sektor liegt, so besa-
gen diese Kriterien über die Stabilität des Regelkreises nichts. Er kann dann
sehr wohl global asymptotisch stabil sein. Eine solche Frage muß mit den früher
beschriebenen Methoden untersucht werden.

Es liege beispielsweise der Regelkreis im Bild 5/18 vor. Für das lineare Teilsystem gilt

$$L(s) = \frac{1}{a_0 + a_1 s + a_2 s^2 + a_3 s^3}$$

mit

$$a_0 = 1 \,, \quad a_1 = T_1 + T_2 + T_3 \,, \quad a_2 = T_1 T_2 + T_2 T_3 + T_3 T_1 \,, \quad a_3 = T_1 T_2 T_3 \,.$$

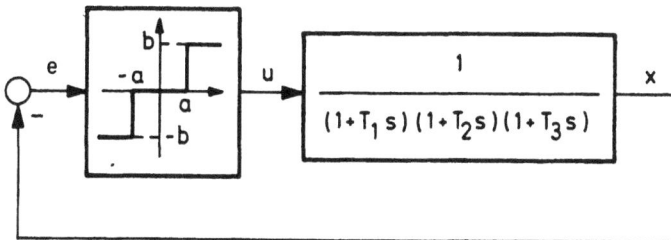

Bild 5/18   Regelkreis mit Dreipunktkennlinie

[11]) Siehe die oben zitierte Arbeit von *G. Schmidt* und *G. Preusche.*
Der Fall, daß die Pole von L(s) reell sind, ist in den beiden Ungleichungen enthalten. Man kann sich aber ihre Untersuchung sparen, wenn man von vornherein
weiß, daß L(s) nur reelle Pole hat.

Da der Zähler konstant ist und die Pole reell und negativ sind, fällt der Sektor der absoluten Stabilität mit dem Hurwitz-Sektor zusammen. Für seine obere Grenze erhält man aus dem Hurwitz-Kriterium

$$K_H = \frac{a_1 a_2 - a_0 a_3}{a_3} .$$ (5.26)

Falls $b/a > K_H$ ist, ragt die Dreipunktkennlinie aus dem Sektor der absoluten Stabilität heraus (Bild 5/19).

Dennoch braucht der Regelkreis nicht instabil zu sein. Da das lineare Teilsystem kräftigen Tiefpaßcharakter hat, darf man die Methode der Harmonischen Balance anwenden (Kapitel 4). Dann gibt es keine Dauerschwingung, sofern lineare und nichtlineare Ortskurve sich nicht schneiden. Der Schnittpunkt der linearen Ortskurve $z = L(j\omega)$ mit der negativen reellen Achse ist

$$\xi_S = -\frac{a_3}{a_1 a_2 - a_0 a_3} = -\frac{1}{K_H} .$$ (5.27)

Die nichtlineare Ortskurve liegt vollständig auf der negativen reellen Achse, und zwar links von der Stelle $-\frac{\pi}{2}\frac{a}{b}$ (einschließlich dieser Stelle selbst). Daher wird ein Schnitt beider Ortskurven vermieden, wenn

$$\xi_S > -\frac{\pi}{2}\frac{a}{b} \quad \text{oder} \quad \frac{1}{K_H} < -\frac{\pi}{2}\frac{a}{b}$$

ist. Daraus folgt

$$\frac{b}{a} < \frac{\pi}{2} K_H \approx 1,57\, K_H .$$ (5.28)

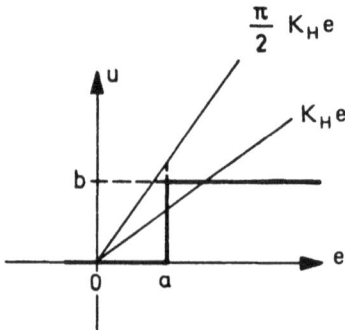

Bild 5/19
Dreipunktkennlinie, die nicht im Hurwitz-Sektor liegt

Liegt also die Dreipunktkennlinie in diesem Sektor (Bild 5/19), der erheblich größer als der Hurwitz-Sektor ist, so weist der Regelkreis im Bild 5/18 keine Dauerschwingungen auf. Man wird daher annehmen dürfen, daß er für jede derartige Dreipunktkennlinie global asymptotisch stabil ist.

Abschließend seien die Zusammenhänge noch durch ein numerisches Beispiel illustriert, und zwar durch den Regelkreis von Bild 5/20, wobei der Verstärkungsfaktor K_L des linearen Teilsystems zur Nichtlinearität hinzugefügt ist. Zum linearen Regelkreis gemäß Bild 5/17 gehört in diesem Fall nach (5.26) K_H = 10.

Im Bild 5/21 ist die Popow-Ortskurve des Regelkreises eingezeichnet, zusammen mit der gewöhnlichen linearen Ortskurve: Aus diesem Bild liest man K_P = 10 ab. Der Sektor der absoluten Stabilität stimmt also mit dem Hurwitz-Sektor überein. Da diese Tatsache bereits durch den Satz (5.24) gesichert ist, wäre die Aufzeichnung der Popow-Ortskurve nicht unbedingt nötig gewesen. Man hat aber in Bild 5/21 ein Beispiel für eine Popow-Ortskurve, die nicht so extrem ist wie die Popow-Ortskurven in Bild 5/10 und 5/11, und man sieht zugleich, wie die Popow-Ortskurve im Bereich $\omega < 1$ durch Kompression in der Ordinatenrichtung aus der gewöhnlichen linearen Ortskurve entsteht. Wegen

$$L(j\omega) = \frac{1}{1-11\omega^2+j6\omega(1-\omega^2)}$$

ist für $\omega = 1$ $L(j\omega) = -\frac{1}{10}$, sodaß der Parameterwert $\omega = 1$ gerade zum Schnittpunkt mit der negativen reellen Achse gehört.

Die Dreipunktkennlinie liegt im Popow-Sektor, wenn $\frac{K_L b}{a} < 10$ gilt. Dann ist der Regelkreis von Bild 5/20 mit Sicherheit global asymptotisch stabil. Man sieht hieraus nochmals, wie einfach das Popow-Kriterium zu handhaben ist.

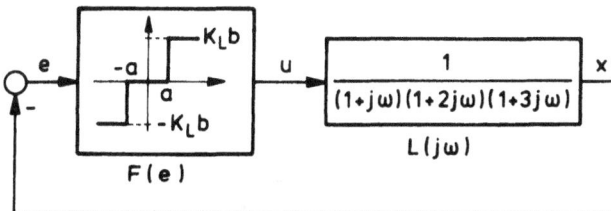

Bild 5/20   Spezieller Regelkreis mit Dreipunktkennlinie

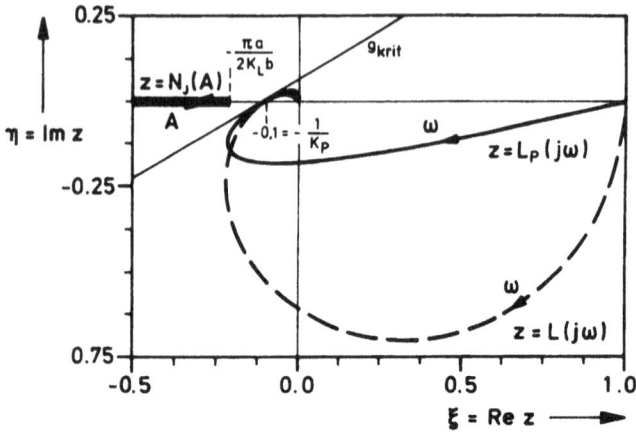

Bild 5/21   Ortskurven zum Regelkreis von Bild 5/20

Ziehen wir nun zum Vergleich die Methode der Harmonischen Balance heran! Nach (5.28) schneiden sich lineare und nichtlineare Ortskurve (ebenfalls in Bild 5/21 eingezeichnet) nicht, wenn im vorliegenden Fall

$$\frac{K_L b}{a} < 5\pi \approx 15{,}7$$

ist. Dann weist der Regelkreis von Bild 5/20 keine Dauerschwingungen auf, so daß nach der Faustregel (4.87) eine global asymptotisch stabile Ruhelage zu erwarten ist. Aber, da es sich eben nur um eine *Faust*regel handelt, sollte man das Resultat durch Rechnersimulation erhärten.

Bild 5/22 zeigt eine Simulation im Zustandsraum, und zwar mit den Zustandsvariablen

$$x_1 = x, \quad x_2 = \dot{x}, \quad x_3 = \ddot{x}.$$

Die Zustandsdifferentialgleichungen des linearen Teilsystems lauten dann

$$\dot{x}_1 = x_2,$$
$$\dot{x}_2 = x_3,$$
$$\dot{x}_3 = -\frac{1}{6}x_1 - x_2 - \frac{11}{6}x_3 + \frac{1}{6}u.$$

Was die Nichtlinearität angeht, so ist a = 1 und $K_L b$ = 12, also $\frac{K_L b}{a}$ = 12 angenommen, so daß die Dreipunktkennlinie nicht mehr im Hurwitz–Sektor liegt. Als (beliebig gewählte) Anfangszustände wurden

$$\underline{x}_{01} = [-3,3,1]^T, \quad \underline{x}_{02} = [3,-2,-2]^T$$

genommen. In Bild 5/22 ist die Projektion der im R^3 gelegenen Trajektorien auf die x_1-x_2- und x_2-x_3-Ebene dargestellt, wodurch die Raumkurven vollständig charakterisiert sind. Man sieht, daß sie gegen die Ruhezone $|x_1| < 1$, $x_2 = 0$, $x_3 = 0$ streben, und zwar gegen die Ruhelage $\underline{x} = \underline{0}$, letzteres deshalb, weil im stationären Zustand mit $u = 0$ auch $x_1 = 0$ sein muß.

In etwas anderer Weise wird das Verhalten des Regelkreises von Bild 5/20 im Bild 5/23 veranschaulicht. Hier sind für den Anfangszustand $\underline{x}_0 = [-3,3,1]^T$ die Zeitverläufe der Regelgröße x für a = 1 und verschiedene Werte des Verstär-

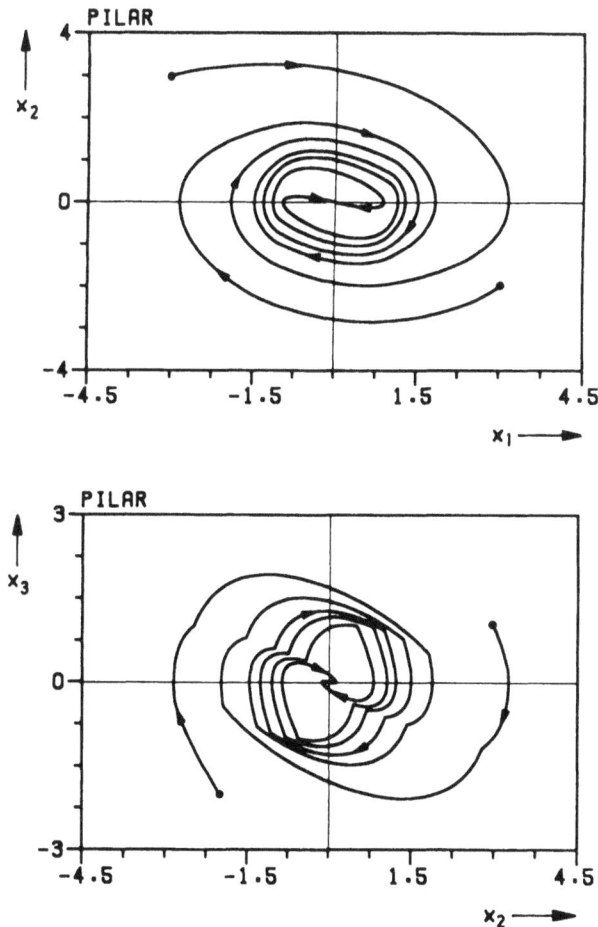

Bild 5/22   Projektion der Trajektorien des Regelkreises von Bild 5/20 auf die x_1-x_2- und x_2-x_3-Ebene

kungsfaktors $K_L b$ dargestellt. Für die Werte $K_L b$ = 12 und 15 strebt der Zeit-vorgang der Ruhelage zu, während für $K_L b$ = 16 praktisch eine Dauerschwingung auftritt. Das entspricht der Feststellung der Harmonischen Balance, daß die Stabilitätsgrenze bei $\dfrac{K_L b}{a} \approx 15{,}7$ liegt. Die Amplitude der stabilen Dauerschwingung im letzten Schrieb von Bild 5/23 stimmt mit dem durch die Harmonische Balance ermittelten Wert A = 1,57 gut überein. Die beiden anderen Schriebe von Bild 5/23 stellen typisch nichtlineare Einschwingvorgänge dar, insofern die zunächst nur schwach gedämpfte Schwingung auf einmal fast schlagartig verebbt.

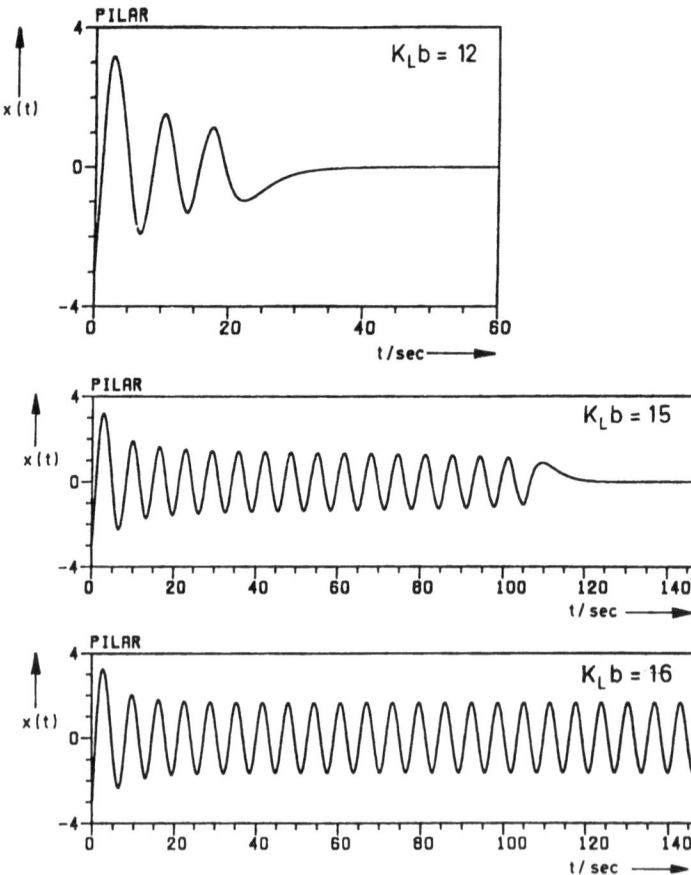

Bild 5/23   Zeitverläufe xon x(t) zum Regelkreis von Bild 5/20 in Abhängig-keit von $K_L b$

$$a = 1 , \quad \underline{x}_0 = [-3,\ 3,\ 1]^T$$

5.8 Das Kreiskriterium

5.8.1 Zusammenhang zwischen Popow- und Kreiskriterium

Die einfache geometrische Deutung der Popow-Ungleichung beruht auf der Einführung einer neuen Ortskurve in Gestalt der Popow-Ortskurve. Es ist aber sogar möglich, die Popow-Ungleichung mit Hilfe der gewöhnlichen linearen Ortskurve (oder Nyquist-Ortskurve) zu interpretieren. Auf diesem Wege gelangt man zu einem weiteren Stabilitätskriterium im Frequenzbereich: dem *Kreiskriterium*. Eine einfache Gestalt nimmt es allerdings nur dann an, wenn man von der Popow-Ungleichung mit q = 0 ausgeht [12]).

Wir gehen wieder von der nichtlinearen Standardregelung im Bild 5/2 aus und machen über Kennlinie und lineares Teilsystem die gleichen Voraussetzungen wie beim Popow-Kriterium. Dabei lassen wir zu, daß die Kennlinie zeitvariant ist (Ende von Abschnitt 5.3). Wir betrachten nun den Sektor $[K_1, K_2]$ mit endlichen Werten $K_2 > K_1$ und nehmen die Sektortransformation

$$u^* = u - K_1 e$$

vor. Dann erhält man den neuen Sektor $[0, K_2 - K_1]$, und die Übertragungsfunktion L(s) des linearen Teilsystems geht in

$$L^*(s) = \frac{L(s)}{1 + K_1 L(s)}$$

über. Um Fallunterscheidungen zu vermeiden, wollen wir annehmen, daß die Pole von $L^*(s)$ links der j-Achse liegen. Befinden sich Pole von $L^*(s)$ auf der j-Achse, so muß $L^*(s)$ grenzstabil sein, wenn von absoluter Stabilität im Sektor $[K_1 + \epsilon, K_2 - \epsilon]$ die Rede sein soll. Nimmt man daher statt K_1 den beliebig wenig

---

12) Das Kreiskriterium wurde 1964 von *J. J. Bongiorno, I. W. Sandberg* und *G. Zames* angegeben, von *Bongiorno* als Stabilitätskriterium für lineare zeitvariante Systeme, von den beiden anderen Autoren für Regelkreise mit einer zeitabhängigen Nichtlinearität. Allerdings liegt diesen Untersuchungen ein anderer Stabilitätsbegriff zugrunde, als er von uns benutzt wird. Diese Formen des Kreiskriteriums entsprechen dem Popow-Kriterium für q = 0. Eine Verallgemeinerung des Kreiskriteriums, die der Popow-Ungleichung für beliebiges q entspricht, findet man in [10], Abschnitt 10.6.2. Die Formulierung und Herleitung des Kreiskriteriums auf der Grundlage des hier benutzten Stabilitätsbegriffs kann man in [31], Teil VI, Kapitel 4, nachlesen. Eine sehr ausführliche und eindringende Behandlung des Kreiskriteriums, auch seiner Anwendung auf Mehrgrößensysteme, bringen *Hartmann - Böcker - Zwanzig* in [2], Abschnitt 3.2 und 3.3.

größeren Wert K_1^*, so liegen die Pole der damit gebildeten Übertragungsfunktion $L^*(s)$ gewiß links der j-Achse. Dies wollen wir von vornherein annehmen.

Die Popow-Ungleichung (5.5) sei für das transformierte System mit K = $K_2 - K_1$ und q = 0 erfüllt. Es gelte also

$$\mathrm{Re}\, L^*(j\omega) > -\frac{1}{K_2 - K_1} \quad \text{für alle } \omega \geq 0 . \tag{5.29}$$

Geometrisch ist diese Sachlage im Bild 5/24 dargestellt: Da q = 0 ist, hat die Popow-Gerade g die Steigung ∞, steht also senkrecht auf der reellen Achse. Dann macht das Popow-Kriterium auf jeden Fall die folgende Aussage: Der Regelkreis ist absolut stabil im Sektor $[\epsilon, K_2 - K_1 - \epsilon]$ mit einem beliebig kleinen positiven ϵ.

Ist die Kennlinie zeitinvariant, so herrscht sogar absolute Stabilität im Sektor $[0, K_2 - K_1]$. Für den Anwender sind solche subtilen Unterscheidungen jedoch ziemlich gleichgültig. Da eine reale Kennlinie doch nie absolut genau bekannt ist, kann er statt des Sektors [0,K] oder auch des offenen Sektors (0,K) ebensogut den Sektor $[\epsilon, K - \epsilon]$ mit einem genügend kleinen positiven ϵ nehmen.

Wir formen nun die Popow-Ungleichung (5.29) um und schreiben sie zu diesem Zweck zunächst ausführlich an:

$$\mathrm{Re}\, \frac{L(j\omega)}{1 + K_1 L(j\omega)} + \frac{1}{K_2 - K_1} > 0 ,$$

$$\mathrm{Re}\, \frac{(K_2 - K_1) L(j\omega) + 1 + K_1 L(j\omega)}{(K_2 - K_1)[1 + K_1 L(j\omega)]} > 0 ,$$

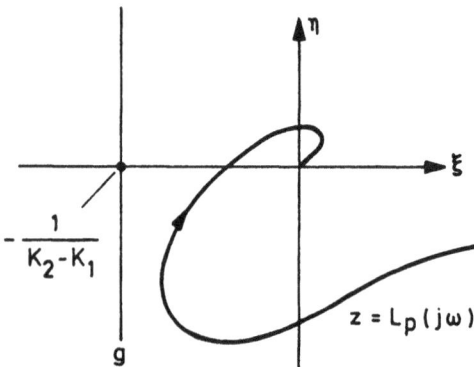

Bild 5/24
Anwendung des Popow-
Kriteriums mit q = 0

$$\text{Re} \frac{1+K_2 L(j\omega)}{1+K_1 L(j\omega)} > 0 , \tag{5.30}$$

letzteres deshalb, weil $K_2 - K_1$ als reeller positiver Faktor vor den Realteil gezogen und aus der Ungleichung gestrichen werden kann.

Da allgemein

$$\text{Re} \frac{z_1}{z_2} = \frac{\text{Re} z_1 \text{Re} z_2 + \text{Im} z_1 \text{Im} z_2}{(\text{Re} z_2)^2 + (\text{Im} z_2)^2}$$

gilt, folgt aus (5.30)

$$[1 + K_2 \text{Re} L(j\omega)] \cdot [1 + K_1 \text{Re} L(j\omega)] + K_2 \text{Im} L(j\omega) \cdot K_1 \text{Im} L(j\omega) > 0 .$$

Mit

$$\left. \begin{aligned} \xi_L &= \text{Re} L(j\omega) = R(\omega) , \\[2ex] \eta_L &= \text{Im} L(j\omega) = J(\omega) \end{aligned} \right\} \tag{5.31}$$

kann man dafür schreiben:

$$(1+K_1 \xi_L)(1+K_2 \xi_L) + K_1 K_2 \eta_L^2 > 0 . \tag{5.32}$$

Ersetzt man die Koordinaten ξ_L und η_L der linearen Ortskurve durch die Koordinaten ξ, η eines beliebigen Punktes der Ortskurvenebene, so ist der Ausdruck auf der linken Seite der Ungleichung (5.32) von der Form

$$Q(\xi,\eta) = K_1 K_2 \left[(\xi + \frac{1}{K_1})(\xi + \frac{1}{K_2}) + \eta^2 \right] . \tag{5.33}$$

Um zu erkennen, welche Gestalt der Bereich hat, in dem $Q(\xi,\eta) > 0$ ist, betrachten wir seinen Rand:

$$(\xi + \frac{1}{K_1})(\xi + \frac{1}{K_2}) + \eta^2 = 0 , \tag{5.34}$$

$$\xi^2 + (\frac{1}{K_1} + \frac{1}{K_2})\xi + \eta^2 = - \frac{1}{K_1 K_2} .$$

Addiert man auf beiden Seiten die quadratische Ergänzung $\frac{1}{4}(\frac{1}{K_1} + \frac{1}{K_2})^2$, so wird aus dieser Gleichung

$$\left[\xi + \frac{1}{2}(\frac{1}{K_1} + \frac{1}{K_2})\right]^2 + \eta^2 = \frac{1}{4}(\frac{1}{K_1} - \frac{1}{K_2})^2 . \tag{5.35}$$

Es handelt sich also um einen Kreis mit dem Radius $\frac{1}{2}(\frac{1}{K_1} - \frac{1}{K_2})$, dessen Mittelpunkt auf der reellen Achse liegt und die Abszisse $-\frac{1}{2}(\frac{1}{K_1} + \frac{1}{K_2})$ aufweist. Wie man unmittelbar aus (5.34) abliest, schneidet er die reelle Achse ($\eta = 0$) in den Abszissen $-1/K_1$ und $-1/K_2$. Bild 5/25 zeigt diesen Kreis C.

Er teilt die Ortskurvenebene in ein Innen- und Außengebiet. In dem einen ist $Q(\xi,\eta) > 0$, in dem anderen < 0. Nach (5.33) ist $Q(0,0) = 1$. Der Koordinatenursprung liegt also in demjenigen der beiden Gebiete, in welchem $Q(\xi,\eta)$ positiv ist. Im Bild 5/25 ist dies das Außengebiet von C.

Die umgeformte Popow-Ungleichung (5.32) besagt aber: Die gewöhnliche lineare Ortskurve

$$z = L(j\omega) \quad \text{bzw.}$$

$$\xi_L = \mathrm{Re}L(j\omega) = R(\omega) , \quad \eta_L = \mathrm{Im}L(j\omega) = J(\omega)$$

liegt in *dem* Gebiet, in welchem $Q(\xi,\eta) > 0$ ist. Das heißt: Sie liegt auf der gleichen Seite des Kreises C wie der Koordinatenursprung.

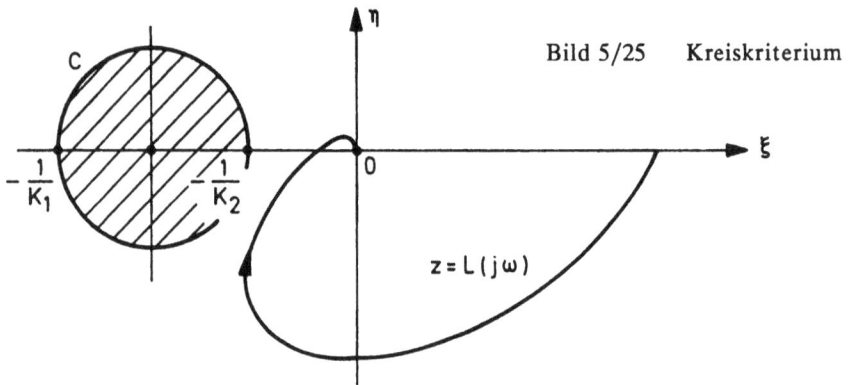

Bild 5/25   Kreiskriterium

Damit sind wir zu einer hinreichenden Stabilitätsbedingung gelangt, die als *Kreiskriterium* bezeichnet wird und in der folgenden Weise formuliert werden kann:

Die Kennlinie der nichtlinearen Standardregelung (Bild 5/2) sei entweder zeitinvariant und stückweise stetig oder zeitvariant und stetig und gehe stets durch den Koordinatenursprung. Die Übertragungsfunktion L(s) erfülle die Voraussetzungen des Popow-Kriteriums, darf aber auch Pole rechts der j-Achse haben. Die Pole von

$$L^*(s) = \frac{L(s)}{1 + K_1 L(s)}$$

seien links oder allenfalls auf der j-Achse gelegen. Im letzteren Fall sei die mit L(s) gebildete lineare Regelung grenzstabil.*
C sei ein Kreis in der Ortskurvenebene, dessen Mittelpunkt auf der reellen Achse liegt und der die reelle Achse an den Stellen −1/K₁ und −1/K₂ mit K₂ > K₁ (und K₁, K₂ endlich) schneidet. Liegt dann die lineare Ortskurve z = L(jω) auf der gleichen Seite von C wie der Koordinatenursprung (wobei sie auch Punkte mit C gemeinsam haben darf), so ist die nichtlineare Regelung absolut stabil im Sektor [K₁+ε, K₂−ε] mit einem beliebig kleinen positiven ε. (5.36)

Hat die lineare Ortskurve z = L(jω) Punkte mit dem Kreis C gemeinsam, so stört das nicht, da wir ja nur die absolute Stabilität im Sektor $[K_1+\epsilon, K_2-\epsilon]$ sichern wollen und nicht etwa im Sektor $[K_1, K_2]$. Man braucht daher in einem solchen Fall lediglich den Kreis C durch einen Kreis mit beliebig wenig abgeändertem Radius zu ersetzen, der keinen gemeinsamen Punkt mit der Ortskurve hat. Schneidet dieser die reelle Achse an den Stellen $-1/K_1^*$ und $-1/K_2^*$, so herrscht sicherlich absolute Stabilität in $[K_1^*, K_2^*]$ und damit auch in $[K_1+\epsilon, K_2-\epsilon]$.

5.8.2 Anwendung des Kreiskriteriums

Wie geht nun die Anwendung des Kreiskriteriums vor sich? Um nicht zu langatmig zu werden, beschränken wir uns auf den wichtigsten Fall, daß der zu ermittelnde Sektor der absoluten Stabilität im 1. und 3. Quadranten liegt, also $K_2 > K_1 > 0$ gilt, und die Pole von $L^*(s)$ links der j-Achse liegen. Die anderen Vorzeichenkombinationen von K_1 und K_2 sind ganz entsprechend zu behandeln.

Nachdem man die Voraussetzungen des Kreiskriteriums überprüft hat, zeichnet man die Ortskurve $z = L(j\omega)$. Da $-1/K_1$ und $-1/K_2$ negativ sind, liegt der horizontale Durchmesser des Kreises C auf der negativen reellen Achse. Der Koordinatenursprung befindet sich somit im Außengebiet von C. Deshalb muß auch die Ortskurve $z = L(j\omega)$ im Außengebiet von C liegen. Dafür gibt es zwei Möglichkeiten, die im Bild 5/26 angedeutet sind: Einmal wird die „kritische Scheibe", also das Innengebiet von C, umlaufen (gestrichelte Kurve), das andere Mal nicht (durchgezogene Kurve).

Da die Pole von

$$L^*(s) = \frac{L(s)}{1+K_1L(s)}$$

links der j-Achse liegen, die Rückführung von $L(s)$ über den Verstärkungsfaktor K_1 also global asymptotisch stabil ist, darf nach dem Nyquist-Kriterium die Ortskurve $z = L(j\omega)$ den Punkt $-1/K_1$ der reellen Achse nicht umschließen. Dann ist nur der Fall zulässig, daß die Ortskurve die kritische Scheibe nicht umläuft (links liegen läßt). Liegt dieser Fall vor, so herrscht also absolute Stabilität in $[K_1-\epsilon, K_2+\epsilon]$.

Hierbei wurde stillschweigend angenommen, daß $L(s)$ keine Pole rechts der j-Achse hat. Sollte der Ausnahmefall eintreten, daß r Pole von $L(s)$ rechts der j-Achse liegen, so muß nach dem verallgemeinerten Nyquist-Kriterium die Ortskurve $z = L(j\omega)$ den Punkt $-1/K_1$ und damit die gesamte kritische Scheibe r-mal im Gegenzeigersinn umlaufen [13]).

Die gestrichelte Ortskurve im Bild 5/26, ergänzt durch ihre „negative Hälfte" ($w \leq 0$), umläuft die kritische Scheibe zweimal, jedoch im Uhrzeigersinn. Daher hat $L^*(s)$ Pole rechts der j-Achse, und die Voraussetzungen des Kreiskriteriums sind nicht erfüllt.

Ist $z = L(j\omega)$ gezeichnet, so legt man in die Ortskurvenebene einen Kreis, dessen Mittelpunkt auf der negativen reellen Achse liegt, und zwar so, daß die Ortskurve nicht durch sein Innengebiet (die kritische Scheibe) läuft. Sofern $L(s)$ keine Pole rechts der j-Achse hat, muß er so liegen, daß die Ortskurve ihn nicht umläuft. Befinden sich r Pole von $L(s)$ rechts der j-Achse, muß der Kreis so

---

13) Bei solchen Umlaufsaussagen ist die gesamte Ortskurve $z = L(j\omega)$, $-\infty < \omega < +\infty$, gemeint, also einschließlich ihrer „negativen Hälfte" ($-\infty < \omega < 0$).

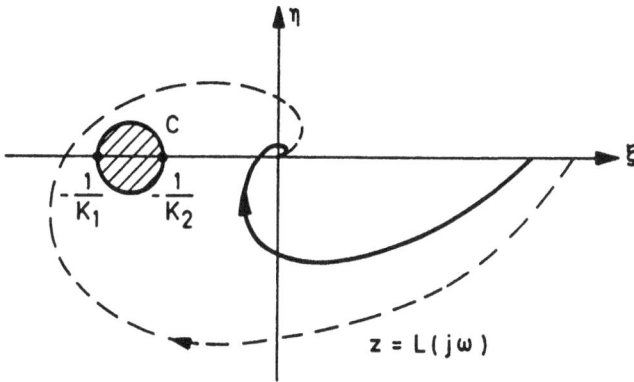

Bild 5/26   Zur Anwendung des Kreiskriteriums im Fall $K_2 > K_1 > 0$

gelegt werden, daß ihn die Ortskurve r-mal im Gegenzeigersinn umkreist. Befinden sich die Schnittpunkte des Kreises mit der negativen reellen Achse an den Stellen $-1/K_1$ und $-1/K_2$, so ist die nichtlineare Regelung absolut stabil im Sektor $[K_1+\epsilon, K_2-\epsilon]$ mit einem beliebig kleinen positiven ϵ.

Wie man unmittelbar aus Bild 5/25 sieht, gibt es unendlich viele solche Kreise und damit unendlich viele Sektoren der absoluten Stabilität, die durch das Kreiskriterium gesichert werden können. Verlegt man den Kreis weiter nach rechts, so wird man seinen Durchmesser im allgemeinen verkleinern müssen. Erhöht man also die obere Sektorgrenze, so wird dadurch der Sektor im allgemeinen schrumpfen.

Aus den vorstehenden Betrachtungen ergibt sich noch eine interessante Konsequenz. Nehmen wir zur Vermeidung von Weitläufigkeiten an, daß die Pole von $L(s)$ links der j-Achse liegen und daß weiterhin die Kennlinie zeitinvariant sei, so daß wir den Sektor $[K_1, K_2]$ betrachten können. Wenn dann die Ortskurve $z = L(j\omega)$ die kritische Scheibe nicht umläuft und nicht durchdringt, die kritische Scheibe also links liegen läßt, ist die nichtlineare Regelung absolut stabil im Sektor $[K_1, K_2]$. Läßt man die kritische Scheibe auf ihren Mittelpunkt zusammenschrumpfen, so gehen die Punkte $-1/K_1$ und $-1/K_2$ der reellen Achse gegen diesen Mittelpunkt. Damit streben K_1 und K_2 gegen den gleichen Wert K. Der Sektor $[K_1, K_2]$ zieht sich daher auf die Gerade $u = Ke$ zusammen. Im Grenzfall geht somit das Kreiskriterium in die folgende Aussage über: Die lineare Regelung mit der Kreisverstärkung K ist global asymptotisch stabil, wenn die Ortskurve $z = L(j\omega)$ den kritischen Punkt $-1/K$ weder umläuft noch durchdringt. Das ist aber gerade die Aussage des Nyquist-Kriteriums. Im Grenzfall, wenn die kritische Scheibe zum kritischen Punkt zusammengezogen wird, geht also das Kreiskriterium in das Nyquist-Kriterium über, genauer gesagt, in dessen „hinreichende Hälfte". *Die hinreichende Aussage des Nyquist-Kriteriums erweist sich so als linearer Spezialfall des Kreiskriteriums.*

5.8.3   Vergleich von Popow- und Kreiskriterium

Die Frage liegt nahe, welches der beiden Kriterien bei gegebenem linearen Teilsystem einen günstigeren Sektor der absoluten Stabilität liefert. Wie ein Blick auf Bild 5/27 zeigt, kann das Kreiskriterium nur in extremen Fällen, d. h. bei extremer Gestalt der Popow-Ortskurve, einen Sektor der absoluten Stabilität liefern, der nicht im Popow-Sektor enthalten ist. In dem skizzierten Fall ist $-1/K_1 < -1/K_p < -1/K_2$, also $K_1 < K_p < K_2$, so daß der Sektor $[K_1, K_2]$ über den Popow-Sektor hinausragt, jedoch erheblich schmaler ist. Selbstverständlich könnte man den Sektor $[K_1, K_2]$ auch mit Hilfe des Popow-Kriteriums erhalten, nachdem man die Sektortransformation $u^* = u - K_1 e$ ausgeführt hat. Doch muß man dann eine neue Popow-Ortskurve zum transformierten linearen Teilsystem $L^*(s)$ berechnen. Bei der Benutzung des Kreiskriteriums ist das unnötig. Man kommt mit der linearen Ortskurve $z = L(j\omega)$ aus und braucht nur verschiedene Kreise in die Ortskurvenebene einzuzeichnen, um so die absolute Stabilität für die zugehörigen Sektoren zu sichern.

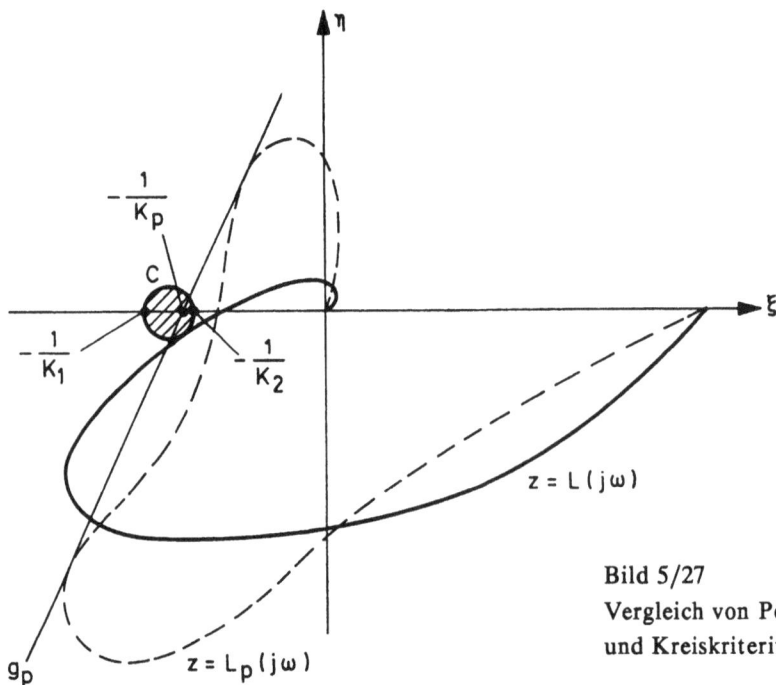

Bild 5/27
Vergleich von Popow-
und Kreiskriterium

Andere Sonderfälle, in denen das Kreiskriterium Vorteile gegenüber dem Popow-Kriterium bringt, sind im Bild 5/28 dargestellt. Im Fall a) zerfällt der Hurwitz-Sektor in zwei Teile (rechtes Teilbild). Das ist anschaulich zu sehen, wenn man sich die Verstärkung k der linearen Regelung nach Bild 5/17 von kleinen Werten aus anwachsend denkt. Dann liegt der Punkt -1 der Ortskurvenebene zunächst links von der Ortskurve z = kL(jω), welche ja die gleiche Gestalt hat wie die Ortskurve z = L(jω) im Bild 5/28a: Der lineare Regelkreis ist zunächst global asymptotisch stabil. Bei einem bestimmten Wert k = h_1 wird der Punkt -1 vom linken Schnittpunkt der Ortskurve mit der reellen Achse überschritten und die Regelung wird instabil. Bei weiter wachsendem k wandert der mittlere Schnittpunkt der Ortskurve z = kL(jω) mit der reellen Achse über den Punkt -1 hinweg (k = h_2). Damit liegt -1 wieder links der Ortskurve, und die lineare Regelung ist wiederum global asymptotisch stabil. Schließlich überschreitet auch der rechte Schnittpunkt von z = kL(jω) mit der reellen Achse den Punkt -1, und die lineare Regelung wird endgültig instabil. Eine derartige Ortskurve kann dann vorliegen, wenn das lineare Teilsystem Zählerzeitkonstanten enthält. Mit dem eingezeichneten Kreis C kann man einen Teil des Sektors (h_2,h_3) als Sektor der absoluten Stabilität sichern. Durch andere Kreise können andere Teile des Hurwitz-Sektors als Sektoren absoluter Stabilität gewonnen werden.

Im Bild 5/28b ist die Ortskurve eines linearen Teilsystems gezeichnet, das einen reellen Pol rechts der j-Achse hat. Daraus folgt der ungewöhnliche Verlauf der Ortskurve, von der deshalb ausnahmsweise auch die Hälfte mit negativem ω skizziert ist. Sie umkreist die eingezeichnete kritische Scheibe einmal im Gegenzeigersinn, so daß im Sektor [K_1 + ε, K_2 - ε] absolute Stabilität herrscht.

Nochmals sei darauf hingewiesen, daß auch in solchen Fällen das Popow-Kriterium angewandt werden kann, nachdem man die Sektortransformation u^* = u - K_1e vorgenommen hat. Aber seine Anwendung ist dann umständlicher als die des Kreiskriteriums, weil man eben für jeden neuen Sektor eine neue Popow-Ortskurve zeichnen muß.

In den bisher behandelten Fällen hatte die Popow-Ortskurve bzw. die Ortskurve des linearen Teilsystems eine außergewöhnliche Gestalt. Bei normalem Verlauf der Ortskurven bringt die Anwendung des Kreiskriteriums nichts, weil die dadurch gewonnenen Sektoren im Popow-Sektor enthalten sind. Das gilt jedoch nur so lange, wie der Bereich des Parameters q in der Popow-Ungleichung nicht eingeschränkt ist. Im Falle einer zeitvarianten Kennlinie aber gilt das Popow-Kriterium nur mit q = 0, also mit einer vertikalen Popow-Geraden. Dadurch wird der Popow-Sektor im Vergleich zu den anderen Fällen erheblich

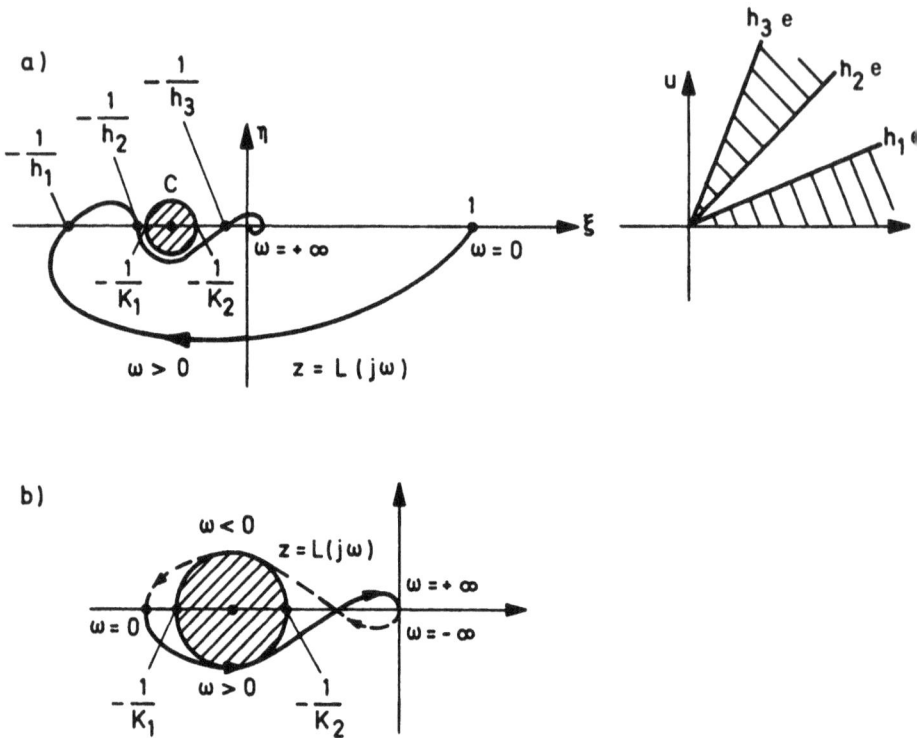

Bild 5/28   Anwendung des Kreiskriteriums in Sonderfällen

a) Hurwitz–Sektor besteht aus zwei Teilen

b) Das lineare Teilsystem hat Pole rechts der j–Achse (hier: 1 reeller Pol)

reduziert, so daß das Kreiskriterium auch bei normalem Verlauf der linearen Ortskurve Sektoren der absoluten Stabilität liefert, die von Interesse sein können.

Bild 5/29 zeigt ein Beispiel. Da die Kennlinie als zeitvariant vorausgesetzt ist, kann das Popow–Kriterium nur mit $q = 0$ angewandt werden. Die Asymptote der linearen Ortskurve $z = L(j\omega)$ steht senkrecht auf der reellen Achse und hat von ihr den Abstand $b_1 - a_1 = 0 - 1 = -1$ (es ist zu beachten, daß im Bild 5/29 auf den Achsen $\xi \cdot 10$ und $\eta \cdot 10$ abgetragen ist). Da die Popow–Ortskurve für jedes ω den gleichen Realteil hat wie die gewöhnliche Ortskurve, reicht sie nicht weiter nach links als diese. Entsprechend Bild 5/9 beginnt sie im vorliegenden Fall für $\omega = 0$ im Punkt $(\xi, \eta) = (-1, -1)$ und wendet sich dann nach rechts. Daher fällt die kritische Gerade g_p, die ja für $q = 0$ senkrecht auf der reellen Achse steht, mit der Asymptote der gewöhnlichen Ortskurve zusammen. Da ihr Schnittpunkt mit der reellen Achse $-1/K_p$ ist, hat man im vorliegenden Fall

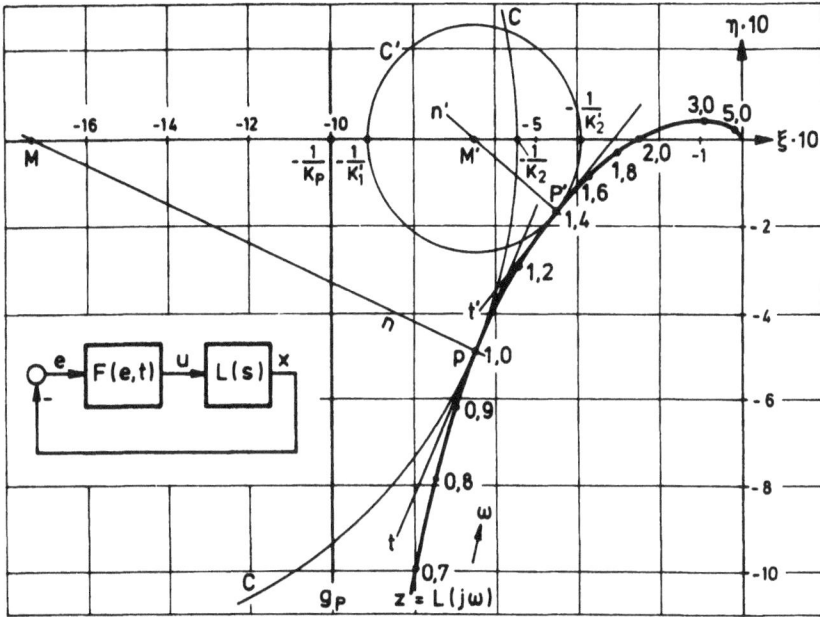

Bild 5/29   Anwendung des Kreiskriteriums bei zeitvarianter Kennlinie

$$L(s) = \frac{1}{s(1 + 0{,}5s)^2} = \frac{1}{s}\,\frac{1}{1 + s + 0{,}25s^2}$$

g_p: Asymptote an die lineare Ortskurve = kritische Gerade des Popow-Kriteriums im Falle q = 0

$-1/K_p = -1$, also $K_p = 1$. Damit liegt der Popow-Sektor fest. Er umfaßt den Winkelraum von 0 bis 45°.

Um das Kreiskriterium anzuwenden, zeichnet man in irgendeinem Punkt P der Ortskurve z = L(jω) die Tangente t und errichtet auf ihr im Berührungspunkt die Senkrechte n. Diese schneidet die reelle Achse in einem Punkt M. Der Kreis um M mit dem Radius $\overline{MP}$ ist dann ein Kreis C, wie er im Kreiskriterium gefordert wird.

Wählt man im vorliegenden Fall als P zunächst den Punkt mit dem Parameter ω = 1, so liegt der Mittelpunkt des sich so ergebenden Kreises C bei $-1/m = -1{,}73$, der rechte Schnittpunkt mit der reellen Achse bei $-1/K_2 = -0{,}545$. Den linken Schnittpunkt $-1/K_1$ von C mit der reellen Achse, der hier nicht mehr in der Bildfläche liegt, erhält man aus der Beziehung

$$-\frac{1}{m} = -\frac{1}{2}\left[\frac{1}{K_1} + \frac{1}{K_2}\right].$$

So ergibt sich K_2 = 1,835 und K_1 = 0,345. Da es uns auf ein (positives) ϵ nicht ankommt, können wir also sagen, daß auf Grund des Kreiskriteriums absolute Stabilität im Sektor [0,35;1,83] herrscht, was dem Winkelraum 19,3⁰ bis 61,3⁰ entspricht. Der so bestimmte Sektor reicht immerhin um einiges höher als der Popow-Sektor, muß dafür allerdings dessen unteren Bereich aufgeben.

Geht man vom Punkt P' der Ortskurve mit dem Parameter ω = 1,4 aus und führt die beschriebene Konstruktion durch, so gelangt man zum Kreis C' im Bild 5/29. Mit ihm sichert man den Sektor $[K_1', K_2']$ = [1,10;2,56] der absoluten Stabilität, der dem Winkelraum von α_1' = 47,7⁰ bis α_2' = 68,7⁰ entspricht.

Wie an diesem Beispiel konkret zu sehen, kann man unendlich viele Kreise C konstruieren und somit unendlich viele Sektoren der absoluten Stabilität berechnen. Als Grenzfall ist hierin enthalten, daß man die Tangente im unendlich fernen Punkt $-1+j(-\infty)$ der Ortskurve anlegt und dann die Konstruktion durchführt. Da der sich so ergebende Kreis unendlich großen Radius hat, fällt seine Peripherie mit der Asymptote an die Ortskurve z = L(jω) zusammen. Sein linker Schnittpunkt mit der reellen Achse liegt bei $-\infty$, der rechte bei $-1/K_p$. Im Grenzfall geht somit das Kreiskriterium in das Popow-Kriterium (mit q = 0) über und man erhält aus ihm auch den Popow-Sektor.

Vor *einem* Irrtum ist noch zu warnen: Hat man mittels des Kreiskriteriums zwei sich überschneidende Sektoren der absoluten Stabilität erhalten, so folgt daraus keineswegs, daß der durch ihre Vereinigung entstehende Gesamtsektor ebenfalls ein Sektor der absoluten Stabilität ist. Für eine Kennlinie, die in dem Gesamtsektor liegt, jedoch nicht in einem der beiden Teilsektoren, braucht die Regelung also nicht global asymptotisch stabil zu sein.

6 Hyperstabilität

6.1 Begriff der Hyperstabilität

Man kann den Begriff der Hyperstabilität als eine Erweiterung des Begriffs der absoluten Stabilität ansehen, wie er im vorigen Kapitel behandelt wurde.

Um dies zu sehen, gehen wir von dem nichtlinearen Regelkreis im Bild 5/2 aus und denken uns das Summierglied entgegen der Wirkungsrichtung vor das lineare Teilsystem verlegt. Wir gelangen so zum Bild 6/1, sofern noch eine Umbezeichnung der zeitveränderlichen Größen vorgenommen wird.

Wir wollen dann einen speziellen Fall der Sektorbedingung voraussetzen, nämlich annehmen, daß sich die nichtlineare Kennlinie $v = F(y)$ im Sektor $[0,\infty)$ befindet, also beliebig im 1. und 3. Quadranten liegen darf. Dann gilt

$$F(y) \cdot y \geq 0$$

oder

$$v(t)y(t) \geq 0 \quad \text{für alle } t \geq 0, \tag{6.1}$$

und zwar für sämtliche $y(t)$, die im Regelkreis überhaupt auftreten.

Wegen $u(t) = - v(t)$ kann man (6.1) auch in der Form

$$u(t)y(t) \leq 0 \quad \text{für alle } t \geq 0 \tag{6.2}$$

schreiben. Diese Ungleichung kann man als eine abgrenzende Bedingung für die Eingangsgrößen des linearen Teilsystems ansehen: Es werden nur solche $u(t)$ betrachtet, für welche die zugehörigen Ausgangsgrößen $y(t)$ die Ungleichung (6.2) erfüllen.

Ist unter der Voraussetzung (6.2) die Ruhelage des Regelkreises global asymptotisch stabil, so nennt man den Regelkreis absolut stabil (im Sektor $[0,\infty)$).

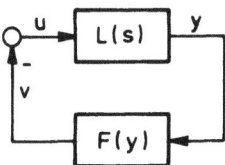

Bild 6/1   Nichtlineare Eingrößenregelung

Betrachtet man die Bedingung (6.1) bzw. (6.2), so liegt die Vermutung nahe, daß man die absolute Stabilität des Regelkreises unter vernünftigen Annahmen auch dann sichern kann, wenn die Ungleichung (6.1) bzw. (6.2) nicht streng, sondern nur in abgeschwächter Form, nämlich im zeitlichen Mittel, erfüllt ist:

$$\int_0^t v(\tau)y(\tau)d\tau \geq 0 \quad \text{für alle } t \geq 0 \tag{6.3}$$

bzw.

$$\int_0^t u(\tau)y(\tau)d\tau \leq 0 \quad \text{für alle } t \geq 0 . \tag{6.4}$$

Diesen Gedanken kann man nun verallgemeinern, indem man in die Rückführung von Bild 6/1 statt der Kennlinie einen (bis auf allgemeine mathematische Voraussetzungen) *beliebigen* Operator (Block) v = f{y,t} legt, aber die Ungleichung (6.3) bzw. (6.4) als Bedingung beibehält. Verallgemeinert man weiterhin das lineare, zeitinvariante Eingrößensystem im Bild 6/1 zu einem linearen, zeitinvarianten Mehrgrößensystem (LZI - System), so gelangt man zum Regelkreis in Bild 6/2.

Was das lineare Teilsystem

$$\dot{\underline{x}} = \underline{A}\underline{x} + \underline{B}\underline{u} , \tag{6.5}$$

$$\underline{y} = \underline{C}\underline{x} + \underline{D}\underline{u} \tag{6.6}$$

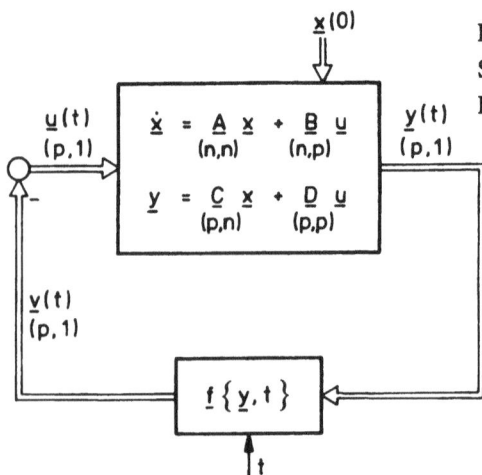

Bild 6/2
Standard - Mehrgrößenregelung für Kapitel 6

angeht, so sind $\underline{A}$, $\underline{B}$, $\underline{C}$ und $\underline{D}$ als konstant vorausgesetzt. Außerdem soll

$$\dim \underline{y} = \dim \underline{u} = p$$

sein, also die Anzahl der Ausgangsgrößen mit der Anzahl der Eingangsgrößen übereinstimmen. Überdies sei das *System* als *steuer- und beobachtbar* angenommen. Bei realen Systemen ist in der überwiegenden Mehrzahl der Fälle $\underline{D} = \underline{0}$.

Der Operator $\underline{f}\{\underline{y},t\}$ ordnet jedem Vektor $\underline{y}(t)$ der Regelung in eindeutiger Weise einen Vektor $\underline{v}(t)$ zu. Im übrigen kann $\underline{f}$ nichtlinear oder linear, zeitvariant oder zeitinvariant sein. Beispielsweise kann $\underline{f}$ in der Ausführung einer Matrizenmultiplikation bestehen,

$$\underline{v} = \underline{K}\,\underline{y}\,,$$

wobei die Matrix $\underline{K}$ konstant oder zeitabhängig sein darf. Oder es kann sich bei einem Eingrößensystem um die Anwendung einer Kennlinie handeln:

$$v = F(y)\,.$$

Oder auch um die Ausführung einer Faltungsoperation:

$$v(t) = \int\limits_{0}^{t} g(t-\tau)\, y(\tau)\mathrm{d}\tau\,.$$

Usw.

Wesentlich ist die folgende Eigenschaft des Operators $\underline{f}$: Seine Eingangsgröße $\underline{y}(t)$ und seine Ausgangsgröße $\underline{v}(t)$ genügen einer Ungleichung, die eine geringfügige Verallgemeinerung der Ungleichung (6.3) darstellt:

$$\int\limits_{0}^{t} \underline{v}^{\mathrm{T}}(\tau)\, \underline{y}(\tau)\mathrm{d}\tau \geq - \epsilon_{0}^{2} \quad \text{für alle } t \geq 0\,, \tag{6.7}$$

wobei ϵ_0 eine positive Konstante ist. Genauer gesagt, ist damit folgendes gemeint. Zu einem gegebenen Vektor $\underline{v}(t)$ gehört $\underline{u}(t) = -\underline{v}(t)$. Dieser Eingangsvektor des linearen Teilsystems erzeugt eine eindeutig bestimmte Ausgangsgröße $\underline{y}(t)$, sofern man $\underline{x}(0) = \underline{0}$ als Anfangszustand nimmt. Mit diesem Vektor $\underline{y}(t)$ ist (gemeinsam mit $\underline{v}(t)$) das Integral in (6.7) zu bilden. Die Ungleichung (6.7) heißt *Popowsche Integralungleichung.* Sie stellt eine Verallgemeinerung der Sektorbedingung dar.

Wegen $\underline{u}(t) = -\underline{v}(t)$ kann man sie auch in der Form

$$\int_0^t \underline{u}^T(\tau)\, \underline{y}(\tau)d\tau \leq \epsilon_0^2 \quad \text{für alle } t \geq 0 \tag{6.8}$$

schreiben. In dieser Form bezieht sie sich auf die Ein- und Ausgangsgröße des linearen Teilsystems (6.5), (6.6).

Veranschaulichen wir uns die Bedeutung dieser Ungleichungen zunächst an einem Beispiel, nämlich dem Regelkreis in Bild 6/3. Darin sei h(t) eine für $t \geq 0$ gegebene Zeitfunktion. Der Operator f besteht hier in der Multiplikation von y(t) mit der von außen vorgegebenen Funktion h(t):

$$v(t) = h(t) \cdot y(t) \quad \text{oder} \quad u(t) = -h(t) \cdot y(t) \,.$$

Demgemäß wird aus dem Integral in (6.8) $- \int_0^t h(\tau)y^2(\tau)d\tau$.   Es ist daher gewiß ≤ 0 und damit $\leq \epsilon_0^2$ für eine beliebige positive Konstante ϵ_0, wenn

$$h(t) \geq 0 \quad \text{für alle } t \geq 0 \,. \tag{6.9}$$

Diese Bedingung ist somit hinreichend für die Gültigkeit von (6.8) im vorliegenden Beispiel, und zwar für alle Eingangsgrößen u(t) des linearen Teilsystems, die in dieser Regelung überhaupt auftreten können.

Nunmehr können wir die *Definition der Hyperstabilität* formulieren:

Gegeben sei das steuer- und beobachtbare dynamische System

$$\dot{\underline{x}} = \underline{A}\,\underline{x} + \underline{B}\,\underline{u} \,, \tag{6.10}$$

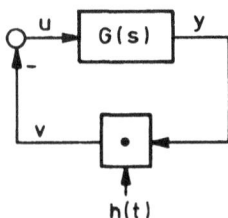

Bild 6/3   Regelkreis mit Multiplizierglied

$$\underline{y} = \underline{C}\underline{x} + \underline{D}\underline{u} \tag{6.11}$$

mit konstanten Matrizen $\underline{A}$, $\underline{B}$, $\underline{C}$, $\underline{D}$ und dim $\underline{y}$ = dim $\underline{u}$. Es sei $\underline{u}(t)$ eine Eingangsgröße derart, daß für sie und die zugehörige Ausgangsgröße $\underline{y}(t)$ (zum Anfangswert $\underline{x}(0) = \underline{0}$) die Ungleichung

$$\int_0^t \underline{u}^T(\tau)\underline{y}(\tau)d\tau \leq \epsilon_0^2 \quad \text{für alle } t \geq 0 \tag{6.12}$$

gilt, wobei ϵ_0 eine positive Konstante ist.

Erfüllt dann der zu einer solchen Eingangsgröße und einem beliebigen Anfangszustand $\underline{x}(0)$ gehörende Zustandsvektor $\underline{x}(t)$ die Ungleichung

$$|\underline{x}(t)| \leq \epsilon_1\left[\epsilon_0 + |\underline{x}(0)|\right] \quad \text{für alle } t \geq 0 \,, \tag{6.13}$$

wobei ϵ_0 die Konstante in (6.12) und ϵ_1 eine weitere positive Konstante darstellt, so heißt das dynamische System (6.10), (6.11) hyperstabil [1].

Geht man mittels $\underline{v}(t) = -\underline{u}(t)$ von der Ungleichung (6.12) zur Ungleichung

$$\int_0^t \underline{v}^T(\tau)\underline{y}(\tau)d\tau \geq -\epsilon_0^2 \tag{6.14}$$

über und interpretiert diese samt den Gleichungen (6.10), (6.11) durch die Regelung im Bild 6/2, so sieht man, daß es sich bei der Hyperstabilitätsdefinition ganz entsprechend wie bei der absoluten Stabilität um eine Stabilitätsdefinition für eine ganze Klasse von Systemen handelt: Für alle Regelkreises nämlich, welche das gleiche lineare Teilsystem (6.10), (6.11) besitzen, deren Rückführung aber ein beliebiger Operator sein darf, dessen Ein- und Ausgangsgröße lediglich die Popowsche Integralungleichung (6.14) erfüllen müssen. Gegenüber der absoluten Stabilität handelt es sich um eine nochmalige Erweiterung, insofern nicht

---

[1] Vielfach, so in [52] und [50], wird zwischen "hyperstabilen Systemen" und "hyperstabilen Blöcken" unterschieden, wobei unter ersteren Systeme ohne Ausgangsgleichung, unter letzteren Systeme mit Ausgangsgleichung verstanden werden. Da wir ausschließlich Systeme *mit* Ausgangsgleichung betrachten, werden wir unseren bisherigen Sprachgebrauch beibehalten und ausschließlich von "hyperstabilen Systemen" sprechen.

nur verschiedene Kennlinien in Betracht gezogen werden, sondern ganz verschiedene Operatoren zugelassen sind, wenn sie eben nur (6.14) erfüllen. Auf den inneren Aufbau des Operators kommt es dabei nicht an. Es liegt hier also eine Stabilitätsdefinition für eine sehr umfangreiche Systemklasse vor, was in der Benennung *Hyper*stabilität zum Ausdruck gebracht wird.

Überschlägig gesprochen bedeutet Hyperstabilität: Der Zustand eines Systems, dessen Eingangsgrößen gemäß Ungleichung (6.12) eingegrenzt sind, ist für jede derartige Eingangsgröße und beliebige Anfangszustände beschränkt.

Daß *generell* bei einer Stabilitätsdefinition der Bereich der zulässigen äußeren Einflüsse eingeschränkt werden muß, liegt auf der Hand. Man kann nicht erwarten, bei *ganz beliebigen* äußeren Einwirkungen ein Systemverhalten zu bekommen, dem man die auszeichnende Benennung „stabil" verleihen kann. So verwendet man bei der Stabilitätsdefinition linearer Systeme mittels des Verhaltens der Sprungantwort ([73], Abschnitt 4.1) als Eingangsgröße allein den Einheitssprung, bei der Übertragungsstabilität (BIBO-Stabilität) betrachtet man nur beschränkte Eingangsgrößen, bei der Ljapunowschen Stabilitätsdefinition hat man es allein mit Anfangsauslenkungen zu tun, aber nicht mit Eingangsgrößen.

Das Neuartige an der Bedingung (6.12) liegt darin, daß die Einschränkung der in Betracht zu ziehenden Eingangsgrößen $\underline{u}(t)$ *implizit* ausgedrückt wird. Man hat nicht explizit vor Augen, wie hierdurch die Klasse der zulässigen Funktionen $\underline{u}(t)$ abgegrenzt ist. Leer ist sie aber gewiß nicht, da zumindest $\underline{u}(t) \equiv \underline{0}$ in ihr enthalten ist. In nicht wenigen Fällen ist gerade das Stabilitätsverhalten des Systems bei dieser Eingangsgröße von Interesse.

Was die allgemeine Form der Abschätzung (6.13) für die Zustandsgrößen angeht, so folgt sie sofort aus der Tatsache, daß die allgemeine Lösung der Zustandsdifferentialgleichung (6.10) durch

$$\underline{x}(t) = \int_0^t \underline{\Phi}(t-\tau)\underline{B}\,\underline{u}(\tau)d\tau + \underline{\Phi}(t)\underline{x}(0) \, ,$$

also

$$\underline{x}(t) = \underline{\Phi}(t) \cdot \left[\int_0^t \underline{\Phi}(-\tau)\underline{B}\,\underline{u}(\tau)d\tau + \underline{x}(0) \right]$$

gegeben ist, wobei $\underline{\Phi}(t)$ die Transitionsmatrix zu $\underline{A}$ darstellt (siehe z.B. [73], Unterabschnitt 12.2.2). Durch Übergang zum Betrag folgt aus dieser Gleichung

$$|\underline{x}(t)| \leq \|\underline{\Phi}(t)\| \cdot \left[\left| \int_0^t \underline{\Phi}(-\tau)\underline{B}\,\underline{u}(\tau)d\tau \right| + |\underline{x}(0)| \right],$$

worin $\|\underline{\Phi}(t)\|$ die Euklidische Norm der Matrix $\underline{\Phi}(t)$ ist (siehe etwa [72], Teil 2, §25). Sofern also $\underline{x}(t)$ überhaupt beschränkt ist, gilt

$$|\underline{x}(t)| \leq a \left[b + |\underline{x}(0)| \right],$$

wobei die Konstante a nur von der Dynamikmatrix $\underline{A}$ abhängt, während die Konstante b außer von den Systemmatrizen $\underline{A}$ und $\underline{B}$ noch von der Eingangsgröße $\underline{u}(t)$ abhängig ist. Das Bemerkenswerte bei der Abschätzung (6.13) liegt also darin, daß die Konstante b gleich der Konstanten ϵ_0 der Popowschen Integralungleichung ist.

So, wie es neben der „gewöhnlichen" Stabilität noch die *asymptotische* Stabilität einer Ruhelage gibt, führt man neben der Hyperstabilität den *Begriff der asymptotischen Hyperstabilität* ein:

Das steuer- und beobachtbare dynamische System (6.10), (6.11), für welches die Integralungleichung (6.12) gilt, heißt asymptotisch hyperstabil, wenn es hyperstabil ist und überdies der zu einem zulässigen Eingangsvektor $\underline{u}(t)$ gehörende Zustandsvektor $\underline{x}(t,\underline{x}_0) \rightarrow \underline{0}$ strebt für $t \rightarrow +\infty$, und zwar für einen beliebigen Anfangszustand $\underline{x}_0 = \underline{x}(0)$.

Betrachtet man die beiden Definitionen der Hyperstabilität und asymptotischen Hyperstabilität und vergleicht sie mit der Stabilitätsdefinition nach *Ljapunow*, so fällt auf, daß sie sich nicht auf eine Ruhelage oder allgemeiner auf eine Trajektorie, z.B. eine Dauerschwingung, beziehen, sondern auf das dynamische System als Ganzes. Allerdings ist dies beispielsweise auch bei der Übertragungsstabilität (BIBO – Stabilität) der Fall.

Neu gegenüber *allen* bisher von uns betrachteten Stabilitätsdefinitionen ist aber die Tatsache, daß sowohl der Einfluß der Eingangsgrößen $\underline{u}(t)$ als auch der Anfangszustände $\underline{x}(0)$ berücksichtigt wird. Bisher wurde das Stabilitätsverhalten nur durch die Reaktion des Systems auf *eine* dieser beiden Klassen äußerer Einflüsse definiert. So wurden bei der Übertragungsstabilität nur die Eingangsgrössen berücksichtigt, bei der Stabilität im Ljapunowschen Sinn nur die Anfangszustände.

Für das Folgende erweist es sich als zweckmäßig, die Ungleichung (6.12) mit zur Systemdefinition hinzuzunehmen, also von dem „System (6.10), (6.11),(6.12)" zu sprechen. Die Ungleichung (6.12) gibt ja an, welche Eingangsgrößen überhaupt zulässig sind, und ist daher für die Systembeschreibung genau so wesentlich wie die Zustandsgleichungen.

Wir wollen die bisherigen Betrachtungen an einem einfachen *Beispiel* verdeutlichen. Dazu wählen wir ein spezielles Verzögerungsglied 1. Ordnung (P-T_1-, VZ_1-Glied):

$$\dot{x} + x = u , \quad y = x .$$

Wir werden später sehen, daß dieses System hyperstabil und darüberhinaus asymptotisch hyperstabil ist. Auf diesem Hintergrund sind die nachfolgenden Rechnungen zu sehen. Hier ist

$$x(t) = \int\limits_0^t e^{-(t-\tau)}u(\tau)d\tau + e^{-t}x(0) . \tag{6.15}$$

Da bei der Untersuchung der Integralungleichung (6.12) allein der von u(t) herrührende Anteil y(t) betrachtet wird, also x(0) = 0 zu setzen ist, wird

$$y(t) = x_1(t) = \int\limits_0^t e^{-(t-\tau)}u(\tau)d\tau . \tag{6.16}$$

Speziell für den Einheitssprung u = $\sigma(t)$ = 1 für t > 0 ergibt sich y(t) = 1 − e^{-t}. Somit ist

$$\int\limits_0^t u(\tau)y(\tau)d\tau = t + e^{-t} - 1 .$$

Da diese Funktion für t → +∞ gegen +∞ strebt, gehört der Einheitssprung *nicht* zu den zulässigen Eingangsfunktionen u(t).

Um Konvergenz des Integrals zu erreichen, gehen wir zu

$$u = e^{-\alpha t} , \quad \alpha > 1 ,$$

über. Dann ist nach (6.16)

$$y(t) = x_I(t) = \frac{1}{\alpha - 1}(e^{-t} - e^{-\alpha t}) \qquad (6.17)$$

und damit für alle $t \geq 0$

$$\int_0^t u(\tau)y(\tau)d\tau = \frac{1}{\alpha^2 - 1}\underbrace{(1 - e^{-(\alpha+1)t})}_{\leq 1} - \frac{1}{\alpha - 1}\frac{1}{2\alpha}\underbrace{(1 - e^{-2\alpha t})}_{\geq 0} \leq \frac{1}{\alpha^2 - 1}.$$

Somit kann man für die Funktion $u = e^{-\alpha t}$, $\alpha > 1$, die Zahl

$$\epsilon_0^2 = \frac{1}{\alpha^2 - 1} \quad \text{bzw.} \quad \epsilon_0 = \frac{1}{\sqrt{\alpha^2 - 1}}$$

als Parameter in der Integralungleichung (6.12) verwenden.

Für $x(t)$ ergibt sich aus (6.15) und (6.16) die Abschätzung

$$|x(t)| \leq |x_I(t)| + |x(0)| \quad \text{für alle } t \geq 0. \qquad (6.18)$$

Um eine nicht zu grobe Abschätzung zu bekommen, betrachten wir die Funktion $x_I(t) = y(t)$ gemäß (6.17) etwas genauer. Sie beginnt für $t = 0$ in 0 und strebt für $t \to +\infty$ wiederum gegen 0. Da $\alpha > 1$ ist, fällt $e^{-\alpha t}$ schneller als e^{-t}, so daß die Differenz $e^{-t} - e^{-\alpha t}$ in $0 < t < +\infty$ positiv ist. $x_I(t)$ besitzt daher ein Maximum, für dessen Lage t_m

$$\dot{x}_I = \frac{1}{\alpha - 1}\left[- e^{-t_m} + \alpha e^{-\alpha t_m}\right] = 0,$$

also

$$e^{-\alpha t_m} = \frac{1}{\alpha} e^{-t_m}$$

gilt. Damit folgt aus (6.17) für das Maximum selbst

$$x_{Im} = \frac{1}{\alpha - 1}(1 - \frac{1}{\alpha}) e^{-t_m} \leq \frac{1}{\alpha}.$$

Daher ist $|x_1(t)| \leq \frac{1}{\alpha}$ und damit nach (6.18)

$$|x(t)| \leq \frac{1}{\alpha} + |x(0)| , \quad t \geq 0 .$$

Um den Zusammenhang dieser Ungleichung mit ϵ_0 herzustellen, gehen wir von

der Ungleichung $\alpha^2 \geq \alpha^2 - 1$ aus, woraus bei positivem α $\alpha \geq \sqrt{\alpha^2 - 1}$, also

$$\frac{1}{\alpha} \leq \frac{1}{\sqrt{\alpha^2 - 1}} = \epsilon_0$$

resultiert. Man erhält so die (etwas schwächere) Ungleichung

$$|x(t)| \leq \epsilon_0 + |x(0)| .$$

Dies ist die Ungleichung (6.13) für den vorliegenden Fall, wobei $\epsilon_1 = 1$ ist.

Kehren wir nun zur allgemeinen Betrachtung zurück! Was den Zusammenhang der neuen Definitionen mit der Ljapunow-Stabilität angeht, so gilt zunächst:

Ist ein System (6.10), (6.11), (6.12) hyperstabil, so ist seine Ruhe-lage $\underline{x}_R = \underline{0}$ stabil im Ljapunowschen Sinn.

Das ist leicht einzusehen. Zunächst hat man $\underline{u}(t) \equiv \underline{0}$ zu setzen, da ja die Ljapu-now-Stabilität nur die Reaktion auf Anfangszustände berücksichtigt. (6.12) ist dann für jedes $\epsilon_0 > 0$ erfüllt. Wählt man in (6.13) ϵ_0 als beliebig kleinen positi-ven Wert, so sieht man, daß (6.13) auch für $\epsilon_0 = 0$ erfüllt ist:

$$|\underline{x}(t)| \leq \epsilon_1 |\underline{x}(0)| \quad \text{für alle } t \geq 0 .$$

D.h. aber: $\underline{x}(t)$ bewegt sich in einer beliebig engen Umgebung des Ursprungs, wenn nur $\underline{x}(0)$ genügend nahe beim Ursprung liegt. Da weiterhin für $\underline{u} \equiv \underline{0}$ $\dot{\underline{x}} = \underline{A}\underline{x}$ gilt, ist $\underline{x} = \underline{0}$ gewiß eine Ruhelage des Systems (wenngleich möglicher-weise nicht die einzige). Somit ist die Ruhelage $\underline{x} = \underline{0}$ Ljapunow-stabil.

Ganz entsprechend gilt für die asymptotische Hyperstabilität:

Ist das System (6.10), (6.11), (6.12) asymptotisch hyperstabil, so ist die Ruhelage $\underline{x}_R = \underline{0}$ global asymptotisch stabil.

Zunächst ist das System (6.10), (6.11), (6.12) hyperstabil. Damit ist wie oben gezeigt, seine Ruhelage $\underline{x} = \underline{0}$ stabil im Ljapunowschen Sinn. Da außerdem gemäß der Definition der asymptotischen Hyperstabilität für $t \to +\infty$ $\underline{x}(t,\underline{x}_0) \to \underline{0}$ strebt für jeden zulässigen Eingangsvektor u(t) und beliebigen Anfangszustand $\underline{x}_0$, gilt dies auch für $\underline{u}(t) \equiv \underline{0}$. Daher umfaßt der Einzugsbereich der Ruhelage $\underline{0}$ den gesamten Zustandsraum, womit $\underline{x} = \underline{0}$ global asymptotisch stabil ist.

Jedoch bedeutet asymptotische Hyperstabilität nicht einfach dasselbe wie der bisher benutzte Begriff „globale asymptotische Stabilität". Denn die Aussage, daß $\underline{x}(t,\underline{x}_0) \to \underline{0}$ strebt für einen beliebigen Anfangszustand $\underline{x}_0$, gilt *für jeden Eingangsvektor $\underline{u}(t)$, welcher der Ungleichung (6.12) genügt*, und nicht nur für $\underline{u} \equiv \underline{0}$, wie dies bei der Definition der globalen asymptotischen Stabilität vorausgesetzt wird.

Auch die Übertragungsstabilität ist in der Hyperstabilität enthalten, sofern man sich sinngemäß auf Eingangsgrößen $\underline{u}(t)$ beschränkt, die der Ungleichung (6.12) genügen, welche ja zur Systemdefinition gehört. Ist nämlich das System (6.10), (6.11) hyperstabil, so gilt nach (6.13)

$$|\underline{x}(t)| \le \epsilon_1 \Big[\epsilon_0 + |\underline{x}(0)| \Big] .$$

Aus (6.11) folgt dann

$$|\underline{y}(t)| \le \|\underline{C}\| \cdot |\underline{x}(t)| + \|\underline{D}\| \cdot |\underline{u}(t)| \le \|\underline{C}\| \epsilon_1 \Big[\epsilon_0 + |\underline{x}(0)| \Big] + \|D\| \cdot |u(t)| ,$$

wobei allgemein $\|\underline{M}\| = \sqrt{\sum_{i,k} m_{ik}^2}$ die Euklidische Norm der Matrix $\underline{M}$ ist. Ist $\underline{u}(t)$ für alle $t \ge 0$ beschränkt, so gilt das gleiche also auch für $\underline{y}(t)$, und zwar für jeden Anfangswert $\underline{x}(0)$. Speziell für $\underline{x}(0) = \underline{0}$ folgt daraus:

Ist das dynamische System (6.10), (6.11), (6.12) hyperstabil, so ist es auch übertragungsstabil.

Die Definition der Hyperstabilität und asymptotischen Hyperstabilität kann in geradliniger Weise auch auf nichtlineare Systeme ausgedehnt werden (siehe hierzu [52],[53],[51]).Hierauf wollen wir nicht eingehen, da eine solche Erweiterung für die Behandlung von Regelkreisen nach Art von Bild 6/2, wie wir sie im folgenden betrachten, nicht notwendig ist.

Bei der Behandlung dieser Regelkreise gehen wir davon aus, daß der Rückführblock

$$\underline{v}(t) = \underline{f}\{\underline{y}(t),t\}$$

die Popowsche Integralungleichung (6.7), also

$$\int\limits_0^t \underline{v}^T(\tau)\underline{y}(\tau)d\tau \geq -\epsilon_0^2 \quad \text{für alle } t \geq 0 \, ,$$

erfüllt. Wegen $\underline{u} = -\underline{v}$ ist sie gleichbedeutend mit

$$\int\limits_0^t \underline{u}^T(\tau)\underline{y}(\tau)d\tau \leq \epsilon_0^2 \quad \text{für alle } t \, ,$$

d.h. der Beziehung (6.12), wobei das Vorhandensein des Rückführblockes
garantiert, daß die Integralungleichung (6.12) für die Eingangsgröße $\underline{u}(t)$ des
linearen Systems erfüllt ist. Das lineare System im Vorwärtszweig ist daher ein
System, das durch die Beziehungen (6.10), (6.11), (6.12) charakterisiert wird.
Daraus folgt:

*(I)   Erfüllt der Block im Rückführzweig der Regelung von Bild 6/2
die Popowsche Integralungleichung und ist das dynamische System
im Vorwärtszweig hyperstabil, so ist für jeden derartigen Rückführblock und beliebige Anfangszustände des dynamischen Systems im
Vorwärtszweig der Zustandsvektor dieses Systems beschränkt, seine
Ruhelage $\underline{x} = \underline{0}$ stabil. Der Regelkreis wird dann als hyperstabil bezeichnet.*
*(II)   Erfüllt der Block im Rückführzweig der Regelung von Bild 6/2
die Popowsche Integralungleichung und ist das dynamische System
im Vorwärtszweig asymptotisch hyperstabil, so ist für jeden derarti-
gen Rückführblock die Ruhelage $\underline{x} = \underline{0}$ global asymptotisch stabil.
Der Regelkreis wird dann als asymptotisch hyperstabil bezeichnet.*   (6.19)

Hier ist noch eine Anmerkung zur Ruhelage $\underline{x} = \underline{0}$ der Regelung im Bild 6/2 zu
machen. Soll $\underline{x} = \underline{0}$ Ruhelage sein, so muß auch $\underline{\dot{x}} = \underline{0}$ sein, und es folgt aus
(6.10) $\underline{u} = \underline{0}$, sofern die Matrix $\underline{B}$ Höchstrang hat, was man bei einem realistischen System voraussetzen darf. Nach (6.11) ist dann weiterhin auch $\underline{y} = \underline{0}$. Für
den Block

$$\underline{v} = \underline{f}\{\underline{y},t\} \quad \text{bzw.} \quad -\underline{u} = \underline{f}\{\underline{y},t\}$$

muß dann gelten:

$$\underline{f}\{\underline{0},t\} = \underline{0} \quad \text{für alle} \quad t \geq 0 . \tag{6.20}$$

Diese *Voraussetzung, die im folgenden stets zu Grunde gelegt wird,* besagt beispielsweise für eine nichtlineare Kennlinie, die nicht explizit von der Zeit abhängt, daß sie durch den Ursprung geht: F(0) = 0. Im Beispiel von Bild 6/3 ist f{y,t} = h(t)·y , sodaß (6.20) erfüllt ist.

Wir haben nun den Begriff der Hyperstabilität eingeführt, in dem Umfang, wie es für unsere Zwecke erforderlich ist. Er wurde 1963 von *V. M. Popow* angegeben, also wenige Jahre nach der Entdeckung des nach ihm benannten Kriteriums [The Solution of a New Stability Problem for Controlled Systems. Automatic and Remote Control 24 (1963), Seite 1–23]. Eine ausführliche Darstellung der Hyperstabilitätstheorie findet man in dem Buch [52] dieses Autors, das allerdings für Ingenieure schwer zu lesen ist. Besser liest sich das Buch [50] von *Y. D. Landau,* in dem diese Theorie zur Behandlung adaptiver Systeme benutzt wird und deshalb die wichtigsten Definitionen und Sätze zur Hyperstabilitätstheorie im Anhang B und C präzise und übersichtlich zusammengestellt sind. Ebenfalls zwecks Verwendung bei adaptiven Systemen werden Definitionen, Begriffe und Sätze der Hyperstabilitätstheorie in [53] von *H. Unbehauen* und [2] von *J. Böcker, I. Hartmann und Ch. Zwanzig* zusammengestellt.

Eine schöne Einführung bietet der Aufsatz „Die Hyperstabilitätstheorie – eine systematische Methode zur Analyse und Synthese nichtlinearer Systeme" von *H.–P. Opitz,* Automatisierungstechnik 34 (1986), Seite 221–230. Von ihm wurde die Hyperstabilitätstheorie zur Synthese robuster, strukturvariabler Regelungen benutzt (siehe die beiden Zitate am Schluß von Abschnitt 3.5).

6.2 Hyperstabilitätskriterien

Die Frage, wann eine Regelung nach Bild 6/2 hyperstabil bzw. asymptotisch hyperstabil ist, läuft nach (6.19) auf die Frage hinaus, wann ein System, das durch die Beziehungen (6.10), (6.11), (6.12) gegeben ist, diese Eigenschaften besitzt. Hierfür sollen nun Kriterien angegeben werden.

Solche Kriterien lassen sich sowohl im Frequenzbereich als auch im Zeitbereich formulieren. Für die ersteren benötigt man den Begriff der positiv reellen Funktion. Er stammt aus der Theorie der elektrischen Netzwerke und für seine eingehende Behandlung sei auf die einschlägigen Lehrbücher [75, 77, 79, 80] verwiesen. Hier wird nur so viel gebracht, wie für die Hyperstabilitätsuntersuchung erforderlich ist.

Im folgenden sei *G(s)* stets eine *rationale Funktion mit reellen Koeffizienten, deren Zählergrad höchstens gleich dem Nennergrad ist.* Eine solche Funktion ist stets reell, wenn s reell ist, woher die Benennung „reelle Funktion" stammt. Die letztgenannte Voraussetzung hat zur Folge, daß G(s) nur Pole in der endlichen s–Ebene besitzt, s = ∞ jedoch nicht als Pol auftreten kann. Diese Voraussetzung ist für das Folgende nicht unbedingt erforderlich, sodaß wir gelegentlich davon absehen werden, ist aber bei realen Systemen der Regelungstechnik durchweg erfüllt.

Eine derartige Funktion G(s) wird *positiv* reell genannt, wenn durch die Abbildung z = G(s) die offene rechte s–Halbebene (rechte s–Halbebene ohne j–Achse) in die offene rechte z–Halbebene abgebildet wird. Mit anderen Worten:

G(s) heißt positiv reell, wenn aus Re s > 0 auch Re G(s) > 0 folgt.   (6.21)

Betrachten wir als einfaches Beispiel dazu das Verzögerungsglied 1. Ordnung:

$$G(s) = \frac{K}{1+Ts} \quad \text{mit K, T} > 0 .$$

Speziell für s = $j\omega$ wird daraus

$$G(j\omega) = \frac{K}{1+Tj\omega} = \frac{K}{1+T^2\omega^2} - \frac{KT\omega}{1+T^2\omega^2} j .$$

Mit $\xi = \text{Re}\,G(j\omega)$ und $\eta = \text{Im}\,G(j\omega)$ ist dann wegen $\omega^2 = \frac{1}{T^2}\frac{K-\xi}{\xi}$:

$$\eta^2 = \xi(K - \xi) \quad \text{oder} \quad (\xi - \frac{K}{2})^2 + \eta^2 = \frac{K^2}{4} .$$

Das ist ein Kreis um den Punkt $(\frac{K}{2},0)$ der z–Ebene mit dem Radius K/2. Er ist im Bild 6/4 wiedergegeben und stellt also das Bild der j–Achse der s–Ebene dar. Er ist die Ortskurve des Verzögerungsgliedes 1. Ordnung und besitzt die im Bild 6/4 eingezeichnete Durchlaufungsrichtung. Da es sich um eine konforme

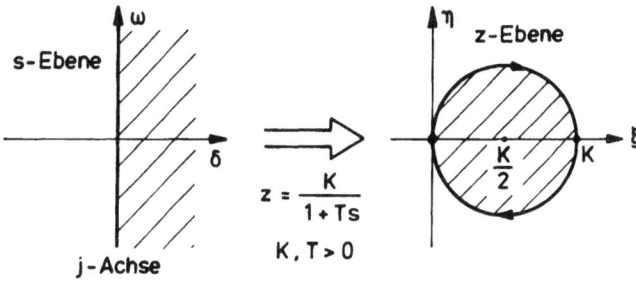

Bild 6/4   Abbildung durch eine positiv reelle Funktion am Beispiel des Verzögerungsgliedes 1. Ordnung

Abbildung handelt, geht die rechte Seite der j–Achse in die rechte Seite des Kreises über, d.h. die offene rechte s–Halbebene wird zum Innengebiet des Kreises, was durch die Schraffur im Bild 6/4 angedeutet ist.

Um zu sehen, worin die Bedeutung der positiv reellen Funktionen für die Netzwerktheorie besteht, betrachten wir einen Zweipol (oder 1–Tor), d.h. ein elektrisches Netzwerk mit *einem* von außen zugänglichen Klemmenpaar (Bild 6/5). Der Zusammenhang zwischen der Spannung u und dem Strom i sei durch

$$I(s) = G(s)U(s)$$

gegeben, wobei G(s) die sogenannte Admittanz des Zweipols ist (deren Kehrwert die Impedanz darstellt). Dann gilt der Satz (siehe z.B. [77]): *Das Netzwerk läßt sich genau dann aus Ohmschen Widerständen, Induktivitäten, Kapazitäten und idealen Übertragern aufbauen, wenn G(s) eine positiv reelle Funktion ist.*

Die Bedingung (6.21) ist schwer zu überprüfen, da die gesamte rechte s–Halbebene betrachtet werden muß. Man hat deshalb günstigere Kriterien abgeleitet. Ein solches lautet:

G(s) ist genau dann positiv reell, wenn
(I) G(s) keine Pole rechts der j–Achse besitzt,
(II) etwaige Pole von G(s) auf der j–Achse einfach sind und positive Residuen besitzen,

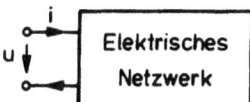

Bild 6/5   Zweipol

(III) Re G(jω) ≥ 0 ist für ω ≥ 0 (sofern jω kein Pol von G ist). Da
Re G(jω) eine gerade Funktion darstellt, ist diese Aussage gleichbe-
deutend damit, daß Re G(jω) ≥ 0 für alle ω.   (6.22)

Weitere Eigenschaften einer positiv reellen Funktion sind:

(IV) G(s) hat rechts der j- Achse keine Nullstellen
(V) Etwaige Nullstellen von G(s) auf der j- Achse sind einfach. Ent-
wickelt man G(s) um eine solche Nullstelle in eine Potenzreihe, so
ist der Koeffizient der ersten Potenz positiv.
(VI) Die Differenz von Nennergrad und Zählergrad von G(s) ist 0
oder 1.
(VII) Die Koeffizienten von G(s) sind sämtlich ≥ 0.

Ist auch nur eine der Bedingungen (I) bis (VII) verletzt, so ist G(s) nicht positiv reell.

Die Eigenschaften (III), (IV) und (V) zusammen sind notwendig
und hinreichend dafür, daß G(s) positiv reell ist.   (6.23)

Damit hat man neben (6.22) eine weitere notwendige und hinreichende Bedingung für das positiv reelle Verhalten einer Funktion. Noch eine dritte derartige
Bedingung sei angegeben:

Sind in G(s) = Z(s)/N(s) die beiden Polynome Z(s) und N(s) ohne
gemeinsame Nullstelle, so ist G(s) genau dann positiv reell, wenn
• Re G(jω) ≥ 0 für alle ω ≥ 0 (sofern jω kein Pol von G ist),
• Z(s) + N(s) ein Hurwitz- Polynom bildet, d.h. keine Nullstellen
auf oder rechts der j- Achse besitzt.   (6.24)

Betrachtet man etwa die Eigenschaft (VI) über die Grade von Zähler- und Nen-
nerpolynom oder auch Eigenschaft (III), die ja verlangt, daß die Ortskurve von
G(jω) rechts oder allenfalls auf der j-Achse liegt, so sieht man, daß die Forderung nach positiv reellem Verhalten recht einschränkend ist.

Da wir im folgenden auch Mehrgrößensysteme betrachten, muß noch etwas über
das positiv reelle Verhalten einer Übertragungs*matrix* $\underline{G}$(s) gesagt werden. *Dabei*
setzen wir voraus, daß $\underline{G}$(s) = [G_{ik}(s)] eine quadratische Matrix ist, deren Elemente
G_{ik}(s) rationale Funktionen mit reellen Koeffizienten sind, wobei ihr Zählergrad
höchstens gleich dem Nennergrad ist.

Man definiert dann [79]:

$\underline{G}(s)$ *heißt positiv reell, wenn* $Re[\underline{z}^*\underline{G}(s)\underline{z}] > 0$ *für* $Re\,s > 0$, *wobei* $\underline{z}$
ein beliebiger komplexer Vektor $\neq \underline{0}$ *und* $\underline{z}^* = \overline{\underline{z}}^T$, *also konjugiert*
komplex und transponiert zu $\underline{z}$, *ist.*   (6.25)

Da für eine beliebige komplexe Zahl α stets $Re\,\alpha = \frac{1}{2}\left[\alpha + \overline{\alpha}\right]$ gilt, ist

$$Re[\underline{z}^*\underline{G}(s)\underline{z}] = \frac{1}{2}[\underline{z}^*\underline{G}(s)\underline{z} + \overline{\underline{z}^*\underline{G}(s)\underline{z}}]\,.$$

$\underline{z}^*\underline{G}(s)\underline{z}$ ist ein Skalar, ändert sich also bei Transposition nicht. Daher kann man schreiben:

$$Re[\underline{z}^*\underline{G}(s)\underline{z}] = \frac{1}{2}[\underline{z}^*\underline{G}(s)\underline{z} + (\underline{z}^*\underline{G}(s)\underline{z})^*] = \frac{1}{2}[\underline{z}^*\underline{G}(s)\underline{z} + \underline{z}^*\underline{G}^*(s)\underline{z}]\,,$$

denn allgemein gilt $\underline{M}^{**} = \underline{M}$. Mithin ist

$$Re[\underline{z}^*\underline{G}(s)\underline{z}] = \underline{z}^*\underline{G}_H(s)\underline{z} \tag{6.26}$$

mit

$$\underline{G}_H(s) = \frac{1}{2}[\underline{G}(s) + \underline{G}^*(s)]\,. \tag{6.27}$$

Da offensichtlich $\underline{G}_H^*(s) = \underline{G}_H(s)$ gilt, also $\underline{G}_H(s)$ durch konjugierte Transposition in sich übergeht, stellt $\underline{G}_H(s)$ eine *hermitesche Matrix* dar. Es sei daran erinnert, daß die hermitesche Matrix durch Verallgemeinerung der symmetrischen Matrix entsteht, wenn man von reellen Elementen zu beliebigen komplexen Elementen übergeht. Die durch (6.26) gegebene Funktion von $\underline{z}$ stellt für jedes s eine hermitesche Form dar. Man sieht unmittelbar aus (6.26) und (6.27), daß diese Funktion nur reelle Werte hat.

Wegen (6.26) folgt aus der Definition (6.25) die folgende notwendige und hinreichende Bedingung:

Die Matrix $\underline{G}(s)$ *ist genau dann positiv reell, wenn ihr hermitescher*
Anteil

$$\underline{G}_H(s) = \tfrac{1}{2}[\underline{G}(s) + \underline{G}^*(s)]$$

für $Re\,s > 0$ *positiv definit ist.*   (6.28)

Da eine hermitesche Form nur reelle Werte hat, ist die positive Definitheit bzw. Semidefinitheit genauso erklärt wie bei einer quadratischen Form (siehe Unterabschnitt 3.3.1).

Die Bedingung (6.28) ist wiederum schwer zu überprüfen, weil sie sich auf eine ganze Halbebene bezieht. Man hat deshalb aus (6.28) ein weiteres notwendiges und hinreichendes Kriterium hergeleitet:

Die Matrix $\underline{G}(s) = [G_{ik}(s)]$ *ist genau dann positiv reell, wenn folgendes gilt:*
(I) Die $G_{ik}(s)$ *haben keine Pole rechts der j-Achse.*
(II) Etwaige Pole der $G_{ik}(s)$ *auf der j-Achse sind einfach. Bildet man zu einem solchen Pol das Residuum* r_{ik} *bezüglich jeder Funktion* $G_{ik}(s)$ [2]*), so ist die Matrix* (r_{ik}) *hermitesch und positiv semidefinit.*
(III) $\underline{G}_H(j\omega) = \frac{1}{2}[\underline{G}(j\omega) + \underline{G}^*(j\omega)]$ [3]*) ist hermitesch und positiv semidefinit für alle* $\omega \geq 0$ *(die nicht Pole von* $\underline{G}_H(j\omega)$ *sind).*   (6.29)

Auch diese Bedingungen sind noch schwer genug zu überprüfen. Es seien einige Kriterien hierfür angegeben.

Eine hermitesche Matrix ist genau dann positiv semidefinit, wenn sämtliche Hauptminoren, d.h. alle zur Hauptdiagonale symmetrisch gelegenen Unterdeterminanten, ≥ 0 *sind.*   (6.30)

Eine hermitesche Matrix ist genau dann positiv definit, wenn ihre „nordwestlichen" Unterdeterminanten (Hauptabschnittsdeterminanten), d.h. alle Unterdeterminanten, deren linke obere Ecke mit der linken oberen Ecke der Matrix zusammenfällt, > 0 *sind.* [4]*)*   (6.31)

Eine hermitesche Matrix ist genau dann positiv semidefinit (definit), wenn alle Eigenwerte ≥ 0 *(*> 0*) sind.*   (6.32)

Notwendige Bedingung: Eine hermitesche Matrix ist nur dann positiv semidefinit (definit), wenn alle Elemente ihrer Hauptdiagonale ≥ 0 *(*> 0*) sind.*   (6.33)

---

[2]) Ist λ Pol einer Funktion $G_{ik}(s)$, tritt aber in einer anderen derartigen Funktion nicht als Pol auf, so ist für die letztere $r_{ik} = 0$.

[3]) Dabei ist $\underline{G}^*(j\omega) = \underline{G}^T(-j\omega)$.

[4]) Kriterium von *Sylvester* aus Unterabschnitt 3.3.1.

Betrachten wir als *Beispiel* die Übertragungsmatrix

$$\underline{G}(s) = \begin{bmatrix} \dfrac{1}{2+s} & -\dfrac{a+s}{2+s} \\ 1 & \dfrac{s+1}{s} \end{bmatrix}, \quad a \text{ reell },$$

und wenden auf sie das Kriterium (6.29) an! Was zunächst die Bedingung (I) angeht, so sind die Pole der angegebenen Übertragungsfunktionen $s = -2$ und $s = 0$, so daß keiner rechts der j-Achse liegt.

Von ihnen liegt $s = 0$ *auf* der j-Achse. Dieser Wert ist Pol von

$$G_{22}(s) = \frac{s+1}{s} = \frac{1}{s} + 1 .$$

Daher ist das zugehörige Residuum [5]) $r_{22} = 1$. In den restlichen $G_{ik}(s)$ tritt $s = 0$ nicht als Pol auf, so daß für diese Übertragungsfunktionen $r_{ik} = 0$ ist. Mithin ist die Residuenmatrix zu $s = 0$:

$$\underline{R} = \begin{bmatrix} 0 & 0 \\ 0 & 1 \end{bmatrix} .$$

Sie ist symmetrisch und daher auch hermitesch. Ihre Hauptminoren sind 0, 1 und $\begin{vmatrix} 0 & 0 \\ 0 & 1 \end{vmatrix} = 0$. Daher ist $\underline{R}$ nach (6.30) positiv semidefinit.

Um nun die Bedingung (III) in (6.29) zu überprüfen, bildet man zunächst

$$\underline{G}(j\omega) = \begin{bmatrix} \dfrac{1}{2+j\omega} & -\dfrac{a+j\omega}{2+j\omega} \\ 1 & 1+\dfrac{1}{j\omega} \end{bmatrix}$$

und daraus

$$\underline{G}^*(j\omega) = \begin{bmatrix} \dfrac{1}{2-j\omega} & 1 \\ -\dfrac{a-j\omega}{2-j\omega} & 1-\dfrac{1}{j\omega} \end{bmatrix} .$$

---

[5]) Zur Erinnerung: Man erhält das Residuum einer Funktion $F(s)$ zum Pol α, indem man die Funktion F um α in die Laurentreihe entwickelt und den Koeffizienten der Potenz $(s-\alpha)^{-1}$ nimmt.

Daher ist

$$\underline{G}_H(j\omega) = \tfrac{1}{2} [\underline{G}(j\omega) + \underline{G}^*(j\omega)] = \tfrac{1}{2} \begin{bmatrix} \dfrac{4}{4+\omega^2} & \dfrac{2-a}{2+j\omega} \\ \dfrac{2-a}{2-j\omega} & 2 \end{bmatrix} .$$

Ihre Hauptminoren sind $\dfrac{2}{4+\omega^2}$, 1 und $\dfrac{1}{4} \begin{vmatrix} \dfrac{4}{4+\omega^2} & \dfrac{2-a}{2+j\omega} \\ \dfrac{2-a}{2-j\omega} & 2 \end{vmatrix} = \dfrac{8-(2-a)^2}{4(4+\omega^2)}$.

Während die beiden ersten Hauptminoren auf jeden Fall ≥ 0 sind, ist für den letzten dazu erforderlich, daß $8 - (2-a)^2 \geq 0$ gilt, also $|2-a| \leq \sqrt{8}$ bzw. $-\sqrt{8} \leq 2-a \leq \sqrt{8}$. Daraus folgt $2(1-\sqrt{2}) \leq a \leq 2(1+\sqrt{2})$. Für diesen Wertebereich des Parameters a ist $\underline{G}(s)$ positiv reell, für andere Werte von a hingegen nicht.

Bei den Hyperstabilitätsuntersuchungen benötigt man noch eine Verschärfung des positiv reellen Verhaltens einer Funktion. Sie besteht darin, daß die Ungleichung

$$\operatorname{Re} G(s) > 0$$

in (6.21) bzw.

$$\operatorname{Re}[\underline{z}^* \underline{G}(s)\underline{z}] > 0 , \underline{z} \neq \underline{0} ,$$

in (6.25) nicht nur für $\operatorname{Re} s > 0$, sondern stärker für $\operatorname{Re} s \geq 0$ gelten soll. Die Funktion G(s) bzw. $\underline{G}(s)$ heißt dann *streng positiv reell.*

Die Übertragungsfunktion

$$G(s) = \frac{K}{1+Ts} , \quad K, T > 0 ,$$

des Verzögerungsgliedes 1. Ordnung ist nicht nur, wie oben gesagt, positiv reell, sondern sogar streng positiv reell. Wie man aus dem Bild 6/4 abliest, wird nämlich die rechte s−Halbebene *einschließlich der j−Achse* ins Innere der rechten z−Halbebene abgebildet. Der Ursprung der z−Ebene ist kein Bildpunkt der Abbildung $z = G(j\omega)$, da $z = 0$ für keinen endlichen ω−Wert angenommen, sondern lediglich für $\omega \to +\infty$ und $\omega \to -\infty$ angestrebt wird.

Beispiel für eine positiv reelle, jedoch nicht *streng* positiv reelle Funktion ist etwa

$$G(s) = \frac{9}{8} \frac{1 + \frac{2}{9}s + \frac{1}{9}s^2}{1 + 2s + s^2} = \frac{1}{(1+s)^2} + \frac{1}{8}.$$

Die Ortskurve $z = G(j\omega)$ hat die im Bild 6/6 skizzierte Gestalt, was man erkennt, wenn man $\mathrm{Re}\,G(j\omega)$ berechnet und dessen Minimum bestimmt. Für $\omega = \pm \sqrt{3}$ liegt der Bildpunkt $z = G(j\omega)$ *auf* der j–Achse, so daß die Forderung $\mathrm{Re}\,G(s) > 0$ für $\mathrm{Re}\,s \geq 0$ *nicht* erfüllt ist.

In Analogie zu (6.22) und (6.29) gelten nun die folgenden Kriterien:

Die Funktion G(s) ist genau dann streng positiv reell, wenn
(I) die Pole von G(s) links der j–Achse liegen und
(II) Re G(jω) > 0 ist für ω ≥ 0.   (6.34)

Die Matrix $\underline{G}(s)$ ist genau dann streng positiv reell, wenn
(I) die Pole sämtlicher Elemente von $\underline{G}(s)$ links der j–Achse liegen,
(II) $\underline{G}_H(j\omega) = \frac{1}{2}[\underline{G}(j\omega) + \underline{G}^*(j\omega)]$ hermitesch und positiv definit für jedes ω ≥ 0 ist.   (6.35)

Hilfreich bei der Untersuchung einer Funktion G(s) auf streng positiv reelles Verhalten können die folgenden *notwendigen Bedingungen* sein:

Die Funktion G(s) = P(s)/Q(s) ist nur dann streng positiv reell,
wenn die folgenden Bedingungen erfüllt sind:

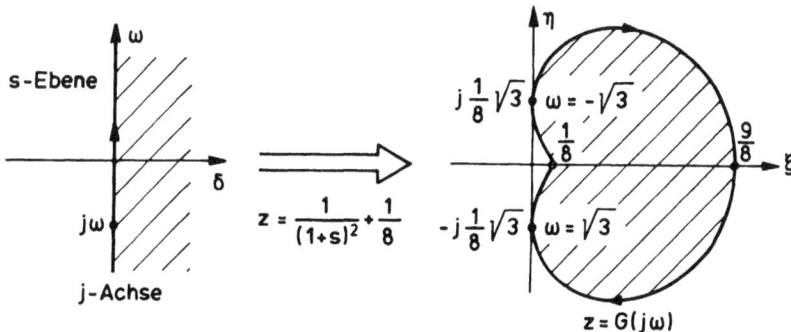

Bild 6/6   Beispiel für eine positiv reelle, aber nicht streng positiv reelle Funktion

*(I) Die Koeffizienten der Polynome P(s) und Q(s) sind sämtlich > 0
(es darf also auch keine Potenz unterhalb der höchsten fehlen).
(II) Sämtliche Nullstellen von P(s) und Q(s) liegen links der j- Achse.
(III) Der Gradunterschied zwischen P(S) und Q(s) beträgt höchstens 1.* (6.36)

Ist also eine dieser Bedingungen nicht erfüllt, so kann man sich weitere Bemühungen sparen.

Alle bisherigen Betrachtungen über positiv reelles Verhalten gingen von einer Übertragungsfunktion G(s) oder allgemeiner einer Übertragungsmatrix $\underline{G}$(s) aus und spielten sich demgemäß vollständig im Frequenzbereich ab. Man kann sich fragen, welche *Bedingungen im Zeitbereich* den Frequenzbereichskriterien für positiv reelles und streng positiv reelles Verhalten entsprechen. Um nicht unbedingt erforderliche Fallunterscheidungen zu vermeiden, betrachten wir sogleich ein *Mehrgrößensystem, in dem das Eingrößensystem ja enthalten ist:*

$$\underline{\dot{x}} = \underline{A}\underline{x} + \underline{B}\underline{u} \,, \tag{6.37}$$

$$\underline{y} = \underline{C}\underline{x} + \underline{D}\underline{u} \tag{6.38}$$

mit konstanten Matrizen $\underline{A}$, $\underline{B}$, $\underline{C}$, $\underline{D}$ und dim$\underline{y}$ = dim$\underline{u}$, also den Systemtyp, der unseren Betrachtungen zu Grunde liegt. *Das System sei vollständig steuer- und beobachtbar.* Durch Laplace-Transformation ergibt sich daraus die Übertragungsmatrix

$$\underline{G}(s) = \underline{C}(s\underline{I}_n - \underline{A})^{-1}\underline{B} + \underline{D} \,. \tag{6.39}$$

Dann gilt das *Lemma von Kalman-Jakubowitsch* (auch Lemma von *Meyer-Kalman-Jakubowitsch* oder *Kalman-Jakubowitsch-Popow*):

Die Übertragungsmatrix $\underline{G}$(s) ist genau dann positiv reell, wenn es reelle Matrizen $\underline{L}$, $\underline{V}$ und $\underline{P}$ gibt, welche das Gleichungssystem

$$\underset{(n,n)}{\underline{A}^T}\underset{(n,n)}{\underline{P}} + \underset{(n,n)}{\underline{P}}\underset{(n,n)}{\underline{A}} = -\underset{(n,m)}{\underline{L}}\underset{(m,n)}{\underline{L}^T} \,,$$

$$\underset{(n,m)}{\underline{L}}\underset{(m,p)}{\underline{V}} = \underset{(n,p)}{\underline{C}^T} - \underset{(n,n)}{\underline{P}}\underset{(n,p)}{\underline{B}} \,,$$

$$\underset{(p,p)}{\underline{D}} + \underset{(p,p)}{\underline{D}^T} = \underset{(p,m)}{\underline{V}^T} \underset{(m,p)}{\underline{V}}$$

erfüllen, wobei $\underline{L}$ und $\underline{V}$ beliebig sind, aber $\underline{P}$ positiv definit sein muß.   (6.40a)

Zusätzlich gilt:

$\underline{G}(s)$ ist streng positiv reell, wenn überdies $\underline{L}$ regulär ist.   (6.40b)

Nunmehr sind wir in der Lage, ein sehr befriedigendes notwendiges und hinreichendes Kriterium der Hyperstabilität zu formulieren, das sogleich allgemein für Mehrgrößensysteme angegeben wird:

Das lineare, zeitinvariante, steuer- und beobachtbare System

$$\dot{\underline{x}} = \underset{(n,n)}{\underline{A}}\,\underline{x} + \underset{(n,p)}{\underline{B}}\,\underline{u} \, ,$$

$$\underline{y} = \underset{(p,n)}{\underline{C}}\,\underline{x} + \underset{(p,p)}{\underline{D}}\,\underline{u} \, ,$$

$$\int_0^t \underline{u}^T(\tau)\underline{y}(\tau)d\tau \le \epsilon_0^2 \text{ für alle } t \ge 0, \, \epsilon_0 > 0 \text{ konstant,}$$

mit der Übertragungsmatrix

$$\underline{G}(s) = \underline{C}(s\underline{I}_n - \underline{A})^{-1}\underline{B} + \underline{D}$$

ist genau dann hyperstabil bzw. asymptotisch hyperstabil, wenn $\underline{G}(s)$
positiv reell bzw. streng positiv reell ist.   (6.41)

Mittels der im vorhergehenden angegebenen Bedingungen für das positiv reelle bzw. streng positiv reelle Verhalten der Übertragungsmatrix $\underline{G}(s)$ kann man nun ein System auf Hyperstabilität untersuchen. Wir wollen noch eine *zweite Fassung des Hyperstabilitätskriteriums* formulieren, indem wir das Lemma von ***Kalman-Jakubowitsch*** verwenden:

Das dynamische System aus (6.41) ist genau dann hyperstabil, wenn
es reelle Matrizen $\underset{(n,m)}{\underline{L}}$, $\underset{(m,p)}{\underline{V}}$ und $\underset{(n,n)}{\underline{P}}$ (mit freiem m) gibt, welche
das Gleichungssystem

$$\underline{A}^T\underline{P} + \underline{P}\underline{A} = -\underline{L}\underline{L}^T \, ,$$

$$\underline{L}\underline{V} = \underline{C}^T - \underline{P}\underline{B} \, ,$$

$$\underline{D} + \underline{D}^T = \underline{V}^T\underline{V}$$

erfüllen, wobei $\underline{L}$ und $\underline{V}$ beliebig sind, aber $\underline{P}$ positiv definit sein muß.
Ist $\underline{L}$ überdies regulär, so ist das dynamische System asymptotisch hyperstabil.   (6.42)

Im folgenden werden wir vor allem ein *Kriterium für die Hyperstabilität von Regelungen* benötigen, wobei wir dieses ebenfalls sogleich für den allgemeinen Fall des Mehrgrößensystems formulieren wollen:

Die Regelung im Bild 6/2 ist hyperstabil (asymptotisch hyperstabil), wenn

(I)   die Popowsche Integralungleichung

$$\int\limits_{0}^{t} \underline{v}^T(\tau)\underline{y}(\tau)d\tau \geq -\epsilon_0^2 \quad \textit{für alle } t \geq 0$$

für ein positives ϵ_0 erfüllt ist,
(IIa) die Übertragungsmatrix des linearen Teilsystems positiv reell (streng positiv reell) ist oder
(IIb) die Kalman – Jakubowitsch – Gleichungen

$$\underline{A}^T\underline{P} + \underline{P}\underline{A} = -\underline{L}\underline{L}^T \, ,$$ (6.43a)

$$\underline{L}\underline{V} = \underline{C}^T - \underline{P}\underline{B} \, ,$$ (6.43b)

$$\underline{D} + \underline{D}^T = \underline{V}^T\underline{V}$$ (6.43c)

erfüllt werden, und zwar mit positiv definitem $\underline{P}$, beliebigem (re-gulärem) $\underline{L}$ und beliebigem $\underline{V}$.   (6.43)

Dieses Kriterium folgt unmittelbar aus den vorangegangenen Kriterien.

6.3   Behandlung von Eingrößenregelungen mittels der Hyperstabilität

6.3.1   Allgemeine Vorgehensweise

Die grundsätzliche Struktur der hier betrachteten Regelkreise ist im Bild 6/7 wiedergegeben. Sie entspricht der Standardstruktur von Bild 6/2, nur daß es

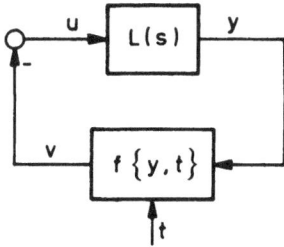

Bild 6/7
Standard-Eingrößenregelung für
Kapitel 6

sich hier um *Ein*größenregelungen handelt und das lineare Teilsystem durch seine Übertragungsfunktion charakterisiert ist.

Die Führungsgröße w ist hierbei zu Null angenommen. Dafür kann es verschiedene Gründe geben. Wenn es sich um die Stabilitätsuntersuchung eines Regelkreises handelt, wobei Stabilität im Ljapunowschen Sinn verstanden wird, braucht man eventuelle Eingangsgrößen nicht zu berücksichtigen. Eine andere Möglichkeit: Wenn eine konstante Führungsgröße w vorhanden ist, wird diese einen bestimmten Arbeitspunkt der Regelung festlegen. Geht man zu den Abweichungen vom Arbeitspunkt über, so kann man w = 0 setzen. Dabei braucht der Übergang zu den Abweichungen keineswegs mit einer Linearisierung verbunden zu sein. Wir werden dies später (Unterabschnitt 6.3.3) an einem Beispiel durchführen.

Verschiebt man im Bild 6/7 das Summierglied hinter das lineare Teilsystem und zeichnet dann das Bild 6/7 um, indem man den Block v = f{y,t} samt dem Summierglied in den Vorwärtszweig verlegt, so erhält man Bild 6/8. Diese Struktur ist also bezüglich des Stabilitätsverhaltens äquivalent zu der Struktur im Bild 6/7. Es ist dies die früher, z.B. beim Popow- und Kreiskriterium in Kapitel 5, zu Grunde gelegte Struktur. Zwischen den Strukturen im Bild 6/7 und 6/8 brauchen wir im folgenden nicht zu unterscheiden. Das gilt offensichtlich auch für Mehrgrößenregelungen.

Die Übertragungsfunktion des linearen Teilsystems sei durch

$$L(s) = \frac{Z(s)}{N(s)} = \frac{V}{s^q}\frac{P(s)}{Q(s)} = \frac{V}{s^q}\frac{1 + b_1 s + \ldots + b_m s^m}{1 + a_1 s + \ldots + a_r s^r} \qquad (6.44)$$

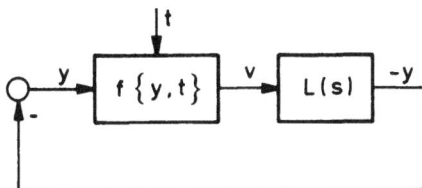

Bild 6/8
Zu Bild 6/7 äquivalente
Struktur

gegeben. Dabei gelte:

$V > 0$; $q = 0$ oder 1; $P(s)$ und $Q(s)$ ohne gemeinsame Nullstellen; Nullstellen von $P(s)$ und $Q(s)$ links der j-Achse gelegen, so daß alle a_ν und $b_\nu >$ 0 sind; $m \leq q + r = n$.

Im Bild 6/9 ist die übliche Gestalt der Ortskurve für die beiden Fälle $q = 0$ (Proportionalverhalten von $L(s)$) und $q = 1$ (Integrierverhalten von $L(s)$) skizziert. Dabei bezeichnet R_m die untere Grenze des Realteils von $L(j\omega)$. Wie man sieht, ist die Bedingung $\mathrm{Re}L(j\omega) \geq 0$ für $\omega \geq 0$ im allgemeinen nicht erfüllt, $L(s)$ gemäß (6.22) also nicht positiv reell und damit das lineare Teilsystem nach (6.41) nicht hyperstabil.

Um die Gültigkeit dieser Bedingung zu erzwingen und darüberhinaus noch *streng* positiv reelles Verhalten zu ermöglichen, liegt es nahe, zu $L(s)$ eine Konstante D zu addieren, und zwar derart, daß die Ortskurve

$$z = \hat{L}(j\omega) = L(j\omega) + D$$

für alle $\omega \geq 0$ rechts der j-Achse liegt, also

$$\mathrm{Re}\hat{L}(j\omega) = \mathrm{Re}L(j\omega) + D > 0$$

a) q = 0

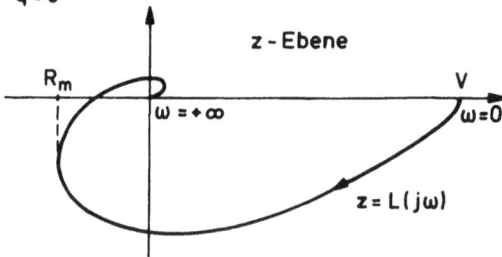

b) q = 1

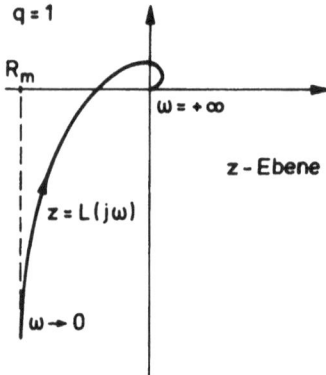

Bild 6/9   Ortskurven zu L(s)

für alle $\omega \geq 0$ gilt. Wie man aus Bild 6/9 abliest, wird dies erreicht, wenn

$$D > -R_m = - \inf_{\omega > 0} \text{Re}\, L(j\omega)$$

gewählt wird.

Im Strukturbild bedeutet die Addition der Konstante D zu L(s) die Parallelschaltung eines P-Gliedes – eine Operation, die im realen System normalerweise ausgeschlossen ist, da sie in den Bereich hohen Leistungspegels führen und deshalb zu hohen Aufwand erfordern würde. Sie ist deshalb lediglich als eine *fiktive* Maßnahme aufzufassen. Um die hierdurch im Regelkreis hervorgerufene Änderung zu kompensieren, legt man zusätzlich einen Block mit dem Verstärkungsfaktor –D parallel zur Strecke, wie dies im Bild 6/10a dargestellt ist.

a)

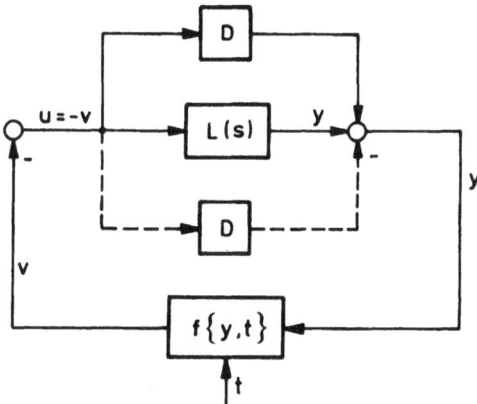

Bild 6/10
Äquivalente Umformung der
Regelung von Bild 6/7

b)

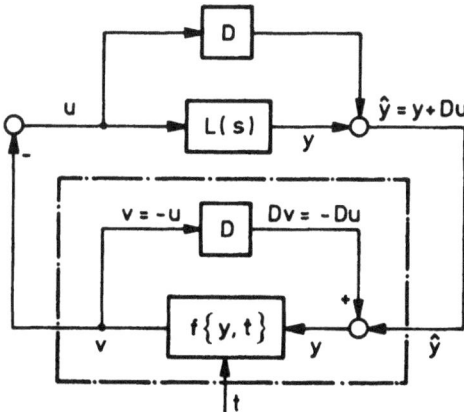

Durch Umformung des Strukturbildes, nämlich Verlegung von Anfangs- und Endpunkt der gestrichelten Wirkungslinie, gelangt man zum Bild 6/10b. Hierbei charakterisiert

$$\hat{L}(s) = L(s) + D \tag{6.45}$$

das neue lineare Teilsystem.

Die strichpunktiert eingerahmte Teilstruktur stellt eine Rückkopplung dar. Für sie gilt

$$v = f\{y,t\} , \quad y = \hat{y} + Dv \quad \text{oder} \quad v = f\{\hat{y} + Dv, t\} . \tag{6.46}$$

Wenn man diese Gleichung nach v auflösen kann, erhält man die Darstellung

$$v = \hat{f}\{\hat{y},t\} . \tag{6.47}$$

Insgesamt hat man so die Struktur im Bild 6/11. In ihr ist das bisherige lineare (zeitinvariante) Übertragungsglied mit der Übertragungsfunktion $L(s)$ durch das lineare (zeitinvariante) Übertragungsglied mit der Übertragungsfunktion $\hat{L}(s)$ ersetzt, während an die Stelle des Operators $f\{y,t\}$ der Operator $\hat{f}\{\hat{y},t\}$ getreten ist.

Man hat so erreicht, daß die Ortskurve des linearen Teilsystems vollständig rechts der j-Achse liegt:

$$\text{Re}\hat{L}(j\omega) > 0 \quad \text{für alle } \omega \geq 0 .$$

Da

$$\hat{L}(s) = \frac{V}{s^q} \frac{P(s)}{Q(s)} + D = \frac{VP(s) + Ds^q Q(s)}{s^q Q(s)} \tag{6.48}$$

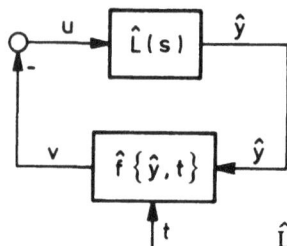

Bild 6/11   Äquivalente Struktur zu Bild 6/7

$\hat{L}(s) = L(s) + D$, $v = \hat{f}(\hat{y},t)$ aus $v = f(\hat{y} + Dv,t)$

durch Addition einer Konstanten aus L(s) entsteht, stimmen die Pole und Residuen von $\hat{L}(s)$ mit denen von L(s) überein. Daher ist für q = 0 bzw. 1 $\hat{L}(s)$ streng positiv reell bzw. nur positiv reell, das lineare Teilsystem also asymptotisch hyperstabil bzw. nur hyperstabil.

Aus der Popowschen Integralungleichung

$$\int\limits_0^t v(\tau)y(\tau)d\tau \geq - \epsilon_0^2 \quad \text{für alle t} \geq 0$$

wird nach der Strukturumformung

$$\int\limits_0^t v(\tau)\hat{y}(\tau)d\tau \geq - \epsilon_0^2 \quad \text{für alle t} \geq 0 \, . \tag{6.49}$$

Man hat so das *Resultat:*

Kann man zeigen, daß die Popowsche Integralungleichung (6.49) für ein positives ϵ_0 erfüllt ist, so ist der Regelkreis in Bild 6/7 mit den bei (6.44) gemachten Voraussetzungen asymptotisch hyperstabil, seine Ruhelage also global asymptotisch stabil, wenn das lineare Teilsystem mit der Übertragungsfunktion L(s) P-Verhalten hat (q = 0), und (nur) hyperstabil bei I-Verhalten des linearen Teilsystems (q = 1). Dabei sind v und $\hat{y}$ durch die Beziehung

$$v = f(y,t) = f\{\hat{y} + Dv, t\}$$

miteinander verknüpft. Hierin ist $D \geq 0$ eine Zahl, die so gewählt ist, daß $Re\,L(j\omega) + D > 0$ für $0 < \omega < +\infty$.   (6.50)

Über den Operator f{y,t} hatten wir keine speziellen Voraussetzungen gemacht. Es kann sich bei ihm um eine nichtlineare Kennlinie handeln, die natürlich auch zeitinvariant sein darf, ebenso aber auch um einen Differential- oder Integraloperator. Lediglich die Voraussetzung (6.20) soll erfüllt sein.

Im folgenden wollen wir uns auf den für den Regelungstechniker interessanteren Fall der **asymptotischen** *Hyperstabilität konzentrieren, den er nach Möglichkeit zu erreichen suchen wird.* Weist L(s) ein I-Glied auf, also einen einfachen Pol in s = 0, so kann man ihn unter den obigen Voraussetzungen über L(s) durch Gegenkopplung mit einem (im übrigen beliebigen) kleinen positiven Faktor k beseitigen und so dafür sorgen, daß sämtliche Pole der abgeänderten Funktion

$$L^*(s) = \frac{L(s)}{1+kL(s)}$$

links der j−Achse liegen. Dies läßt sich anschaulich an der Wurzelortskurve von L(s) sehen. Für die weiteren Untersuchungen wird dann $L^*(s)$ an Stelle von L(s) zu Grunde gelegt.

Es sei noch darauf hingewiesen, daß die Addition einer geeignet gewählten positiven Konstante zwar die einfachste, aber keineswegs die einzige Möglichkeit zur Erzeugung streng positiv reellen Verhaltens von L(s) ist. Eine andere Möglichkeit besteht in der Multiplikation mit Faktoren des Typs $1 + T_{z\nu}s$, also der Reihenschaltung von inversen $P-T_1$-Gliedern.

Betrachten wir beispielsweise

$$L(s) = \frac{K_s}{(1+T_1 s)(1+T_2 s)}, \quad K_s, T_1, T_2 > 0 .$$

Wir multiplizieren mit dem Faktor

$$G_H(s) = 1 + T_z s , \quad T_z > T_1 .$$

Dann ist

$$\underline{/G_H(j\omega)L(j\omega)} = \underline{/1 + T_z j\omega} - \underline{/1 + T_1 j\omega} - \underline{/1 + T_2 j\omega} .$$

Hierin ist

$$\underline{/1 + T_z j\omega} - \underline{/1 + T_1 j\omega} = \text{Arctan}(T_z \omega) - \text{Arctan}(T_1 \omega) > 0 ,$$

da $T_z > T_1$ ist. Also ist

$$\underline{/G_H(j\omega)L(j\omega)} > -\underline{/1 + T_2 j\omega} > -\frac{\pi}{2} \quad \text{für } \omega \geq 0 .$$

Daher liegt die Ortskurve $z = G_H(j\omega)L(j\omega)$ für alle $\omega \geq 0$ rechts der j−Achse.

Wendet man dieses Verfahren im Regelkreis von Bild 6/7 an, so hat man − damit es sich um eine *äquivalente* Strukturumformung handelt − zur Kompensation der Faktoren $1 + T_\nu s$ die entsprechenden $P-T_1$-Glieder einzuführen und zur

vorhandenen Nichtlinearität hinzuzuschlagen. Das kann zu schwer überschauba-
ren Verhältnissen im Rückkopplungszweig führen. Wir werden deshalb bei der
zuvor beschriebenen einfachen Methode zur Erzeugung streng positiv reellen
Verhaltens von L(s) bleiben und das Resultat (6.50) auf einige Beispiele anwenden. Hierbei gehen wir davon aus, daß eine Konstante D gewählt wurde, die
streng positiv reelles Verhalten von $\hat{L}(s)$ = L(s) + D sichert.[6]) Wir werden dann
untersuchen, welche Bedingungen der Block v = f{y,t} erfüllen muß, damit
der Regelkreis im Bild 6/7 asymptotisch hyperstabil, seine Ruhelage also global
asymptotisch stabil ist. Gemäß (6.50) hat man hierfür zu ermitteln, wie f{y,t}
beschaffen sein muß, damit die Popowsche Integralungleichung (6.49) erfüllt
wird.

Hierzu kann man in der folgenden Weise vorgehen. Mit

$$v = f\{y,t\} \ , \quad \hat{y} = y + Du = y - Dv = y - Df\{y,t\}$$

gemäß Bild 6/10 folgt aus (6.49)

$$\int_0^t f\{y,\tau\}\left[y - Df\{y,\tau\}\right] d\tau \geq -\epsilon_0^2 \quad \text{für alle } t \geq 0 \ . \tag{6.51}$$

Da nur Werte f{y,t} ≠ 0 einen Beitrag zum Integral liefern, kann man sich auf
diese beschränken. Da weiterhin auf Grund der Voraussetzung (6.20) mit y = 0
auch f{y,t} = 0 wird, darf man auch den Wert y = 0 ausschließen und braucht
somit nur Werte y ≠ 0, f{y,t} ≠ 0 zu berücksichtigen. Aus (6.51) folgt dann
zunächst

$$\int_0^t f^2\{y,\tau\} \cdot \left[\frac{y}{f\{y,\tau\}} - D\right] d\tau \geq -\epsilon_0^2 \quad \text{für alle } t \geq 0 \ . \tag{6.52}$$

Da $f^2\{y,t\} \geq 0$ ist, wird diese Ungleichung gewiß für ein beliebiges $\epsilon_0 > 0$ erfüllt
sein, wenn gilt:

---

[6]) Es sei daran erinnert, daß wir bei allen folgenden Untersuchungen die Pole
von L(s) links der j-Achse annehmen. Die Ortskurve z = L(jω) ist daher von
dem im Bild 6/9a dargestellten Typ. Dann ist die Konstante D > $-R_m$ zu wählen, wobei R_m das absolute Minimum von ReL(jω), ω ≥ 0, ist.

$$\frac{y}{f\{y,t\}} \geq D \quad \text{für alle } t \geq 0 \tag{6.53}$$

oder

$$\frac{f\{y,t\}}{y} \leq \frac{1}{D} \quad \text{für alle } t \geq 0, \, y \neq 0, \tag{6.54}$$

womit man eine *verallgemeinerte Sektorbedingung* erhalten hat. Sie soll nun auf einige Beispiele angewandt werden.

6.3.2 Beispiele

Betrachten wir als **erstes Beispiel** eine Regelung gemäß Bild 6/7, bei der **in der Rückführung ein linearer, aber zeitvarianter Block** liegt:

$$f\{y,t\} = h(t) \cdot y,$$

wobei $h(t)$ eine gegebene Zeitfunktion > 0 ist. Bild 6/12 zeigt diese Regelung.

Hier ist also $\dfrac{f\{y,t\}}{y} = h(t)$, womit aus (6.54) folgt:

$$h(t) \leq \frac{1}{D} \quad \text{für alle } t \geq 0. \tag{6.55}$$

Unter dieser Bedingung ist also gemäß Satz (6.50) der lineare, zeitvariante Regelkreis im Bild 6/12 asymptotisch hyperstabil und seine Ruhelage $u_R = 0$, $y_R = 0$ demgemäß global asymptotisch stabil. Was die Ungleichung (6.55) angeht, so könnte statt $\leq$ ebenso gut das $<$-Zeichen stehen. Man braucht ja nur den D-Wert in (6.55) durch einen beliebig wenig kleineren Wert zu ersetzen.

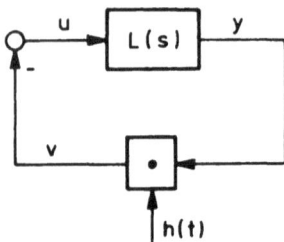

Bild 6/12   Lineare, zeitvariante Regelung

Das hier erzielte Ergebnis kann man auch mit dem Popow-Kriterium für zeitvariante Kennlinien erhalten (Ende von Abschnitt 5.3), wenn man dort

$$F(e,t) = h(t) \cdot e$$

setzt. Dann ist die Regelung absolut stabil im Sektor

$$0 < \frac{F(e,t)}{e} = h(t) < K \, , \tag{6.56}$$

wobei $\mathrm{Re}\, L(j\omega) > -\frac{1}{K}$ ist. Nun ist andererseits $\mathrm{Re}\, L(j\omega) \geq R_m$ und $D > -R_m$, also $R_m > -D$ und damit $\mathrm{Re}\, L(j\omega) > -D$. Setzt man somit $1/K = D$, so lautet die Stabilitätsbedingung gemäß (6.56)

$$0 < h(t) < \frac{1}{D} \, ,$$

was der Bedingung (6.55) entspricht.

Als **zweites Beispiel** nehmen wir den **nichtlinearen Regelkreis im Bild 6/13**. Bei ihm ist

$$f\{y,t\} = F(y) \, ,$$

und es werde angenommen, daß $F(0) = 0$ ist und $F(y)$ für $y > 0$ bzw. < 0 im 1. bzw. 3. Quadranten liegt. Die Bedingung (6.54) lautet jetzt

$$\frac{F(y)}{y} \leq \frac{1}{D} \, , \quad y \neq 0 \, . \tag{6.57}$$

Sie ist schwächer als die mit dem Popow-Kriterium erhaltene Bedingung. Das erkennt man unmittelbar aus Bild 6/14. Da die Popow-Ortskurve $z = L_p(j\omega)$ und die gewöhnliche Ortskurve $z = L(j\omega)$ für gleiches ω den gleichen Realteil haben, ist $-D < R_m \leq -\frac{1}{K_p}$, wobei K_p den Popow-Sektor charakterisiert. Also ist $\frac{1}{D} < K_p$.

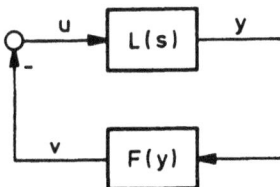

Bild 6/13   Regelkreis mit nichtlinearer Kennlinie

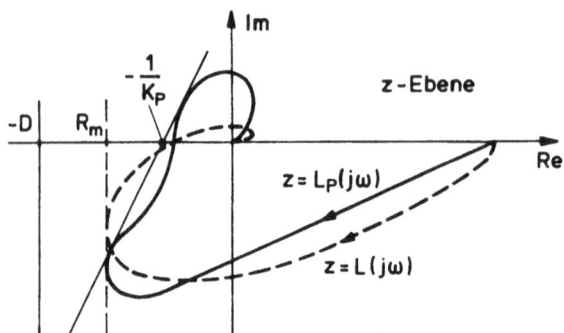

Bild 6/14   Vergleich von Hyperstabilitätsbedingung und Popow–Kriterium
für eine zeitinvariante Kennlinien–Nichtlinearität

Als **drittes Beispiel** untersuchen wir die **Regelung im Bild 6/15 mit einer** etwas
komplizierteren **zeitvarianten Nichtlinearität.** Hierbei seien folgende Voraussetzungen erfüllt:

- $0 < h(t) \leq M$, $M > 0$;   (6.58)

- $F(y) \begin{cases} \leq 0, & y < 0, \\ = 0, & y = 0, \\ \geq 0, & y > 0; \end{cases}$ (6.59)

  F(y) liegt also im 1. und 3. Quadranten.

- $H(y_2)$ monoton steigend, mit $H(0) = 0$,   (6.60)
  sodaß auch $H(y_2)$ im 1. und 3. Quadranten gelegen ist.

Beide Kennlinien seien als stückweise stetig angenommen.

Nach Bild 6/15 ist $v = H(y_2)$, $y_2 = h(t) \cdot y_1$, $y_1 = F(y)$,   also

$$v = f\{y,t\} = H\Big[h(t) \cdot F(y)\Big].$$ (6.61)

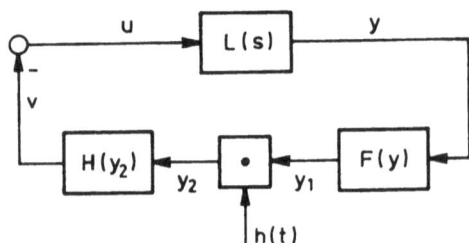

Bild 6/15   Regelung mit zeitvarianter Nichtlinearität

Die hinreichende Bedingung (6.54) für die asymptotische Hyperstabilität lautet deshalb

$$\frac{H\left[h(t)F(y)\right]}{y} \leq \frac{1}{D} \quad \text{für alle } t \geq 0 . \tag{6.62}$$

Nun folgt für y < 0 unter den obigen Voraussetzungen aus $0 < h(t) \leq M$ wegen $F(y) \leq 0$ die Ungleichung

$$0 \geq h(t)F(y) \geq MF(y) .$$

Wegen der Monotonieeigenschaft von H erhält man daraus weiter

$$0 = H(0) \geq H\left[h(t)F(y)\right] \geq H\left[MF(y)\right]$$

und daraus schließlich wegen y < 0:

$$0 \leq \frac{H\left[h(t)F(y)\right]}{y} \leq \frac{H\left[MF(y)\right]}{y} \tag{6.63}$$

Ganz entsprechend zeigt man, daß diese Ungleichung auch für y > 0 gültig ist, also für alle $y \neq 0$ gilt. Für y = 0 ist

$$H\left[h(t)F(0)\right] = H\left[h(t)\cdot 0\right] = 0 . \tag{6.64}$$

Infolgedessen ist (6.62) gewiß erfüllt, wenn

$$\frac{H\left[MF(y)\right]}{y} \leq \frac{1}{D}, \quad y \neq 0 . \tag{6.65}$$

Man erhält so als Stabilitätsbedingung:

Sofern die „mittelbare Kennlinie" $N(y) = H\left[MF(y)\right]$ im Sektor [0, 1/D] liegt, ist der Regelkreis von Bild 6/15 global asymptotisch stabil. Dabei ist M eine obere Schranke für die positive Funktion h(t), t ≥ 0 , und

$$D = -\min_{\omega \geq 0} Re\, L(j\omega) + \delta , \quad \delta > 0 \text{ beliebig.}$$

Man wird dabei δ klein wählen, um einen möglichst großen Sektor der Stabilität zu erhalten. Im Grenzfall δ = 0 liegt ein Grenzsektor nach Art des Popow-Sektors vor.

Schließlich werde noch ein **Beispiel mit multiplikativer Nichtlinearität** behandelt: der **Regelkreis im Bild 6/16.** Wir wollen annehmen, daß $H(v) > 0$ für alle v und F streng monoton steigend mit $F(0) = 0$.

Die Nichtlinearität wird beschrieben durch die Gleichungen

$$v = F(y_1), \quad y_1 = y \cdot y_2, \quad y_2 = H(v),$$

woraus die eine Gleichung

$$v = f\{y,t\} = F\left[y \cdot H(v)\right] \tag{6.66}$$

folgt. Damit liegt gegenüber dem Bisherigen eine neue Situation vor, insofern y und v durch eine *implizite* Beziehung verknüpft sind. Sie läßt sich unter unseren Voraussetzungen jedoch leicht nach y auflösen. Durch den Übergang zur inversen Funktion $\tilde{F}$ von F wird nämlich aus (6.66)

$$\tilde{F}(v) = y \cdot H(v),$$

also

$$y = \frac{\tilde{F}(v)}{H(v)}. \tag{6.67}$$

Die Auflösung nach v ist hingegen nicht formelmäßig möglich. Sie muß aber *grundsätzlich* durchführbar sein, und zwar in eindeutiger Weise, damit die Nichtlinearität im Bild 6/16 überhaupt ein Übertragungsglied $v = f(y)$ darstellt. Das ist mit Sicherheit der Fall, wenn die Funktion $\tilde{F}(v)/H(v)$ *streng monoton* ist. Zu $v = f(y)$ gehört dann gemäß (6.67) die inverse Funktion

$$y = \tilde{f}(v) = \frac{\tilde{F}(v)}{H(v)}.$$

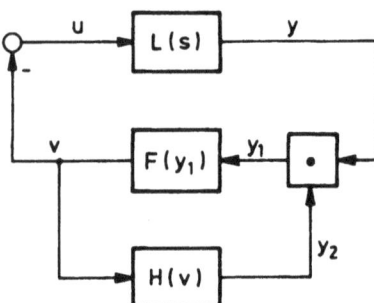

Bild 6/16
Regelkreis mit multiplikativer
Nichtlinearität

Nunmehr ersetzen wir in der Bedingung (6.54)　$f(y,t)$ durch v gemäß (6.66) und y mittels (6.67):

$$\frac{v}{\tilde{F}(v)/H(v)} \leq \frac{1}{D}$$

oder

$$\frac{H(v)}{\tilde{F}(v)/v} \leq \frac{1}{D}, \quad v \neq 0. \tag{6.68}$$

Damit ist man wieder bei einer Sektorbedingung angelangt. Man kann sie noch etwas anders formulieren. Nach Voraussetzung ist $\tilde{F}(v) < 0$ für $v < 0$ und $\tilde{F}(v) > 0$ für $v > 0$, da dies für die inverse Funktion F gilt. Infolgedessen ist

$$\frac{\tilde{F}(v)}{v} > 0 \quad \text{für } v \neq 0.$$

Aus (6.68) folgt so

$$H(v) \leq \frac{1}{D} \frac{\tilde{F}(v)}{v}, \, v \neq 0. \tag{6.69}$$

Dies ist eine *hinreichende Bedingung für die asymptotische Hyperstabilität der Regelung von Bild 6/16.*

Eine derartige Nichtlinearität liegt beispielsweise vor für

$$\tilde{F}(v) = a(v^3 + v), \quad a > 0, \quad H(v) = v^2 + 1.$$

Die Ungleichung (6.69) lautet dann

$$v^2 + 1 \leq \frac{1}{D} a(v^2 + 1),$$

ist also erfüllt für　$a \geq D$.　Die Umkehrfunktion $v = F(z)$ zu

$$z = \tilde{F}(v) = a(v^3 + v)$$

ergibt sich geometrisch sofort durch Spiegelung an der Winkelhalbierenden des 1. und 3. Quadranten der v-z-Ebene. Um sie formelmäßig zu bestimmen, hat man die kubische Gleichung

$$a(v^3 + v) = z$$

bzw.

$$v^3 + v - \frac{z}{a} = 0 \tag{6.70}$$

nach v aufzulösen [7]). Sie ist bereits auf der reduzierten Form

$$v^3 + pv + q = 0 \; .$$

Wegen $p = 1$, $q = -\frac{z}{a}$ ist ihre Diskriminante

$$D = \left[\frac{p}{3}\right]^3 + \left[\frac{q}{2}\right]^2 = \frac{1}{27} + \frac{z^2}{4a^2} > 0 \; .$$

Die Gleichung (6.70) hat daher für beliebige z genau eine reelle Lösung, was ja auch geometrisch klar ist. Nach der Cardanischen Formel lautet sie

$$v = \sqrt[3]{\frac{z}{2a} + \sqrt{\frac{1}{27} + \frac{z^2}{4a^2}}} + \sqrt[3]{\frac{z}{2a} - \sqrt{\frac{1}{27} + \frac{z^2}{4a^2}}} \quad := F(z) \; . \tag{6.71}$$

Im Ernstfall braucht man solche Inversionen nicht formelmäßig auszuführen, kann vielmehr die Bedingung (6.69) am Rechner unschwer graphisch überprüfen.

6.3.3   Ein Regelkreis mit Stellgrößenbegrenzung [8])

Als letztes Beispiel zur Eingrößenregelung soll der Regelkreis im Bild 6/17 behandelt werden. Die Hauptarbeit besteht hier in der Umformung des gegebenen Systems in eine Struktur, auf welche die Hyperstabilitätstheorie anwendbar ist. Die Anwendung selbst ist dann sehr einfach.

Die Pole der rationalen Streckenübertragungsfunktion $G_S(s)$ mögen links der j–Achse liegen. Der Regler besteht aus der Parallelschaltung eines I–Gliedes und eines I–freien Anteils, beispielsweise eines PD–Gliedes:

---

[7]) Siehe z.B. [64], Punkt 2.4.2.3 (Algebraische Gleichungen).

[8]) In Anlehnung an *H.–P. Opitz:* Die Hyperstabilitätstheorie – eine systematische Methode zur Analyse und Synthese nichtlinearer Systeme. Automatisierungstechnik 34 (1986), S. 221–230. Abschnitt 8.

$$R(s) = \frac{K_I}{s} + \tilde{R}(s) \, . \tag{6.72}$$

Um ein zu starkes Anwachsen der Reglerausgangsgröße y(t) infolge des I-Glie-des und den darauf notwendigen zeitraubenden Abbau der angewachsenen Größe zu verhindern, wird die im Bild 6/17 eingezeichnete nichtlineare Kennlinie v = F(y) eingeführt („Anti-Windup"-Maßnahme). Es handelt sich um eine Totzone mit sehr steilen Flanken. Ganz überschlägig gesprochen, besteht ihre Wirkung darin, daß sie dann, wenn y die Nullzone m $\leq$ y $\leq$ M nach oben oder unten über-schreitet, sofort eine sehr starke Rückführgröße v erzeugt, auf die das I-Glied kräftig reagiert, so daß der weitere Aufbau von y(t) gestoppt wird.

Etwas präziser kann man die Wirkungsweise dieser Begrenzungsnichtlinearität erkennen, wenn man die Ruhelage der Regelung untersucht. Sie sei durch den Index R gekennzeichnet. Dann gelten die Gleichungen

$$\tilde{e}_R = 0, \quad \text{also } e_R = v_R \, ;$$

$$e_R = w_R - x_R = w_R - K_S y_R \quad \text{mit} \quad K_S = G_S(0) \, ,$$

also

$$v_R = w_R - x_R = w_R - K_S y_R \, . \tag{6.73}$$

Nun sind drei Fälle zu unterscheiden. Gilt m $\leq$ y_R $\leq$ M, so ist v_R = 0 und damit x_R = w_R. Ist y_R > M, so gilt

$$v_R = \mu(y_R - M) \, .$$

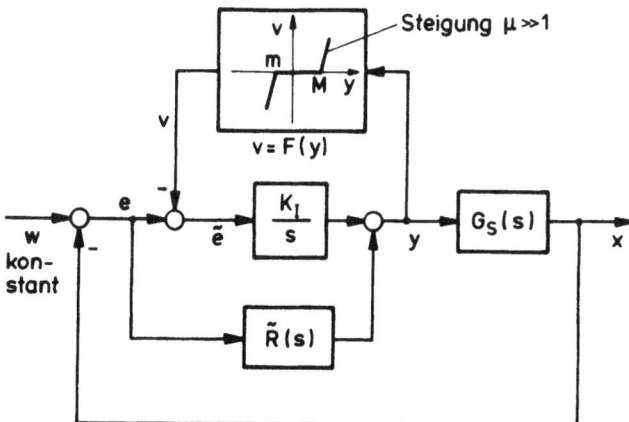

Bild 6/17   Regelkreis mit Stellgrößenbegrenzung

Damit folgt aus (6.73)

$$\mu(y_R - M) = w_R - K_S y_R \, ,$$

woraus

$$y_R = \frac{w_R + \mu M}{\mu + K_S} = \frac{\dfrac{w_R}{\mu} + M}{1 + \dfrac{K_S}{\mu}}$$

resultiert. Da $\mu \gg 1$, ist dann nahezu $y_R = M$ und $x_R = w_R$. Entsprechend sieht man, daß aus $y_R < m$ annähernd $y_R = m$ und gleichfalls $x_R = w_R$ folgt. Zusammenfassend darf man sagen, daß die Ruhelage y_R praktisch im Bereich $m \leq y_R \leq M$ liegt und der Regelkreis stationär genau ist.

Die Frage ist nun, wie es mit der Stabilität der Ruhelage steht. Um dies zu untersuchen, gehen wir zu den Abweichungen von der Ruhelage über, wobei aber keineswegs linearisiert wird. Dabei bleiben die linearen Übertragungsglieder im Bild 6/17 unverändert, und es wird $\Delta w = 0$. Weiterhin ist

$$\Delta y = y - y_R \, , \quad \Delta v = v - v_R = v \, ,$$

letzteres deshalb, weil v_R praktisch Null ist. Die Gleichung der Kennlinie

$$v = F(y) = \begin{cases} \mu(y - m) \, , & y \leq m \, , \\ 0 & , \ m \leq y \leq M \, , \\ \mu(y - M) \, , & y \geq M \, , \end{cases} \tag{6.74}$$

lautet dann:

$$\Delta v = F(y_R + \Delta y) = \begin{cases} \mu(y_R + \Delta y - m), & \Delta y \leq m - y_R \, , \\ 0 & , \ m - y_R \leq \Delta y \leq M - y_R \, , \\ \mu(y_R + \Delta y - M), & \Delta y \geq M - y_R \, , \end{cases}$$

oder

$$\Delta v = F^*(\Delta y) = \begin{cases} \mu(\Delta y - m^*) \, , & \Delta y \leq m^* \, , \\ 0 & , \ m^* \leq \Delta y \leq M^* \, , \\ \mu(\Delta y - M^*) \, , & \Delta y \geq M^* \, , \end{cases} \tag{6.75}$$

mit $\ m^* = m - y_R \, , M^* = M - y_R \, .$

Die Kennlinie hat die gleiche Gestalt wie vorher, ist nur in Richtung der y-Achse verschoben. Da $y_R \geq m$ und $\leq M$, ist $m^* \leq 0$ und $M^* \geq 0$.

Berücksichtigt man nun die Tatsache, daß $\Delta w = 0$ ist und daß man für die Stabilitätsuntersuchung die Verzweigung der Regelgröße x ignorieren kann, so gelangt man vom Regelkreis in Bild 6/17 durch Umzeichnen zum Regelkreis in Bild 6/18.

Um nun die Übertragungsfunktion L(s) des gesamten linearen Teilsystems (gestrichelt umrahmt in Bild 6/18) zu ermitteln, schreiben wir die Gleichungen des Systems an:

$$\Delta y = \frac{K_I}{s}(\Delta e - \Delta v) + \tilde{R}(s)\Delta e \,,$$

also wegen (6.72)

$$\Delta y = R(s)\Delta e - \frac{K_I}{s}\Delta v \,,$$

$$\Delta e = -\Delta x = -G_S(s)\Delta y \,.$$

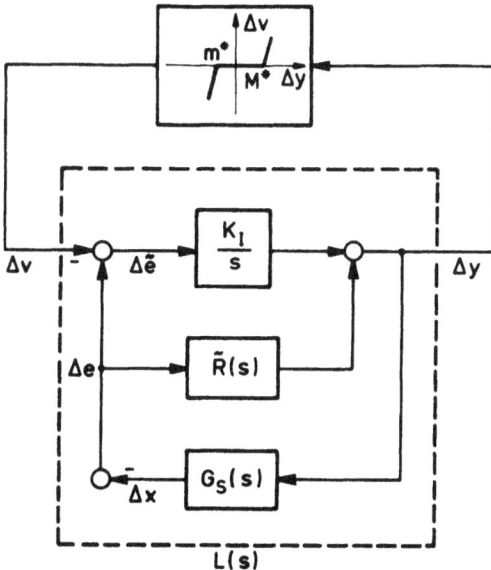

Bild 6/18   Regelkreis von Bild 6/17 nach dem Übergang zu den Abweichungen von der Ruhelage

Aus diesen beiden Gleichungen folgt

$$\Delta y = - R(s)G_S(s)\Delta y - \frac{K_I}{s}\Delta v$$

und daraus durch Auflösen nach Δy

$$\Delta y = L(s)\cdot(-\Delta v) \tag{6.76}$$

mit

$$L(s) = \frac{\frac{K_I}{s}}{1+R(s)G_S(s)}. \tag{6.77}$$

Bild 6/19 zeigt das Strukturbild der so umgeformten Regelung.

Damit befindet sich die Regelung von Bild 6/17 in einer für die Anwendung der Hyperstabilitätstheorie zugänglichen Form. Die Anwendung selbst ist nun einfach. Wie man aus der Skizze der Kennlinie F^* im Bild 6/19 abliest, ist

$$\Delta v = F^*(\Delta y) \begin{cases} \leq 0 & \text{für } \Delta y \leq 0, \\ \geq 0 & \text{für } \Delta y \geq 0. \end{cases}$$

Infolgedessen ist die Popowsche Integralungleichung

$$\int_0^t \Delta v\Delta y d\tau \geq -\epsilon_0^2 \quad \text{für alle } t \geq 0$$

für jedes positive ϵ_0 erfüllt, weil das Produkt $\Delta v\Delta y$ stets ≥ 0 ist. Nach (6.43) ist deshalb der *Regelkreis von Bild 6/19 und damit auch der äquivalente ursprüngliche Regelkreis von Bild 6/17 asymptotisch hyperstabil, seine Ruhelage somit global asymptotisch stabil, sofern L(s) streng positiv reell ist.*

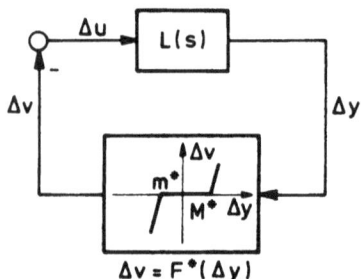

Bild 6/19
Regelkreis von Bild 6/17 nach dem Übergang zu den Abweichungen von der Ruhelage und anschließender Umformung

Diese Frage ist nun noch zu untersuchen. Dabei setzen wir voraus, daß

$$G_S(s) = K_S \frac{P(s)}{Q(s)} \qquad (6.78)$$

mit

$$P(s) = 1 + b_1 s + \dots + b_m s^m, \quad Q(s) = 1 + a_1 s + \dots + a_n s^n$$

ist, wobei gelten soll:

- $K_S > 0$; $m < n$; $a_n, b_m \neq 0$;
- $P(s)$ und $Q(s)$ ohne gemeinsame Nullstellen;
- Nullstellen von $Q(s)$ links der j-Achse.

Der Regler sei von der Form

$$R(s) = \frac{K_I}{s} \frac{P_R(s)}{Q_R(s)} \qquad (6.79)$$

mit $K_I > 0$ und Polynomen $P_R(s)$, $Q_R(s)$, für die $P_R(0) = 1$, $Q_R(0) = 1$ und Grad $P_R \leq$ Grad $Q_R + 2$ gilt.

Dann ist nach (6.77)

$$L(s) = \frac{K_I Q_0(s)}{s Q_0(s) + K_I K_S P_0(s)} = \frac{Z(s)}{N(s)} \qquad (6.80)$$

mit

$$P_0(s) = P_R(s) P(s), \quad Q_0(s) = Q_R(s) Q(s) . \qquad (6.81)$$

Unter den obigen Voraussetzungen ist die Graddifferenz von Zähler und Nenner = 1 und somit zumindest eine wichtige notwendige Bedingung für streng positiv reelles Verhalten von $L(s)$ erfüllt. Den Regler $R(s)$ wird man so wählen, daß die Pole von $L(s)$ links der j-Achse liegen, und kann dann versuchen, durch verbleibende freie Parameter die Ortskurve $z = L(j\omega)$ auf die rechte Seite der j-Achse zu verlegen.

Um diese Forderung etwas genauer zu verfolgen, berechnen wir $\text{Re} L(j\omega)$. Allgemein gilt für komplexe Zahlen z_1, z_2

$$\text{Re}(z_1 z_2) = \text{Re} z_1 \text{Re} z_2 - \text{Im} z_1 \text{Im} z_2 , \qquad (6.82)$$

$$\mathrm{Re}\frac{z_1}{z_2} = \frac{1}{|z_2|^2}(\mathrm{Re}z_1\,\mathrm{Re}z_2 + \mathrm{Im}z_1\,\mathrm{Im}z_2)\,. \tag{6.83}$$

Daraus folgt wegen (6.80)

$$\mathrm{Re}\,L(j\omega) = \frac{1}{|N|^2}(\mathrm{Re}Z\cdot\mathrm{Re}N + \mathrm{Im}Z\cdot\mathrm{Im}N) \tag{6.84}$$

mit

$$\mathrm{Re}Z = K_I\mathrm{Re}Q_0\,,\ \mathrm{Im}Z = K_I\mathrm{Im}Q_0\,,$$

$$\mathrm{Re}\,N = -\omega\mathrm{Im}Q_0 + K_I K_S\mathrm{Re}P_0\,,$$

$$\mathrm{Im}\,N = \omega\mathrm{Re}Q_0 + K_I K_S\mathrm{Im}P_0\,,$$

wobei der Kürze halber das Argument $j\omega$ unterdrückt wurde. Daraus folgt, daß

$$\mathrm{Re}\,L(j\omega) > 0 \quad \text{für alle } \omega \geq 0\,, \tag{6.85}$$

wenn

$$\mathrm{Re}Z\,\mathrm{Re}N + \mathrm{Im}Z\mathrm{Im}N > 0\,,$$

also

$$\mathrm{Re}P_0\mathrm{Re}Q_0 + \mathrm{Im}P_0\mathrm{Im}Q_0 > 0 \quad \text{für alle } \omega \geq 0\,. \tag{6.86}$$

Da der Ausdruck auf der linken Seite dieser Ungleichung bis auf einen positiven Faktor gleich

$$\mathrm{Re}\frac{P_0}{Q_0} \quad \text{bzw.} \quad \mathrm{Re}\frac{Q_0}{P_0}$$

ist, gilt (6.86) genau dann, wenn

$$\mathrm{Re}\frac{P_R P}{Q_R Q} > 0 \quad \text{für alle } \omega \geq 0 \tag{6.87}$$

oder, gleichbedeutend damit,

$$\mathrm{Re}\frac{Q_R Q}{P_R P} > 0 \quad \text{für alle } \omega \geq 0\,. \tag{6.88}$$

Häufig wird $\dfrac{Q_R Q}{P_R P}$ ein Polynom sein, weil P(s) = 1 (Strecke ist ein Verzögerungssystem) und Q(s) durch P_R(s) teilbar sind, wenn man nämlich die großen Nennerzeitkonstanten der Strecke (Faktoren von Q) durch gleiche Zählerzeitkonstanten des Reglers (Faktoren von P_R) kompensiert hat. Daher ist die Ungleichung (6.88) normalerweise leichter zu überprüfen als die Ungleichung (6.87). Gemäß (6.34) hat man so die Ungleichung

$$\mathrm{Re}\,\frac{Q(j\omega)Q_R(j\omega)}{P(j\omega)P_R(j\omega)} > 0 \quad \text{für alle } \omega \geq 0 \tag{6.89}$$

als Bedingung für streng positiv reelles Verhalten von L(jω).

Da wir die Gültigkeit der Popowschen Integralungleichung bereits nachgewiesen haben, ist die *Ungleichung (6.89)* nach dem Kriterium (6.43) *eine hinreichende Bedingung dafür, daß der Regelkreis* von Bild 6/19 und somit auch der äquivalente Regelkreis *von Bild 6/17 asymptotisch hyperstabil ist.*

Als konkretes Beispiel nehmen wir das von *H.–P. Opitz* in der oben zitierten Arbeit im Abschnitt 8 angegebene Zahlenbeispiel. Dort ist

$$G_S(s) = \frac{1}{6}\frac{1}{(1+s)(1+\frac{1}{2}s)(1+\frac{1}{6}s)},$$

$$R(s) = \frac{9}{s}(1+s)\left(1+\frac{1}{2}s\right).$$

Wie man am Differenzgrad 3 erkennt, ist die Strecke gewiß nicht positiv reell. Als Regler ist ein üblicher PID–Regler gewählt. Nach (6.80) und (6.81) wird

$$L(s) = 9\,\frac{s+6}{s^2+6s+9}.$$

L(s) hat einen Doppelpol in –3, und es ist

$$\mathrm{Re}\,L(j\omega) = \frac{486}{(9-\omega^2)^2+36\omega^2} > 0 \quad \text{für alle } \omega \geq 0.$$

Nach (6.34) ist L(s) also streng positiv reell [9]. Es ist dies ein Beispiel dafür, daß man streng positiv reelles Verhalten auch auf andere Weise als durch Addition einer Konstante zur Übertragungsfunktion erreichen kann.

---

[9] Die in der zitierten Arbeit von *H.–P. Opitz* angegebene Ortskurve (Bild 12) ist nicht richtig, wodurch aber die dortige Schlußweise nicht beeinträchtigt wird.

Die letzte Betrachtung kann man sich sparen, wenn man statt dessen die Bedingung (6.89) überprüft. Sie ist erfüllt, da

$$\text{Re}\frac{(1+j\omega)(1+\tfrac{1}{2}j\omega)(1+\tfrac{1}{6}j\omega)\cdot 1}{1\cdot(1+j\omega)(1+\tfrac{1}{2}j\omega)} = 1 \quad \text{für alle } \omega.$$

Abschließend sei angemerkt, daß man das Stabilitätsverhalten des Regelkreises im Bild 6/19 auch mit dem Popow-Kriterium untersuchen kann, nachdem man den Regler gewählt hat. Doch ist das Popow-Kriterium weniger zur Synthese geeignet, und man wird aus ihm kaum eine Stabilitätsbedingung nach Art der Ungleichung (6.89) folgern können.

6.4 Behandlung von Mehrgrößenregelungen mittels der Hyperstabilität

6.4.1 Allgemeine Vorgehensweise

Geht es um Hyperstabilitätsuntersuchungen bei Eingrößensystemen, so wird man sich in erster Linie auf die Betrachtung positiv bzw. streng positiv reeller Übertragungsfunktionen im Frequenzbereich stützen, da deren Verwendung sehr handlich ist. Bei Mehrgrößensystemen ist jedoch die Frequenzbereichsuntersuchung mittels positiv bzw. streng positiv reeller Übertragungsmatrizen mühsamer, und deshalb liegt es nahe, sich dem Zeitbereich, also der Benutzung der Kalman-Jakubowitsch-Gleichungen, zuzuwenden.

Im Frequenzbereich hatten wir streng positiv reelles Verhalten hauptsächlich durch Rechtsverschiebung der Ortskurve der Eingrößenstrecke erreicht. Um zu sehen, was dies im Zeitbereich bedeutet, betrachten wir die Zustandsgleichungen

$$\dot{\underline{x}} = \underline{A}\,\underline{x} + \underline{b}\,u\,,\ y = \underline{c}^T\underline{x} + d\,u$$

samt dem zugehörigen Frequenzgang

$$L(j\omega) = \underline{c}^T(j\omega\underline{I}_n - \underline{A})^{-1}\underline{b} + d\,.$$

Rechtsverschiebung heißt Addition einer Konstanten D > 0 zu L(jω). Für die Zustandsgleichungen des Eingrößensystems besagt dies, daß man in der Ausgangsgleichung vom Term du zu (d + D)u überzugehen hat.

Auf das Mehrgrößensystem übertragen, hat man somit in der Ausgangsgleichung zur schon vorhandenen Durchgangsmatrix (Koeffizientenmatrix von $\underline{u}$) eine Matrix zu addieren. Gehen wir vom Normalfall aus, daß die Durchgangsmatrix $\underline{0}$ ist [10]), so ist also ein geeigneter Term $\underline{D}\underline{u}$ in die Ausgangsgleichung $\underline{y} = \underline{C}\underline{x}$ einzu fügen. „Geeignet" meint dabei eine Matrix $\underline{D}$, welche die Kalman-Jakubo-witsch-Gleichungen (6.43a,b,c) erfüllt. Darin sind $\underline{A}$, $\underline{B}$, $\underline{C}$ die vorgegebenen Matrizen des linearen Teilsystems

$$\dot{\underline{x}} = \underline{A}\underline{x} + \underline{B}\underline{u} \,, \quad \underline{y} = \underline{C}\underline{x} \,, \tag{6.90}$$

wobei wir vom Normalfall ausgehen, daß die *Eigenwerte von* $\underline{A}$ *links der j-Achse* liegen. Sollte er einmal nicht vorliegen, so wird man ihn in realistischen Fällen meist durch eine vorab durchgeführte konstante Rückführung einstellen können. Um *asymptotische* Hyperstabilität zu erzielen, soll in den Kalman-Jakubo-witsch-Gleichungen $\underline{L}$ regulär sein, während $\underline{V}$ und auch $\underline{D}$ grundsätzlich frei sind.

Wir geben nun $\underline{L}$ als reguläre (n,n)-Matrix vor, im einfachsten Fall z.B. $\underline{L} = \underline{I}_n$. $\underline{L}\underline{L}^T$ ist stets symmetrisch und positiv semidefinit, letzteres wegen

$$\underline{x}^T\underline{L}\underline{L}^T\underline{x} = (\underline{L}^T\underline{x})^T(\underline{L}^T\underline{x}) = |\underline{L}^T\underline{x}|^2 \geq 0$$

für beliebiges $\underline{x}$. Ist $\underline{L}$ regulär, so muß $\underline{L}\underline{L}^T$ darüberhinaus positiv definit sein, denn die Gleichung $\underline{L}^T\underline{x} = \underline{0}$ kann dann nur für $\underline{x} = \underline{0}$ erfüllt sein. Die Gleichung (6.43a) ,

$$\underline{A}^T\underline{P} + \underline{P}\underline{A} = -\underline{L}\underline{L}^T \,, \tag{6.91}$$

stellt so eine Ljapunow-Gleichung mit negativ definiter rechter Seite dar. Da die Eigenwerte von $\underline{A}$ links der j-Achse liegen, besitzt sie eine eindeutig bestimmte symmetrische und positiv definite Lösung $\underline{P}$ (siehe z.B. [70]).

Nun kann man die zweite Kalman-Jakubowitsch-Gleichung (6.43b),

$$\underline{L}\underline{V} = \underline{C}^T - \underline{P}\underline{B} \,,$$

---

[10]) Diese Voraussetzung ist unwesentlich und wird nur zur Vermeidung von Umständlichkeiten gemacht. Das im folgenden beschriebene Verfahren läßt sich ohne weiteres auf den Fall einer Durchgangsmatrix $\neq \underline{0}$ ausdehnen.

nach der (n,p)-Matrix $\underline{V}$ auflösen:

$$\underline{V} = \underline{L}^{-1}(\underline{C}^T - \underline{P}\underline{B})\,. \tag{6.92}$$

Damit ist die rechte Seite der dritten Kalman-Jakubowitsch-Gleichung (6.43c),

$$\underline{D} + \underline{D}^T = \underline{V}^T\underline{V}\,,$$

bekannt, und die Gleichung kann nach der – ja noch freien – Matrix $\underline{D}$ aufgelöst werden. Verlangen wir einfachheitshalber, daß $\underline{D}$ symmetrisch ist (was nicht unbedingt nötig wäre), so folgt wegen $\underline{D}^T = \underline{D}$

$$\underline{D} = \tfrac{1}{2}\underline{V}^T\underline{V}\,. \tag{6.93}$$

Die allgemeine Lösung für $\underline{D}$ erhält man aus (6.93) durch Addition einer beliebigen schiefsymmetrischen Matrix.

Zusammenfassend läßt sich sagen:

Gegeben sei das lineare, zeitinvariante, steuer- und beobachtbare System

$$\dot{\underline{x}} = \underline{A}\underline{x} + \underline{B}\underline{u}\,,\quad \underline{y} = \underline{C}\underline{x}\,,$$

dessen Eigenwerte links der j-Achse liegen. Gibt man die Matrix $\underline{L}$ beliebig regulär vor, bestimmt die positiv definite Matrix $\underline{P}$ als eindeutige Lösung der Gleichung (6.91) und bildet die Matrix $\underline{V}$ bzw. $\underline{D}$ gemäß (6.92) bzw. (6.93), so stellen die Matrizen $\underline{L}$, $\underline{P}$, $\underline{V}$, $\underline{D}$ eine Lösung der Kalman-Jakubowitsch-Gleichungen (6.43a, b, c) dar. Die Übertragungsmatrix

$$\hat{\underline{G}}(s) = \underline{C}(s\underline{I}_n - \underline{A})^{-1}\underline{B} + \underline{D}$$

des so erhaltenen Systems

$$\dot{\underline{x}} = \underline{A}\underline{x} + \underline{B}\underline{u}\,,\quad \underline{y} = \underline{C}\underline{x} + \underline{D}\underline{u}$$

ist dann streng positiv reell, das System selbst asymptotisch hyperstabil. (6.94)

Die erforderliche Addition des Terms $\underline{D}\underline{u}$ zur Ausgangsgleichung in (6.90) bedeutet in der Realität die Überbrückung des gegebenen linearen Systems durch eine Parallelschaltung. Eine solche Operation ist ausgeschlossen, da man so in den Bereich hohen Leistungspegels käme, was einen unvertretbaren Aufwand zur Realisierung des Terms $\underline{D}\underline{u}$ zur Folge hätte. Wie schon beim Eingrößensystem ist deshalb die Addition von $\underline{D}\underline{u}$ nur als *fiktive* Operation anzusehen (Unterabschnitt 6.3.1). Wie dort in Bild 6/10 dargestellt, muß man dann eine äquivalente Umformung des Regelkreises vornehmen. Da sie genau wie bei dem Eingrößensystem verläuft, können wir das dortige Resultat übernehmen. Man erhält so die Struktur B) in Bild 6/20, die bezüglich des Stabilitätsverhaltens äquivalent zur ursprünglichen Struktur A) ist. Wesentlich an ihr ist die Tatsache, daß die Übertragungsmatrix $\hat{\underline{G}}(s) = \underline{G}(s) + \underline{D}$ des linearen Teilsystems nun streng positiv reell ist [11]). Von der Äquivalenz beider Strukturen kann man sich nochmals unmittelbar am Bild 6/20 überzeugen.

Wenn nun der Nachweis gelingt, daß die Popowsche Integralungleichung

$$\int\limits_0^t \underline{v}^{\mathrm{T}}(\tau)\hat{\underline{y}}(\tau)d\tau \geq -\epsilon_0^2 \quad \text{für alle } t \geq 0 \text{ und beliebiges } \epsilon_0 > 0 \qquad (6.95)$$

zur umgeformten Struktur B) erfüllt ist, so ist der Regelkreis B) und mit ihm auch die ursprüngliche Mehrgrößenregelung A) asymptotisch hyperstabil und damit global asymptotisch stabil für alle die Blöcke $\underline{v} = \underline{f}\{\underline{y},t\}$, für die (6.95) erfüllt ist. Nach Bild 6/20 gilt hierbei die Gleichung

$$\underline{v} = \underline{f}\{\hat{\underline{y}} + \underline{D}\underline{v},t\} . \qquad (6.96)$$

An Beispielen soll nun gezeigt werden, wie dieser Nachweis erbracht werden kann.

6.4.2 Beispiele

Als erstes betrachten wir den Fall

$$\underline{f}(\underline{y},t) = \underline{K}\underline{y} ,$$

---

[11]) Die Übertragungsmatrix des linearen Teilsystems wird nicht mit $\hat{\underline{L}}(s)$ bezeichnet, um etwaige Verwechslungen mit der Matrix $\underline{L}$ der Kalman-Jakubowitsch-Gleichungen zu vermeiden.

A)

$$\underline{y}(s) = \underline{G}(s)\underline{u}(s)$$

$$\underline{\dot{x}} = \underset{(n,n)}{\underline{A}} \underline{x} + \underset{(n,p)}{\underline{B}} \underline{u}$$

$$\underline{y} = \underset{(p,n)}{\underline{C}} \underline{x}$$

$\underline{u}$ (p,1)

$\underline{y}$ (p,1)

$\underline{v}$ $\underline{f}\{\underline{y}, t\}$ $\underline{y}$

$\uparrow t$

B)

$$\underline{\hat{y}}(s) = \underline{\hat{G}}(s)\underline{u}(s)$$

$$\underline{\dot{x}} = \underset{(n,n)}{\underline{A}} \underline{x} + \underset{(n,p)}{\underline{B}} \underline{u}$$

$$\underline{y} = \underset{(p,n)}{\underline{C}} \underline{x} + \underset{(p,p)}{\underline{D}} \underline{u}$$

$\underline{\hat{y}} = \underline{y} + \underline{D}\underline{u}$

$\underline{u}$

$\underline{v} = -\underline{u}$ $\underline{D}$ $\underline{D}\underline{v} = -\underline{D}\underline{u}$

$\underline{v}$ $\underline{f}\{\underline{y}, t\}$ $\underline{y}$ $\underline{\hat{y}}$
(p,1)   (p,1)

$\uparrow t$

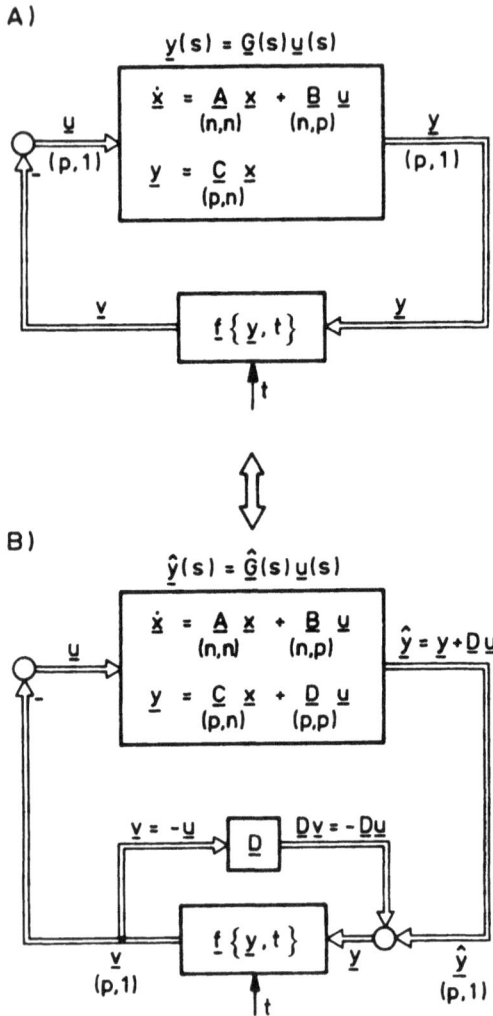

Bild 6/20   Umformung einer gegebenen Mehrgrößenregelung (A) in eine äquivalente Struktur (B) mit streng positiv reeller Übertragungsmatrix
$\underline{\hat{G}}(s) = \underline{G}(s) + \underline{D}$

wobei $\underline{K}$ eine frei wählbare konstante (p,p)-Matrix ist. Die Struktur A) stellt
dann die **konstante Ausgangsrückführung eines linearen, zeitinvarianten Systems**
dar: Bild 6/21.

Die Gleichung (6.91) wird hier zur linearen Beziehung

$$\underline{v} = \underline{K} \cdot (\underline{\hat{y}} + \underline{D}\underline{v}) . \tag{6.97}$$

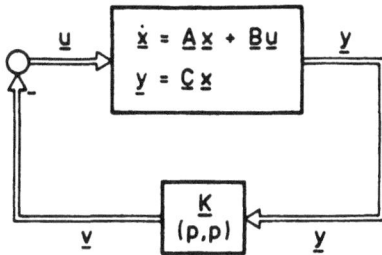

Bild 6/21
Konstante Ausgangsrückführung
eines linearen, zeitinvarianten
Systems

Wir gehen von der Annahme aus, daß $\underline{K}$ als reguläre Matrix gewählt werden kann, was später bestätigt werden muß. Dann folgt aus (6.97)

$$\hat{\underline{y}} = (\underline{K}^{-1} - \underline{D})\underline{v} \, .$$

Damit lautet der Integrand der Popowschen Integralungleichung (6.95)

$$\underline{v}^T \hat{\underline{y}} = \underline{v}^T (\underline{K}^{-1} - \underline{D})\underline{v} \, .$$

Die Popowsche Integralungleichung (6.95) ist also gewiß für ein beliebiges positives ϵ_0 erfüllt, wenn

$$\underline{M} = \underline{K}^{-1} - \underline{D} \tag{6.98}$$

als symmetrische und positiv definite Matrix gewählt wird, z.B. als Diagonalmatrix mit positiven Diagonalelementen. Aus (6.98) folgt

$$\underline{K}^{-1} = \underline{M} + \underline{D} \, . \tag{6.99}$$

Als Summe zweier symmetrischer Matrizen ist $\underline{K}^{-1}$ symmetrisch. Da $\underline{M}$ positiv definit gewählt wurde und $\underline{D}$ nach (6.93) positiv semidefinit ist, muß $\underline{K}^{-1}$ positiv definit sein. Es gilt nämlich

$$\underline{x}^T \underline{K}^{-1} \underline{x} = \underline{x}^T \underline{M} \underline{x} + \underline{x}^T \underline{D} \underline{x} \geq \underline{x}^T \underline{M} \underline{x} \, ,$$

also ≥ 0 für alle $\underline{x}$ und $= 0$ nur für $\underline{x} = \underline{0}$. Ist aber $\underline{K}^{-1}$ positiv definit, so ist $\underline{K}^{-1}$ regulär und damit auch

$$\underline{K} = (\underline{M} + \underline{D})^{-1}$$

regulär, wie nachzuweisen war.

Als Resultat kann man festhalten:

*Die lineare Ausgangsrückführung von Bild 6/21 ist global asympto-
tisch stabil, wenn man als Rückführmatrix*

$$\underline{K} = (\underline{M} + \underline{D})^{-1}$$

*wählt, wobei $\underline{D}$ einer gemäß (6.94) bestimmten Lösung ($\underline{L}$, $\underline{P}$, $\underline{V}$, $\underline{D}$)
der Kalman–Jakubowitsch–Gleichungen angehört und $\underline{M}$ eine sym-
metrische und positiv definite, sonst aber beliebige Matrix ist.* (6.100)

Wie man sieht, ist dies eine sehr einfache Berechnung der Ausgangsrückführma-
trix $\underline{K}$. Aber es ist zu beachten, daß hierdurch nur die Stabilität der Regelung
gesichert ist. Man könnte jedoch daran denken, weitergehende Forderungen, z.B.
nach günstigem Zeitverlauf und Stellgrößenbeschränkung, in geeignete Güte-
maße zu fassen, die von den freien Parametern in $\underline{M}$ (und eventuell auch $\underline{D}$) abhängen und durch deren Wahl simultan minimiert werden, z.B. mittels der Gütevektoroptimierung von *G. Kreisselmeier* und *R. Steinhauser* (siehe etwa [73],
Abschnitt 17.4).

Als **weiteres Beispiel** wird die **Regelung im Bild 6/22** untersucht, in deren Rückführung die „**verallgemeinerte nichtlineare Kennlinie**"

$$\underline{v} = \underline{f}(\underline{y}) \tag{6.101}$$

liegt, die ausführlich geschrieben dem Funktionensystem

$$v_1 = f_1(y_1, y_2, ..., y_p) \, ,$$
$$v_2 = f_2(y_1, y_2, ..., y_p) \, ,$$
$$\vdots$$
$$v_p = f_p(y_1, y_2, ..., y_p) \, ,$$

entspricht. Wir setzen voraus, daß diese Abbildung im gesamten $\underline{y}$-Raum
eindeutig umkehrbar ist:

$$\underline{y} = \underline{\tilde{f}}(\underline{v}) \quad \text{bzw.} \quad \begin{bmatrix} y_1 \\ \vdots \\ y_p \end{bmatrix} = \begin{bmatrix} \tilde{f}_1(v_1, ..., v_p) \\ \vdots \\ \tilde{f}_p(v_1, ..., v_p) \end{bmatrix} . \tag{6.102}$$

Überdies sei $\underline{f}(\underline{0}) = \underline{0}$, also auch $\underline{\tilde{f}}(\underline{0}) = \underline{0}$.

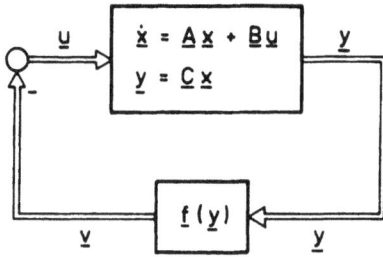

Bild 6/22
Regelkreis mit verallgemeinerter
nichtlinearer Kennlinie in der
Rückführung

Die Gleichung (6.96) nimmt hier die Form

$$\underline{v} = \underline{f}(\hat{\underline{y}} + \underline{D}\underline{v}) \tag{6.103}$$

an. Sie kann nach $\hat{\underline{y}}$ aufgelöst werden:

$$\hat{\underline{y}} = \tilde{\underline{f}}(\underline{v}) - \underline{D}\underline{v} . \tag{6.104}$$

Die Popowsche Integralungleichung (6.95) ist für ein beliebiges positives ϵ_0 gewiß erfüllt, wenn

$$\underline{v}^T[\tilde{\underline{f}}(\underline{v}) - \underline{D}\underline{v}] \geq \underline{0} \quad \text{für } \underline{v} \neq \underline{0}$$

oder

$$\underline{v}^T\tilde{\underline{f}}(\underline{v}) \geq \underline{v}^T\underline{D}\underline{v} \geq \underline{0} \quad \text{für } \underline{v} \neq \underline{0} , \tag{6.105}$$

wobei der letzte Teil der Ungleichung deshalb gilt, weil $\underline{D}$ symmetrisch und positiv semidefinit ist. Man kann sich auf $\underline{v} \neq \underline{0}$ beschränken, weil der Integrand für $\underline{v} = \underline{0}$ keinen Beitrag zum Popow-Integral liefert. Division durch $|\underline{v}|$ liefert dann

$$\left[\frac{\underline{v}}{|\underline{v}|}\right]^T \tilde{\underline{f}}(\underline{v}) \geq \left[\frac{\underline{v}}{|\underline{v}|}\right]^T \underline{D}\underline{v} \geq 0 . \tag{6.106}$$

Gilt diese Ungleichung, so gilt also auch die Popowsche Integralungleichung.

Da die Terme in der letzten Ungleichung positiv sind, kann man für sie auch ihre Beträge nehmen. Dabei ist

$$\left[\frac{\underline{v}}{|\underline{v}|}\right]^T \underline{D}\underline{v} = \left|\left[\frac{\underline{v}}{|\underline{v}|}\right]^T \underline{D}\underline{v}\right| \leq \left|\frac{\underline{v}}{|\underline{v}|}\right| \cdot \|\underline{D}\| \cdot |\underline{v}| ,$$

wobei $\|\underline{D}\|$ die Euklidische Norm der Matrix $\underline{D}$ bezeichnet:

$$\|\underline{D}\| = \sqrt{\sum_{i,k=1}^{p} d_{ik}^2} \quad .$$

Wegen $\left|\dfrac{\underline{v}}{|\underline{v}|}\right| = 1$ folgt so die Ungleichung

$$\|\underline{D}\| \cdot |\underline{v}| \geq \left[\frac{\underline{v}}{|\underline{v}|}\right]^T \underline{D}\,\underline{v} \quad \text{für alle } \underline{v} \neq \underline{0} \, . \tag{6.107}$$

Es werde nun angenommen, daß die Abschätzung

$$\left[\frac{\underline{v}}{|\underline{v}|}\right]^T \underline{\tilde{f}}(\underline{v}) \geq k\,|\underline{v}| \quad \text{für alle } v \neq 0 \tag{6.108}$$

gilt, wobei k eine positive Konstante darstellt. Sofern dann

$$k \geq \|\underline{D}\| \tag{6.109}$$

ist, folgt aus (6.108) und (6.107) die Ungleichung

$$\left[\frac{\underline{v}}{|\underline{v}|}\right]^T \underline{\tilde{f}}(\underline{v}) \geq k\,|\underline{v}| \geq \|\underline{D}\| \cdot |\underline{v}| \geq \left[\frac{\underline{v}}{|\underline{v}|}\right]^T \underline{D}\,\underline{v} \, , \; \underline{v} \neq \underline{0} \, . \tag{6.110}$$

Unter den Voraussetzungen (6.108) und (6.109) folgt also (6.110) und damit (6.106), also auch die Gültigkeit der Popowschen Integralungleichung.

Die Ungleichung (6.108) kann man noch etwas anders formulieren, wenn man mit $|\underline{v}|$ multipliziert:

$$\underline{v}^T \underline{\tilde{f}}(\underline{v}) \geq k\,|\underline{v}|^2 \geq \|\underline{D}\| \cdot |\underline{v}|^2 \, . \tag{6.111}$$

Man hat so folgende hinreichende Stabilitätsbedingung erhalten:

Der Regelkreis im Bild 6/22 ist asymptotisch hyperstabil, insbesondere also global asymptotisch stabil, wenn

$$\underline{v}^T \underline{\tilde{f}}(\underline{v}) \geq \|\underline{D}\| \cdot |\underline{v}|^2 \quad \text{für alle } \underline{v} \, .$$

Dabei ist $\tilde{f}$ die inverse Vektorfunktion zu f, und $\underline{D}$ gehört zur Lösung
$(\underline{L}, \underline{P}, \underline{V}, \underline{D})$ der Kalman-Jakubowitsch-Gleichungen gemäß (6.94). $\qquad$ (6.112)

Ein **Spezialfall der Nichtlinearität** von Bild 6/22 besteht darin, daß

$$v_i = f_i(y_i) \, , \quad i = 1,...,p \, ,$$

ist. Die einzelnen Kennlinien f_i seien streng monoton steigend, so daß die Abbildung $\underline{v} = \underline{f}(\underline{y})$ gewiß eineindeutig ist. Die inversen Funktionen seien

$$y_i = \tilde{f}_i(v_i) \, , \quad i = 1,...,p \, .$$

Außerdem sei $\underline{D}$ eine Diagonalmatrix: $\underline{D} = \mathrm{diag}(D_1,...,D_p)$, wobei die $D_i \geq 0$ sind, da $\underline{D}$ positiv semidefinit ist. Aus (6.111) wird so die Ungleichung

$$v_1 \tilde{f}_1(v_1) + ... + v_p \tilde{f}_p(v_p) \geq \|\underline{D}\|(v_1^2 + ... + v_p^2) \, .$$

Sie ist gewiß erfüllt für

$$v_i \tilde{f}_i(v_i) \geq \|\underline{D}\| v_i^2 \, , \, v_i \neq 0 \, , \, i = 1, ..., p \, . \qquad (6.113)$$

Division durch v_i führt zu

$$\tilde{f}_i(v_i) \begin{cases} \leq \|\underline{D}\| v_i \, , \, v_i < 0 \, , \\ \geq \|\underline{D}\| v_i \, , \, v_i > 0 \, . \end{cases}$$

Nun Übergang zur inversen Funktion:

$$v_i \begin{cases} \leq f_i(\|\underline{D}\| v_i) \, , \, v_i < 0 \, , \\ \geq f_i(\|\underline{D}\| v_i) \, , \, v_i > 0 \, . \end{cases}$$

Mit $\|\underline{D}\| v_i = z_i$ wird daraus

$$\frac{f_i(z_i)}{z_i} \leq \frac{1}{\|\underline{D}\|} = \frac{1}{\sqrt{D_1^2 + ... + D_p^2}} \, , \, z_i \neq 0 \, , \, i = 1, ..., p \, . \qquad (6.114)$$

Im speziellen Fall der Eingrößenregelung erhält man die frühere Sektorbedingung

$$\frac{f(z)}{z} \leq \frac{1}{D}$$

für asymptotische Hyperstabilität. Man sieht hieraus, daß die Ungleichung (6.111) eine sinnvolle Erweiterung des Sektorbegriffs auf Vektornichtlinearitäten darstellt.

In dem hier betrachteten Spezialfall der Vektornichtlinearität kann man die Sektorbedingung verbessern, indem man von der ursprünglichen Ungleichung (6.105) ausgeht, noch bevor irgendwelche Normbildungen vorgenommen wurden, durch welche Abschätzungen ja normalerweise vergröbert werden. Diese Ungleichung geht hier in

$$\sum_{i=1}^{p} v_i \tilde{f}_i(v_i) \geq \sum_{i=1}^{p} D_i v_i^2$$

bzw.

$$\sum_{i=1}^{p} v_i^2 \left[\frac{\tilde{f}_i(v_i)}{v_i} - D_i \right] \geq 0 \quad \text{für } v_i \neq 0$$

über, die gewiß erfüllt ist, wenn

$$\frac{\tilde{f}_i(v_i)}{v_i} \geq D_i , \ v_i \neq 0 , \ i = 1, ..., p ,$$

gilt. Wie oben folgert man hieraus

$$\frac{f_i(z_i)}{z_i} \leq \frac{1}{D_i} , \ z_i \neq 0 , \ i = 1, ..., p . \tag{6.115}$$

Im Unterschied zu (6.114) genügt hier jede einzelne Kennlinie ihrer eigenen Sektorbedingung, wobei jeder dieser Sektoren größer oder gleich dem gemeinsamen Sektor in (6.114) ist.

Noch eine Anmerkung zu diesem Beispiel! Vielleicht wird es dem Leser aufgefallen sein, daß die einzelnen Funktionen $v_i = f_i(y_i)$ als streng monoton *steigend* vorausgesetzt wurden. Wenn sie streng monoton fallend sind, ist die Gesamtabbildung $\underline{v} = \underline{f}(\underline{y})$ doch auch eindeutig umkehrbar! Das ist richtig, doch ist dann von vornherein nicht zu erwarten, daß die Bedingung (6.111) erfüllt ist. Das sieht man bereits an dem einfachen Spezialfall $v = f(y) = -y$, zu dem die Umkehrfunktion $y = \tilde{f}(v) = -v$ gehört. Für sie gilt

$$\underline{v}^T \tilde{\underline{f}}(\underline{v}) = -v^2 < 0 \quad \text{für } v \neq 0 \, ,$$

so daß die Ungleichung (6.111) nicht gelten kann. Das entspricht der Tatsache, daß eine nichtlineare Eingrößenregelung, deren Kennlinie im 2. und 4. Quadranten liegt, normalerweise nicht stabil sein wird, einfach deshalb, weil sie eine Mitkopplung und keine Gegenkopplung darstellt.

Sehen wir uns zum Schluß ein **konkretes Beispiel zur Vektornichtlinearität** $\underline{v} = \underline{f}(\underline{y})$ an! Es sei

$$v_1 = f_1(y_1, y_2) = \frac{y_1}{2\sqrt{y_1^2 + y_2^2}} \left[-K + \sqrt{K^2 + 4\sqrt{y_1^2 + y_2^2}} \right], \quad (6.116)$$

$$v_2 = f_2(y_1, y_2) = \frac{y_2}{2\sqrt{y_1^2 + y_2^2}} \left[-K + \sqrt{K^2 + 4\sqrt{y_1^2 + y_2^2}} \right] \quad (6.117)$$

$$\text{für } \underline{y} \neq \underline{0} \, ,$$

$$\underline{v} = \underline{0} \quad \text{für } \underline{y} = \underline{0} \, ,$$

wobei K eine gegebene positive Konstante ist.

Zunächst ist zu zeigen, daß die inverse Abbildung

$$y_1 = \tilde{f}_1(v_1, v_2) \, , \quad y_2 = \tilde{f}_2(v_1, v_2)$$

existiert, was hier durch Auflösen der Beziehungen (6.116), (6.117) nach y_1 und y_2 möglich ist. Dazu führen wir Polarkoordinaten ein:

$$y_1 = r\cos\varphi \, , \, y_2 = r\sin\varphi \, , \quad (6.118)$$

also $r = \sqrt{y_1^2 + y_2^2}$. Damit folgt aus (6.116), (6.117)

$$v_1 = \frac{1}{2}\cos\varphi \left[-K + \sqrt{K^2 + 4r} \right] \, , \quad (6.119)$$

$$v_2 = \frac{1}{2}\sin\varphi \left[-K + \sqrt{K^2 + 4r} \right] \, . \quad (6.120)$$

Wie man hieraus sieht, streben $v_1, v_2 \to 0$ für $r \to 0$, also $\underline{y} \to \underline{0}$.

Durch Quadrieren und Addieren von (6.119) und (6.120) erhält man

$$v_1^2 + v_2^2 = \frac{1}{4}\left[-K + \sqrt{K^2 + 4r}\right]^2,$$

also

$$2\sqrt{v_1^2 + v_2^2} + K = \sqrt{K^2 + 4r},$$

woraus durch Quadrieren

$$r = \sqrt{v_1^2 + v_2^2}\left[K + \sqrt{v_1^2 + v_2^2}\right] \tag{6.121}$$

folgt. Weiterhin ergibt sich aus (6.119) und (6.120) $\frac{v_2}{v_1} = \tan\varphi$, also

$$\sin\varphi = \frac{\tan\varphi}{\sqrt{1 + \tan^2\varphi}} = \frac{v_2}{\sqrt{v_1^2 + v_2^2}}, \quad \cos\varphi = \frac{1}{\sqrt{1 + \tan^2\varphi}} = \frac{v_1}{\sqrt{v_1^2 + v_2^2}}.$$

Hiermit und mit (6.121) folgt aus (6.118)

$$y_1 = v_1\left(K + \sqrt{v_1^2 + v_2^2}\right) := \tilde{f}_1(v_1, v_2), \tag{6.122}$$

$$y_2 = v_2\left(K + \sqrt{v_1^2 + v_2^2}\right) := \tilde{f}_2(v_1, v_2). \tag{6.123}$$

Damit lautet die Ungleichung in (6.112)

$$(v_1^2 + v_2^2)\left[K + \sqrt{v_1^2 + v_2^2}\right] \geq \|\underline{D}\|(v_1^2 + v_2^2).$$

Sofern $K \geq \|\underline{D}\|$, ist sie für alle $\underline{v}$ erfüllt, die Regelung von Bild 6/22 also asymptotisch hyperstabil.

6.5 Verknüpfung hyperstabiler Systeme

6.5.1 Verknüpfungsregeln

Die folgenden Betrachtungen werden für lineare, zeitinvariante Eingrößensysteme durchgeführt. Die Ergebnisse lassen sich auf Mehrgrößensysteme ausdehnen, worauf später noch eingegangen wird. Das Eingrößensystem werde durch die Gleichung

$$y(s) = G(s)u(s)$$

beschrieben, wobei die Menge seiner Eingangsgrößen u(t) (implizit) durch die Integralungleichung

$$\int_0^t u(\tau)y(\tau)d\tau \leq \epsilon_0^2 \quad \text{für alle } t \geq 0$$

mit einer positiven Zahl ϵ_0 abgegrenzt ist. Nach (6.41) ist es genau dann hyperstabil (asymptotisch hyperstabil), wenn die Übertragungsfunktion G(s) positiv reell (streng positiv reell) ist, d.h. also

$$\text{Re}\,G(s) > 0 \quad \text{für Re } s > 0 \ (\geq 0)$$

gilt. Eine unmittelbare Folgerung hieraus ist der *Satz:*

Die Parallelschaltung hyperstabiler Systeme bzw. asymptotisch hy-
perstabiler Systeme ist wiederum hyperstabil bzw. asymptotisch hy-
perstabil. (6.124)

Bild 6/23 zeigt eine solche Parallelschaltung. Ihre Übertragungsfunktion ist

$$G(s) = G_1(s) + G_2(s)\,.$$

Die zu ihr gehörende Integralungleichung ergibt sich aus den Integralungleichungen der beiden einzelnen Übertragungsglieder zu

$$\int_0^t uy\,d\tau = \int_0^t uy_1 d\tau + \int_0^t uy_2 d\tau \leq \epsilon_{01}^2 + \epsilon_{02}^2 = \left[\sqrt{\epsilon_{01}^2 + \epsilon_{02}^2}\right]^2 \quad \text{für alle } t \geq 0\,.$$

Die Aussage (6.124) liegt auf der Hand:

$$\text{Re}[G_1(s) + G_2(s)] = \text{Re}\,G_1(s) + \text{Re}\,G_2(s) > 0 \quad \text{für Re } s > 0 \ (\geq 0)\,,$$

weil

$$\text{Re}\,G_1(s) > 0 \quad \text{und} \quad \text{Re}\,G_2(s) > 0 \quad \text{für Re } s > 0 \ (\geq 0)\,.$$

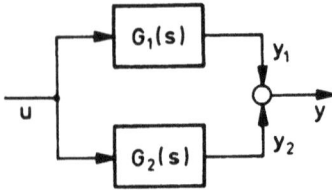

Bild 6/23   Parallelschaltung

Ebenso naheliegend ist der *Satz:*

Ist G(s) positiv reell bzw. streng positiv reell, so gilt dies auch für

$$G^{-1}(s) = \frac{1}{G(s)}.$$ (6.125)

Ist nämlich $G(s) = \dfrac{Z(s)}{N(s)}$, so ist

$$\text{Re}\,G = \frac{1}{|N|^2}\,(\text{Re}Z\,\text{Re}N + \text{Im}Z\,\text{Im}N).$$ (6.126)

$N(s) = 0$ für $\text{Re}\,s > 0\ (\geq 0)$ ist ausgeschlossen, da sonst $G(s) = \infty$, also $\text{Re}\,G(s)$ nicht definiert wäre. Ebenso ist $Z(s) = 0$ für $\text{Re}\,s > 0\ (\geq 0)$ unmöglich, weil andernfalls $G(s) = 0$ und somit $\text{Re}\,G(s) > 0$ verletzt wäre. Gemäß (6.126) muß nach Voraussetzung $\text{Re}Z\,\text{Re}N + \text{Im}Z\,\text{Im}N > 0$ für $\text{Re}\,s > 0\ (\geq 0)$ sein. Dann ist aber auch

$$\text{Re}\,\frac{1}{G(s)} = \text{Re}\,\frac{N(s)}{Z(s)} = \frac{1}{|Z|^2}\left[\text{Re}N\,\text{Re}Z + \text{Im}N\,\text{Im}Z\right] > 0 \quad \text{für Re}s > 0\ (\geq 0),$$

also $G^{-1}(s)$ positiv bzw. streng positiv reell.

Die Reihenschaltung zweier hyperstabiler Systeme braucht jedoch nicht hyperstabil zu sein. Betrachten wir etwa zwei in Reihe gelegene $P-T_1$-Glieder, die beide sogar asymptotisch hyperstabil sind, so ist die zugehörige Übertragungsfunktion

$$G(s) = \frac{K_1 K_2}{(1+T_1 s)(1+T_2 s)}.$$

Da die Differenz von Nenner- und Zählergrad 2 ist, kann $G(s)$ nach einer in Abschnitt 6.2 angegebenen notwendigen Bedingung nicht positiv reell, die Reihenschaltung also nicht hyperstabil sein.

Erstaunlicherweise gilt aber der folgende *Satz:*

Die Gegenkopplung eines (asymptotisch) hyperstabilen Systems über ein zweites (asymptotisch) hyperstabiles System ist (asymptotisch) hyperstabil.   (6.127)

Bei im üblichen Sinn stabilen Systemen braucht dies ja keineswegs der Fall zu sein. Sonst wäre jede Gegenkopplung einer ungeregelten stabilen Strecke ebenfalls stabil! Bei *hyper*stabilen Systemen liegen die Dinge jedoch anders – *eine sehr bemerkenswerte Eigenschaft der Hyperstabilität.*

Um den Satz (6.127) herzuleiten, betrachten wir den Regelkreis im Bild 6/24. Die Übertragungsfunktion des Regelkreises ist

$$G_w(s) = \frac{G_1(s)}{1+G_1(s)G_2(s)}.$$ (6.128)

Die Integralungleichungen der beiden Blöcke lauten

$$\int_0^t ey\,d\tau \le \epsilon_{01}^2 \quad \text{für alle } t \ge 0\,, \qquad \int_0^t yr\,d\tau \le \epsilon_{02}^2 \quad \text{für alle } t \ge 0\,.$$

Durch Addition folgt daraus wegen e = w – r , also w = e + r:

$$\int_0^t wy\,d\tau \le \epsilon_{01}^2 + \epsilon_{02}^2 = \left[\sqrt{\epsilon_{01}^2+\epsilon_{02}^2}\right]^2 \quad \text{für alle } t \ge 0$$

als Integralungleichung des Regelkreises.

Wir weisen nun nach, daß $G_w(s)$ (streng) positiv reell ist, wenn dies von $G_1(s)$ und $G_2(s)$ gilt. Dazu gehen wir zu G_w^{-1} über, wobei nun einfachheitshalber das Argument s weggelassen wird:

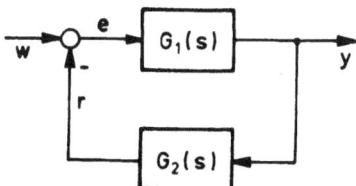

Bild 6/24   Regelkreis

$$G_w^{-1} = \frac{1+G_1G_2}{G_1} = G_1^{-1} + G_2 \,.$$

Mit G_1 ist auch die inverse Übertragungsfunktion G_1^{-1} (streng) positiv reell, also auch die Parallelschaltung $G_w^{-1} = G_1^{-1} + G_2$. Mit G_w^{-1} ist dann auch die dazu inverse Übertragungsfunktion G_w (streng) positiv reell, was zu zeigen war.

Aus den bisherigen Sätzen kann man weitere Folgerungen ziehen. Betrachten wir beispielsweise den Regelkreis in Bild 6/25a, in dessen Vorwärtszweig zwei asymptotisch hyperstabile Systeme in Reihe liegen. Diese Reihenschaltung braucht ja keineswegs hyperstabil zu sein, so daß sich *unmittelbar* keine Stabilitätsaussage über den Regelkreis machen läßt. Nimmt man aber die einfache äquivalente Umformung vor, die zum Bild 6/25b führt, so läßt sich folgendes sagen. Die geschlossene Gegenkopplungsschleife von $G_1(s)$ über $G_2(s)$ ist nach (6.127) asymptotisch hyperstabil, insbesondere also global asymptotisch stabil. Der hinter dieser Schleife gelegene asymptotisch hyperstabile Block ist ebenfalls global asymptotisch stabil. Somit liegen die Eigenwerte sowohl der Schleife als auch des Blockes $G_2(s)$ links der j-Achse. Das gilt dann auch für deren Vereinigungsmenge, so daß die Reihenschaltung von Schleife und Block $G_2(s)$ global asymptotisch stabil (nicht hyperstabil!) ist. Das gleiche muß dann für den äquivalenten Regelkreis im Bild 6/25a gelten. Man hat so das Resultat:

Sind die Teilsysteme mit den Übertragungsfunktionen $G_1(s)$ und $G_2(s)$ im Regelkreis von Bild 6/25a beide asymptotisch hyperstabil, so ist der Regelkreis global asymptotisch stabil.   (6.129)

a)

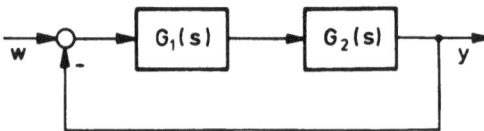

b)

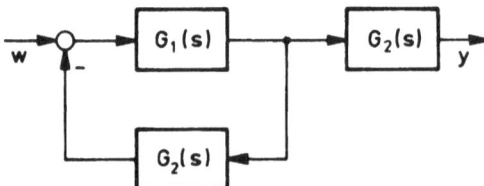

Bild 6/25 Regelkreis mit Reihenschaltung zweier asymptotisch hyperstabiler Systeme im Vorwärtszweig

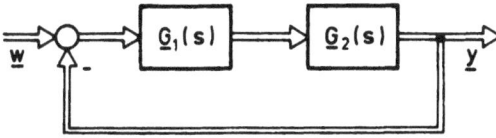

Bild 6/26   Lineare Mehrgrößenregelung in komplexer Darstellung

Ähnliche Regeln wie die im vorhergehenden formulierten Sätze über Eingrößensysteme gelten auch für lineare, zeitinvariante *Mehr*größensysteme (und sogar
für nichtlineare Systeme [50, 52]). Im folgenden werden wir einen solchen Satz
benötigen, der eine Verschärfung von (6.129) darstellt [12]).

Sind im Regelkreis von Bild 6/26 die beiden Mehrgrößensysteme mit
den Übertragungsmatrizen $\underline{G}_1(s)$ und $\underline{G}_2(s)$ hyperstabil und ist min-
destens eines von ihnen asymptotisch hyperstabil, so ist der Regel-
kreis global asymptotisch stabil (nicht hyperstabil!).   (6.130)

6.5.2   Anwendung der Verknüpfungsregeln zur Regelungssynthese

Ausgangspunkt der folgenden Betrachtungen ist die Behandlung eines konkreten
Problems, nämlich der Regelung einer flexiblen Raumfahrtstruktur, durch *J.*
Bals [13]). Der interessante Vorschlag, den er hierbei für den Reglerentwurf
gemacht hat, ist allgemeiner Natur und soll deshalb im folgenden behandelt werden.

Grundlage ist die Regelung im Bild 6/27, worin sämtliche Matrizen konstant,
Regler und Strecke also linear und zeitinvariant sind. **Vorerst** werde angenom-
men, daß die **Strecke** (einschließlich Stell- und Meßeinrichtung) **hyperstabil** ist.
Es gibt Anwendungsfälle, in denen dies zutrifft. Ein Beispiel bietet die von *J.*
Bals in der zitierten Arbeit behandelte flexible Raumfahrtstruktur, sofern Ge-
schwindigkeitssensoren und Kraftstellglieder in gleicher Anzahl gewählt werden
und sich jeweils ein Sensor und ein Stellglied an der gleichen Stelle befinden
(*Bals*, Unterabschnitt 5.3.1).

---

[12]) *R. J. Benhabib – R. P. Ivens – R. L. Jackson:* Stability of Large Space Structure Control Systems Using Positivity Concepts. Journal of Guidance and Control 4 (1981), S. 487 - 494.

[13]) *J. Bals:* Aktive Schwingungsdämpfung flexibler Strukturen. Dissertation,
Karlsruhe, 1989.

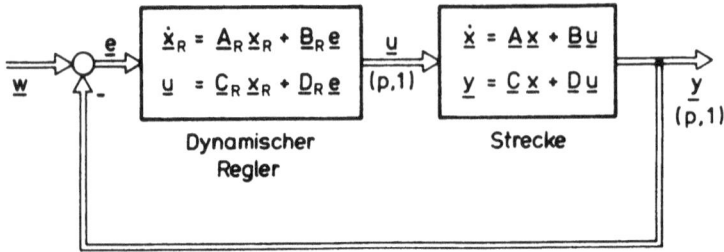

Bild 6/27   Lineare Mehrgrößenregelung in Zustandsdarstellung [14]

Das Entwurfsziel ist nun ein zweifaches:

1. Die Regelung soll global asymptotisch stabil sein.
2. Darüberhinaus sollen gewisse weitergehende Forderungen erfüllt werden, z.B. nach gutem Übergangsverhalten und mäßigen Stellbeträgen.

Das erste Ziel läßt sich mit der Hyperstabilitätstheorie erreichen: Wählt man den – zunächst völlig freien – Regler so, daß er asymptotisch hyperstabil wird, so ist der Regelkreis gemäß (6.130) global asymptotisch stabil.

Um der zweiten Forderung zu genügen, schreibt man die Reglermatrizen $\underline{A}_R$,..., $\underline{D}_R$ nicht fest vor, sondern läßt sie von einem Vektor $\underline{r}$ aus freien Parametern abhängen. Dieser wird aus Elementen der Reglermatrizen selbst sowie aus Elementen von $\underline{L}_R$, $\underline{P}_R$ und $\underline{V}_R$, den weiteren Matrizen der Kalman–Jakubowitsch-Gleichungen des Reglers, aufgebaut.

Nun wählt man die Matrizen $\underline{A}_R(\underline{r})$,...,$\underline{D}_R(\underline{r})$ sowie die Matrizen $\underline{L}_R(\underline{r})$, $\underline{P}_R(\underline{r})$, $\underline{V}_R(\underline{r})$ mit regulärem $\underline{L}_R(\underline{r})$ so, daß die Kalman–Jakubowitsch-Gleichungen erfüllt sind, und zwar für beliebiges $\underline{r}$:

$$\left.\begin{array}{l} \underline{A}_R^T(\underline{r})\underline{P}_R(\underline{r}) + \underline{P}_R(\underline{r})\underline{A}_R(\underline{r}) = -\underline{L}_R(\underline{r})\underline{L}_R^T(\underline{r})\,, \\[2mm] \underline{L}_R(\underline{r})\underline{V}_R(\underline{r}) = \underline{C}_R^T(\underline{r}) - \underline{P}_R(\underline{r})\underline{B}_R(\underline{r})\,, \\[2mm] \underline{D}_R(\underline{r}) + \underline{D}_R^T(\underline{r}) = \underline{V}_R^T(\underline{r})\underline{V}_R(\underline{r})\,. \end{array}\right\} \qquad (6.131)$$

Dann ist man sicher, daß der Regler asymptotisch hyperstabil und damit der Regelkreis global asymptotisch stabil ist, ganz gleich, wie die freien Parameter in $\underline{r}$ gewählt werden.

---

[14] Es sei darauf hingewiesen, daß ein System mit Durchgriff ($\underline{D} \neq \underline{0}$) keineswegs hyperstabil sein muß und andererseits ein System ohne Durchgriff ($\underline{D} = \underline{0}$) sehr wohl hyperstabil sein kann.

Man kann über sie sodann beliebig verfügen, um weitere Entwurfsziele zu verfolgen, ohne sich noch um das Stabilitätsverhalten der Regelung kümmern zu müssen. Beispielsweise kann man Gütemaße definieren, durch die günstigeres Zeitverhalten und gemäßigte Stellbeträge gesichert werden, und diese Gütemaße mittels der Gütevektoroptimierung nach *G. Kreisselmeier* und *R. Steinhauser* [15] klein machen („minimieren").

Fassen wir die beschriebene Vorgehensweise am Beispiel eines dynamischen Reglers 2. Ordnung mit einer Ein- und Ausgangsgröße etwas genauer ins Auge! Um unnötig viele Reglerparameter zu vermeiden, setzen wir den Regler in Regelungsnormalform an (siehe z.B. [73], Unterabschnitt 11.4.1). Dann ist

$$\underline{A}_R = \begin{bmatrix} 0 & 1 \\ -a_0 & -a_1 \end{bmatrix}, \quad \underline{B}_R = \begin{bmatrix} 0 \\ 1 \end{bmatrix},$$

$$\underline{C}_R = [c_0 \ c_1], \quad \underline{D}_R = d.$$

Für $\underline{P}_R$ und $\underline{L}_R$ machen wir den Ansatz

$$\underline{P}_R = \begin{bmatrix} p_1 & p_3 \\ p_3 & p_2 \end{bmatrix}, \quad \underline{L}_R = \begin{bmatrix} l_1 & 0 \\ l_3 & l_2 \end{bmatrix} \quad \text{mit } l_1, l_2 \neq 0,$$

letzteres, um die Regularität von $\underline{L}_R$ zu sichern. Damit lautet die erste der Kalman-Jakubowitsch-Gleichungen (6.131)

$$\begin{bmatrix} 0 & -a_0 \\ 1 & -a_1 \end{bmatrix} \cdot \begin{bmatrix} p_1 & p_3 \\ p_3 & p_2 \end{bmatrix} + \begin{bmatrix} p_1 & p_3 \\ p_3 & p_2 \end{bmatrix} \cdot \begin{bmatrix} 0 & 1 \\ -a_0 & -a_1 \end{bmatrix} = - \begin{bmatrix} q_1 & q_3 \\ q_3 & q_2 \end{bmatrix}$$

mit

$$\underline{Q}_R = \begin{bmatrix} q_1 & q_3 \\ q_3 & q_2 \end{bmatrix} = \begin{bmatrix} l_1^2 & l_1 l_3 \\ l_1 l_3 & l_2^2 + l_3^2 \end{bmatrix}. \tag{6.132}$$

[15] *G. Kreisselmeier* – *R. Steinhauser:* Systematische Auslegung von Reglern durch Optimierung eines vektoriellen Gütekriteriums. Regelungstechnik 27 (1979), Seite 76–79.

Daraus folgt

$$2a_0p_3 = q_1 \,,$$
$$2a_1p_2 - 2p_3 = q_2 \,,$$
$$p_1 - a_0p_2 - a_1p_3 = -q_3 \,. \tag{6.133}$$

Wir schreiben nun vor, daß $a_0 > 0$, $a_1 > 0$ gilt, damit die Eigenwerte von $\underline{A}_R$ links der j-Achse liegen und der Regler somit global asymptotisch stabil ist, lassen a_0 und a_1 aber im übrigen frei. Sind $\underline{A}_R$ und $\underline{Q}_R$ gegeben, so ist (6.133) eindeutig nach den Elementen von $\underline{P}_R$ auflösbar. Da es sich um die Lösung einer Ljapunow-Gleichung mit negativ definiter rechter Seite handelt, ist $\underline{P}$ positiv definit. Das gilt für jede Wahl von l_1, l_2, a_0, a_1 – sofern nur die obigen Einschränkungen

$$l_1, l_2 \neq 0 \,, \quad a_0, a_1 > 0 \,, \tag{6.134}$$

eingehalten werden.

Die zweite der Kalman-Jakubowitsch-Gleichungen (6.131) wird zu

$$\begin{bmatrix} l_1 & 0 \\ l_3 & l_2 \end{bmatrix} \begin{bmatrix} v_1 \\ v_2 \end{bmatrix} = \begin{bmatrix} c_0 \\ c_1 \end{bmatrix} - \begin{bmatrix} p_1 & p_3 \\ p_3 & p_2 \end{bmatrix} \begin{bmatrix} 0 \\ 1 \end{bmatrix} \,,$$

woraus

$$c_0 = p_3 + l_1 v_1 \,,$$
$$c_1 = p_2 + l_3 v_1 + l_2 v_2 \tag{6.135}$$

folgt. Aus der dritten Kalman Jakubowitsch-Gleichung wird schließlich

$$d = \tfrac{1}{2}\left[v_1^2 + v_2^2\right] \,. \tag{6.136}$$

Hierdurch sind c_0, c_1 und d bestimmt, ganz gleich, wie v_1 und v_2 gewählt werden.

Insgesamt sind so die Kalman-Jakubowitsch-Gleichungen mit Sicherheit erfüllt, ganz gleich wie der freie Parametervektor

$$\underline{r} = [a_0, a_1, l_1, l_2, l_3, v_1, v_2]^T$$

gewählt wird. Wie oben schon bemerkt, kann man ihn nun dazu verwenden, weitere Entwurfsforderungen zu erfüllen.

Allerdings ist der Vektor $\underline{r}$ nicht *ganz* frei, vielmehr unterliegen einige seiner Elemente gewissen Einschränkungen: Sie müssen die Ungleichungen (6.134) erfüllen. Dies kann beispielsweise bei der Optimierung von Gütemaßen, die von diesen Parametern abhängen, recht hinderlich sein. Will man deshalb die Einschränkungen beseitigen, so kann dies durch Einführung von Hilfsvariablen geschehen.

Was zunächst a_0 und a_1 angeht, so führt man an ihrer Stelle die Hilfsvariablen $\tilde{a}_0$ und $\tilde{a}_1$ mittels der Beziehungen

$$a_0 = \alpha_0 + \tilde{a}_0^2 \, , \, a_1 = \alpha_1 + \tilde{a}_1^2 \tag{6.137}$$

ein, wobei α_0 und α_1 sehr kleine positive Konstanten und $\tilde{a}_0$, $\tilde{a}_1$ beliebig sind. Es ist damit gesichert, daß a_0 und $a_1 > 0$ und im übrigen frei variierbar sind.

Eine ähnliche Schwierigkeit tritt durch die Bedingung $l_1 \neq 0$, $l_2 \neq 0$ auf. Um sie aus der Welt zu schaffen, schreibt man die Matrix $\underline{Q}_R$ nach (6.132), die ja positiv definit sein muß, in der Form

$$\underline{Q}_R = \tilde{\underline{Q}}_R + \beta_0 \underline{I} = \tilde{\underline{L}}_R \tilde{\underline{L}}_R^T + \beta_0 \underline{I} \tag{6.138}$$

mit einer positiven (und sonst grundsätzlich beliebigen) Konstante β_0 und der Matrix

$$\tilde{\underline{L}}_R = \begin{bmatrix} \tilde{l}_1 & 0 \\ \tilde{l}_3 & \tilde{l}_2 \end{bmatrix} \, ,$$

wobei die Elemente $\tilde{l}_1, \tilde{l}_2, \tilde{l}_3$ beliebig sind. Da $\tilde{\underline{Q}}_R$ symmetrisch und positiv semidefinit, ist $\underline{Q}_R$ symmetrisch und positiv definit. $\underline{L}_R$ wird sodann aus der Cholesky-Zerlegung (siehe z.B. [72], 5.Auflage, Teil 1, § 6.3) von $\underline{Q}_R$ gewonnen. Im vorliegenden Fall gilt

$$\begin{bmatrix} q_1 & q_3 \\ q_3 & q_2 \end{bmatrix} = \begin{bmatrix} l_1 & 0 \\ l_3 & l_2 \end{bmatrix} \begin{bmatrix} l_1 & l_3 \\ 0 & l_2 \end{bmatrix} \, ,$$

woraus

$$l_1^2 = q_1 \, , \quad l_1 l_3 = q_3 \, , \quad l_2^2 + l_3^2 = q_2$$

und damit

$$l_1 = \sqrt{q_1} \, , \, l_3 = \frac{q_3}{\sqrt{q_1}} \, , \, l_2 = \sqrt{q_2 - \frac{q_3^2}{q_1}} \tag{6.139}$$

folgt.

In den Vektor der freien Parameter nimmt man nunmehr an Stelle der einge-schränkten Parameter (6.134) die neuen Hilfsparameter (einschließlich $\tilde{l}_3$) auf:

$$\tilde{r} = \left[\tilde{a}_0, \tilde{a}_1, \tilde{l}_1, \tilde{l}_2, \tilde{l}_3, v_1, v_2 \right]^T .$$

Hat man sie durch die Erfüllung der über die Stabilität hinausgehenden Forde-rungen bestimmt, so erhält man die a_ν aus (6.137), $\underline{Q}_R$ bzw. die q_ν aus (6.138) und damit die l_ν aus (6.139). Mit *diesen* q_ν und l_ν bildet man die Gleichungen (6.133) und berechnet daraus $\underline{P}_R$, sodann mit (6.135) und (6.136) $\underline{C}_R$ und $\underline{D}_R$. $\underline{A}_R$ ist bereits durch die a_ν festgelegt und $\underline{B}_R$ von vornherein durch die Rege-lungsnormalform vorgegeben.

Wie man sieht, lassen sich mittels der beschriebenen Synthesemethode global asymptotisch stabile Regelungen entwerfen, die zwanglos weiteren Spezifikatio-nen angepaßt werden können. *Die so entworfenen Regelungen* haben den Vorzug, bezüglich ihres Stabilitätsverhaltens *sehr robust gegenüber Parameterunsicherhei-ten der Strecke* zu sein, solange diese nicht so groß werden, daß sie die Hypersta-bilität der Strecke gefährden. Denn wie die Parameterverteilung der Strecke im übrigen auch sein mag, der Regler wird gemäß der eben beschriebenen Konstruk-tion so gewählt, daß er asymptotisch hyperstabil und damit die gesamte Rege-lung global asymptotisch stabil ist.

Für die Anwendung des beschriebenen Verfahrens auf ein umfangreiches reales System sei nochmals auf die schon oben zitierte Arbeit von *J. Bals* hingewiesen.

Wir wollen nun annehmen, daß die **Strecke** des zu entwerfenden linearen Regel-kreises **nicht hyperstabil** ist. Der Führungsvektor $\underline{w}$ sei konstant, so daß $\underline{w} = \underline{0}$ angenommen werden darf, nachdem man zu den Abweichungen von dem zum Führungsvektor gehörigen stationären Zustand übergegangen ist. Die Strecke sei durchgriffsfrei, also $\underline{D} = \underline{0}$, wie es bei der überwiegenden Mehrzahl realer Systeme der Fall ist. Ihre Eigenwerte sollen links der j-Achse liegen (was eventuell vorab durch eine konstante Rückführung erreicht werden kann). Auch der dynamische Regler werde einfachheitshalber ohne Durchgriff angesetzt, was aber nicht notwendig ist. Man erhält so den Regelkreis im Bild 6/28.

Die Vorgehensweise besteht nun aus zwei Schritten:
(I) Man macht die Strecke durch Hinzufügen eines geeignet gewählten fiktiven Terms $\underline{D}\underline{u}$ zur Ausgangsgleichung hyperstabil oder asymptotisch hyperstabil. Damit der Regelkreis zu dem ursprünglich gegebenen äquivalent bleibt, hat man diesen Term $\underline{D}\underline{u}$ auch im Regler zu berücksichtigen.
(II) Der so erhaltene Regler wird nun asymptotisch hyperstabil entworfen, wie dies im vorangegangenen Teil des vorliegenden Unterabschnitts 6.5.2 beschrieben wurde.

Was den Schritt (I) betrifft, so erfolgt die Konstruktion der Matrix $\underline{D}$ so, wie dies im Unterabschnitt 6.4.1 dargestellt und in (6.94) zusammengefaßt ist. Fügt man dann den fiktiven Parallelzweig $\underline{D}\underline{u}$ zur Strecke hinzu, so hat man den Block $\underline{D}\underline{u}$ auch im Regler hinzuzufügen, und zwar in Form einer Rückführung, um eine zur ursprünglichen Regelung äquivalente Struktur zu erhalten. Dies wurde ebenfalls bereits im Unterabschnitt 6.4.1 erwähnt und zuvor im Unterabschnitt 6.3.1 ausführlich behandelt. Im Bild 6/29 ist die Umformung für den vorliegenden Fall nochmals dargestellt.

Die Übertragungsmatrix $\underline{\hat{G}}(s)$ der fiktiven Strecke

$$\underline{\dot{x}} = \underline{A}\underline{x} + \underline{B}\underline{u} , \quad \underline{\hat{y}} = \underline{C}\underline{x} + \underline{D}\underline{u}$$

ist nun streng positiv reell, die Strecke selbst asymptotisch hyperstabil. Um die zur fiktiven Strecke gehörende Integralungleichung,

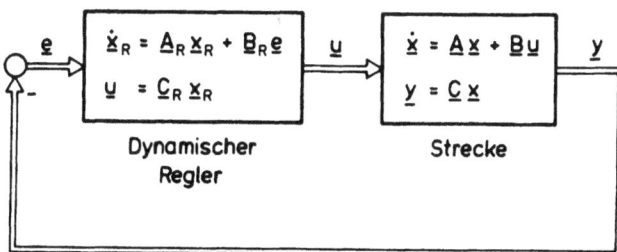

Bild 6/28   Lineare Mehrgrößenregelung mit nicht hyperstabiler Strecke

a)

b)

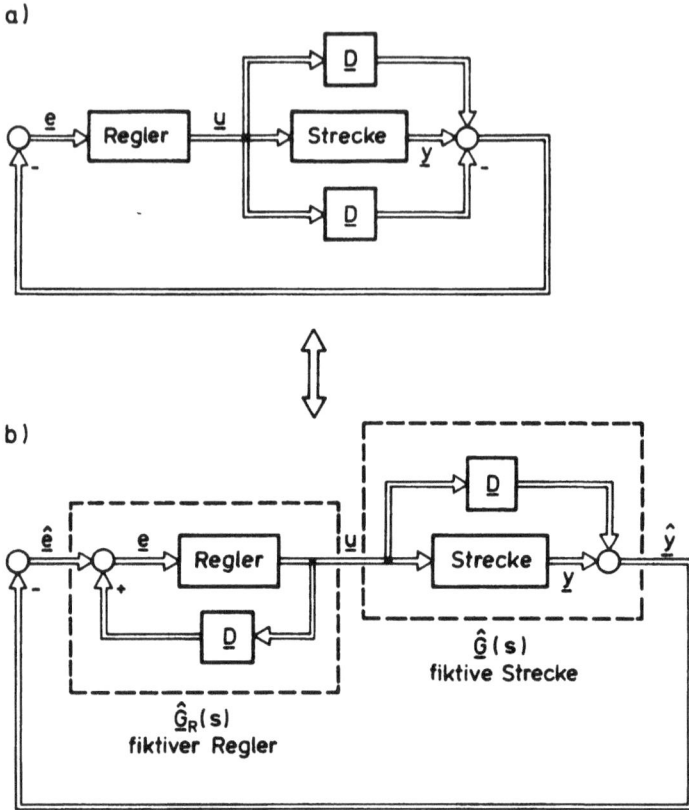

Bild 6/29   Äquivalente Umformung der Regelung von Bild 6/28

$$\int\limits_0^t \underline{u}^T(\tau)\underline{\hat{y}}(\tau)d\tau \leq \epsilon_0^2 \quad \text{für alle } t \geq 0 \,, \ \epsilon_0 > 0 \,,$$

braucht man sich dabei nicht weiter zu kümmern. Uns interessiert hier ja nur das Stabilitätsverhalten der Ruhelage. Diese ist nach dem Übergang zu den Abweichungen vom stationären Zustand durch $\underline{u} = \underline{0}$ und $\underline{\hat{y}} = \underline{0}$ gegeben, wofür die Integralungleichung auf jeden Fall erfüllt ist. Entsprechendes gilt für den fiktiven Regler.

Dieser besitzt die Gleichungen

$$\dot{\underline{x}}_R = \underline{A}_R\underline{x}_R + \underline{B}_R\underline{e} \,,$$
$$\underline{u} = \underline{C}_R\underline{x}_R \,,$$
$$\underline{e} = \underline{\hat{e}} + \underline{D}\underline{u}$$

oder

$$\dot{\underline{x}}_R = \hat{\underline{A}}_R \underline{x}_R + \underline{B}_R \hat{\underline{e}} \, ,$$

$$\underline{u} = \underline{C}_R \underline{x}_R \, ,$$

(6.140)

mit

$$\hat{\underline{A}}_R = \underline{A}_R + \underline{B}_R \underline{D} \underline{C}_R \, .$$

(6.141)

Die so erhaltene Darstellung des Regelkreises, die zur Struktur in Bild 6/28 bezüglich des Stabilitätsverhaltens äquivalent ist, zeigt das Bild 6/30.

Nun kommen wir zum Schritt (II) des Entwurfs. Um den Regler asymptotisch hyperstabil zu erhalten, hat man $\hat{\underline{A}}_R$, $\underline{B}_R$ und $\underline{C}_R$ sowie die Matrizen $\underline{L}_R$, $\underline{P}_R$ und $\underline{V}_R$ so zu bestimmen, daß die Kalman-Jakubowitsch-Gleichungen (siehe (6.131)) erfüllt sind, und zwar mit regulärem $\underline{L}_R$. Da alle diese Matrizen frei sind, ist dies grundsätzlich nicht schwierig. Weil $\underline{D}_R = \underline{0}$ angenommen ist, kann man auch $\underline{V}_R = \underline{0}$ setzen, womit sich die Kalman-Jakubowitsch-Gleichungen vereinfachen:

$$\hat{\underline{A}}_R^T \underline{P}_R + \underline{P}_R \hat{\underline{A}}_R = - \underline{L}_R \underline{L}_R^T \, ,$$

(6.142)

$$\underline{C}_R^T = \underline{P}_R \underline{B}_R \, .$$

(6.143)

Wir geben nun $\hat{\underline{A}}_R$, etwa in Regelungsnormalform, so vor, daß die Eigenwerte links der j-Achse liegen, und wählen $\underline{L}_R$ regulär. Im übrigen können beide Matrizen beliebig sein. Dann ist die Lösung $\underline{P}_R$ der Gleichung (6.142) positiv definit, wie es sein muß. Gibt man weiterhin $\underline{B}_R$ beliebig, aber mit Höchstrang vor, so ist $\underline{C}_R$ gemäß (6.143) eindeutig bestimmt.

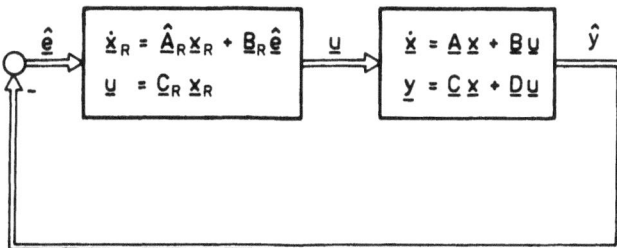

Bild 6/30   Zur Regelung von Bild 6/28 äquivalente Struktur mit asymptotisch hyperstabiler Strecke

Hat man in solcher Weise $\hat{\underline{A}}_R$, $\underline{B}_R$ und $\underline{C}_R$ berechnet, so erhält man daraus

$$\underline{A}_R = \hat{\underline{A}}_R - \underline{B}_R \underline{D} \underline{C}_R , \tag{6.144}$$

wobei also $\underline{D}$ die Durchgriffsmatrix zur „Hyperstabilisierung" der Strecke ist. Mit den so erhaltenen Matrizen $\underline{A}_R$, $\underline{B}_R$ und $\underline{C}_R$ wird der reale Regler im Bild 6/28 aufgebaut. Auf die tatsächliche Strecke in Bild 6/28 angewandt, bewirkt er globale asymptotische Stabilität des Regelkreises, da der Regelkreis in Bild 6/28 bezüglich der Stabilität äquivalent zur global asymptotisch stabilen Regelung im Bild 6/30 ist. Was die Robustheit der Regelung gegenüber Parameteränderungen der Strecke betrifft, so gilt das gleiche, was schon bei dem im ersten Teil dieses Unterabschnitts beschriebenen Verfahren gesagt wurde.

Wie bei diesem Verfahren, so kann man sich auch hier vorstellen, daß man gewisse Elemente der an den Kalman-Jakubowitsch-Gleichungen des Reglers beteiligten Matrizen frei läßt, also einen frei verfügbaren Parametervektor $\underline{r}$ schafft, und sodann die Kalman-Jakubowitsch-Gleichungen strukturell erfüllt, d.h. so, daß sie für *beliebige* Werte von $\underline{r}$ befriedigt sind. Dann kann man $\underline{r}$ zur Erreichung weiterer Entwurfsziele verwenden und ist dabei sicher, daß der Regelkreis auf jeden Fall global asymptotisch stabil bleibt.

7 Synthese nichtlinearer Regelungen durch Kompensation und Entkopplung ("globale" oder "exakte Linearisierung")

Überblickt man die in den vorausgegangenen Kapiteln behandelten Methoden, so sind sie überwiegend zur System*analyse* bestimmt, also zur Ermittlung wichtiger Systemeigenschaften, etwa von Dauerschwingungen oder des Stabilitätsverhaltens von Ruhelagen. Das gilt für die Harmonische Balance ebenso wie für die Direkte Methode, für Popow- und Kreiskriterium und auch die Hyperstabilitätstheorie. Durch geeignete Modifikation lassen sie sich auch zur Stabilisierung und Stabilitätsverbesserung heranziehen, sind aber von Haus aus nicht auf *Synthese* ausgerichtet.

Demgegenüber sind die Verfahren, denen wir uns jetzt zuwenden wollen, von vornherein für die Regelungssynthese gedacht, zielen also auf den *Entwurf von Regelkreisen mit gewünschtem dynamischen Verhalten* ab. Dabei geht es nicht allein um Stabilität, wenngleich diese wie bei jeder Regelungsaufgabe von zentraler Bedeutung ist, sondern darüber hinaus um die Gestaltung günstiger Zeitverläufe der interessierenden Größen, die Vermeidung zu hoher Stellbeträge und ähnliche über die Stabilität hinausgehende Anforderungen an die Dynamik.

Systematische Verfahren solcher Art wurden in den 60er Jahren für den *linearen* Bereich im Rahmen der Zustandsmethodik entwickelt. Da es sich bei ihnen um Zeitbereichsverfahren handelt, liegt zumindest grundsätzlich die Möglichkeit vor, sie ins Nichtlineare zu übertragen – eine Möglichkeit, die für Frequenzbereichsverfahren wegen der Nichtverwendbarkeit der Laplace-Transformation im nichtlinearen Bereich nicht in dieser Weise gegeben ist. So begann man etwa seit Anfang der 70er Jahre Verfahren wie die Entkopplung nach *Falb-Wolovich*, die Polvorgabe und dergleichen auf nichtlineare Systeme zu erweitern, wobei vor allem Arbeiten von *E. Freund* zur Regelungssynthese durch Entkopplung (1973) und von *M. Zeitz* zum nichtlinearen Beobachter (1977) zu nennen sind. Später gerieten diese Untersuchungen stärker in mathematisches Fahrwasser, und so wurde aus ihnen die „differentialgeometrische Methode". Doch gab und gibt es durchaus auch bemerkenswerte Beiträge von der Anwendungseite her. Als Beispiele seien die Reglersynthese durch Transformation auf nichtlineare Regelungsnormalform von *R. Sommer* (1979/80), der nichtlineare Beobachterentwurf von *H. Keller* (1986/87) sowie die vielschichtigen Untersuchungen von *M. Zeitz* und seinen Mitarbeitern zur Verwendung nichtlinearer Normalformen und deren Benutzung zum Regler- und Beobachterentwurf ab Anfang der 80er Jahre genannt.

Wenngleich die mathematische Theorie dieser neueren Synthesemethodik für den Ingenieur ungewohnt und großenteils schwer genießbar ist, so lassen sich die für den Anwender wichtigsten Dinge doch mit mäßigem mathematischen Aufwand darstellen. Das soll im folgenden geschehen. Für weiter- und tiefergehende Fragen sei auf die Bücher von *A. Isidori* [55] und *H. Schwarz* [56] verwiesen.

Das *Prinzip der im folgenden dargestellten Synthesemethode* besteht darin, daß man durch geeignete Wahl eines nichtlinearen Vorfilters und einer nichtlinearen Rückführung die in der Strecke vorhandenen Nichtlinearitäten kompensiert, bei Mehrgrößensystemen zugleich entkoppelt und überdies durch Hinzufügung zusätzlicher Teilsysteme im Vorfilter und Regler für eine gute Dynamik der resultierenden Regelung sorgt. Das Ergebnis besteht darin, daß der so erhaltene Regelkreis, der aus nichtlinearer Strecke, nichtlinearem Regler und nichtlinearem Vorfilter besteht, zu einem linearen System wirkungsäquivalent ist.

Man bezeichnet diese Vorgehensweise deshalb auch als „globale" oder „exakte Linearisierung". Doch scheint mir dieser Sprachgebrauch nicht sehr glücklich zu sein. Üblicherweise versteht man doch unter Linearisierung die Approximation eines nichtlinearen Systems durch ein lineares System. Davon ist aber hier keine Rede. Vielmehr wird zu einem gegebenen nichtlinearen System (der Strecke) ein zusätzliches nichtlineares System (Regler und Vorfilter) hinzugefügt, sodaß das aus beiden entstehende Gesamtsystem lineares Verhalten zeigt.

Da das Kernstück des skizzierten Syntheseverfahrens aus Kompensation und Entkopplung besteht, wollen wir es auch durch diese Stichworte kennzeichnen und im folgenden von *„nichtlinearer Synthese durch Kompensation und Entkopplung"* sprechen.

Der so erhaltene Regler (einschließlich Vorfilter) hängt vom gesamten Zustandsvektor $\underline{x}$ ab, ist also eine vollständige Zustandsrückführung. Da man nur in Einzelfällen sämtliche Zustandsvariablen mit vertretbarem Aufwand messen kann, ist es daher wie in der linearen Theorie erforderlich, einen Zustandsbeobachter einzuführen, der einen Näherungswert für den gesamten Zustandsvektor $\underline{x}(t)$ liefert. Dieses an den Reglerentwurf anschließende Problem wird im letzten Abschnitt des vorliegenden Kapitels behandelt.

Bevor wir zum eigentlichen Reglerentwurf übergehen, ist es erforderlich, etwas zu den Voraussetzungen über die Strecke zu sagen und den für das Folgende grundlegenden Begriff der Differenzordnung einzuführen.

7.1 Struktur der nichtlinearen Strecke

Bildet man das mathematische Modell eines dynamischen Systems, so ist es meist nichtlinear. Handelt es sich dabei um ein *technisches* System, so ist das Modell in der überwiegenden Mehrzahl der Fälle nichtlinear im Zustandsvektor $\underline{x}$, jedoch linear im Steuervektor $\underline{u}$. Sollte letzteres einmal nicht der Fall sein, so läßt sich dieses Verhalten gewöhnlich durch eine einfache Transformation des Steuervektors erreichen.

Ein derartiges System hat also die Zustandsgleichungen

$$\underset{(n,1)}{\underline{\dot{x}}} = \underset{(n,1)}{\underline{a}(\underline{x})} + \underset{(n,p)(p,1)}{\underline{B}(\underline{x})\underline{u}} , \tag{7.1}$$

$$\underset{(p,1)}{\underline{y}} = \underline{c}(\underline{x}) \quad {}^{1)}. \tag{7.2}$$

Hierbei ist zusätzlich vorausgesetzt, daß die Anzahl der Ausgangsgrößen $y_1, y_2, \ldots, y_p$ mit der Anzahl der Steuergrößen $u_1, u_2, \ldots, u_p$ übereinstimmt. Die Funktionen $\underline{a}(\underline{x})$, $\underline{B}(\underline{x})$ und $\underline{c}(\underline{x})$ seien in dem Arbeitsbereich der Regelung, der durch die konkrete Aufgabenstellung gegeben ist, genügend oft differenzierbar, also so oft, wie es die später ausgeführten Operationen verlangen.

Handelt es sich speziell um *Eingrößensysteme (SISO-Systeme)*, die also nur eine Ein- und Ausgangsgröße besitzen, so nehmen die Zustandsgleichungen die Form

$$\underset{(n,1)}{\underline{\dot{x}}} = \underset{(n,1)}{\underline{a}(\underline{x})} + \underset{(n,1)}{\underline{b}(\underline{x})} u , \tag{7.3}$$

$$y = c(\underline{x}) \tag{7.4}$$

an. Im vorliegenden Kapitel sei die Regelstrecke stets durch Gleichungen vom Typ (7.1),(7.2) bzw. (7.3),(7.4) gegeben.

Führen wir uns zunächst einige Beispiele vor Augen! Der *Rührkesselreaktor* (Bild 3/35) wurde bereits im Unterabschnitt 3.6.5 eingeführt. Er stellt ein Eingrößensystem 2. Ordnung dar, dessen Zustandsvariablen die normierte Konzentration

---

${}^{1)}$ In der Literatur ist es üblich, die Strecke zusätzlich als zeitvariant zuzulassen, also $\underline{a}$, $\underline{B}$ und $\underline{c}$ außer von $\underline{x}$ auch von der Zeit t abhängen zu lassen. Hierdurch wird die Theorie nicht weiter erschwert. Wir verzichten aber darauf, da solche Systeme in der Regelungstechnik bisher praktisch keine große Rolle spielen.

$$x_1 = 1 - \frac{c}{c_0}, \quad 0 < x_1 < 1,$$

und die normierte Temperatur

$$x_2 = \frac{T}{T_0} - 1, \quad x_2 > 0,$$

sind, während die Stellgröße durch die normierte Kühlmitteltemperatur

$$u = \frac{T_K}{T_o} - 1$$

repräsentiert wird und die Regelgröße (Ausgangsgröße)

$$y = x_1 \tag{7.5}$$

ist. Gemäß (3.138), (3.139) und (3.140) gilt hier die Zustandsdifferentialgleichung (7.3) mit

$$\underline{a}(\underline{x}) = \begin{bmatrix} -a_1 x_1 + \gamma(x_1, x_2) \\ -a_{21} x_2 + a_{22} \gamma(x_1, x_2) \end{bmatrix}, \tag{7.6}$$

$$\underline{b} = \begin{bmatrix} 0 \\ b \end{bmatrix}, \tag{7.7}$$

wobei

$$\gamma(x_1, x_2) = (1 - x_1) k_0 e^{-\frac{\epsilon}{1+x_2}} \tag{7.8}$$

ist. Gemäß (7.5) lautet die Ausgangsgleichung (7.4)

$$y = \underline{c}^T \underline{x} \quad \text{mit} \quad \underline{c}^T = [1, 0] \tag{7.9}$$

und ist somit linear.

Als weiteres Beispiel werde *der über Anker und Feld angesteuerte Gleichstrommotor* aus Unterabschnitt 3.6.4 betrachtet (Bild 3/31). Die Zustandsdifferentialgleichung lautet hier nach (3.124) bis (3.126)

$$\underline{\dot{x}} = \underline{a}(\underline{x}) + \underline{B} \underline{u} \tag{7.10}$$

mit

$$\underline{a}(\underline{x}) = \begin{bmatrix} -a_1 x_1 \\ -a_{21} x_2 - a_{22} x_1 x_3 \\ a_3 x_1 x_2 \end{bmatrix} , \tag{7.11}$$

$$\underline{B} = \begin{bmatrix} 0 & b_2 \\ b_1 & 0 \\ 0 & 0 \end{bmatrix} , \tag{7.12}$$

wobei die Ankerspannung $u_1 = u_A$ und die Feldspannung $u_2 = u_F$ die Stellgrößen sind und der Feldstrom $x_1 = i_F$, der Ankerstrom $x_2 = i_A$ und die Winkelgeschwindigkeit $x_3 = \omega$ die Zustandsvariablen darstellen.

Ausgangsgröße des Motors ist normalerweise die Winkelgeschwindigkeit x_3. Nun wird aber bei dem im folgenden beschriebenen Entwurfsverfahren vorausgesetzt, daß die Strecke ebensoviele Ein- wie Ausgangsgrößen hat. Da es hier zwei Eingangsgrößen gibt, fügen wir zu x_3 eine weitere fiktive Ausgangsgröße hinzu, etwa den Feldstrom x_1. Diese Vorgehensweise ist zulässig, da an die Ausgangsgrößen im folgenden keine speziellen Anforderungen gestellt werden, sie brauchen weder Meß- noch Regelgrößen zu sein. Wie schon bemerkt, wird im folgenden vorausgesetzt, daß der gesamte Zustandsvektor $\underline{x}$ zur Verfügung steht. Aus diesem aber kann man beliebige Ausgangsgrößen $y = c(\underline{x})$ erzeugen (wobei die Funktion $c(\underline{x})$ lediglich hinreichend oft differenzierbar sein muß). Wir haben also als Ausgangsgleichungen zum Motor

$$y_1 = x_3 , \quad y_2 = x_1 .$$

Als drittes Beispiel betrachten wir einen einfachen Industrieroboter in Gestalt eines *Ein-Gelenk-Roboters*. Bild 7/1 zeigt die grundsätzliche Anordnung. Um die vertikale Achse A, senkrecht zur Zeichenebene, kann ein zylindrischer Arm gedreht werden, wozu das Moment M_φ aufgebracht wird. Überdies kann der Arm durch die äußere Kraft F_r in radialer Richtung verschoben werden. Er greift die Last m_L, die er also in einem gewissen Kreisring um die Achse A beliebig positionieren kann. Die Masse des Arms sei m, sein Schwerpunkt (ohne Last) S. Daß der Arm auch in vertikaler Richtung verschiebbar ist, spielt für uns keine Rolle, da diese Bewegung von der hier betrachteten ebenen Bewegung entkoppelt ist.

Denkt man sich die Massen m und m_L in ihren Schwerpunkten konzentriert, so besteht das System aus den beiden Massenpunkten m und m_L mit den Achsenab-

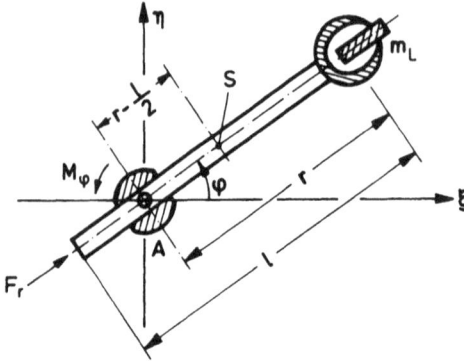

Bild 7/1   Ein – Gelenk – Roboter

ständen $r - l/2$ und r. Der Schwerpunkt dieses Systems hat daher den Achsenabstand

$$r_S = \frac{(r-\frac{l}{2})m + rm_L}{m + m_L} = r - \frac{m\,l}{2(m+m_L)} . \tag{7.13}$$

Am Schwerpunkt greifen die äußere Kraft F_r und die Zentrifugalkraft

$$F_Z = (m + m_L)r_S\omega^2 = (m + m_L)r_S\dot{\varphi}^2$$

an. Somit gilt in radialer Richtung die Bewegungsgleichung

$$(m + m_L)\ddot{r}_S = F_r + (m + m_L)r_S\dot{\varphi}^2 . \tag{7.14}$$

Wegen (7.13) folgt daraus

$$\ddot{r} = r\dot{\varphi}^2 - \frac{m\,l}{2(m+m_L)}\dot{\varphi}^2 + \frac{F_r}{m+m_L} . \tag{7.15}$$

Für die Drehbewegung gilt die Momentengleichung

$$\Theta\ddot{\varphi} = M_\varphi - r_S \cdot 2(m + m_L)\dot{r}_S\dot{\varphi} , \tag{7.16}$$

wobei der zweite Term auf der rechten Seite das Coriolismoment der sich radial bewegenden Masse $m + m_L$ darstellt. Der Betrag der zugehörigen Corioliskraft ist nämlich

$$F_C = 2(m + m_L)v_S\omega,$$

wobei $v_S = \dot{r}_S$ die Geschwindigkeit der Masse $m + m_L$ im rotierenden System und $\omega = \dot{\varphi}$ dessen Winkelgeschwindigkeit ist. Das negative Vorzeichen in (7.16) berücksichtigt die Tatsache, daß die Corioliskraft der Drehung entgegenwirkt.

Das Trägheitsmoment Θ setzt sich aus dem Trägheitsmoment Θ_A des Armes und dem Trägheitsmoment Θ_L der Last zusammen. Ersteres ist bezüglich des Arm-schwerpunktes S $\frac{1}{12}ml^2$, beträgt also bezüglich der Achse A $\frac{1}{12}ml^2 + m(r - \frac{l}{2})^2$. Somit ist das gesamte Trägheitsmoment

$$\Theta = \frac{1}{12}ml^2 + m(r - \frac{l}{2})^2 + m_L r^2 \quad \text{oder}$$

$$\Theta = k - mlr + (m + m_L)r^2 \tag{7.17}$$

mit der Konstante

$$k = \frac{1}{3}ml^2. \tag{7.18}$$

Damit wird aus (7.16) unter Berücksichtigung von (7.13)

$$\ddot{\varphi} = -\frac{2(m+m_L)r - ml}{k - mlr + (m+m_L)r^2}\dot{r}\dot{\varphi} + \frac{1}{k - mlr + (m+m_L)r^2}M_\varphi. \tag{7.19}$$

Mit den Gleichungen (7.15) und (7.19) liegt das mathematische Modell der Roboterbewegung vor. Mit

$$x_1 = r, \quad x_2 = \dot{r}, \quad x_3 = \varphi, \quad x_4 = \dot{\varphi},$$
$$u_1 = F_r, \quad u_2 = M_\varphi,$$
$$y_1 = r, \quad y_2 = \varphi$$

und der Abkürzung $M = m + m_L$ wird daraus die Zustandsdarstellung

$$\underline{\dot{x}} = \underline{a}(\underline{x}) + \underline{B}(\underline{x})\underline{u}, \tag{7.20}$$

$$\underline{y} = \underline{C}\underline{x}, \tag{7.21}$$

wobei

$$\underline{a}(\underline{x}) = \begin{bmatrix} x_2 \\[1ex] x_1 x_4^2 - \dfrac{m\,l}{2M} x_4^2 \\[1ex] x_4 \\[2ex] -\dfrac{2M x_1 - m\,l}{k - m l x_1 + M x_1^2} x_2 x_4 \end{bmatrix}, \tag{7.22}$$

$$\underline{B}(\underline{x}) = \begin{bmatrix} 0 & 0 \\[1ex] \dfrac{1}{M} & 0 \\[1ex] 0 & 0 \\[1ex] 0 & \dfrac{1}{k - m l x_1 + M x_1^2} \end{bmatrix}, \tag{7.23}$$

$$\underline{C} = \begin{bmatrix} 1 & 0 & 0 & 0 \\ 0 & 0 & 1 & 0 \end{bmatrix}. \tag{7.24}$$

Wie man sieht, ist auch hier die Ausgangsgleichung linear, wogegen im Unterschied zu den beiden vorausgegangenen Beispielen die Eingangsmatrix $\underline{B}$ nicht konstant ist, vielmehr vom Zustandsvektor $\underline{x}$ abhängt.

7.2 Begriff der Differenzordnung und direkte Systembeschreibung

Um den für das Folgende grundlegenden Begriff der Differenzordnung einzuführen, sei zunächst eine *mathematische Vorbemerkung* gemacht. Ist

$$y = f(\underline{x}(t)) = f(x_1(t), ..., x_n(t)) \, ,$$

so wird

$$\dot{y} = \frac{dy}{dt} = \frac{\partial f}{\partial x_1} \dot{x}_1 + ... + \frac{\partial f}{\partial x_n} \dot{x}_n = \left[\frac{\partial f}{\partial x_1}, ..., \frac{\partial f}{\partial x_n} \right] \cdot \begin{bmatrix} \dot{x}_1 \\ \vdots \\ \dot{x}_n \end{bmatrix} .$$

Da definitionsgemäß

$$\left[\frac{\partial f}{\partial x_1}, ..., \frac{\partial f}{\partial x_n} \right] = \left[\frac{df}{d\underline{x}} \right]^T$$

gilt, kann man

$$\dot{y} = \left[\frac{df}{d\underline{x}} \right]^{T} \cdot \dot{\underline{x}} \tag{7.25}$$

schreiben.

Wir betrachten nun das *Eingrößensystem* (7.3), (7.4) und bilden von

$$y = c(\underline{x}) \tag{7.26}$$

die zeitliche Ableitung. Nach (7.25) ist

$$\dot{y} = \left[\frac{dc}{d\underline{x}} \right]^{T} \dot{\underline{x}} \, ,$$

also wegen (7.3)

$$\dot{y} = \left[\frac{dc}{d\underline{x}} \right]^{T} \underline{a}(\underline{x}) + \left[\frac{dc}{d\underline{x}} \right]^{T} \underline{b}(\underline{x})u \, .$$

Um die folgenden Rechnungen übersichtlich zu gestalten, wird nun ein Operator eingeführt:

$$Nc(\underline{x}) = \left[\frac{dc}{d\underline{x}} \right]^{T} \underline{a}(\underline{x}) \, . \tag{7.27}$$

Er beschreibt eine Operation, die mit der Funktion $c = c(\underline{x})$ vorgenommen wird: Bildung der Ableitung nach dem Vektor $\underline{x}$ und Bildung des skalaren Produktes dieser Ableitung mit der Funktion $\underline{a}(\underline{x})$. Er stellt also wiederum eine Funktion von $\underline{x}$ dar. Damit kann man schreiben:

$$\dot{y} = Nc(\underline{x}) + \left[\frac{dc}{d\underline{x}} \right]^{T} \underline{b}(\underline{x})u \, .$$

Wie man an Beispielen sieht, ist der Faktor von u vielfach Null:

$$\left[\frac{dc}{d\underline{x}} \right]^{T} \underline{b}(\underline{x}) = 0 \, . \tag{7.28}$$

Dann gilt

$$\dot{y} = Nc(\underline{x}) \, . \tag{7.29}$$

Aus der letzten Gleichung bilden wir die zweite Ableitung von y nach der Zeit. Mit $f(\underline{x}) = Nc(\underline{x})$ folgt aus ihr wegen (7.25)

$$\ddot{y} = \left[\frac{d}{d\underline{x}} Nc\right]^T \dot{\underline{x}} ,$$

also gemäß (7.3)

$$\ddot{y} = \left[\frac{d}{d\underline{x}} Nc\right]^T \underline{a}(\underline{x}) + \left[\frac{d}{d\underline{x}} Nc\right]^T \underline{b}(\underline{x})u . \tag{7.30}$$

Vergleicht man den ersten Summanden auf der rechten Seite mit der rechten Seite von (7.27), so sieht man, daß es der gleiche Ausdruck ist wie dort, nur mit Nc an Stelle von c. Daher kann man schreiben:

$$\left[\frac{d}{d\underline{x}} Nc\right]^T \underline{a}(\underline{x}) = N\left[Nc(\underline{x})\right] .$$

Der Operator N wird also hierbei zweimal nacheinander auf $c(\underline{x})$ angewandt. Da man die Hintereinanderausführung von Operatoren als Multiplikation zu schreiben pflegt, wird so

$$\left[\frac{d}{d\underline{x}} Nc\right]^T \underline{a}(\underline{x}) = N^2 c(\underline{x})$$

und hiermit

$$\ddot{y} = N^2 c(\underline{x}) + \left[\frac{d}{d\underline{x}} Nc\right]^T \underline{b}(\underline{x})u . \tag{7.31}$$

Auch hier ist der Faktor von u häufig Null:

$$\left[\frac{d}{d\underline{x}} Nc\right]^T \underline{b}(\underline{x}) = 0 . \tag{7.32}$$

Aus (7.31) wird dann

$$\ddot{y} = N^2 c(\underline{x}) . \tag{7.33}$$

Fährt man in dieser Weise fort, so gibt es schließlich eine Potenz k so, daß

$$\left[\frac{d}{d\underline{x}} N^k c\right]^T \underline{b} \neq 0 .$$

Dann setzt man $k = \delta - 1$ und nennt δ die *Differenzordnung des Systems (7.3),
(7.4)*. Der Grund für diese Benennung wird alsbald ersichtlich werden.

Insgesamt gilt also

$$\left.\begin{array}{l} \left[\dfrac{d\underline{c}}{d\underline{x}}\right]^{T}\underline{b} = 0\,, \\[2em] \left[\dfrac{d}{d\underline{x}}N\underline{c}\right]^{T}\underline{b} = 0\,, \\[1em] \vdots \\[1em] \left[\dfrac{d}{d\underline{x}}N^{\delta-2}\underline{c}\right]^{T}\underline{b} = 0\,, \\[2em] \left[\dfrac{d}{d\underline{x}}N^{\delta-1}\underline{c}\right]^{T}\underline{b} \neq 0\,. \end{array}\right\} \qquad (7.34)$$

Kurz: *$\delta-1$ ist die kleinste Zahl k, für die* $\left[\dfrac{d}{d\underline{x}}N^{k}\underline{c}\right]^{T}\underline{b} \neq 0$ *ist, $k = 0, 1, 2, \ldots$.*

Man hat nunmehr aus den Zustandsgleichungen (7.3),(7.4) die folgenden Beziehungen für die zeitlichen Ableitungen von y erhalten:

$$\left.\begin{array}{rl} y & = c(\underline{x})\,, \\[1em] \dot{y} & = Nc(\underline{x})\,, \\[0.5em] \ddot{y} & = N^{2}c(\underline{x})\,, \\[1em] \vdots \\[1em] \overset{(\delta-1)}{y} & = N^{\delta-1}c(\underline{x})\,, \\[1em] \overset{(\delta)}{y} & = N^{\delta}c(\underline{x}) + \left[\dfrac{d}{d\underline{x}}N^{\delta-1}c(\underline{x})\right]^{T}\underline{b}(\underline{x})u\,. \end{array}\right\} \qquad (7.35)$$

Die ersten δ Gleichungen entsprechen den Gleichungen (7.4), (7.29), (7.33). Die letzte Gleichung entspricht der Beziehung (7.30); der Term mit u bleibt jetzt erhalten, weil der Faktor von u nach (7.34) $\neq 0$ ist. Alle diese Gleichungen beziehen sich auf den Bereich des Zustandsraumes, in dem das System (7.3), (7.4) betrachtet wird; dies soll auch für die folgenden Beziehungen gelten. Es sei hervorgehoben, daß eine so übersichtliche Darstellung, wie sie in den Gleichungssystemen (7.34) und (7.35) in Erscheinung tritt, ohne die Einführung des Operators N nicht möglich gewesen wäre.

Aus den Beziehungen (7.35) kann man nun auch die physikalische Bedeutung der Differenzordnung δ erkennen, die ja in (7.34) zunächst lediglich als Rechengröße definiert ist: *δ ist die niedrigste Ableitung der Ausgangsgröße y, auf welche die Steuergröße u direkt einwirkt.* Auf alle niedrigeren Ableitungen von y wirkt u nur über die Vermittlung des Zustandsvektors $\underline{x}$.

Um den manchem Leser vermutlich fremdartigen Begriff des Operators N noch etwas zu illustrieren, werde N für das Beispiel des Rührkesselreaktors berechnet, wobei wir von den Gleichungen (7.6) bis (7.9) ausgehen. Nach (7.9) ist

$$\underline{c}(\underline{x}) = \underline{c}^T \underline{x} = [1 \ 0]\underline{x} = \underline{x}^T \begin{bmatrix} 1 \\ 0 \end{bmatrix} \quad \text{und somit} \quad \frac{d\underline{c}}{d\underline{x}} = \begin{bmatrix} 1 \\ 0 \end{bmatrix} .$$

Infolgedessen ist wegen (7.7)

$$\left[\frac{d\underline{c}}{d\underline{x}} \right]^T \underline{b} = [1 \ 0] \begin{bmatrix} 0 \\ b \end{bmatrix} = 0 . \tag{7.36}$$

Weiterhin erhält man mit (7.6)

$$Nc(\underline{x}) = \left[\frac{d\underline{c}}{d\underline{x}} \right]^T \underline{a} = [1 \ 0] \begin{bmatrix} -a_{11}x_1 + \gamma(x_1,x_2) \\ -a_{21}x_2 + a_{22}\gamma(x_1,x_2) \end{bmatrix} ,$$

$$Nc(\underline{x}) = -a_{11}x_1 + \gamma(x_1,x_2) .$$

Daraus folgt weiter

$$\frac{d}{d\underline{x}}Nc(\underline{x}) = \begin{bmatrix} -a_{11} + \gamma_1(x_1,x_2) \\ \gamma_2(x_1,x_2) \end{bmatrix} , \tag{7.37}$$

also

$$\left[\frac{d}{d\underline{x}}Nc(\underline{x}) \right]^T \underline{b} = b\gamma_2(x_1,x_2) , \tag{7.38}$$

wobei

$$\gamma_1 = \frac{\partial \gamma}{\partial x_1} = - k_0 e^{-\frac{\epsilon}{1+x_2}} , \qquad (7.39)$$

$$\gamma_2 = \frac{\partial \gamma}{\partial x_2} = (1 - x_1) k_0 \frac{\epsilon}{(1+x_2)^2} e^{-\frac{\epsilon}{1+x_2}} . \qquad (7.40)$$

Im Arbeitsbereich $0 < x_1 < 1$, $x_2 > 0$ des Rührkesselreaktors (Bild 7/2) ist also $\gamma_2(x_1, x_2) \neq 0$ und somit

$$\left[\frac{d}{d\underline{x}} Nc(\underline{x}) \right]^T \underline{b} \neq 0 .$$

Nach der Definition (7.34) der Differenzordnung ist also $\delta - 1 = 1$ und somit die Differenzordnung des Rührkesselreaktors $\delta = 2$. Sie ist daher gleich der Systemordnung, die ja ebenfalls $n = 2$ beträgt.

Für die Bedeutung der Differenzordnung ist es aufschlußreich, den *Spezialfall eines linearen (und zeitinvarianten) Systems*

$$\dot{\underline{x}} = \underline{A}\underline{x} + \underline{b}u , \quad y = \underline{c}^T \underline{x} , \quad \underline{A}, \underline{b}, \underline{c}^T \text{ konstant} ,$$

zu betrachten. Dann ist

$$\underline{a}(\underline{x}) = \underline{A}\underline{x} , \quad c(\underline{x}) = \underline{c}^T \underline{x} .$$

Demgemäß wird

$$Nc = \left[\frac{dc}{d\underline{x}} \right]^T \underline{a}(\underline{x}) = \underline{c}^T \underline{A}\underline{x} ,$$

$$N^2 c = N(Nc) = \left[\frac{d}{d\underline{x}} Nc \right]^T \underline{a} = \underline{c}^T \underline{A} \cdot \underline{A}\underline{x} = \underline{c}^T \underline{A}^2 \underline{x} ,$$

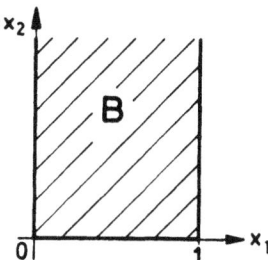

Bild 7/2   Arbeitsbereich B des Rührkesselreaktors

allgemein

$$N^k \underline{c} = \underline{c}^T \underline{A}^k \underline{x} , \quad k = 0, 1, 2, \dots ,$$

und daraus weiterhin

$$\left[\frac{d\underline{c}}{d\underline{x}}\right]^T \underline{b} = \underline{c}^T \underline{b} ,$$

$$\left[\frac{d}{d\underline{x}} N\underline{c}\right]^T \underline{b} = \underline{c}^T \underline{A} \underline{b} ,$$

allgemein also

$$\left[\frac{d}{d\underline{x}} N^k \underline{c}\right]^T \underline{b} = \underline{c}^T \underline{A}^k \underline{b} , \quad k = 0, 1, 2, \dots . \tag{7.41}$$

Nun ist die Übertragungsfunktion des Eingrößensystems (7.3),(7.4) durch

$$G(s) = \underline{c}^T (s\underline{I} - \underline{A})^{-1} \underline{b}$$

gegeben. Darin ist

$$(s\underline{I} - \underline{A})^{-1} = \mathscr{L}^{-1}\{e^{\underline{A}t}\} = \mathscr{L}^{-1}\left\{ \sum_{\nu=0}^{\infty} \underline{A}^\nu \frac{t^\nu}{\nu!} \right\} = \sum_{\nu=0}^{\infty} \underline{A}^\nu \frac{1}{s^{\nu+1}} , \quad {}^{2)}$$

woraus für die Übertragungsfunktion folgt:

$$G(s) = \sum_{\nu=0}^{\infty} \frac{\underline{c}^T \underline{A}^\nu \underline{b}}{s^{\nu+1}} .$$

Hat das Eingrößensystem (7.3),(7.4) die Differenzordnung δ, so ist nach (7.41) $\underline{c}^T \underline{A}^\nu \underline{b} = 0$ für $\nu < \delta - 1$, $\underline{c}^T \underline{A}^{\delta-1} \underline{b} \neq 0$, so daß die obige Reihe erst mit dem $(\delta - 1)$-ten Glied beginnt:

$$G(s) = \frac{\underline{c}^T \underline{A}^{\delta-1} \underline{b}}{s^\delta} + \frac{\underline{c}^T \underline{A}^\delta \underline{b}}{s^{\delta+1}} + \dots .$$

${}^{2)}$ Siehe hierfür und für das Folgende etwa [73], Unterabschnitt 12.2.4 .

Daher gilt

$$s^{\delta}G(s) = \underline{c}^T \underline{A}^{\delta-1} \underline{b} + \frac{\underline{c}^T \underline{A}^{\delta} \underline{b}}{s} + \dots ,$$

also

$$\lim_{s \to \infty} s^{\delta}G(s) = \underline{c}^T \underline{A}^{\delta-1} \underline{b} .$$

Für·große $|s|$ verhält sich mithin G(s) wie die Funktion

$$\frac{\underline{c}^T \underline{A}^{\delta-1} \underline{b}}{s^{\delta}} .$$

D.h. aber: G(s) hat in $s = \infty$ eine δ-fache Nullstelle. Bedenkt man nun, daß G(s) als rationale Funktion durch den Quotienten Z(s)/N(s) zweier Polynome darstellbar ist, so folgt daraus, daß

$$\text{Grad } N(s) - \text{Grad } Z(s) = \delta$$

sein muß. Wie man sieht, tritt die Differenzordnung hier als Differenzgrad von Nenner- und Zählerpolynom der Übertragungsfunktion in Erscheinung.

Im linearen Fall liegt es auf der Hand, daß

$$1 \le \delta \le n .$$

Der Fall $\delta = 0$ ist unter unseren Voraussetzungen ausgeschlossen, da die Ausgangsgleichung nicht von $\underline{u}$ abhängt, im linearen Fall also $\underline{D} = \underline{0}$ ist und daher kein sprungfähiges System vorliegt. Das hat zur Folge, daß der Zählergrad kleiner als der Nennergrad sein muß.

Was das allgemeine nichtlineare System angeht, so ist auf Grund der Definition (7.34) klar, daß $\delta-1 \ge 0$, also $\delta \ge 1$ ist. Daß andererseits auch hier $\delta \le n$ sein muß, ist unschwer einzusehen. Angenommen nämlich, δ wäre $> n$. Dann gelten gemäß (7.34) die Gleichungen

$$\left[\frac{d\underline{c}}{d\underline{x}}\right]^T \underline{b} = 0 , \quad \left[\frac{d}{d\underline{x}}N\underline{c}\right]^T \underline{b} = 0 , \dots , \quad \left[\frac{d}{d\underline{x}}N^{n-1}\underline{c}\right]^T \underline{b} = 0 .$$

Das bedeutet geometrisch, daß der Vektor $\underline{b}$ zu allen n Vektoren

$$\frac{dc}{d\underline{x}} , \quad \frac{d}{d\underline{x}} Nc , \quad ... , \quad \frac{d}{d\underline{x}} N^{n-1} c \tag{7.42}$$

orthogonal ist. Da gewiß $\underline{b} \neq \underline{0}$ ist, folgt daraus, daß die n-dimensionalen Vektoren (7.42) linear abhängig sein müssen, da ein vom Nullvektor verschiedener n-dimensionaler Vektor nicht zu n linear unabhängigen Vektoren orthogonal, also von ihnen linear unabhängig sein kann. Es gilt deshalb

$$a_1 \frac{dc}{d\underline{x}} + a_2 \frac{d}{d\underline{x}} Nc + ... + a_n \frac{d}{d\underline{x}} N^{n-1} c = \underline{0} , \tag{7.43}$$

wobei nicht alle Koeffizienten a_ν Null sind. Aus (7.43) resultiert weiter

$$\frac{d}{d\underline{x}} \left[a_1 c + a_2 Nc + ... + a_n N^{n-1} c \right] = \underline{0}$$

in dem betrachteten Bereich des Zustandsraumes. Infolgedessen muß

$$a_1 c + a_2 Nc + ... + a_n N^{n-1} c = a_0$$

sein, wo a_0 eine Konstante ist. Wegen (7.35) für $\delta > n$ folgt daraus

$$a_1 y + a_2 \dot{y} + ... + a_n \overset{(n-1)}{y} = a_0 .$$

Es ist aber bei einem realistischen System gewiß ausgeschlossen, daß die Ausgangsgröße y(t) des Systems (7.3),(7.4) für beliebiges u(t) einer solchen von der Eingangsgröße u(t) unabhängigen Differentialgleichung genügt. Somit muß $\delta \leq n$ sein.

Der Begriff der Differenzordnung läßt sich geradlinig auf das *Mehrgrößensystem*

$$\underset{(n,1)}{\dot{\underline{x}}} = \underset{(n,1)}{\underline{a}(\underline{x})} + \underset{(n,1)(p,1)}{\underline{B}(\underline{x})\underline{u}} ,$$

$$\underset{(p,1)}{\underline{y}} = \underline{c}(\underline{x})$$

übertragen. Dazu schreibt man die Ausgangsgleichung $\underline{y} = \underline{c}(\underline{x})$ zeilenweise:

$$y_i = c_i(\underline{x}) , \quad i = 1,...,p .$$

Nun betrachtet man für jedes i das System

$$\dot{\underline{x}} = \underline{a}(\underline{x}) + \underline{B}(\underline{x})\underline{u} \ ,$$

$$y_i = c_i(\underline{x}) \ .$$

Dann liegen für jedes derartige System die eben betrachteten Verhältnisse des Eingrößensystems vor, da es im vorliegenden Zusammenhang ohne Belang ist, ob eine oder mehrere Eingangsgrößen vorhanden sind.

Man definiert daher *die um 1 verminderte Differenzordnung $\delta_i - 1$ des Systems (1), (2) bezüglich der Ausgangsgröße y_i* als kleinste Zahl k, für die

$$\left[\frac{d}{d\underline{x}} N^k c_i(\underline{x}) \right]^T \underline{B} \neq \underline{0}^T$$

ist, k = 0, 1, 2, ... Daraus folgt entsprechend zu (7.34)

$$\left. \begin{aligned} &\left[\frac{dc_i}{d\underline{x}} \right]^T \underline{B} = \underline{0}^T \ , \\[2mm] &\left[\frac{d}{d\underline{x}} N c_i \right]^T \underline{B} = \underline{0}^T \ , \\[2mm] &\qquad\qquad \vdots \\[2mm] &\left[\frac{d}{d\underline{x}} N^{\delta_i-2} c_i \right]^T \underline{B} = \underline{0}^T \ , \\[2mm] &\left[\frac{d}{d\underline{x}} N^{\delta_i-1} c_i \right]^T \underline{B} \neq \underline{0}^T \ , \qquad i = 1,...,p \ . \end{aligned} \right\} \qquad (7.44)$$

Ganz entsprechend wie beim Eingrößensystem ergibt sich dann auch hier ein zu (7.35) analoges Gleichungssystem:

$$\left. \begin{aligned} &y_i = c_i(\underline{x}) \ , \\[2mm] &\dot{y}_i = N c_i(\underline{x}) \ , \\[2mm] &\qquad\qquad \vdots \\[2mm] &\overset{(\delta_i-1)}{y_i} = N^{\delta_i-1} c_i(\underline{x}) \ , \\[2mm] &\overset{(\delta_i)}{y_i} = N^{\delta_i} c_i(\underline{x}) + \left[\frac{d}{d\underline{x}} N^{\delta_i-1} c_i(\underline{x}) \right]^T \underline{B}(\underline{x})\underline{u} \ , \qquad i = 1,...,p \ . \end{aligned} \right\} \qquad (7.45)$$

Unter der *Differenzordnung des Systems (1),(2)* versteht man nun die Summe der Differenzordnungen bezüglich sämtlicher Ausgangsgrößen:

$$\delta = \delta_1 + \delta_2 + ... + \delta_p . \tag{7.46}$$

Von den Gleichungen (7.45) aus kann man zu einer von der Zustandsdarstellung verschiedenen Systembeschreibung gelangen. Dazu greifen wir für jedes i die höchste Ableitung heraus und stellen diese Ableitungen zusammen:

$$\overset{(\delta_1)}{y_1} = N^{\delta_1} c_1(\underline{x}) + \left[\frac{d}{d\underline{x}} N^{\delta_1 - 1} c_1(\underline{x}) \right]^T \underline{B}(\underline{x}) \underline{u} ,$$

$$\vdots$$

$$\overset{(\delta_p)}{y_p} = N^{\delta_p} c_p(\underline{x}) + \left[\frac{d}{d\underline{x}} N^{\delta_p - 1} c_p(\underline{x}) \right]^T \underline{B}(\underline{x}) \underline{u} .$$

Führt man nun die Vektoren

$$\underline{y}^* = \begin{bmatrix} \overset{(\delta_1)}{y_1} \\ \vdots \\ \overset{(\delta_p)}{y_p} \end{bmatrix}, \quad \underline{c}^*(\underline{x}) = \begin{bmatrix} N^{\delta_1} c_1(\underline{x}) \\ \vdots \\ N^{\delta_p} c_p(\underline{x}) \end{bmatrix} \tag{7.47}$$

und die Matrix

$$\underline{D}^*(\underline{x}) = \begin{bmatrix} \left[\frac{d}{d\underline{x}} N^{\delta_1 - 1} c_1(\underline{x}) \right]^T \underline{B}(\underline{x}) \\ \vdots \\ \left[\frac{d}{d\underline{x}} N^{\delta_p - 1} c_p(\underline{x}) \right]^T \underline{B}(\underline{x})) \end{bmatrix} \tag{7.48}$$

ein, so wird aus dem letzten Gleichungssystem die Vektorgleichung

$$\underset{(p,1)}{\underline{y}^*} = \underset{(p,1)}{\underline{c}^*(\underline{x})} + \underset{(p,p)}{\underline{D}^*(\underline{x})} \underset{(p,1)}{\underline{u}} .$$

Zusammen mit der ursprünglichen Zustandsdifferentialgleichung stellt sie eine neue Art der Systembeschreibung dar:

$$\dot{\underline{x}} = \underline{a}(\underline{x}) + \underline{B}(\underline{x})\underline{u} \, , \tag{7.49}$$

$$\underline{y}^* = \underline{c}^*(\underline{x}) + \underline{D}^*(\underline{x})\underline{u} \, . \tag{7.50}$$

Sie unterscheidet sich von der Zustandsdarstellung durch die andere Art der Ausgangsgleichung. Der Ausgangsvektor umfaßt hier nicht die Ausgangsgrößen selbst, sondern deren δ_i-te Ableitungen. Da $\underline{D}^*(\underline{x}) \neq \underline{0}$ sein wird, tritt $\underline{u}$ tatsächlich in die Ausgangsgleichung ein, so daß ein System mit Durchgriff vorliegt. Das rührt daher, daß – wie beim Eingrößensystem bemerkt – $\underline{u}$ auf die δ_i-te Ableitung von y_i *direkt* zugreift. Wir wollen die Gleichungen (7.49),(7.50) deshalb in Anlehnung an *E. Freund* als *direkte Systembeschreibung* bezeichnen, die Ausgangsgleichung (7.50) auch als *Synthesegleichung*, da sie der Ausgangspunkt des nachstehend beschriebenen Entwurfsverfahrens ist.

Im *Spezialfall des Eingrößensystems* lautet sie

$$\overset{(\delta)}{y} = c^*(\underline{x}) + d^*(\underline{x})u \tag{7.51}$$

mit

$$c^*(\underline{x}) = N^\delta c(\underline{x}) \, , \tag{7.52}$$

$$d^*(\underline{x}) = \left[\frac{d}{d\underline{x}} N^{\delta-1} c(\underline{x}) \right]^T \underline{b}(\underline{x}) \, . \tag{7.53}$$

7.3 Entwurf nichtlinearer Eingrößenregelungen durch Kompensation

Die Strecke ist durch die Zustandsgleichungen

$$\dot{\underline{x}} = \underline{a}(\underline{x}) + \underline{b}(\underline{x})u \, , \tag{7.54}$$

$$y = c(\underline{x}) \, . \tag{7.55}$$

gegeben. Der zugehörige lineare Regler hat die allgemeine Gestalt

$$u = -\underline{r}^T \underline{x} + mw \, ,$$

wobei w die Führungsgröße, $\underline{r}^T$ die Rückführmatrix und m das Vorfilter charakterisiert (siehe z.B. [73], Abschnitt 13.1). In Analogie hierzu setzen wir den *nichtlinearen* Regler in der Form

$$u = -r(\underline{x}) + m(\underline{x})w \tag{7.56}$$

an. Dabei sind r($\underline{x}$) und m($\underline{x}$) Funktion von $\underline{x}$, die im allgemeinen nichtlinear
sein werden, aber im speziellen Fall auch linear sein dürfen. Im Unterschied zum
Abschnitt 3.6 wird der Regler also nicht formal linear angesetzt, da dies hier
keinen Vorteil bringt. Der sich so ergebende Regelkreis ist im Bild 7/3 dargestellt. Da es sich um einen Entwurf auf Führungsverhalten handelt, ist die
Anfangsstörung $\underline{x}(t_0) = \underline{x}_0$ nicht eingezeichnet.

Die *Kompensation*, welche das Kernstück des folgenden Entwurfs bildet, ist eine
in der Regelungstechnik (und auch in anderen Disziplinen) weitverbreitete Maßnahme zur Verbesserung des dynamischen Verhaltens von Systemen. Sie kann in
Gestalt einer Parallelschaltung (Bild 7/4a) oder einer Reihenschaltung (Bild
7/4b) verwirklicht sein, wobei ψ einen Operator bezeichnet, zu dem der inverse
Operator ψ^{-1} existiert und zumindest näherungsweise realisierbar ist. Geläufige
Beispiele aus der Regelungstechnik sind die Kompensation einer Nennerzeitkon-
stante der Strecke durch eine Zählerzeitkonstante des Reglers oder die Kompensation einer nichtlinearen Kennlinie durch Vor- oder Nachschalten der inversen
Kennlinie.

Bei der vorliegenden Aufgabe setzen wir nun das Regelungsgesetz (7.56) in die
Zustandsdifferentialgleichung (7.54) ein, um die Zustandsdifferentialgleichung
des geschlossenen Kreises zu erhalten:

$$\underline{\dot{x}} = \underline{a}(\underline{x}) - \underline{b}(\underline{x})r(\underline{x}) + \underline{b}(\underline{x})m(\underline{x})w . \tag{7.57}$$

Nehmen wir, da es zunächst nur um das Grundsätzliche geht, m($\underline{x}$) = 0 an, so
liegt eine Gleichung mit dem frei wählbaren Parameter r($\underline{x}$) vor. Um ein
gewünschtes Verhalten des Regelkreises zu erzielen, hat man das Verhalten von
$\underline{x}(t)$ in irgendeiner Weise vorzugeben und dann die Gleichung (7.57) nach r($\underline{x}$)
aufzulösen. Da der n-dimensionale Vektor $\underline{b}(\underline{x})$ aber kein inverses Element
besitzt, ist im allgemeinen eine exakte Lösung nicht möglich.

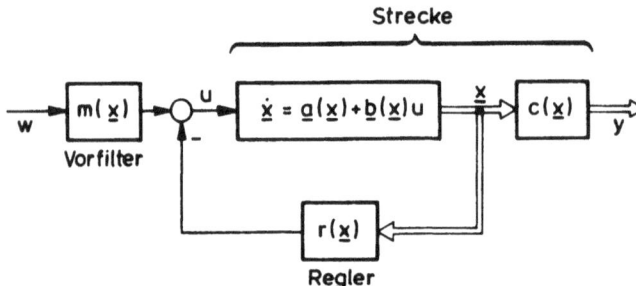

Bild 7/3   Nichtlinearer Regelkreis zu einer Eingrößenstrecke

a)

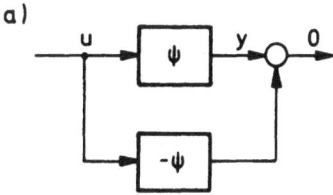

b)

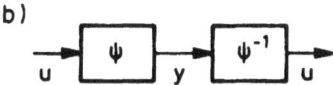

Bild 7/4   Kompensationsmaßnahmen

Es gibt jedoch einen anderen Weg: Man setzt die Reglerformel (7.56) nicht in die Zustandsdifferentialgleichung, sondern in die Ausgangsgleichung (7.51) der direkten Systemdarstellung ein. Man erhält so die Beziehung

$$\overset{(\delta)}{y} = c^*(\underline{x}) - d^*(\underline{x})r(\underline{x}) + d^*(\underline{x})m(\underline{x})w \tag{7.58}$$

mit den beiden freien Parametern $r(\underline{x})$ und $m(\underline{x})$. Da im allgemeinen $d^*(\underline{x}) \neq 0$ sein wird, macht es keinerlei Schwierigkeiten, den nichtlinearen Faktor $d^*(\underline{x})$ von $r(\underline{x})$ und die additiv hinzutretende Nichtlinearität $c^*(\underline{x})$ zu kompensieren. Man braucht nur für die Rückführung $r(\underline{x})$ die Funktion

$$r_0(\underline{x}) = \frac{1}{d^*(\underline{x})} c^*(\underline{x}) \tag{7.59}$$

zu wählen . Dann bleibt von (7.58) nur noch

$$\overset{(\delta)}{y} = d^*(\underline{x})m(\underline{x})w . \tag{7.60}$$

Im Strukturbild dargestellt, handelt es sich hierbei um eine Kompensation, die aus Reihen- und Parallelschaltung kombiniert ist.

Wählt man weiterhin den zweiten freien Parameter

$$m(\underline{x}) = \frac{k}{d^*(\underline{x})}, \quad k > 0 \text{ konstant}, \tag{7.61}$$

so schrumpft (7.60) weiter auf

$$\overset{(\delta)}{y} = kw$$

zusammen. Der so geschlossene Regelkreis stellt also ein lineares System dar. Durch Laplace-Transformation (mit verschwindenden Anfangswerten) folgt aus der letzten Gleichung

$$Y(s) = \frac{k}{s^\delta} W(s) \ .$$

Der Regelkreis verhält sich daher wie eine Reihenschaltung von δ I-Gliedern.

Nun ist das gewiß kein gewünschtes Verhalten des Regelkreises! Es ist jedoch kein Problem, ein besseres Verhalten zu erzeugen, indem man den Ansatz (7.59) für $r_0(\underline{x})$ noch etwas erweitert: Man addiert zu $c^*(\underline{x})$ den linearen Differentialoperator

$$Ly = q_{\delta-1} \overset{(\delta-1)}{y} + ... + q_1 \dot{y} + q_0 y \tag{7.62}$$

mit freien Koeffizienten q_0, q_1, ..., $q_{\delta-1}$. Aus der Rückführung (7.59) wird dann endgültig

$$r(\underline{x}) = \frac{1}{d^*(\underline{x})} \left[c^*(\underline{x}) + Ly \right] \ . \tag{7.63}$$

Dadurch geht die Beziehung (7.58) in die Gleichung

$$\overset{(\delta)}{y} + Ly = kw \tag{7.64}$$

über, sofern man zusätzlich (7.61) berücksichtigt. Ausführlich geschrieben ergibt sich die Differentialgleichung

$$\overset{(\delta)}{y} + q_{\delta-1} \overset{(\delta-1)}{y} + ... + q_1 \dot{y} + q_0 y = kw \ . \tag{7.65}$$

Dies ist der Zusammenhang zwischen der Führungsgröße w und der Regelgröße y des Regelkreises aus Bild 7/3, worin die Koeffizienten q_ν und k frei sind. Der Regelkreis ist also äquivalent zu einem linearen System, sofern man Vorfilter und Regler gemäß (7.61) und (7.63) wählt.

Die freien Koeffizienten in (7.65) kann man z.B. dadurch bestimmen, daß man die Eigenwerte des Regelkreises, also der Differentialgleichung vorschreibt, wodurch die q_ν festgelegt werden. Doch sind auch andere Möglichkeiten als Polvorgabe denkbar. Um stationäre Genauigkeit zu sichern, wird man $k = q_0$ wählen, da dann für den stationären Zustand aus (7.65) y = w folgt.

Wie man sieht, wird beim Reglerentwurf die Kompensation der unerwünschten Nichtlinearitäten durch die Hinzufügung eines linearen Dynamikanteils ergänzt, dessen Parameter man so wählt, daß ein günstiges Zeitverhalten erzielt wird.

Bezüglich der Rückführung ist noch ein Punkt zu klären. Da $r(\underline{x})$ eine Zustandsrückführung darstellt, muß der Differentialoperator Ly aus (7.62) als Funktion von $\underline{x}$ ausgedrückt werden. Das ist mit Hilfe der Beziehungen (7.35) ohne weiteres möglich:

$$Ly = q_{\delta-1}N^{\delta-1}c(\underline{x}) + \ldots + q_1 N c(\underline{x}) + q_0 c(\underline{x}) . \tag{7.66}$$

Zusammenfassend erhält man den folgenden *Satz über den Entwurf einer nichtlinearen Eingrößenregelung durch Kompensation:*

Wählt man im Regelkreis von Bild 7/3 den Regler

$$r(\underline{x}) = \frac{N^{\delta}c(\underline{x}) + \sum_{\nu=0}^{n-1} q_{\nu} N^{\nu} c(\underline{x})}{d^*(\underline{x})} \tag{7.67}$$

und das Vorfilter

$$m(\underline{x}) = \frac{q_0}{d^*(\underline{x})} \tag{7.68}$$

mit

$$d^*(\underline{x}) = \left[\frac{d}{d\underline{x}} N^{\delta-1} c(\underline{x}) \right]^T \underline{b}(\underline{x}) , \tag{7.69}$$

so ist das Führungsverhalten des Regelkreises (Zusammenhang zwischen Führungsgröße w und Ausgangsgröße y) durch die lineare Differentialgleichung

$$\overset{(\delta)}{y} + q_{\delta-1}\overset{(\delta-1)}{y} + \ldots + q_1 \dot{y} + q_0 y = q_0 w \tag{7.70}$$

gegeben.

Dabei ist δ die Differenzordnung der Strecke. Die konstanten Koeffizienten $q_0, \ldots, q_{\delta-1}$ sind frei wählbar und können z.B. durch Polvorgabe bestimmt werden.

Voraussetzung für diesen Entwurf: $d^*(\underline{x}) \neq 0$ *im Arbeitsbereich der*
Regelung (Kompensierbarkeitsbedingung).

Wendet man auf die lineare Differentialgleichung (7.70) die Laplace-Transformation (mit verschwindenden Anfangswerten) an, so wird daraus die komplexe Übertragungsgleichung

$$Y(s) = \frac{q_0}{s^\delta + q_{\delta-1} s^{\delta-1} + \ldots + q_0} W(s) . \qquad (7.71)$$

Der nichtlineare Regelkreis ist also äquivalent zu dem durch diese Gleichung charakterisierten rationalen Übertragungsglied. Im Bild 7/5 ist diese bemerkenswerte Äquivalenz zwischen einem nichtlinearen und einem einfachen linearen System veranschaulicht. Schaltet man auf beide Systeme den gleichen Führungsverlauf w(t), so liefern beide den gleichen Ausgangsverlauf y(t), ganz gleich, welchen Führungsverlauf man aufschaltet. Darin besteht eben die Äquivalenz beider Strukturen: identisches Ein-Ausgangsverhalten trotz gänzlich verschiedenen Innenaufbaus. Übrigens sieht man an Gleichung (7.71) sehr schön, warum δ als Differenzordnung bezeichnet wird.

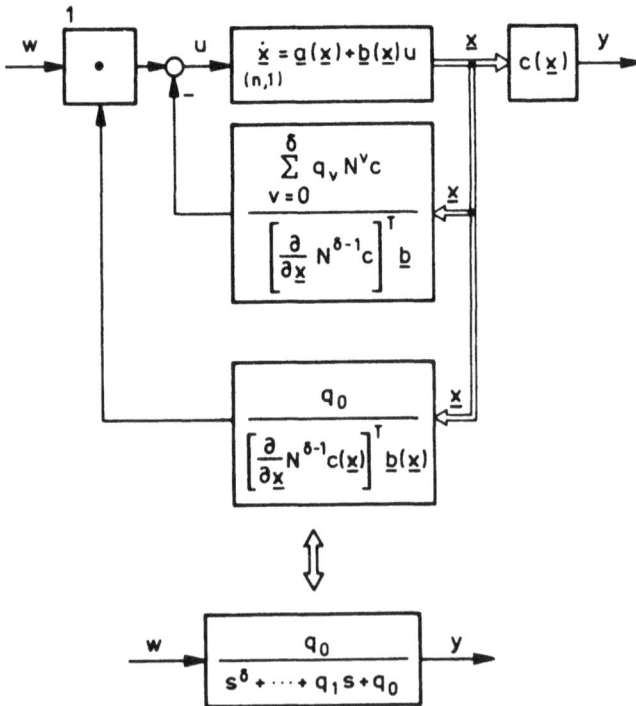

Bild 7/5   Äquivalenz von nichtlinearer Eingrößenregelung und rationalem Übertragungsglied

Der hiermit vollständig beschriebene Entwurf stellt also einen Entwurf auf Führungsverhalten dar. In den Anwendungen liegt häufig der folgende Fall vor. Die Regelung befindet sich in einem bestimmten Betriebszustand, also einem stationären Zustand $\underline{x}_0$, der durch den konstanten Führungswert w_0 aufrecht erhalten wird. Von hier aus soll nun ein anderer Betriebszustand $\underline{x}_R$ angefahren werden, zu dem der konstante Führungswert w_R gehört. Dazu schaltet man vom Führungswert w_0 auf den Führungswert w_R um, nimmt also eine sprungförmige Änderung des Führungsverlaufes vor. Die Regelgröße $y(t)$ folgt dann der Führungsgröße $w(t)$ gemäß der Differentialgleichung (7.70) und strebt demgemäß mit wachsendem t gegen den Führungswert w_R (da die Eigenwerte des Regelkreises natürlich links der imaginären Achse der s-Ebene plaziert werden).

Es erhebt sich die Frage, wie es mit dem Stabilitätsverhalten der *nichtlinearen* Regelung aus Bild 7/5, also ihrem Verhalten gegenüber Anfangsstörungen $\underline{x}(t_0)$ = $\underline{x}_0$, bestellt ist. Hier hat man eine Fallunterscheidung vorzunehmen.

(I)   *Die Strecke hat maximale Differenzordnung, also $\delta = n$*

In diesem Fall läßt sich zeigen, daß jede Ruhelage, welche die nichtlineare Regelung von Bild 7/5 in Abhängigkeit von dem konstanten Führungswert annehmen kann, asymptotisch stabil ist [3]. Jedoch läßt sich über die Größe des Einzugsbereiches keine allgemeine Aussage machen. Er kann möglicherweise recht klein sein.

(II)   *$\delta < n$ (keine maximale Differenzordnung)*

Hier liegen die Dinge nicht mehr so einfach. Das sieht man bereits am *Spezialfall des linearen (zeitinvarianten) Eingrößensystems*. Während die gegebene Strecke und damit auch der zugehörige Regelkreis die Ordnung n aufweist, also n Eigenwerte besitzt, hat das hinsichtlich des Führungsverhaltens äquivalente System die Ordnung δ, kann also auch nur $\delta < n$ Eigenwerte besitzen. Das heißt aber doch, daß in der Führungsübertragungsfunktion der Regelung $n - \delta$ Eigenwerte durch Nullstellen wegkompensiert sind und demgemäß nicht mehr in Erscheinung treten. Liegt nun einer dieser Eigenwerte auf oder rechts der j-Achse der

---

[3] Bei maximaler Differenzordnung kann man stets auf *nichtlineare Regelungsnormalform* transformieren. Siehe hierzu:
R. *Sommer:* Synthese nichtlinearer, zeitvarianter Systeme mit Hilfe einer kanonischen Form. VDI-Verlag, 1981. Kapitel 5.
R. *Sommer:* Zusammenhang zwischen dem Entkopplungs- und dem Polvorgabeverfahren für nichtlineare, zeitvariante Mehrgrößensysteme. Regelungstechnik 28 (1980), S.232-236.
Daraus folgt dann die obige Aussage.

komplexen Ebene, so wird er sich bei Anfangsstörungen unangenehm bemerkbar machen und verhindern, daß die Ruhelage asymptotisch stabil ist. Liegen die Nullstellen der Strecke und damit auch der Regelung des Eingrößensystems sämtlich links der j-Achse, so ist ein derartiges Verhalten jedoch ausgeschlossen.

Man kann sich vorstellen, daß *bei nichtlinearer Strecke* die Verhältnisse komplizierter sind und sich nicht mehr in so übersichtlicher Weise über die Stabilität des geregelten Systems entscheiden läßt. Durch Simulation der Zeitverläufe bei charakteristischen Anfangsstörungen wird man sich aber einen für die praktische Anwendung genügenden Eindruck vom Stabilitätsverhalten der nichtlinearen Regelung verschaffen können.

Als **Anwendungsbeispiel** betrachten wir nun den **Rührkesselreaktor** aus Abschnitt 7.1 bzw. Unterabschnitt 3.6.5 (Bild 3/35). Die Differenzordnung des Rührkesselreaktors wurde bereits im vorigen Abschnitt berechnet. Mit $\delta = 2$ ist sie gleich der Systemordnung $n = 2$, so daß also maximale Differenzordnung vorliegt. Gemäß (7.69) und (7.38) ist $d^*(\underline{x})$ bekannt:

$$d^*(\underline{x}) = \left[\frac{d}{d\underline{x}}Nc(\underline{x})\right]^T \underline{b} = b\gamma_2(x_1,x_2) \,,$$

mit γ_2 aus (7.40). Da $\gamma_2(x_1,x_2) \neq 0$ im Arbeitsbereich $0 < x_1 < 1$, $x_2 > 0$ des Reaktors, ist die Kompensierbarkeitsbedingung erfüllt.

Weiterhin ist nach (7.37)

$$N^2c = N(Nc) = \left[\frac{d}{d\underline{x}}Nc(\underline{x})\right]^T \underline{a}(\underline{x}) = (-a_{11}+\gamma_1)(-a_{11}x_1+\gamma) + \gamma_2(-a_{21}+a_{22}\gamma) \,.$$

Daraus erhält man dann nach (7.67) und (7.68) Regler und Vorfilter:

$$r(x_1,x_2) = \frac{1}{b\gamma_2}\Big[(-a_{11}+\gamma_1)(-a_{11}x_1+\gamma) + \gamma_2(-a_{21}x_2+a_{22}\gamma) +$$
$$+ q_1(-a_{11}x_1+\gamma) + q_0x_1\Big] \,, \tag{7.72}$$

$$m(x_1,x_2) = \frac{q_0}{b\gamma_2} \,, \tag{7.73}$$

wobei die Funktionen γ, γ_1 und γ_2 von x_1 und x_2 aus (7.8), (7.39) und (7.40) zu entnehmen sind:

$$\left.\begin{aligned} \gamma(x_1,x_2) &= k_0(1 - x_1)\, e^{-\dfrac{\epsilon}{1+x_2}}, \\[2mm] \gamma_1(x_1,x_2) &= -k_0\, e^{-\dfrac{\epsilon}{1+x_2}}, \\[2mm] \gamma_2(x_1,x_2) &= k_0(1 - x_1)\,\frac{\epsilon}{(1+x_2)^2}\, e^{-\dfrac{\epsilon}{1+x_2}}. \end{aligned}\right\} \qquad (7.74)$$

Zu der nichtlinearen Regelung gehört nach (7.71) die äquivalente Übertragungsgleichung

$$Y(s) = \frac{q_0}{s^2 + q_1 s + q_0}\, W(s) \qquad (7.75)$$

bzw. Differentialgleichung

$$\ddot{y} + q_1 \dot{y} + q_0 y = q_0 w, \qquad (7.76)$$

wobei die Koeffizienten q_0 und q_1 noch frei sind. Wir bestimmen sie durch Vorgabe der Pole $\lambda_{R1} = \lambda_{R2} = -1\ \text{min}^{-1}$ der Übertragungsfunktion, um so ein gut gedämpftes Verhalten der Regelung zu erreichen. Es gilt dann

$$s^2 + q_1 s + q_0 = (s + 1)^2 = s^2 + 2s + 1, \quad \text{woraus} \quad q_0 = 1, \quad q_1 = 2$$

folgt. Nimmt man als Zahlenwerte der übrigen Parameter die Werte aus Unterabschnitt 3.6.5, so sind Regler und Vorfilter vollständig bestimmt.

Genau wie im Unterabschnitt 3.6.5 soll die Anlage aus dem Arbeitspunkt $\underline{x}_0 = [0{,}42 \quad 0{,}01]^T$ in den neuen Arbeitspunkt $\underline{x}_R = [0{,}72 \quad 0{,}05]^T$ gefahren werden. Nach (7.76) ist im neuen Arbeitspunkt als einem stationären Zustand $y_R = w_R$, also wegen $y = x_1$: $w_R = x_{1R}$. Demgemäß hat man vom Arbeitspunkt $\underline{x}_0$ zum Arbeitspunkt $\underline{x}_R$ von $w_0 = 0{,}42$ auf $w_R = 0{,}72$ umzuschalten. Die zugehörigen Zeitverläufe von x_1, x_2 und u zeigt das Bild 7/6.

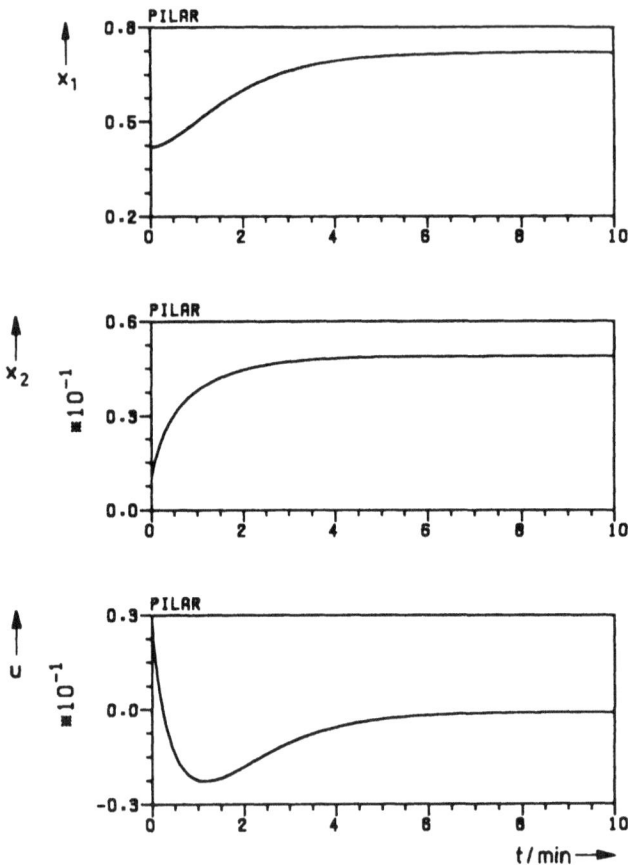

Bild 7/6   Zeitverhalten des durch Kompensation geregelten Rührkesselreaktors beim Übergang vom Arbeitspunkt $\underline{x}_0 = [0{,}42 \quad 0{,}01]^T$ zum Arbeitspunkt $\underline{x}_R = [0{,}72 \quad 0{,}05]^T$.

x_1 Konzentration, x_2 Temperatur, u Kühlmitteltemperatur (alle Größen normiert)

Vergleicht man diesen Entwurf mit der Reglersynthese durch Gütemaßangleichung nach *U. Sieber,* so wird in beiden Fällen ähnliches dynamisches Verhalten erzielt, sofern man mit dem letztgenannten Verfahren eine vollständige Zustandsrückführung entwirft (nicht eine Ausgangsrückführung wie im Unterabschnitt 3.6.5) und dabei als Eigenwerte der linearen Vergleichsregelung ebenfalls $\lambda_{R1} = \lambda_{R2} = -1$ vorschreibt. Der Siebersche Entwurf benötigt jedoch einen erheblich weniger aufwendigen Regler. Dieser ist nur vom Komplikationsgrad der Strecke, während der Kompensationsregler beträchtlich komplizierter ist, wie ein Blick auf die Formeln (7.72) bis (7.74) zeigt. Das gilt nicht nur im vorliegenden Beispiel, sondern generell. Allerdings hat der Kompensationsregler den Vorteil, daß er für *beliebige* Führungsgrößen verwendbar ist und nicht nur für stückweise konstante Führungsverläufe. Er ist eben von Haus aus auf Führungsverhalten entworfen, was beim Sieberschen Regler nicht der Fall ist. Dieser Vorzug des Kompensationsreglers wird jedoch unter Umständen durch unbefriedigendes Störverhalten erkauft [4]).

Am Beispiel des Rührkesselreaktors kann man auch sehen, daß die Differenzordnung von der Wahl der Ausgangsgröße abhängig ist. Bei der Ausgangsgröße x_1 ergibt sich, wie im Abschnitt 7.2 gezeigt, $\delta = 2$. Würde man hingegen x_2 als Ausgangsgröße nehmen, was, wie im Abschnitt 7.1 bemerkt, grundsätzlich durchaus möglich ist, so wäre $c(\underline{x}) = x_2$, daher

$$\left[\frac{dc}{d\underline{x}}\right]^T \underline{b} = [0 \ \ 1]\begin{bmatrix}0\\b\end{bmatrix} = b \neq 0$$

und somit $\delta - 1 = 0$, also $\delta = 1$. Es läge dann keine maximale Differenzordnung vor.

7.4 Entwurf nichtlinearer Mehrgrößenregelungen durch Kompensation und Entkopplung

Gehen wir nun zur Regelung eines nichtlinearen *Mehr*größensystems über, so tritt zur Kompensation die Entkopplung hinzu. Allerdings ist dabei anzumerken, daß die Entkopplung ihrerseits wesentlich auf Kompensation beruht. Betrachten wir dazu die durch $\underline{G}(s)$ charakterisierte lineare Strecke mit der vorgeschalteten Steuereinrichtung $\underline{R}(s)$ im Bild 7/7. Würde man $\underline{R}(s)$ beliebig wählen, so würde – von etwaigen Ausnahmefällen abgesehen – jede Ausgangsgröße y_i durch jede Führungsgröße w_k beeinflußt. Um die gezielte Beeinflussung der Ausgangsgrößen zu erleichtern, liegt die Forderung nahe, die Matrix $\underline{R}(s)$ so zu wählen, daß jede

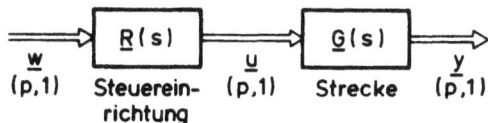

Bild 7/7   Lineare Entkopplungsstruktur

[4]) Ein Beispiel hierfür findet man bei *U. Sieber:* Ljapunow – Synthese nichtlinearer Systeme durch Gütemaßangleichung. VDI – Verlag, 1991, Unterabschnitt 5.2.4.

Ausgangsgröße y_i nur durch die ihr zugeordnete Führungsgröße w_i beeinflußt wird, also y_1 nur durch w_1, y_2 nur durch w_2, usw. Das heißt: Es soll

$$\underline{Y}(s) = \underline{G}_D(s)\underline{W}(s)$$

sein, wobei $\underline{G}_D(s)$ eine Diagonalmatrix ist. Da nach Bild 7/7

$$\underline{Y}(s) = \underline{G}(s)\underline{R}(s)\underline{W}(s)$$

gilt, läuft das auf die Gleichung

$$\underline{G}(s)\underline{R}(s) = \underline{G}_D(s)$$

hinaus, woraus

$$\underline{R}(s) = \underline{G}^{-1}(s)\underline{G}_D(s)$$

folgt. Das Auftreten der Inversen bedeutet aber Kompensation der Streckenübertragungsmatrix $\underline{G}(s)$.

Wenn wir nun zum Entwurf der nichtlinearen Mehrgrößenregelung übergehen, so ist einleuchtend, daß er weitgehend parallel wie bei der Eingrößenregelung erfolgt, weshalb wir uns jetzt kürzer fassen können.

Ausgangspunkt ist auch hier die direkte Systembeschreibung (7.49), (7.50), speziell die Gleichung (7.50), aus dem gleichen Grund wie bei der Eingrößenregelung:

$$\underline{y}^* = \underline{c}^*(\underline{x}) + \underline{D}^*(\underline{x})\underline{u} , \qquad (7.77)$$

wobei $\underline{y}^*$, $\underline{c}^*(\underline{x})$ und $\underline{D}^*(\underline{x})$ durch (7.47) und (7.48) gegeben sind. Analog zu (7.56) wird der Regler in der Form

$$\underline{u} = -\underline{r}(\underline{x}) + \underline{M}(\underline{x})\underline{w} \qquad (7.78)$$
$$\;\;(p,1) \quad\;\; (p,1) \quad\; (p,p)\,(p,1)$$

angesetzt, wobei der Reglervektor (oder Rückführungsvektor) $\underline{r}(\underline{x})$ und die Vorfiltermatrix $\underline{M}(\underline{x})$ frei sind. Damit erhält man aus (7.77) die Gleichung der geschlossenen nichtlinearen Regelung:

$$\underline{y}^* = \underline{c}^*(\underline{x}) - \underline{D}^*(\underline{x})\underline{r}(\underline{x}) + \underline{D}^*(\underline{x})\underline{M}(\underline{x})\underline{w} . \qquad (7.79)$$

Ganz entsprechend zum Fall der Eingrößenregelung wählt man

$$\underline{r}(\underline{x}) = \underline{D}^{*-1}(\underline{x})\left[\underline{c}^*(\underline{x}) + L\underline{y}\right] , \tag{7.80}$$

wobei

$$L\underline{y} = \begin{bmatrix} \sum\limits_{\nu=0}^{\delta_1-1} q_{1\nu}\, y_1^{(\nu)}(t) \\ \vdots \\ \sum\limits_{\nu=0}^{\delta_p-1} q_{p\nu}\, y_p^{(\nu)}(t) \end{bmatrix} \tag{7.81}$$

wiederum ein linearer, diesmal aber vektorieller Differentialoperator mit frei verfügbaren Konstanten $q_{i\nu}$ ist. Aus (7.79) wird damit die Gleichung

$$\underline{y}^* + L\underline{y} = \underline{D}^*(\underline{x})\underline{M}(\underline{x})\underline{w}$$

oder

$$\begin{bmatrix} y_1^{(\delta_1)} + \sum\limits_{\nu=0}^{\delta_1-1} q_{1\nu}\, y_1^{(\nu)}(t) \\ \vdots \\ y_p^{(\delta_p)} + \sum\limits_{\nu=0}^{\delta_p-1} q_{p\nu}\, y_p^{(\nu)}(t) \end{bmatrix} = \underline{D}^*(\underline{x})\underline{M}(\underline{x})\underline{w} . \tag{7.82}$$

Damit sind wir bei dem für das Mehrgrößensystem charakteristischen neuen Gesichtspunkt angelangt: der *Entkopplungsforderung*. Sie besteht darin, daß die in (7.82) auftretende Differentialgleichung für y_1 nur von w_1 abhängen darf, die Differentialgleichung für y_2 nur von w_2 usw. Es soll also gelten

$$\underline{D}^*(\underline{x})\underline{M}(\underline{x})\underline{w} = \begin{bmatrix} k_1 w_1 \\ \vdots \\ k_p w_p \end{bmatrix} = \underline{K}\,\underline{w} \tag{7.83}$$

mit der Diagonalmatrix

$$\underline{K} = \begin{bmatrix} k_1 \cdots 0 \\ \vdots \ddots \vdots \\ 0 \cdots k_p \end{bmatrix}, \tag{7.84}$$

deren Diagonalelemente konstant, aber sonst frei verfügbar sind. Die Gleichung (7.83) wird erfüllt, wenn die Vorfiltermatrix $\underline{M}(\underline{x})$ so gewählt wird, daß

$$\underline{D}^*(\underline{x})\underline{M}(\underline{x}) = \underline{K}$$

gilt. Daraus folgt

$$\underline{M}(\underline{x}) = \underline{D}^{*-1}(\underline{x})\underline{K} . \tag{7.85}$$

Wählt man $\underline{r}(\underline{x})$ gemäß (7.80) und (7.81), $\underline{M}(\underline{x})$ nach (7.85), so geht die Vektorgleichung (7.82) in das Gleichungssystem

$$\left. \begin{array}{l} \overset{(\delta_1)}{y_1} + \sum_{\nu=0}^{\delta_1 - 1} q_{1\nu} \overset{(\nu)}{y_1}(t) = k_1 w_1 , \\ \qquad\qquad \vdots \\ \overset{(\delta_p)}{y_p} + \sum_{\nu=0}^{\delta_p - 1} q_{p\nu} \overset{(\nu)}{y_p}(t) = k_p w_p \end{array} \right\} \tag{7.86}$$

über. Es besteht aus p entkoppelten linearen Differentialgleichungen mit konstanten Koeffizienten und ist äquivalent zu der nichtlinearen Regelung.

Wie schon im Fall der Eingrößenregelung muß in der Reglerformel (7.80) der Differentialoperator $L\underline{y}$ noch durch den Zustandsvektor $\underline{x}$ ausgedrückt werden. Das geschieht mittels (7.45). Dann wird aus (7.81) und damit aus (7.80):

$$\underline{r}(\underline{x}) = \underline{D}^{*-1}(\underline{x}) \begin{bmatrix} N^{\delta_1} c_1(\underline{x}) + \sum_{\nu=0}^{\delta_1 - 1} q_{1\nu} N^\nu c_1(\underline{x}) \\ \vdots \\ N^{\delta_p} c_p(\underline{x}) + \sum_{\nu=0}^{\delta_p - 1} q_{p\nu} N^\nu c_p(\underline{x}) \end{bmatrix} . \tag{7.87}$$

Das Resultat ist zusammengefaßt im Bild 7/8 und dem folgenden *Satz über den Entwurf einer nichtlinearen Mehrgrößenregelung durch Kompensation und Entkopplung:*

Wählt man im Regelkreis von Bild 7/8 den Regler

$$\underline{r}(\underline{x}) = \underline{D}^{*-1}(\underline{x})\,\underline{n}(\underline{x}) \tag{7.88}$$

und die Vorfiltermatrix

$$\underline{M}(\underline{x}) = \underline{D}^{*-1}(\underline{x})\,\underline{K} \tag{7.89}$$

mit

$$\underset{(p,\,p)}{\underline{D}^{*}}(\underline{x}) = \begin{bmatrix} \left[\dfrac{d}{d\underline{x}}N^{\delta_1-1}c_1(\underline{x})\right]^{\mathrm{T}}\underline{B}(\underline{x}) \\ \vdots \\ \left[\dfrac{d}{d\underline{x}}N^{\delta_p-1}c_p(\underline{x})\right]^{\mathrm{T}}\underline{B}(\underline{x}) \end{bmatrix}, \tag{7.90}$$

$$\underset{(p,\,p)}{\underline{K}} = diag\,(k_1,...,k_p)\,,$$

$$\underset{(p,1)}{\underline{n}(\underline{x})} = \begin{bmatrix} N^{\delta_1}c_1(\underline{x}) + \displaystyle\sum_{\nu=0}^{\delta_1-1}q_{1\nu}N^{\nu}c_1(\underline{x}) \\ \vdots \\ N^{\delta_p}c_p(\underline{x}) + \displaystyle\sum_{\nu=0}^{\delta_p-1}q_{p\nu}N^{\nu}c_p(\underline{x}) \end{bmatrix}, \tag{7.91}$$

so ist das Führungsverhalten des Regelkreises (Zusammenhang zwischen Führungsvektor $\underline{w}$ und Ausgangsvektor $\underline{y}$) durch die p voneinander unabhängigen rationalen Übertragungsglieder

$$Y_i(s) = \frac{q_{i0}}{s^{\delta_i}+q_{i,\delta_i-1}s^{\delta_i-1}+...+q_{i1}s+q_{i0}}\,W_i(s)\,, \tag{7.92}$$

$$i = 1,...,p\,,$$

gegeben. Dabei ist δ_i die Differenzordnung der Strecke bezüglich y_i und

$$\delta = \delta_1 + ... + \delta_p$$

die gesamte Differenzordnung der Strecke. Die konstanten Koeffizienten $q_{i\nu}$ und k_i sind frei wählbar, wobei man im Hinblick auf die stationäre Genauigkeit zweckmäßigerweise $k_i = q_{i0}$ wählt. Die $q_{i\nu}$ können durch Polvorgabe bestimmt werden.

Voraussetzung des Entwurfs: $\det \underline{D}^*(\underline{x}) \neq 0$ im Arbeitsbereich der Regelung (Entkoppelbarkeitsbedingung).

Wie man sieht, ist der nichtlineare Regelkreis äquivalent zu p voneinander unabhängigen, also entkoppelten, rationalen Übertragungsgliedern, die nun getrennt mit linearen Methoden entworfen werden können. Man kann hierzu Polvorgabe benutzen, aber auch irgendein anderes Verfahren.

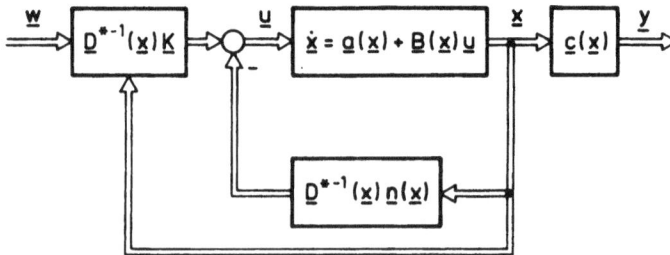

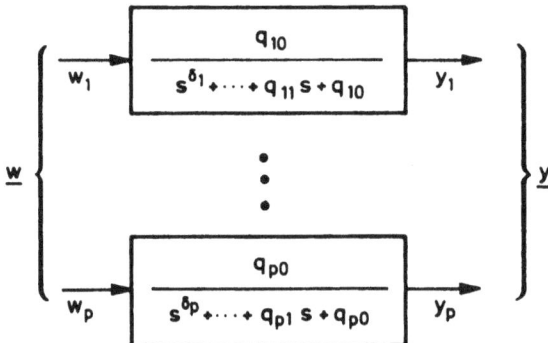

Bild 7/8   Entkopplung eines nichtlinearen Mehrgrößensystems

Was das Stabilitätsverhalten angeht, also die Reaktion des Systems auf Anfangsstörungen, so hat man ganz entsprechend wie bei der Eingrößenregelung die Fälle $\delta = n$ und $\delta < n$ zu unterscheiden. Im erstgenannten Fall darf man eine im Arbeitsbereich der Regelung gelegene Ruhelage als asymptotisch stabil ansehen, während dies für $\delta < n$ nicht gewährleistet ist, man also im praktischen Fall Simulationen des Regelungsverhaltens bei charakteristischen Anfangsstörungen durchführen wird. Auch was den Vergleich der nichtlinearen Entkopplung mit dem Reglerentwurf durch Gütemaßangleichung (Abschnitt 3.6) betrifft, so gilt Entsprechendes wie im Fall der Eingrößenregelung(Abschnitt 7.3).

Als **Anwendungsbeispiel zum Mehrgrößenentwurf** betrachten wir den **über Feld und Anker angesteuerten Gleichstrommotor**, der durch die Gleichungen (7.10) bis (7.12) und zusätzlich die Ausgangsgleichungen

$$y_1 = x_3 \, , \, y_2 = x_1$$

gegeben ist. Was den Arbeitsbereich des Motors im Zustandsraum angeht, so sind der Ankerstrom x_2 und die Winkelgeschwindigkeit x_3 beliebig, während der Feldstrom x_1 stets als $\neq 0$ angenommen werden darf, da der Motor andernfalls nicht in Betrieb ist.

Aus $c_1(\underline{x}) = x_3$ folgt $\quad Nc_1 = \left[\dfrac{\partial c_1}{\partial \underline{x}} \right]^T \underline{a} = [0 \quad 0 \quad 1] \begin{bmatrix} * \\ * \\ a_3 x_1 x_2 \end{bmatrix} = a_3 x_1 x_2 \, ,$

daraus weiter $\quad \left[\dfrac{d}{d\underline{x}} Nc_1 \right]^T = \left[a_3 x_2, a_3 x_1, 0 \right] \quad$ und hieraus schließlich

$$N^2 c_1 = \left[\frac{d}{d\underline{x}} Nc_1 \right]^T \underline{a} = -a_3(a_1 + a_{21})x_1 x_2 - a_{22} a_3 x_1^2 x_3 \, .$$

Entsprechend ergibt sich aus $c_2(\underline{x}) = x_1$:

$$Nc_2 = [1 \quad 0 \quad 0] \begin{bmatrix} -a_1 x_1 \\ * \\ * \end{bmatrix} = -a_1 x_1 \, .$$

Daraus folgt für die *Differenzordnung bezüglich y_1*

$$\left[\frac{dc_1}{d\underline{x}} \right]^T \underline{B} = [0 \quad 0 \quad 1] \begin{bmatrix} 0 & b_2 \\ b_1 & 0 \\ 0 & 0 \end{bmatrix} = \underline{0}^T \, , \quad \left[\frac{d}{d\underline{x}} Nc_1 \right]^T \underline{B} = [a_3 b_1 x_1, \, a_3 b_2 x_2] \neq \underline{0}^T \, ,$$

da im Arbeitsbereich des Motors $x_1 \neq 0$ ist. Also ist $\delta_1 - 1 = 1$ und damit $\delta_1 = 2$.

Hinsichtlich y_2 ist

$$\left[\frac{dc_2}{d\underline{x}}\right]^T \underline{B} = [1 \quad 0 \quad 0] \begin{bmatrix} 0 & b_2 \\ b_1 & 0 \\ 0 & 0 \end{bmatrix} = [0 \quad b_2] \neq \underline{0}^T,$$

mithin $\delta_2 - 1 = 0$, also $\delta_2 = 1$. Die gesamte *Differenzordnung der Strecke* wird so

$$\delta = \delta_1 + \delta_2 = 3,$$

ist daher maximal.

Für die Entkopplungsmatrix ergibt sich

$$\underline{D}^*(\underline{x}) = \begin{bmatrix} \left[\frac{d}{d\underline{x}} Nc_1\right]^T \underline{B} \\ \left[\frac{d}{d\underline{x}} c_2\right]^T \underline{B} \end{bmatrix} = \begin{bmatrix} a_3 b_1 x_1 & a_3 b_2 x_2 \\ 0 & b_2 \end{bmatrix},$$

woraus wegen $x_1 \neq 0$ $\det \underline{D}^* = a_3 b_1 b_2 x_1 \neq 0$ folgt: *Die Strecke ist entkoppelbar.*
Für die inverse Matrix erhält man

$$D^{*-1}(\underline{x}) = \begin{bmatrix} \dfrac{1}{a_3 b_1 x_1} & -\dfrac{x_2}{b_1 x_1} \\ 0 & \dfrac{1}{b_2} \end{bmatrix}.$$

Aus $\underline{n}(\underline{x}) = \begin{bmatrix} N^2 c_1 + q_{11} Nc_1 + q_{10} c_1 \\ Nc_2 + q_{20} c_2 \end{bmatrix}$ und $\underline{K} = \begin{bmatrix} q_{10} & 0 \\ 0 & q_{20} \end{bmatrix}$ folgt endgültig

für den *Regler*

$$\underline{r}(\underline{x}) = \begin{bmatrix} \dfrac{q_{11} - q_{20} - a_{21}}{b_1} x_2 - \dfrac{a_{22}}{b_1} x_1 x_3 + \dfrac{q_{10} x_3}{a_3 b_1 x_1} \\ \dfrac{q_{20} - a_1}{b_2} x_1 \end{bmatrix}$$

und für die *Vorfiltermatrix*

$$\underline{M}(\underline{x}) = \begin{bmatrix} \dfrac{q_{10}}{a_3 b_1} \dfrac{1}{x_1} & -\dfrac{q_{20}}{b_1} \dfrac{x_2}{x_1} \\[3mm] 0 & \dfrac{q_{20}}{b_2} \end{bmatrix}.$$

Falls man das zur nichtlinearen Regelung äquivalente lineare System durch Polvorgabe entwirft, gelten die Gleichungen

$$s^2 + q_{11} s + q_{10} = (s - \lambda_1)(s - \lambda_2) = s^2 - (\lambda_1 + \lambda_2)s + \lambda_1 \lambda_2 \,,$$

$$s + q_{20} = s - \lambda_3 \,,$$

wenn λ_1, λ_2, λ_3 die gewünschten Eigenwerte des linearen Systems sind. Daraus folgt

$$q_{11} = -(\lambda_1 + \lambda_2) \,, \quad q_{10} = \lambda_1 \lambda_2 \,; \quad q_{20} = -\lambda_3 \,.$$

In Bild 7/9 und 7/10 ist das Zeitverhalten des geregelten Systems im Vergleich mit dem Zeitverhalten der ungeregelten Strecke dargestellt. Für die Strecke sind dabei die numerischen Daten aus Unterabschnitt 3.6.4 zu Grunde gelegt, während als Eigenwerte des äquivalenten linearen Systems

$$\lambda_1 = -10 \ \text{sec}^{-1}, \ \lambda_2 = -8 \ \text{sec}^{-1}, \ \lambda_3 = -1{,}5 \ \text{sec}^{-1}$$

gefordert werden, entsprechend dem gegenüber Ankerstrom und Winkelgeschwindigkeit langsamen Verhalten des Feldstroms.

Auch hier wird der realistische Fall des Übergangs von einem Arbeitspunkt zu einem anderen betrachtet, und zwar von $\underline{x}_0 = [3A, \ 0, \ 100\text{sec}^{-1}]^T$ nach $\underline{x}_R = [5A, \ 0, \ 70\text{sec}^{-1}]^T$, wozu gemäß

$$w_{1R} = y_{1R} = x_{3R} \,, \quad w_{2R} = y_{2R} = x_{1R}$$

die stationären Führungswerte

$$\underline{w}_0 = [100\text{sec}^{-1}, \ 3A]^T \quad \text{und} \quad \underline{w}_R = [70\text{sec}^{-1}, \ 5A]^T$$

gehören.

Um die damit zu vergleichenden Zeitvorgänge der ungeregelten Strecke zu erhalten, hat man die zu $\underline{x}_0$ und $\underline{x}_R$ gehörenden stationären Steuervektoren $\underline{u}_0$ und $\underline{u}_R$ zu bestimmen und von dem einen auf den anderen umzuschalten. Man erhält den zu $\underline{x}_R$ gehörenden stationären Steuerwert $\underline{u}_R$ aus den Streckengleichungen (7.10) bis (7.12), indem man dort $\underline{x} = \underline{x}_R$ und $\dot{\underline{x}} = \underline{0}$ setzt und nach $\underline{u}_R$ auflöst:

$$u_{1R} = \frac{1}{b_1}(a_{21}x_{2R} + a_{22}x_{1R}x_{3R}) , \quad u_{2R} = \frac{a_1}{b_2}x_{1R} .$$

Hieraus erhält man

$$\underline{u}_0 = [316,23V; 75,36V] , \quad \underline{u}_R = [368,94V; 125,60V] .$$

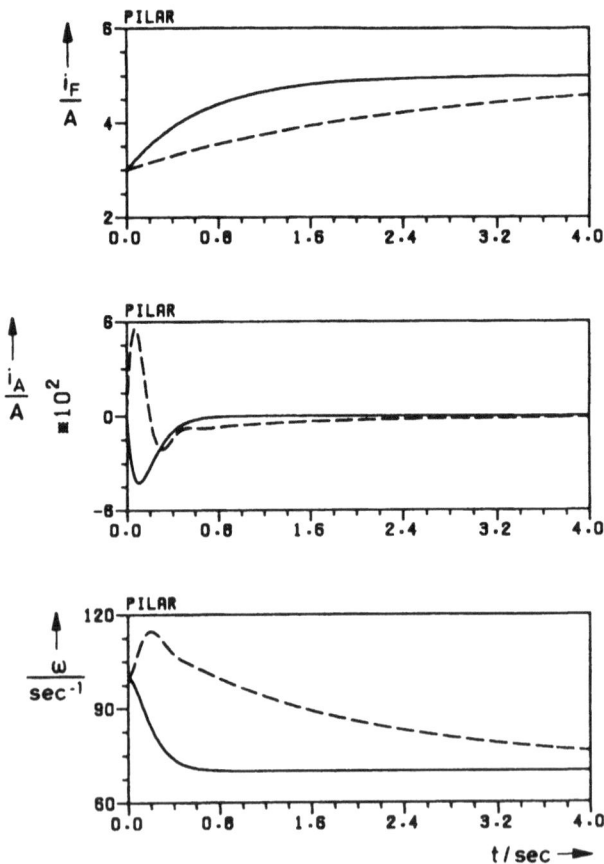

Bild 7/9   Zeitverhalten des über Feld und Anker angesteuerten Gleichstrommotors: Zustandsvariablen

- - - -   Ungeregelte Strecke

———   Durch nichtlineare Entkopplung geregeltes System

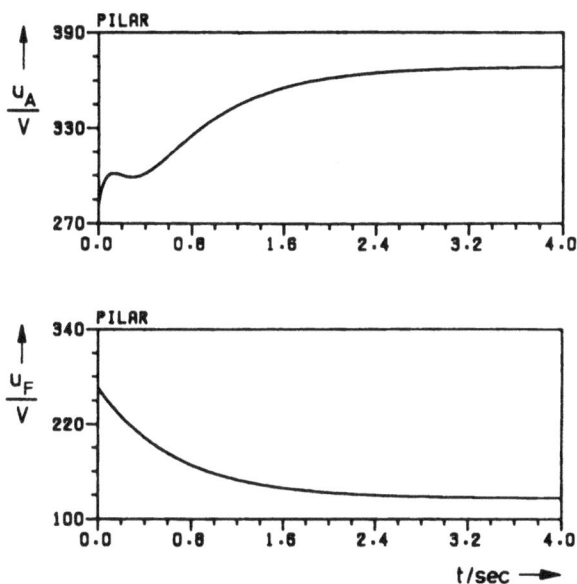

Bild 7/10   Zeitverhalten des über Feld und Anker angesteuerten Gleichstrommotors: Steuergrößen des geregelten Systems

Bild 7/9 zeigt das zügige Einlaufen der nichtlinearen Regelung in den neuen Arbeitspunkt, das mit einem sehr knappen Einschwingvorgang auskommt: eine überzeugende Verbesserung gegenüber dem schleppenden und mit kräftigen Überschwingungen versehenen Verhalten der ungeregelten Strecke, bei der die Winkelgeschwindigkeit sogar in die verkehrte Richtung startet! Bild 7/10 macht deutlich, daß die Regelungsdynamik mit ausgeglichenem Stellgrößenverlauf erreicht wird.

Von Interesse ist noch die Frage, was geschehen wäre, wenn man als zweite Ausgangsgröße neben der Winkelgeschwindigkeit x_3 nicht den Feldstrom x_1, sondern den Ankerstrom x_2 gewählt hätte. In diesem Fall ist

$$c_2(\underline{x}) = x_2 \, , \quad \text{also} \quad \left[\frac{dc_2}{d\underline{x}}\right]^T = [0 \quad 1 \quad 0]$$

und damit
$$\left[\frac{dc_2}{d\underline{x}}\right]^T \underline{B} = [0 \quad 1 \quad 0] \begin{bmatrix} 0 & b_2 \\ b_1 & 0 \\ 0 & 0 \end{bmatrix} = [b_1 \quad 0] \neq \underline{0}^T \, .$$

Daher ist auch jetzt $\delta_1 = 1$, und es herrscht wiederum maximale Differenzordnung.

Jedoch ist

$$
\det \underline{D}^*(\underline{x}) = \left| \begin{array}{c} \left[\dfrac{d}{d\underline{x}}(Nc_1)\right]^T \underline{B} \\[2mm] \left[\dfrac{d}{d\underline{x}}\ c_2\right]^T \underline{B} \end{array} \right| = \left| \begin{array}{cc} a_3 b_1 x_1 & a_3 b_2 x_2 \\ b_1 & 0 \end{array} \right| = -\, a_3 b_1 b_2 x_2 \;.
$$

Da der Ankerstrom x_2 durchaus Null werden kann, ist also *nicht* im gesamten Arbeitsbereich det $\underline{D}^*(\underline{x}) \neq 0$, und daher ist *dieses* System nicht entkoppelbar. Die Entkoppelbarkeit eines Systems hängt also, ebenso wie die Differenzordnung, von der Wahl der Ausgangsgröße ab - was ja auch von vornherein auf der Hand liegt.

Es gibt Fälle, in denen Kompensation und Entkopplung einfacher durchzuführen sind und man die im vorhergehenden entwickelte allgemeine Methode nicht heranzuziehen braucht. Ein **Beispiel** hierfür bietet der in Abschnitt 7.1 beschriebene **Roboter**. Aus den Differentialgleichungen 2. Ordnung dieses Systems, (7.15) und (7.19), liest man unmittelbar ab, wie die Stellgrößen F_r und M_φ zu wählen sind:

$$
F_r = (m + m_L) \left[\frac{m\,l}{2(m+m_L)}\ \dot\varphi^2 - r\dot\varphi^2 - q_{11}\dot r - q_{10}r + q_{10}w_1 \right], \quad (7.93)
$$

$$
M_\varphi = \left[k - mlr + (m + m_L)r^2 \right] \cdot
$$
$$
\cdot \left[\frac{2(m+m_L)\,r - ml}{k - m\,l\,r + (m+m_L)r^2}\,\dot r\dot\varphi - q_{21}\dot\varphi - q_{20}\varphi + q_{20}w_2 \right]. \quad (7.94)
$$

Die so gebildete Regelung ist dann äquivalent zu dem entkoppelten linearen System

$$
\ddot r + q_{11}\dot r + q_{10}r = q_{10}w_1 \,,
$$

$$
\ddot\varphi + q_{21}\dot\varphi + q_{20}\varphi = q_{20}w_2
$$

mit frei wählbaren konstanten Koeffizienten q_{ik}. Eine so einfache Entkopplung ist hier deshalb möglich, weil auf jede der gekoppelten Differentialgleichungen genau eine Eingangsgröße wirkt. Andernfalls ist es erforderlich, die allgemeine Methode zu benutzen.

In der Robotik pflegt man die in Abhängigkeit von Lagen, Geschwindigkeiten und Beschleunigungen ausgedrückten Kräfte und Momente, wie sie in unserem Beispiel durch die Gleichungen (7.93) und (7.94) dargestellt werden, als *inverses Modell* zu bezeichnen. Besteht eine Hauptaufgabe von ihnen doch darin, die vorhandenen Nichtlinearitäten durch Einfügen inverser, nämlich reziproker und negativer, Elemente zu kompensieren. Allerdings kommt ihnen daneben die weitere Aufgabe zu, eine geeignete Dynamik und gewünschtes Führungsverhalten vorzugeben.

Die *Synthese mittels nichtlinearer Entkopplung* von Mehrgrößensystemen, als deren Spezialfall der Kompensationsentwurf im Eingrößenfall anzusehen ist, geht auf die erste Hälfte der 70er Jahre zurück:

- *W. A. Parker:* Diagonalization and inverses for nonlinear systems. International Journal of Control 11 (1970), S. 67–76.
- *E. Freund:* Decoupling and pole assignment in nonlinear systems. Electronic Letters 9 (1973), S. 373–374.
- *E. Freund:* Lineare und nichtlineare zeitvariable Mehrgrößensysteme. Regelungstechnik 23(1975), S. 92–99.
- *E. Freund:* The Structure of Decoupled Non–linear Systems. International Journal of Control 21 (1973), S. 443 – 450.

Angewandt wird diese Entwurfsmethode beispielsweise bei der Regelung von Robotern und Manipulatoren, wo das Führungsverhalten die wesentliche Rolle spielt. Siehe z.B.:

- *E. Freund – M. Hoyer:* Das Prinzip nichtlinearer Systementkopplung mit der Anwendung auf Industrieroboter. Regelungstechnik 28 (1980), S. 80–87 und 116–126.
- *E. Freund:* Fast Non–linear Control with Arbitrary Pole–Placement for Industrial Robots and Manipulators. International Journal of Robotic Research 1 (1982), S. 65–78.

Ein konkretes Beispiel für ein kompliziertes System dieser Art in Gestalt eines 6–Gelenk–Manipulators wird von *W. Weber* behandelt:

- Regelung von Manipulator– und Roboterarmen mit reduzierten, effizienten inversen Modellen. VDI–Verlag, 1989.

In solchen Fällen nehmen die Formeln des nichtlinearen Regelungsgesetzes riesigen Umfang an. Die Verwendung einer symbolischen Sprache wie REDUCE oder MACSYMA ist dann unerläßlich. Von *W. Weber* wird der Aufwand überdies durch eine bemerkenswerte stochastische Modellreduktion vermindert. Siehe hierzu auch die Arbeit

• Reduktion von Robotermodellen für die nichtlineare Regelung. Automatisierungstechnik 38 (1990), S. 410-415 und 442-446.

Ein etwas außergewöhnliches Beispiel für die Anwendung der nichtlinearen Entkopplung, das im Rahmen eines Energieforschungsprogramms der Deutschen Forschungs- und Versuchsanstalt für Luft- und Raumfahrt entstand und gerätetechnisch realisiert wurde, ist die Regelung eines H_2/O_2-Dampfreaktors zur Abdeckung schneller Leistungsanforderungen:

• *K. Wolfmüller:* Nichtlineare Regelung eines H_2/O_2-Dampfreaktors. Dissertation Karlsruhe, 1984 (DFVLR-Forschungsbericht 84-30).

Ist die Differenzordnung δ der Strecke kleiner als die Streckenordnung n, so liegt der Versuch nahe, statt der zunächst vorliegenden Ausgangsgrößen andere Ausgangsgrößen zu wählen, deren Verwendung δ = n garantiert. Wie schon im Abschnitt 7.1 bemerkt, ist ein solcher Versuch keineswegs wirklichkeitsfremd, da bei der nichtlinearen Kompensation und Entkopplung die Ausgangsgrößen keine speziellen Voraussetzungen erfüllen müssen, sondern beliebige (genügend oft differenzierbare) Funktionen des Zustandsvektors $\underline{x}$ sein dürfen. Es wird ja bei dem gesamten Entwurf vorausgesetzt, daß der Zustandsvektor $\underline{x}$ zur Verfügung steht, so daß man beliebige Funktionen von $\underline{x}$ in der Tat erzeugen kann. Solche Funktionen $\underline{y} = \underline{c}(\underline{x})$, die zur gegebenen Zustandsdifferentialgleichung der Strecke maximale Differenzordnung erzeugen, lassen sich nicht in *jedem* Fall angeben. Vielmehr müssen die Streckenmatrizen $\underline{a}(\underline{x})$ und $\underline{B}(\underline{x})$ gewisse Bedingungen erfüllen, damit das der Fall ist. Siehe hierzu:

• *K. Zimmer:* Determination of proper output variables for the decoupling of nonlinear systems. Electronic Letters 20 (1984), S. 1052-1053 .
• *K. Zimmer:* Entwurf nichtlinearer, zeitvarianter Systeme durch Erzeugung maximaler Differenzordnung. Automatisierungstechnik 34 (1986), S. 405-409.

Aus diesen Untersuchungen ergibt sich ein interessanter Zusammenhang mit einer anderen Methode für den Entwurf nichtlinearer Regelungen, der *Transformation auf nichtlineare Regelungsnormalform*, die von *R. Sommer* eingeführt wurde:

• Entwurf nichtlinearer, zeitvarianter Systeme durch Polvorgabe. Regelungstechnik 27 (1979), S. 393-399.
• Control Design for Multivariable Non-Linear Time-Varying Systems. International Journal of Control 31 (1980), S. 883-891.

● Synthese nichtlinearer, zeitvarianter Systeme mit Hilfe einer kanonischen Form. VDI-Verlag, 1981.

Man geht hierbei von einer nichtlinearen Regelungsnormalform aus, die in Analogie zur linearen Regelungsnormalform definiert ist. Liegt sie vor, so läßt sich in naheliegender Weise ein nichtlinearer Kompensationsregler angeben. Die entscheidende Frage ist, wann eine Transformation aus der beliebigen Zustandsdarstellung (7.1), (7.2) in die Regelungsnormalform existiert. Die von *R. Sommer* gefundenen Bedingungen hierfür sind nun gerade die von *K. Zimmer* angegebenen Bedingungen für die Existenz einer Ausgangsfunktion $\underline{c}(\underline{x})$, die maximale Differenzordnung sichert. In diesem Sinn läßt sich also die Transformation auf nichtlineare Regelungsnormalform auf die nichtlineare Entkopplung zurückführen.

Besitzt eine Strecke maximale Differenzordnung, so ist also die Transformation auf nichtlineare Regelungsnormalform stets durchführbar. Andernfalls sind die Bedingungen für die Existenz dieser Transformation recht einschränkend. Der sich dann ergebende Regler ist aufwendiger als der Regler zur nichtlinearen Kompensation und Entkopplung. Beim Vorliegen maximaler Differenzordnung geht der durch Transformation auf nichtlineare Regelungsnormalform erhaltene Regler in den Entkopplungsregler über.

Von *M. Zeitz* und seinen Mitarbeitern wurden verschiedene nichtlineare Normalformen in Analogie zu den linearen Normalformen eingeführt und systematisch untersucht, insbesondere auch im Hinblick auf ihre Verwendung zur Synthese nichtlinearer Regler und vor allem nichtlinearer Beobachter. Von den zugehörigen Veröffentlichungen seien genannt:

● Controllability canonical (phase-variable) form for non-linear time-variable systems. International Journal of Control 37 (1983), S. 1449-1457.
● Gemeinsam mit *D. Bestle:* Canonical form observer design for non-linear time-variable systems. International Journal of Control 38 (1983), S. 419-431.
● Observability canonical (phase-variable) form for non-linear time-variable systems. International Journal of Systems Science 15 (1984), S. 949-958.
● Canonical forms for non-linear systems. In: Nonlinear Control Systems Design - Selected Papers from the IFAC-Symposium Capri (1989) (*A. Isidori*, ed.). Pergamon Press 1990, S. 33 - 38.

Im Rahmen dieser Untersuchungen wurde der Reglerentwurf auch auf allgemeinere nichtlineare Strecken ausgedehnt, die nicht nur vom Zustandsvektor $\underline{x}$, sondern auch vom Steuervektor $\underline{u}$ *nicht*linear abhängen. Hierzu siehe auch

- *H. Keller:* Synthese nichtlinearer, zeitvarianter Systeme der allgemeinen Form $\dot{\underline{x}} = \underline{f}(\underline{x},\underline{u},t)$. Automatisierungstechnik 33 (1985), S. 323–324.
- *K. Zimmer:* Synthese nichtlinearer, zeitvarianter Systeme durch Transformation auf verallgemeinerte Regelungsnormalform. Automatisierungstechnik 34 (1986), S. 454–459.
- *K. Zimmer:* Entkopplung nichtlinearer, zeitvarianter Systeme durch implizite Regelung. Automatisierungstechnik 35 (1987), S. 83–84.

In der erstgenannten dieser Arbeiten enthält der Regler einen dynamischen Anteil, während er in den letztgenannten Aufsätzen statisch ist, d.h. keine zeitlichen Ableitungen oder Integrale der Systemgrößen enthält, wie dies auch bei den in diesem Kapitel entworfenen Reglern der Fall ist.

7.5 Nichtlineare Beobachter

Die im vorhergehenden entworfenen Zustandsregler für nichtlineare Systeme wurden als vollständige Zustandsrückführungen entworfen, d.h. sie benötigen den gesamten Zustandsvektor $\underline{x}$ der Strecke. Das gilt für die in diesem Kapitel behandelten Regler ebenso wie für die strukturumschaltenden Regler aus Abschnitt 3.5 (von Einzelfällen abgesehen) und die aus der Gütemaßangleichung stammenden Ljapunow–Regler des Abschnitts 3.6 – hier allerdings mit Ausnahme der zum speziellen Streckentyp des Unterabschnitts 3.6.5 gehörenden Regler.

Nun steht aber der gesamte Zustandsvektor der Strecke nur in Einzelfällen zur Verfügung, nämlich nur dann, wenn der Aufwand zur Messung sämtlicher Zustandsvariablen nicht zu groß ist. Dies darf man beispielsweise bei dem über Feld und Anker angesteuerten Gleichstrommotor annehmen, da die Messung von Feldstrom, Ankerstrom und Winkelgeschwindigkeit nicht aufwendig ist. Aber das ist ein Ausnahmefall. So wird im Fall des Rührkesselreaktors normalerweise nur die Temperatur, nicht aber die Konzentration gemessen. Mehr noch gilt dies für Systeme höherer Ordnung. Aus Aufwandsgründen wird man nur wenige Größen messen, keineswegs aber *alle* Zustandsvariablen.

Ganz entsprechend wie bei linearen Systemen steht man daher vor der Aufgabe, aus dem Meßvektor, d.h. der Gesamtheit der gemessenen Größen, den Zustandsvektor $\underline{x}$ zumindest näherungsweise zu ermitteln. Außer dem Meßvektor $\underline{y}$ (Dimension q) steht dabei noch der Steuervektor $\underline{u}$ zur Verfügung, der ja zur gezielten Beeinflussung der Strecke erzeugt wird und daher auch beliebig anderweitig verwendet werden kann.

Die *Aufgabe* besteht also darin, *aus dem Meßvektor* $\underline{y}$ *und dem Steuervektor* $\underline{u}$ *einen Näherungswert oder,* wie man meist sagt, *Schätzwert* $\hat{\underline{x}}(t)$ *von* $\underline{x}(t)$ *zu erzeugen.* Ein dynamisches System, das dies leistet, heißt *Zustandsbeobachter* oder kurz *Beobachter.*

Im Linearen wird diese Aufgabe durch den Luenberger‑Beobachter gelöst. Sein Entwurf erfolgt ganz entsprechend zum Reglerentwurf durch Polvorgabe (siehe etwa [73], Kapitel 13). Dies beruht auf der sogenannten Dualität von Regelungs‑ und Beobachtungsproblem, also einer gewissen Symmetrie beider Probleme, auf Grund derer der Beobachterentwurf nichts anderes ist als der Reglerentwurf für eine in bestimmter Weise veränderte Strecke.

Eine solche Symmetrie fehlt aber im nichtlinearen Bereich. Reglerentwurf und Beobachterentwurf sind hier verschiedenartige Probleme, und man kann von dem einen Entwurf nicht auf den anderen schließen. Betrachtet man die bisherigen Bemühungen, so scheint es, daß der Beobachterentwurf schwieriger ist als die Reglersynthese. Um einen „echt" nichtlinearen, d.h. ohne Linearisierung auskommenden, Beobachterentwurf durchzuführen, hat man von nichtlinearen Normalformen auszugehen, die über recht komplizierte Transformationen erhalten werden, und muß dabei stark einschränkende Bedingungen in Kauf nehmen. Wir wollen hierauf nicht eingehen, doch sei auf einige Literaturstellen hingewiesen:

- *M. Zeitz:* Nichtlineare Beobachter. Regelungstechnik 27 (1979), S. 241‑249 (Übersichtsaufsatz, noch vor der Verwendung nichtlinearer Normalformen)
- *H. Keller:* Entwurf nichtlinearer Beobachter mittels Normalformen. VDI‑Verlag, 1986.
- *H. Keller:* Entwurf nichtlinearer, zeitvarianter Beobachter durch Polvorgabe mit Hilfe einer Zwei‑Schritt‑Transformation. Automatisierungstechnik 34 (1986), S. 271‑274 und S. 326‑331.
- *H. Keller:* Non‑linear observer design by transformation into a generalized observer canonical form. International Journal of Control 46 (1987), S. 1915‑1930.
- *M. Zeitz:* The extended Luenberger observer for non‑linear systems. Systems and Control Letters 9 (1987), S. 149‑156.
- *J. Birk* ‑ *M. Zeitz:* Extended Luenberger observer for non‑linear multivariable systems. International Journal of Control 47 (1988), S. 1823‑1836.
- *J. Birk* ‑ *M. Zeitz:* Computer‑aided design of non‑linear observers. In: Non‑linear Control Systems Design ‑ Selected Papers from the IFAC‑Symposium Capri 1989 (*A. Isidori,* ed), Pergamon Press, 1990, S. 1‑6.

- *M. Bär – H. Fritz – M. Zeitz:* Rechnergestützter Entwurf nichtlinearer Beobachter mit Hilfe einer symbolverarbeitenden Programmiersprache. Automatisierungstechnik 35 (1987), S.177–183.
- *J. Birk – M. Zeitz:* Anwendung eines symbolverarbeitenden Programmsystems zur Analyse und Synthese von Beobachtern für nichtlineare Systeme. messen – steuern – regeln 12 (1990), S. 536–543.

Wir wollen uns im folgenden auf zwei vergleichsweise einfache und dabei praktikable Verfahren zum nichtlinearen Beobachterentwurf beschränken. Bei dem einen handelt es sich um einen früheren Vorschlag von *M. Zeitz* [5]), der eine Linearisierung verwendet, beim zweiten um ein Syntheseverfahren, das aus einem anderen Bereich, nämlich der Ljapunow-Theorie, stammt und mit der Sieberschen Gütemaßangleichung arbeitet [6]).

Zum Schluß dieser Vorbemerkungen sei noch auf eine Tatsache hingewiesen, die hier ebenso zutreffend ist wie im linearen Bereich. Der Beobachter ist nicht nur im Rahmen der Regelung von Interesse, sondern auch bei der Behandlung von Meßproblemen. Falls nämlich eine Größe innerhalb eines nichtlinearen Systems der unmittelbaren Messung nicht oder nur mit zu großem Aufwand zugänglich ist, kann man dazu übergehen, leichter meßbare „Ausgangsgrößen" zu erfassen und dann mittels eines Beobachters die schwer zugängliche Größe zu bestimmen, so wie man im Regelkreis den Schätzwert $\hat{\underline{x}}$ von $\underline{x}$ ermittelt.

7.5.1   Beobachterentwurf mittels Linearisierung

Der Entwurf lehnt sich eng an den Aufbau des Luenberger-Beobachters an. Erinnern wir uns deshalb zunächst an dessen Struktur! Ist

$$\dot{\underline{x}} = \underline{A}\,\underline{x} + \underline{B}\,\underline{u}\,, \quad \underline{y} = \underline{C}\,\underline{x}$$

die Zustandsbeschreibung der linearen Strecke, so lautet die Beobachtergleichung

$$\dot{\hat{\underline{x}}} = \underline{A}\,\hat{\underline{x}} + \underline{B}\,\underline{u} + \underline{L}(\underline{y} - \hat{\underline{y}})\,, \tag{7.95}$$

$$\hat{\underline{y}} = \underline{C}\,\hat{\underline{x}}\,. \tag{7.96}$$

---

[5]) *M. Zeitz:* Nichtlineare Beobachter für chemische Reaktoren. VDI-Verlag, 1977.

[6]) *U. Sieber:* Ljapunow-Synthese nichtlinearer Beobachter durch Gütemaßangleichung. Automatisierungstechnik 41 (1993).

Dabei ist $\hat{\underline{x}}(t)$ der Schätzwert des Zustandsvektors $\underline{x}(t)$, $\underline{u}(t)$ der Steuervektor, $\underline{y}(t)$ der Meßvektor und $\underline{L}$ eine frei verfügbare konstante Matrix. Sie ist so zu wählen, daß der Schätzfehler

$$\tilde{\underline{x}}(t) = \underline{x}(t) - \hat{\underline{x}}(t) \rightarrow \underline{0} \tag{7.97}$$

strebt für $t \rightarrow +\infty$, und zwar für beliebige Anfangszustände $\tilde{\underline{x}}(t_0)$. Um zu sehen, wann dies der Fall ist, bildet man die Fehlerdifferentialgleichung

$$\dot{\tilde{\underline{x}}} = (\underline{A} - \underline{L}\underline{C})\tilde{\underline{x}} . \tag{7.98}$$

Da es sich bei ihr um eine lineare, homogene Differentialgleichung handelt, kann man sofort erkennen, wann $\tilde{\underline{x}}(t) \rightarrow 0$ strebt mit wachsendem t: Genau dann, wenn die Eigenwerte von $\underline{A} - \underline{L}\underline{C}$ links von der imaginären Achse der komplexen Ebene liegen. So ist also $\underline{L}$ zu wählen.

Wie man sieht, enthält der Beobachter in Gestalt des Anteils $\underline{A}\hat{\underline{x}} + \underline{B}\underline{u}$ das mathematische Modell der Strecke. Über die Matrix $\underline{L}$ wird es durch den Ausgangsfehler $\underline{y} - \hat{\underline{y}}$ angesteuert.

Im vorliegenden Fall gehen wir von der nichtlinearen Strecke

$$\dot{\underline{x}} = \underline{f}(\underline{x}, \underline{u}) , \tag{7.99}$$

$$\underline{y} = \underline{c}(\underline{x}) \tag{7.100}$$

aus, wobei die Vektoren $\underline{x}$, $\underline{u}$, $\underline{y}$ die Dimensionen n, p, q haben und die Funktionen $\underline{f}$ und $\underline{c}$ im Arbeitsbereich des Systems hinreichend oft differenzierbar sind. Es wird hier also nicht verlangt, daß die Zustandsdifferentialgleichung der Strecke linear von $\underline{u}$ abhängt, da dies keine Vereinfachung bringt.

Nun wird der Zustandsbeobachter ganz entsprechend wie im linearen Fall angesetzt:

$$\dot{\hat{\underline{x}}} = \underline{f}(\hat{\underline{x}}, \underline{u}) + \underline{L}(\hat{\underline{x}}, \underline{u})(\underline{y} - \hat{\underline{y}}) , \tag{7.101}$$
$$ (n,q)$$

$$\hat{\underline{y}} = \underline{c}(\hat{\underline{x}}) . \tag{7.102}$$

In Gestalt von $\underline{f}(\hat{\underline{x}}, \underline{u})$ ist hierin das mathematische Modell der Strecke enthalten, während $\underline{y} - \hat{\underline{y}}$ wiederum den Ausgangsfehler darstellt. Im Unterschied zum linearen Fall ist jedoch die frei wählbare (n,q)-Matrix $\underline{L}$ nicht konstant angesetzt, darf vielmehr von $\hat{\underline{x}}$ und $\underline{u}$ abhängen.

Auch die weitere Behandlung des Problems erfolgt entsprechend wie beim Luenberger-Beobachter: $\underline{L}$ ist so zu bestimmen, daß der Schätzfehler

$$\tilde{\underline{x}}(t) = \underline{x}(t) - \hat{\underline{x}}(t) \rightarrow \underline{0} \tag{7.103}$$

strebt für $t \rightarrow +\infty$. Nur wird man bei einem nichtlinearen System nicht generell verlangen können, daß dies für *beliebige* Anfangswerte $\tilde{\underline{x}}_0$ der Fall ist, sondern wird sich mit einer Umgebung von $\tilde{\underline{x}} = \underline{0}$ begnügen müssen.

Um zu erkennen, wann $\tilde{\underline{x}}(t) \rightarrow \underline{0}$ strebt, bildet man eine Differentialgleichung für den Schätzfehler. Nach Definition ist

$$\dot{\tilde{\underline{x}}} = \dot{\underline{x}} - \dot{\hat{\underline{x}}} \,,$$

also wegen (7.99) und (7.101)

$$\dot{\tilde{\underline{x}}} = \underline{f}(\underline{x},\underline{u}) - \underline{f}(\hat{\underline{x}},\underline{u}) - \underline{L}(\hat{\underline{x}},\underline{u})\Big[\underline{c}(\underline{x}) - \underline{c}(\hat{\underline{x}})\Big] \,. \tag{7.104}$$

Um hieraus eine lineare, homogene Differentialgleichung für $\tilde{\underline{x}}$ zu bekommen, aus der sich das Verhalten von $\tilde{\underline{x}}(t)$ leicht ablesen läßt, entwickelt man $\underline{f}(\underline{x},\underline{u})$ nach dem Taylorschen Satz um die Stelle $\underline{x} = \hat{\underline{x}}$, wobei $\underline{u}$ als Parameter angesehen wird:

$$\underline{f}(\underline{x},\underline{u}) = \underline{f}(\hat{\underline{x}},\underline{u}) + \frac{\partial \underline{f}}{\partial \underline{x}}(\hat{\underline{x}},\underline{u})(\underline{x} - \hat{\underline{x}}) + \text{Restglied} \,. \tag{7.105}$$

Hierin ist

$$\frac{\partial \underline{f}}{\partial \underline{x}} = \begin{bmatrix} \dfrac{\partial f_1}{\partial x_1} & \dfrac{\partial f_1}{\partial x_2} & \cdots & \dfrac{\partial f_1}{\partial x_n} \\ \vdots & & & \vdots \\ \dfrac{\partial f_n}{\partial x_1} & \dfrac{\partial f_n}{\partial x_2} & \cdots & \dfrac{\partial f_n}{\partial x_n} \end{bmatrix} \tag{7.106}$$

die Jacobische Funktionalmatrix des Funktionensystems $f_i(x_1,...,x_n;\underline{u})$, $i =$ 1,...,n , das aus den Komponenten von $\underline{f}$ gebildet ist. Ganz entsprechend entwickelt man $\underline{c}(\underline{x})$ um die Stelle $\underline{x} = \hat{\underline{x}}$:

$$\underline{c}(\underline{x}) = \underline{c}(\hat{\underline{x}}) + \frac{d\underline{c}}{d\underline{x}}(\hat{\underline{x}})(\underline{x} - \hat{\underline{x}}) + \text{Restglied} \tag{7.107}$$

mit

$$\frac{d\underline{c}}{d\underline{x}} = \begin{bmatrix} \dfrac{\partial c_1}{\partial x_1} & \dfrac{\partial c_1}{\partial x_2} & \cdots & \dfrac{\partial c_1}{\partial x_n} \\ \vdots & & & \vdots \\ \dfrac{\partial c_q}{\partial x_1} & \dfrac{\partial c_q}{\partial x_2} & \cdots & \dfrac{\partial c_q}{\partial x_n} \end{bmatrix} . \tag{7.108}$$

Nun *vernachlässigt man die Restglieder* und setzt die Ausdrücke (7.105) und (7.107) in die Gleichung (7.104) ein. Berücksichtigt man dabei, daß $\underline{x} - \hat{\underline{x}} = \tilde{\underline{x}}$ ist, so erhält man die Gleichung

$$\dot{\tilde{\underline{x}}} = \underline{F}(\hat{\underline{x}},\underline{u})\tilde{\underline{x}} \tag{7.109}$$

mit

$$\underline{F}(\hat{\underline{x}},\underline{u}) = \frac{\partial \underline{f}}{\partial \underline{x}}(\hat{\underline{x}},\underline{u}) - \underline{L}(\hat{\underline{x}},\underline{u})\frac{d\underline{c}}{d\underline{x}}(\hat{\underline{x}}) . \tag{7.110}$$

Die übersichtliche Form (7.109) der Fehlerdifferentialgleichung, die formal linear in $\tilde{\underline{x}}$ ist, wurde durch die Vernachlässigung der Restglieder 2. Ordnung in den Taylor-Entwicklungen von $\underline{f}(\underline{x},\underline{u})$ und $\underline{c}(\underline{x})$ erreicht, wodurch nur deren lineare Glieder in der Fehlerdifferentialgleichung (7.104) verbleiben. Diese Linearisierungsmaßnahme ist für den hier betrachteten Beobachter wesentlich.

Man fordert nun, die Matrix $\underline{L}(\hat{\underline{x}},\underline{u})$ so zu wählen, daß $\underline{F}(\hat{\underline{x}},\underline{u})$ eine konstante Matrix wird und daß überdies die Eigenwerte von $\underline{F}(\hat{\underline{x}},\underline{u})$ links der j-Achse liegen. Dann folgt nämlich aus

$$\dot{\tilde{\underline{x}}} = \underline{F}\tilde{\underline{x}} , \tag{7.111}$$

daß die Lösung

$$\tilde{\underline{x}}(t) = e^{\underline{F}(t-t_0)}\tilde{\underline{x}}(t_0) \to \underline{0}$$

strebt für t → +∞, und zwar für beliebige Anfangswerte $\tilde{\underline{x}}(t_0)$ (siehe etwa [73], Abschnitt 13.7).

Um diese Forderung zu erfüllen, bildet man das charakteristische Polynom zu $\underline{F}$, dessen Nullstellen ja die Eigenwerte von $\underline{F}$ sind, und verlangt, daß diese Eigenwerte an vorgegebenen Stellen $\beta_1,...,\beta_n$ der komplexen Ebene liegen, um so eine günstige Dynamik des Beobachters anzustreben. Dies führt zu der Gleichung

$$\det(s\underline{I}_n - \underline{F}) = \det\left[s\underline{I}_n - \frac{\partial\underline{f}}{\partial\underline{x}}(\hat{\underline{x}},\underline{u}) + \underline{L}\frac{d\underline{c}}{d\underline{x}}(\hat{\underline{x}})\right] \stackrel{!}{=} \prod_{\nu=1}^{n}(s - \beta_\nu). \qquad (7.112)$$

Soll nämlich das charakteristische Polynom die vorgegebenen Nullstellen $\beta_1,...,\beta_n$ besitzen, so muß die obige Produktdarstellung gelten. Das Ausrufungszeichen soll darauf hinweisen, daß es sich um eine Forderung handelt, von der man nicht weiß, ob sie erfüllbar ist.

Die Determinante stellt ein Polynom n–ten Grades in s dar. Denkt man sich die Determinante ausgerechnet und das Produkt in (7.112) ausmultipliziert, so gelangt man zu der Gleichung

$$s^n + a_{n-1}(\underline{L},\hat{\underline{x}},\underline{u})s^{n-1} +...+ a_0(\underline{L},\hat{\underline{x}},\underline{u}) \stackrel{!}{=} s^n + p_{n-1}s^{n-1} + ... + p_0. \qquad (7.113)$$

Darin hängen die Koeffizienten a_ν des charakteristischen Polynoms von den frei verfügbaren Elementen $l_{\mu\nu}$ der Matrix $\underline{L}$ sowie von den Variablen $\hat{\underline{x}}$ und $\underline{u}$ ab, während die p_ν feste Zahlen sind, die sich als Summen von Produkten der vorgegebenen β_ν ergeben. Koeffizientenvergleich in (7.113) führt auf die Beziehungen

$$a_0(\underline{L}, \hat{\underline{x}}, \underline{u}) = p_0,$$

$$\vdots \qquad\qquad\qquad (7.114)$$

$$a_{n-1}(\underline{L}, \hat{\underline{x}}, \underline{u}) = p_{n-1}.$$

Man hat so ein System von n Gleichungen für die q·n Elemente von $\underline{L}$, die wir als *Synthesegleichungen* bezeichnen wollen. Die Elemente von $\underline{L}$ werden daraus als Funktionen von $\hat{\underline{x}}$ und $\underline{u}$ erhalten.

Wie beim Luenberger–Beobachter wird also die Matrix $\underline{L}$ durch Polvorgabe bestimmt. Hat man ihre Elemente berechnet, so läßt sich überprüfen, ob die mit $\underline{L}$

gemäß (7.110) gebildete Matrix $\underline{F}$ in der Tat konstant ist. Leider ist dies im allgemeinen nicht der Fall. Dennoch braucht man als Anwender auch in solchen Fällen den Entwurf nicht an den Nagel zu hängen. Wie sich nämlich an Beispielen zeigt, kann er auch dann sehr wohl verwendbar sein, was darauf zurückzuführen sein dürfte, daß $\underline{F}$ zwar nicht konstant ist, sich aber nur relativ wenig ändert. Wie stets in derartigen Fällen wird man sich durch Simulation typischer Situationen davon überzeugen, daß der Beobachter trotz unzureichender mathematischer Voraussetzungen dennoch seine Pflicht tut.

Verwendet man den Beobachter nicht nur zu Meßzwecken, sondern setzt ihn im Regelkreis ein, so erhebt sich die Frage, wie das Regelungsverhalten durch ihn beeinflußt wird. Um eine möglichst übersichtliche Struktur zu erhalten, betrachten wir in Analogie zum linearen Fall statt des Beobachters selbst seine Fehlerdifferentialgleichung. Dann wird der über den Beobachter geschlossene Regelkreis durch die folgenden Gleichungen beschrieben:

$$\dot{\underline{x}} = \underline{f}(\underline{x}, u) \,, $$
$$\underline{y} = \underline{c}(\underline{x}) \,, $$

Strecke

$$\dot{\tilde{\underline{x}}} = \underline{F}(\hat{\underline{x}}, \underline{u}) \, \tilde{\underline{x}} \,, $$
$$\tilde{\underline{x}} = \underline{x} - \hat{\underline{x}} \text{ bzw. } \hat{\underline{x}} = \underline{x} - \tilde{\underline{x}} $$

Fehlerdifferentialgleichung des Beobachters

$$\underline{u} = \underline{r}(\hat{\underline{x}}, \underline{w}) \,. $$

Regler

Die Reglergleichung ist dabei in ganz allgemeiner Form angegeben, da für die folgende Betrachtung keine Spezialisierung notwendig ist. Es ist nur zu beachten, daß in den Regler nicht der Zustandsvektor $\underline{x}$, sondern sein Schätzwert $\hat{\underline{x}}$ eingespeist wird.

Die zu diesen Gleichungen gehörende Struktur ist im Bild 7/11 dargestellt. *Falls* $\underline{F}(\hat{\underline{x}}, \underline{u})$ *mit genügender Näherung als konstant angesehen werden kann, darf man die gestrichelten Wirkungslinien vernachlässigen.* Dann wird die Fehlerdifferentialgleichung durch den ohne Beobachter geschlossenen Regelkreis nicht beeinflußt. Daher wirkt der Schätzfehler als äußere Störgröße auf den ohne Beobachter geschlossenen Kreis. Da der Schätzfehler für einen gewissen Anfangswertbereich mit wachsendem t gegen Null strebt, darf man erwarten, daß die durch ihn angeregten Zeitvorgänge mit wachsendem t ebenfalls gegen Null gehen, sofern der ohne Beobachter geschlossene Regelkreis global asymptotisch stabil ist. Man wird somit annehmen dürfen, daß der über den Beobachter geschlossene Regelkreis bei geeigneter Wahl des Reglers asymptotisch stabil wird. Diese *Plausibilitätsaus-*

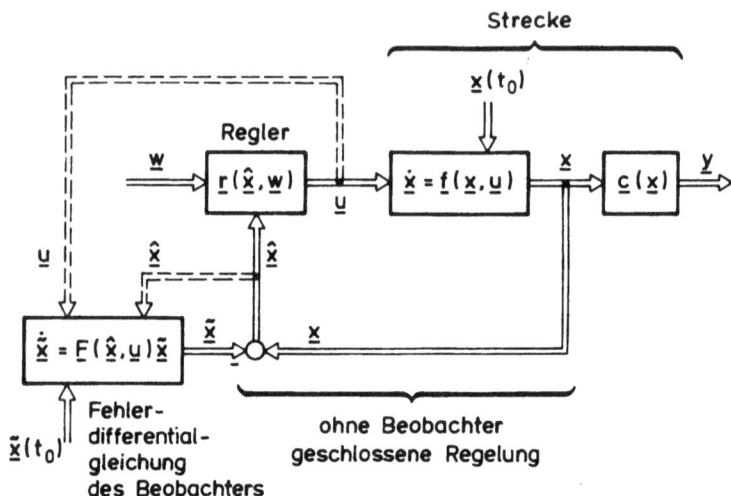

Bild 7/11   Struktur der über den Beobachter geschlossenen nichtlinearen Regelung

sage stellt ein Analogon zum *Seperationstheorem der linearen Theorie* dar. Es sei noch darauf hingewiesen, daß die Struktur von Bild 7/11 die Dynamik der über den Beobachter geschlossenen Regelung beschreibt, jedoch nicht in dieser Weise realisiert wird.

Als **Beispiel zum Beobachterentwurf** betrachten wir den **Rührkesselreaktor** aus Abschnitt 7.3, für den wir dort eine vollständige Zustandsrückführung entworfen hatten. Zwar haben wir für ihn im Unterabschnitt 3.6.5 auch eine konstante Meßgrößenrückführung ohne Beobachter berechnet, doch kann es durchaus vernünftig sein, für ein System nicht zu hoher Ordnung, bei dem sich also der Beobachteraufwand in Grenzen hält, trotzdem eine vollständige Zustandsrückführung mit Beobachter zu verwenden, weil sie möglicherweise

• in einem größeren Bereich Stabilität sichert,
• eine günstigere Dynamik besitzt

als die konstante Meßgrößenrückführung ohne Beobachter.

Meßgröße ist beim Rührkesselreaktor die (normierte) Temperatur x_2, sodaß also $c(\underline{x}) = x_2$ gilt und $q = 1$ ist. Da die Systemordnung $n = 2$ beträgt, geht die (n,q)-Matrix $\underline{L}$ in den Vektor $\underline{l} = \begin{bmatrix} l_1 \\ l_2 \end{bmatrix}$ über.

Nach (7.6), (7.7) und (7.8) sind die rechten Seiten der Zustandsdifferentialgleichungen durch

$$f_1(x_1, x_2) = -a_1 x_1 + k_0(1 - x_1)e^{-\frac{\epsilon}{1+x_2}}, \tag{7.115}$$

$$f_2(x_1, x_2, u) = -a_{21}x_2 + a_{22}k_0(1 - x_1)e^{-\frac{\epsilon}{1+x_2}} + bu \tag{7.116}$$

gegeben.

Nach (7.101) lauten die Zustandsdifferentialgleichungen des Beobachters

$$\dot{\hat{x}}_1 = f_1(\hat{x}_1, \hat{x}_2) + l_1(\hat{x}_1, \hat{x}_2, u)(x_2 - \hat{x}_2), \tag{7.117}$$

$$\dot{\hat{x}}_2 = f_2(\hat{x}_1, \hat{x}_2, u) + l_2(\hat{x}_1, \hat{x}_2, u)(x_2 - \hat{x}_2). \tag{7.118}$$

Man hat nun $\underline{l}$ aus der Gleichung (7.112) zu bestimmen. Dazu berechnet man zunächst

$$\frac{\partial \underline{f}}{\partial \underline{x}} = \begin{bmatrix} \dfrac{\partial f_1}{\partial x_1} & \dfrac{\partial f_1}{\partial x_2} \\[2mm] \dfrac{\partial f_2}{\partial x_1} & \dfrac{\partial f_2}{\partial x_2} \end{bmatrix} = \begin{bmatrix} -a_1 - k_0\rho(x_2) & k_0\epsilon\dfrac{1-x_1}{(1+x_2)^2}\rho(x_2) \\[4mm] -a_{22}k_0\rho(x_2) & -a_{21} + a_{22}k_0\epsilon\dfrac{1-x_1}{(1+x_2)^2}\rho(x_2) \end{bmatrix}$$

$$:= \begin{bmatrix} f_{11}(x_2) & f_{12}(x_1, x_2) \\[2mm] f_{21}(x_2) & f_{22}(x_1, x_2) \end{bmatrix}, \tag{7.119}$$

wobei

$$\rho(x_2) = e^{-\frac{\epsilon}{1+x_2}} \tag{7.120}$$

ist und

$$\frac{\partial \underline{c}}{\partial \underline{x}} = [\,0 \quad 1\,]. \tag{7.121}$$

Damit ist weiter

$$\underline{l}\,\frac{\partial \underline{c}}{\partial \underline{x}} = \begin{bmatrix} l_1 \\ l_2 \end{bmatrix}[\,0 \quad 1\,] = \begin{bmatrix} 0 & l_1 \\ 0 & l_2 \end{bmatrix}.$$

Es wird so nach (7.110)

$$\underline{F}(\hat{\underline{x}},\underline{u}) = \begin{bmatrix} f_{11}(\hat{x}_2) & f_{12}(\hat{x}_1,\hat{x}_2) - l_1 \\ f_{21}(\hat{x}_2) & f_{22}(\hat{x}_1,\hat{x}_2) - l_2 \end{bmatrix} .$$

Hieraus sieht man bereits: Wie immer man l_1 und l_2 als Funktionen von $\hat{x}_1, \hat{x}_2$ und u auch wählen mag, es ist unmöglich, die Elemente der 1. Spalte von $\underline{F}(\hat{\underline{x}},\underline{u})$ konstant zu machen, da sie durch $\underline{l}$ überhaupt nicht beeinflußt werden können.

Das soll uns jedoch nicht davon abhalten, den Beobachterentwurf durchzuführen. Aus der Bestimmungsgleichung (7.112) für $\underline{L}$ wird

$$\begin{vmatrix} s - f_{11} & - f_{12} + l_1 \\ - f_{21} & s - f_{22} + l_2 \end{vmatrix} \overset{!}{=} (s - \beta_1)(s - \beta_2) ,$$

also

$$s^2 - s(f_{11} + f_{22} - l_2) + f_{11}f_{22} - f_{12}f_{21} + f_{21}l_1 - f_{11}l_2 \overset{!}{=} s^2 - s(\beta_1 + \beta_2) + \beta_1\beta_2 .$$

Durch Koeffizientenvergleich erhält man

$$f_{11} + f_{22} - l_2 = \beta_1 + \beta_2 ,$$

$$f_{11}f_{22} - f_{12}f_{21} + f_{21}l_1 - f_{11}l_2 = \beta_1\beta_2 ,$$

also ein Paar linearer Gleichungen für die gesuchten Unbekannten l_1 und l_2. Aus ihnen folgt

$$\left. \begin{aligned} l_1(\hat{x}_1,\hat{x}_2) &= f_{12} + \frac{1}{f_{21}} (f_{11} - \beta_1)(f_{11} - \beta_2) , \\ l_2(\hat{x}_1,\hat{x}_2) &= (f_{11} - \beta_1) + (f_{22} - \beta_2) , \end{aligned} \right\} \qquad (7.122)$$

wobei die Funktionen $f_{ik}(\hat{\underline{x}}_1,\hat{\underline{x}}_2)$ aus (7.119) zu entnehmen sind.

Wie man sieht, ergeben sich für die Gleichungen (7.101), (7.102) des Beobachters recht komplizierte nichtlineare Ausdrücke. Doch sind sie in einem Mikrorechner ohne Schwierigkeit zu realisieren.

Wir betrachten nun ein numerisches Beispiel, wobei die Daten des Rührkessel-reaktors aus Unterabschnitt 3.6.5 (und Abschnitt 7.3) zu Grunde gelegt werden. Im letztgenannten Abschnitt war ein Regler durch Polvorgabe entworfen worden, wobei die Eigenwerte $\lambda_{R1} = \lambda_{R2} = -1 \text{ min}^{-1}$ vorgeschrieben wurden. Damit die Beobachtungsvorgänge schneller ablaufen als die Systemvorgänge, der Näherungswert $\hat{\underline{x}}$ also den wahren Wert $\underline{x}$ möglichst bald erreicht, werden die Beobachtereigenwerte weiter links in der komplexen Ebene gewählt:

$$\beta_1 = \beta_2 = -4 \text{ min}^{-1} .$$

Damit ist der Beobachter vollständig bestimmt.

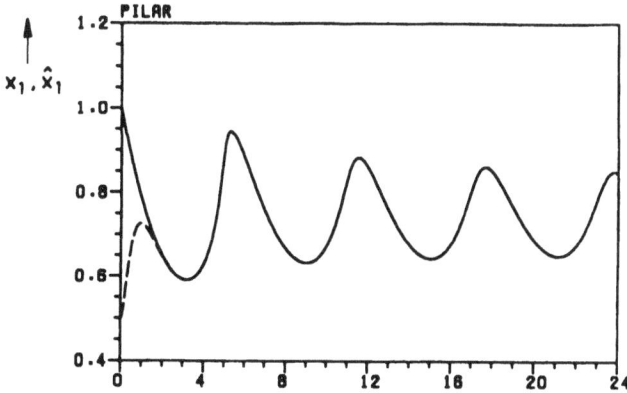

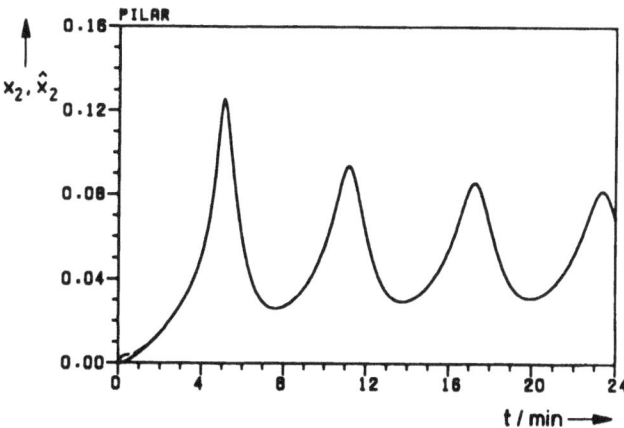

Bild 7/12   Rührkesselreaktor: Zustandsbeobachter an der ungeregelten Strecke

———— x_k ———— $\hat{x}_k$

Er wird zunächst auf die ungeregelte Strecke angesetzt, von der wir bereits in Unterabschnitt 3.6.5 festgestellt hatten, daß sie eine stabile Dauerschwingung ausführt. Die Strecke wird mit den Anfangswerten $x_1(0) = 1$, $x_2(0) = 0$ gestartet. Während $x_2(0)$ als Anfangswert der Meßgröße bekannt ist, kann man dies vom Anfangswert der nicht gemessenen Zustandsvariablen x_1 im allgemeinen nicht voraussetzen. Der Anfangswert $\hat{x}_1(0)$ des Beobachters wird deshalb mit 0,5 stark verschieden vom wahren Anfangswert gewählt. Wie man aus Bild 7/12 erkennt, hat der Beobachter jedoch keine Mühe, den wahren Wert nach kurzer Zeit zu erreichen und festzuhalten.

Im Bild 7/13 sind die Zeitverläufe der über den Beobachter geschlossenen Regelung dargestellt, wobei der Regler sowie der Umsetzvorgang von einem Arbeits-

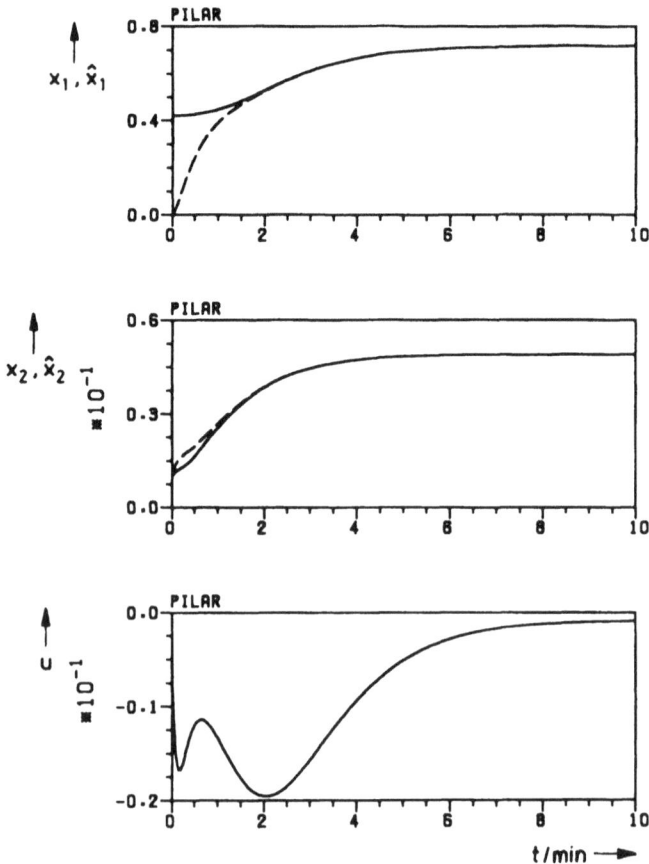

Bild 7/13   Rührkesselreaktor: Zustandsbeobachter im Regelkreis

——— x_k - - - - $\hat{x}_k$

punkt des Systems auf einen anderen dem Abschnitt 7.3 entnommen sind. Auch hier darf man mit dem Wirken des Beobachters zufrieden sein. Vergleicht man $x_1(t)$ und $x_2(t)$ mit den entsprechenden Verläufen von Bild 7/6, die aus einer vollständigen Zustandsrückführung resultieren, so sieht man, daß die Vorgänge durch den Beobachter langsamer geworden sind, sonst aber einen passablen Eindruck machen.

Insgesamt darf man erleichtert feststellen, daß sich der Beobachter trotz dürftiger mathematischer Fundierung im klaren ist, was er zu tun hat.

7.5.2 Beobachterentwurf mittels Gütemaßangleichung

Wir wollen noch ein weiteres Verfahren zum Entwurf nichtlinearer Beobachter betrachten, das aus einem anderen Gebiet der nichtlinearen Theorie stammt, nämlich der Direkten Methode. Es ist das in Abschnitt 3.6 behandelte *Verfahren der Gütemaßangleichung,* das von *U. Sieber* auf den Beobachterentwurf ausgedehnt wurde [7]. Auch bei ihm hat der Luenberger – Beobachter Pate gestanden, doch kommt es ohne Linearisierung aus, muß dafür aber Einschränkungen in Kauf nehmen. Da der Gang der Untersuchung weitgehend dem des Reglerentwurfs mittels Gütemaßangleichung entspricht, der im Abschnitt 3.6 ausführlich dargestellt wurde, können wir uns hier kürzer fassen.

Es wird vorausgesetzt, daß die Strecke durch Zustandsgleichungen von der Form

$$\underset{(n,n)}{\dot{\underline{x}} = \underline{A}(\underline{y})}\underline{x} + \underset{(n,p)}{\underline{B}\underline{u}}\,, \tag{7.123}$$

$$\underline{y} = \underset{(q,n)}{\underline{C}}\ \underline{x} \tag{7.124}$$

beschrieben werden kann, wobei $\underline{B}$ *und* $\underline{C}$ *konstant* sind. Unter $\underline{y}$ *ist wieder der Meßvektor* verstanden, also die Gesamtheit der gemessenen Größen. Die wesentliche Einschränkung besteht darin, daß die Dynamikmatrix $\underline{A}$ nur vom Meßvektor $\underline{y}$ abhängen darf, nicht jedoch von anderen Zustandsvariablen. Im Unterabschnitt 3.6.5 wurden Beispiele für technische Systeme dieser Art angeführt.

---

[7] *U. Sieber:* Ljapunow – Synthese nichtlinearer Beobachter durch Gütemaßangleichung. Automatisierungstechnik 41 (1993).

Nun kann man für solche Systeme auch Ausgangsrückführungen, also konstante Rückführungen nur der Meßgrößen entwerfen, bei denen man keinen Beobachter benötigt. Man könnte deshalb der Ansicht sein, daß ein Beobachterentwurf in diesem Fall überhaupt unnötig sei. Doch ist dabei zweierlei zu bedenken: Zum einen kann man Beobachter nicht nur im Rahmen einer Regelung, sondern auch zur Lösung von Meßproblemen verwenden, worauf schon in der Einleitung zu diesem Abschnitt hingewiesen wurde. Zum anderen: Auch wenn man grundsätzlich eine Ausgangsrückführung zu entwerfen vermag, so ist im konkreten Fall nicht gesagt, ob sie die Regelung stabilisieren oder – darüber hinaus – ihr die gewünschte Dynamik verleihen kann. In solch einem Fall kann eine vollständige Zustandsrückführung mit Beobachter günstiger sein.

Es ist zweckmäßig, vorab eine Parallelverschiebung des Koordinatensystems vorzunehmen, so daß die Ruhelage $\underline{x} = \underline{0}$, $\underline{u} = \underline{0}$ der Strecke etwa in der Mitte des Arbeitsbereiches des Systems liegt. Danach sollte man durch geeignete Normierung der Ausgangsgrößen $y_1, ..., y_q$ dafür sorgen, daß die Beträge $|y_k|$ von der gleichen Größenordnung sind.

Es wird angenommen, daß bei der Regelung zwei verschiedene dynamische Situationen vorliegen können:

• Sie befindet sich in einer Ruhelage $\underline{x}_R$ (im Innern des Arbeitsbereichs gelegen und durch einen konstanten Wert $\underline{w}_R$ des Führungsvektors aufrechterhalten). Durch eine Anfangsstörung wird der Zustandspunkt $\underline{x}(t)$ aus der Ruhelage in den Anfangszustand $\underline{x}(t_0) = \underline{x}_0$ versetzt und soll durch die Regelung in die Ruhelage $\underline{x}_R$ zurückgeführt werden.

• Die Regelung soll aus einem Arbeitspunkt in einen anderen gefahren werden. D.h.: Der Zustandspunkt $\underline{x}(t)$ soll aus einer Ruhelage in eine andere überführt werden.

Um nun den Beobachter zu entwerfen, wird analog zum Reglerentwurf im Abschnitt 3.6 zunächst ein lineares Vergleichssystem eingeführt:

$$\dot{\underline{x}} = \underline{A}(\underline{0})\underline{x} + \underline{B}\underline{u} , \qquad (7.125)$$

$$\underline{y} = \underline{C}\underline{x} . \qquad (7.126)$$

Zu ihm wird in gewohnter Weise ein Luenberger–Beobachter konstruiert:

$$\dot{\hat{\underline{x}}} = \left[\underline{A}(\underline{0}) - \underline{L}_l\underline{C}\right]\hat{\underline{x}} + \underline{B}\underline{u} + \underline{L}_l\underline{y} \qquad (7.127)$$

Die zugehörige Differentialgleichung des Schätzfehlers $\underline{\tilde{x}} = \underline{x} - \underline{\hat{x}}$ lautet dann

$$\dot{\underline{\tilde{x}}} = \Big[\underline{A}(\underline{0}) - \underline{L}_l\underline{C}\Big]\underline{\tilde{x}}\,, \tag{7.128}$$

wobei die Eigenwerte der Matrix $\underline{A}(\underline{0}) - \underline{L}_l\underline{C}$ durch geeignete Wahl der freien konstanten Matrix $\underline{L}_l$ links der j-Achse plaziert sind. Dann strebt der Schätzfehler $\underline{\tilde{x}}(t) \rightarrow \underline{0}$ für $t \rightarrow +\infty$, ganz gleich, welcher Anfangswert $\underline{\tilde{x}}(t_0)$ vorliegt.

Wendet man diesen Beobachter auf die *nicht*lineare Strecke an, so wird er brauchbare Resultate liefern, sofern $\underline{x}$ sich in der unmittelbaren Umgebung von $\underline{0}$ befindet. Ist dies jedoch nicht der Fall, etwa infolge größerer Anfangsauslenkungen oder durch den Übergang zu einer anderen Ruhelage, so weist er stationäre Fehler auf und ist nicht mehr verwendbar. Um diesem Übel abzuhelfen, liegt es nahe, $\underline{L}_l$ nicht mehr als konstant anzusetzen, sondern vom Meßvektor $\underline{y}$ abhängen zu lassen und dann in der Beobachtergleichung auch $\underline{A}(\underline{y})$ statt $\underline{A}(\underline{0})$ zu nehmen:

$$\dot{\underline{\hat{x}}} = \Big[\underline{A}(\underline{y}) - \underline{L}(\underline{y})\underline{C}\Big]\underline{\hat{x}} + \underline{B}\underline{u} + \underline{L}(\underline{y})\underline{y}\,. \tag{7.129}$$

Dazu gehört gemäß (7.123), (7.124) die *Schätzfehlerdifferentialgleichung*

$$\dot{\underline{\tilde{x}}} = \dot{\underline{x}} - \dot{\underline{\hat{x}}} = \underline{A}(\underline{y})\underline{x} + \underline{B}\underline{u} - \Big[\underline{A}(\underline{y}) - \underline{L}(\underline{y})\underline{C}\Big]\underline{\hat{x}} - \underline{B}\,\underline{u} - \underline{L}(\underline{y})\underline{y}\,,$$

also

$$\dot{\underline{\tilde{x}}} = \Big[\underline{A}(\underline{y}) - \underline{L}(\underline{y})\underline{C}\Big]\underline{\tilde{x}}\,, \tag{7.130}$$

die nunmehr nichtlinear geworden ist.

Darin ist die (n,q)−Matrix $\underline{L}(\underline{y})$ so zu wählen, daß der nichtlineare Schätzfehler $\underline{\tilde{x}}(t)$ gemäß (7.130)

(I)   an den Schätzfehler des linearen Vergleichssystems gemäß (7.128) nach Möglichkeit angeglichen wird,

(II) für $t \rightarrow +\infty$ gegen $\underline{0}$ strebt für einen möglichst großen Anfangswertbereich um $\underline{\tilde{x}} = \underline{0}$.

Um dieses Ziel zu erreichen, führen wir in Analogie zum Reglerentwurf im Unterabschnitt 3.6.2 für die Fehlerdifferentialgleichung (7.128) des linearen Vergleichssystems eine Ljapunow−Funktion

$$V = \tilde{\underline{x}}^T \underline{P} \tilde{\underline{x}} \qquad (7.131)$$

in Gestalt einer IL-Funktion („ideale Ljapunow-Funktion" nach *B. Itschner*, Unterabschnitt 3.3.2) ein. Ihre zeitliche Ableitung ist

$$\dot{V}_1 = \dot{\tilde{\underline{x}}}^T \underline{P} \tilde{\underline{x}} + \tilde{\underline{x}}^T \underline{P} \dot{\tilde{\underline{x}}} ,$$

wobei der Index 1 auf die Zugehörigkeit zum linearen Vergleichssystem hinweisen soll. Wegen (7.128) folgt daraus

$$\dot{V}_1 = - \tilde{\underline{x}}^T \underline{Q}_1 \tilde{\underline{x}} = \tilde{\underline{x}}^T (- \underline{Q}_1) \tilde{\underline{x}} \qquad (7.132)$$

mit

$$\underline{Q}_1 = \left[\underline{C}^T \underline{L}_1^T - \underline{A}^T(\underline{0}) \right] \underline{P} + \underline{P} \left[\underline{L}_1 \underline{C} - \underline{A}(\underline{0}) \right] . \qquad (7.133)$$

Ganz entsprechend wie im Unterabschnitt 3.6.2 ist $\underline{Q}_1$ konstant, symmetrisch und positiv definit, also $-\underline{Q}_1$ negativ definit.

Die gleiche Funktion $V = \tilde{\underline{x}}^T \underline{P} \tilde{\underline{x}}$ gemäß (7.131), bei der $\underline{P}$ also mittels des linearen Vergleichssystems festgelegt wurde, nimmt man nun auch als Ljapunow-Funktion der nichtlinearen Fehlerdifferentialgleichung (7.130). Die zugehörige zeitliche Ableitung $\dot{V}$ lautet dann

$$\dot{V} = - \tilde{\underline{x}}^T \underline{Q}(\underline{y}) \tilde{\underline{x}} = \tilde{\underline{x}}^T [- \underline{Q}(\underline{y})] \tilde{\underline{x}} \qquad (7.134)$$

mit

$$\underline{Q}(\underline{y}) = \left[\underline{C}^T \underline{L}^T(\underline{y}) - \underline{A}^T(\underline{y}) \right] \underline{P} + \underline{P} \left[\underline{L}(\underline{y}) \underline{C} - \underline{A}(\underline{y}) \right] . \qquad (7.135)$$

Da der lineare Beobachter so entworfen wird, daß er gutes dynamisches Verhalten besitzt, wird der lineare Schätzfehler $\tilde{\underline{x}}(t)$ zügig $\to \underline{0}$ streben. Daher wird $V_1(\underline{x})$ als IL-Funktion schnell abnehmen und somit $\dot{V}_1(\underline{x})$ kräftig negativ sein. Um eine ähnlich gute Dynamik für die nichtlineare Fehlerdifferentialgleichung zu erreichen, kann man versuchen, $\dot{V}$ an $\dot{V}_1$ anzugleichen und deshalb die Norm

$$N = \| \underline{Q}_1 - \underline{Q}(\underline{y}) \| \qquad (7.136)$$

durch geeignete Wahl der noch freien Matrix $\underline{L}(\underline{y})$ möglichst klein zu machen. Das ist das gleiche *Prinzip der Gütemaßangleichung*, das bereits im Abschnitt 3.6 zu

Grunde gelegt wurde. Damit wird die oben aufgestellte Forderung (I) an $\underline{L}(\underline{y})$ erfüllt.

Die Minimierung von N kann in ganz entsprechender Weise behandelt werden wie im Unterabschnitt 3.6.3. Man erhält dann

mit

$$\text{vec}\,\underline{L}(\underline{y}) = \underline{M}^{+}\text{vec}\,\underline{Q}_{l} + \underline{M}^{+}\underline{J}\,\text{vec}\,\underline{A}(\underline{y})$$

$$\underline{M}_{(n^2,nq)} = \underline{C}^{T} \otimes \underline{P} + (\underline{P} \otimes \underline{C}^{T})\underline{U}_{nxq},$$

$$\underline{J} = \underline{I}_{n} \otimes \underline{P} + (\underline{P} \otimes \underline{I}_{n})\underline{U}_{nxn},$$

(7.137)

bzw.

mit

$$\text{vec}\,\underline{L}(\underline{y}) = \underline{M}^{+}\text{vec}\,\underline{I}_{n} + \underline{M}^{+}\underline{J}\,\text{vec}\,\underline{A}(\underline{y})$$

$$\underline{M} = (\underline{\Gamma}^{-T}\underline{C}^{T}) \otimes (\underline{\Gamma}^{-T}\underline{P}) + \left[(\underline{\Gamma}^{-T}\underline{P}) \otimes (\underline{\Gamma}^{-T}\underline{C}^{T})\right]\underline{U}_{nxq},$$

$$\underline{J} = \underline{\Gamma}^{-T} \otimes (\underline{\Gamma}^{-T}\underline{P}) + \left[(\underline{\Gamma}^{-T}\underline{P}) \otimes \underline{\Gamma}^{-T}\right]\underline{U}_{nxn}.$$

(7.138)

Darin sind also $\underline{M}$ und $\underline{J}$ bekannte konstante Matrizen und $\underline{M}^{+}$ ist die Moore-Penrosesche Pseudo-Inverse zu $\underline{M}$. Entsprechend wie beim Reglerentwurf sind die Elemente der Matrix $\underline{L}(\underline{y})$ Linearkombinationen der Elemente der Matrix $\underline{A}(\underline{y})$.

Es bleibt noch die obige Forderung (II) zu untersuchen, daß der Schätzfehler $\tilde{\underline{x}}(t)$ aus einem möglichst großen Anfangswertbereich $\rightarrow \underline{0}$ strebt für $t \rightarrow +\infty$. Hierzu gehen wir von der Tatsache aus, daß die durch (7.137) bzw. (7.138) gegebene Lösung $\underline{L}^{*}(\underline{y})$ auf Grund des Penrose-Theorems das absolute Minimum des Gütemaßes $N = \|\underline{Q}_{l} - \underline{Q}(\underline{y})\|$ bezüglich beliebiger $\underline{L}(\underline{y})$ liefert. Speziell für $\underline{y} = \underline{0}$ ist dieses Minimum $= 0$. Wählt man nämlich $\underline{L}(\underline{0}) = \underline{L}_{l}$, so folgt aus (7.133) und (7.135), daß $\underline{Q}(\underline{0}) = \underline{Q}_{l}$ gilt. Also muß die zu $\underline{L}^{*}(\underline{0})$ gehörige Matrix $\underline{Q}^{*}(\underline{0})$ den Wert $N = 0$ erzeugen. D.h. aber: Es muß $\underline{Q}^{*}(\underline{0}) = \underline{Q}_{l}$ sein. Daher ist $\underline{Q}^{*}(\underline{0})$ positiv definit.

Nach dem Sylvester-Kriterium (3.10) sind also die zu $\underline{Q}^{*}(\underline{0})$ gehörenden „nordwestlichen" Unterdeterminanten positiv. Da sie dann auch in einer *Umgebung* der Stelle $\underline{y} = \underline{0}$ positiv sein müssen, ist $\underline{Q}^*(\underline{y})$ in einer gewissen Umgebung dieser Stelle ebenfalls positiv definit.

Mittels des Sylvester-Kriteriums läßt sich ermitteln, wie groß dieser Bereich M der positiven Definitheit von $\underline{Q}^*(\underline{y})$ im $\underline{y}$-Raum sein wird, wobei der numerische Aufwand in Grenzen bleibt, da der Meßvektor $\underline{y}$ normalerweise niedrige Dimension hat. Es werde angenommen, daß M den Arbeitsbereich des betrachteten Systems enthält, also *den* Bereich des $\underline{y}$-Raumes, in dem der Meßvektor $\underline{y}$ liegen kann und den man sich für praktische Zwecke als beschränkt und abgeschlossen vorstellen darf. Dann kann man zeigen, daß die Ruhelage $\underline{\tilde{x}} = \underline{0}$ der Fehlerdifferentialgleichung (7.130) global asymptotisch stabil ist, also der Schätzfehler $\underline{\tilde{x}}(t)$ für jede Anfangsauslenkung $\underline{\tilde{x}}(t_0)$ mit wachsendem t gegen $\underline{0}$ strebt – ganz gleich, welchen Verlauf der Meßvektor $\underline{y}(t)$ für $t \geq t_0$ nimmt (siehe die oben zitierte Arbeit von *U. Sieber*). Dabei ist zu beachten, daß für diese Stabilitätsuntersuchung der Beobachter an die *ungeregelte* Strecke angekoppelt zu denken ist, ganz entsprechend zur Vorgehensweise bei der Betrachtung des Luenberger-Beobachters. Der Meßvektor $\underline{y}(t)$ stellt dann also eine vom Beobachter unabhängige Eingangsgröße dar. Hierdurch geht die an sich nichtlineare Fehlerdifferentialgleichung (7.130) in eine lineare, allerdings zeitvariante Differentialgleichung über. So wird auch die zunächst erstaunliche Tatsache verständlich, daß sich unter der obigen Voraussetzung stets *globale* asymptotische Stabilität der Nullösung der Fehlerdifferentialgleichung nachweisen läßt.

Als **Beispiel** betrachten wir **das vereinfachte Modell eines Synchrongenerators**, das der zu Beginn von Abschnitt 3.6.5 zitierten Arbeit von *B. M. Mukhopadhyay – D. P. Malik* entnommen ist. In den Statorwicklungen des Synchrongenerators wird ein Drehfeld erzeugt, das mit Netzfrequenz umläuft. Mit ihm rotiert das Polrad. Denkt man sich ein mit dem Drehfeld rotierendes Koordinatensystem eingeführt, so ist das Polrad ihm gegenüber um den *Polradwinkel* x_1 verdreht. Dessen zeitliche Ableitung $\dot{x}_1$ ist gleich der *Frequenzabweichung* x_2 zwischen Netz und Polrad. Weitere Zustandsvariable ist die *Feldflußverkettung*, d.h. die im Polrad herrschende Flußverkettung x_3.

Die Zustandsdifferentialgleichungen des Systems lauten

$$\left. \begin{aligned} \dot{x}_1 &= x_2 \, , \\ \dot{x}_2 &= B_1 - A_1 x_2 - A_2 x_3 \sin x_1 - \frac{B_2}{2} \sin 2x_1 \, , \\ \dot{x}_3 &= u - C_1 x_3 + C_2 \cos x_1 \end{aligned} \right\} \qquad (7.139)$$

mit den normierten Koeffizienten

$$A_1 = 0,2703,$$
$$A_2 = 12,012,$$
$$B_1 = 39,1892,$$
$$B_2 = -48,048,$$
$$C_1 = 0,3222,$$
$$C_2 = 1,9.$$

Hierin ist u die auf den Nennwert bezogene Spannung an der Felderregerwicklung des Polrades. Der Koeffizient B_1 ist proportional zu dem (auf den Nennwert bezogenen) Antriebsmoment der Turbine, welche den Generator antreibt. Für die vereinfachenden Annahmen, unter denen das mathematische Modell (7.139) gültig ist, sei auf die oben zitierte Arbeit verwiesen.

Im folgenden wird ein *Arbeitspunkt* des Systems betrachtet, der durch die stationären Werte

$$\left. \begin{array}{l} u_R = 1,1, \\[2mm] x_{1R} = 0,7461 \text{ rad} \;\hat{=}\; 42,75^0, \\[2mm] x_{2R} = 0, \\[2mm] x_{3R} = 7,7438 \end{array} \right\} \tag{7.140}$$

gegeben ist, wobei x_1 in rad und x_2 in rad/sec gemessen sind, während u_R und x_3 bezogene Größen darstellen.

Für den *ungeregelten* Synchrongenerator soll nun ein Zustandsbeobachter entworfen werden, der aus den Meßgrößen $y_1 = x_1$ und $y_2 = x_2$ die nur schwer meßbare Feldflußverkettung x_3 schätzt.

Schritt I: *Überführung der Zustandsgleichungen (7.139) in eine formal lineare Darstellung*, ganz entsprechend wie in Unterabschnitt 3.6.4 und 3.6.5.

Dazu bildet man zunächst die Gleichungen des Arbeitspunktes:

$$\dot{x}_{1R} = 0 = x_{2R},$$

$$\dot{x}_{2R} = 0 = B_1 - A_1 x_{2R} - A_2 x_{3R} \sin x_{1R} - \frac{B_2}{2} \sin 2x_{1R} \, ,$$

$$\dot{x}_{3R} = 0 = u_R - C_1 x_{3R} + C_2 \cos x_{1R} \, .$$

Subtrahiert man diese von den Zustandsdifferentialgleichungen (7.139) und führt sodann die Abweichungen

$$\Delta x_i = x_i - x_{iR} \, , \ i = 1, 2, 3 \, , \quad \Delta u = u - u_R$$

ein, so entsteht

$$(\underline{\Delta x})^{\cdot} =
\begin{bmatrix}
0 & \vert \ 1 \ \vert & 0 \\
-A_2 x_{3R} \dfrac{\sin x_1 - \sin x_{1R}}{\Delta x_1} - \dfrac{B_2}{2} \dfrac{\sin 2x_1 - \sin 2x_{1R}}{\Delta x_1} & \vert \ -A_1 \ \vert & -A_2 \sin x_1 \\
C_2 \dfrac{\cos x_1 - \cos x_{1R}}{\Delta x_1} & \vert \ 0 \ \vert & -C_1
\end{bmatrix}
\underline{\Delta x} +$$

$$+ \begin{bmatrix} 0 \\ 0 \\ 1 \end{bmatrix} \Delta u \, , \tag{7.141}$$

wobei $x_i = x_{iR} + \Delta x_i$ zu setzen ist. Schreibt man nun $x_1 = y_1$ und setzt die Zahlenwerte der Koeffizienten ein, so wird daraus

$$(\underline{\Delta x})^{\cdot} =
\begin{bmatrix}
0 & 1 & 0 \\
a_{21}(y_1) & -0{,}2703 & a_{23}(y_1) \\
a_{31}(y_1) & 0 & -0{,}3222
\end{bmatrix}
\underline{\Delta x} +
\begin{bmatrix} 0 \\ 0 \\ 1 \end{bmatrix} \Delta u
\tag{7.142}$$

mit $y_1 = y_{1R} + \Delta y_1$, wobei die Funktionen

$$a_{21}(y_1) = \begin{cases} \dfrac{39{,}1893 - 93{,}0185 \sin y_1 + 24{,}024 \sin 2y_1}{y_1 - 0{,}7461} & , \ y_1 \neq y_{1R} , \\[3mm] -64{,}5349 & , \ y_1 = y_{1R} , \end{cases}$$

$$a_{23}(y_1) = -12{,}012 \sin y_1 \, , \tag{7.143}$$

$$a_{31}(y_1) = \begin{cases} 1{,}9 \, \dfrac{\cos y_1 - 0{,}7343}{y_1 - 0{,}7461} & , \ y_1 \neq y_{1R} , \\[3mm] -1{,}2897 & , \ y_1 = y_{1R} \end{cases}$$

stetig sind. $\underline{a}(\underline{y})$ hängt also nur von y_1 ab. Man könnte somit daran denken, die Matrix $\underline{L}(\underline{y})$ des nichtlinearen Beobachters nur in Abhängigkeit von y_1 anzusetzen. Da aber y_2 ohne Schwierigkeit zu messen ist und zwei Meßgrößen sicherlich günstiger sind als eine, wird $\underline{L}$ in Abhängigkeit von y_1 *und* y_2 angesetzt.

Was die *Berechnung* der Elemente $a_{21}(y_1)$ und $a_{31}(y_1)$ angeht, so wird der Zähler in ein Anfangsstück der Taylorreihe entwickelt, wonach sich der Nenner herauskürzt.

Schritt II: *Bildung des um die betrachtete Ruhelage linearisierten Systems.*

Für dieses ergibt sich

$$\underline{A}(\Delta y_1 = 0) = \begin{bmatrix} 0 & 1 & 0 \\ -64,5349 & -0,27 & -8,1535 \\ -1,2897 & 0 & -0,3222 \end{bmatrix},$$

$$\underline{C} = \begin{bmatrix} 1 & 0 & 0 \\ 0 & 1 & 0 \end{bmatrix}, \ \underline{B} = [0 \ 0 \ 1]^T.$$

Schritt III: *Berechnung des Luenberger-Beobachters für das linearisierte System*

Als günstige Beobachtereigenwerte wurden gewählt (in $\sec^{-1}$):

$$\beta_1 = -100, \ \beta_2 = -11, \ \beta_3 = -400.$$

Die nach der Vorgabe der Eigenwerte noch verbleibenden Entwurfsfreiheiten wurden zur Entkopplung des Schätzfehlers $\tilde{x}_1$ von den übrigen Schätzfehlern genutzt. Es ergab sich

$$\underline{L}_1 = \begin{bmatrix} 100,0 & 1,0 \\ -64,52 & 410,4 \\ -1,29 & -539,9 \end{bmatrix}.$$

Schritt IV: *Berechnung der Matrix $\underline{P}$ für die lineare Fehlerdifferentialgleichung*

$$\dot{\tilde{x}} = [\underline{A}(\underline{0}) - \underline{L}_1\underline{C}] \, \tilde{x} \ , \text{ wobei die Gewichtsfaktoren } \tilde{P}_{ii} = 1 \text{ gewählt}$$
wurden:

$$\underline{P} = \begin{bmatrix} 1 & 0 & 0 \\ 0 & 4,92 & 1,49 \\ 0 & 1,49 & 1,06 \end{bmatrix}.$$

Schritt V: *Berechnung des nichtlinearen Beobachters gemäß Formel (7.138):*

$$
\left.
\begin{aligned}
l_{11} &= 100 \,, \\
l_{12} &= 0{,}4057 + 0{,}2577\,a_{21}(y_1) - 0{,}3629\,a_{31}(y_1) \,, \\
l_{21} &= 0{,}2263 + 0{,}909\,a_{21}(y_1) + 0{,}128\,a_{31}(y_1) \,, \\
l_{22} &= 384{,}2434 - 3{,}2\,a_{23}(y_1) \,, \\
l_{31} &= -0{,}2965 + 0{,}1285\,a_{21}(y_1) + 0{,}819\,a_{31}(y_1) \,, \\
l_{32} &= -539{,}9 \,.
\end{aligned}
\right\}
\tag{7.144}
$$

Bild 7/14 zeigt Zeitverläufe der Zustandsvariablen und ihrer Schätzwerte. Ausgangspunkt ist die Ruhelage (7.140) des (ungeregelten) Synchrongenerators. Es wird nun angenommen, daß das Antriebsmoment der Turbine zum Zeitpunkt t = 0,15 sec sprungförmig vom Wert P = 0,725 auf die Hälfte herabgesetzt und zum Zeitpunkt t_0 = 0,50 sec wieder auf den ursprünglichen Wert angehoben wird. Der zuvor im Arbeitspunkt verharrende Zustandspunkt $\underline{x}(t)$ wird dadurch in einen gestörten Anfangszustand $\underline{x}(t_0) = \underline{x}_0$ überführt.

Wie man aus Bild 7/14 erkennt, wird der Synchrongenerator auf diese Weise zu einer schwach gedämpften Schwingung veranlaßt. Die geschätzten Zeitverläufe $\hat{x}_1$ und $\hat{x}_2$ stimmen im Rahmen der Zeichengenauigkeit mit den wahren Verläufen x_1 und x_2 überein. Der Schätzwert $\hat{x}_3$ weicht für $t \geq t_0$ = 0,5 sec zunächst erheblich vom wahren Wert x_3 ab, nimmt ihn aber nach etwa 0,5 sec mit guter Näherung an.

Man könnte vielleicht vermuten, daß der Luenberger–Beobachter für die linearisierte Strecke auch akzeptable Schätzwerte für die nichtlineare Strecke liefern würde. Bild 7/15 zeigt aber, daß dies nicht der Fall ist. Hingegen wäre der im letzten Unterabschnitt behandelte Beobachter nach *M. Zeitz* ebenfalls verwendbar. Er liefert zwar einen größeren Anfangsfehler $\tilde{x}_3(t)$ als der mittels Gütemaßangleichung entworfene Beobachter, nimmt aber etwa zur gleichen Zeit den wahren Wert $x_3(t)$ mit guter Näherung an.

Was die Stabilität der Ruhelage $\underline{\tilde{x}} = \underline{0}$ der Fehlerdifferentialgleichung (7.130) im vorliegenden Fall angeht, so kann man die Matrix $\underline{Q}(\underline{y})$ gemäß (7.135), hier also $\underline{Q}(y_1)$, formelmäßig in Abhängigkeit von y_1 angeben. Daraus lassen sich die drei „nordwestlichen" Unterdeterminanten oder Hauptabschnittsdeterminanten von

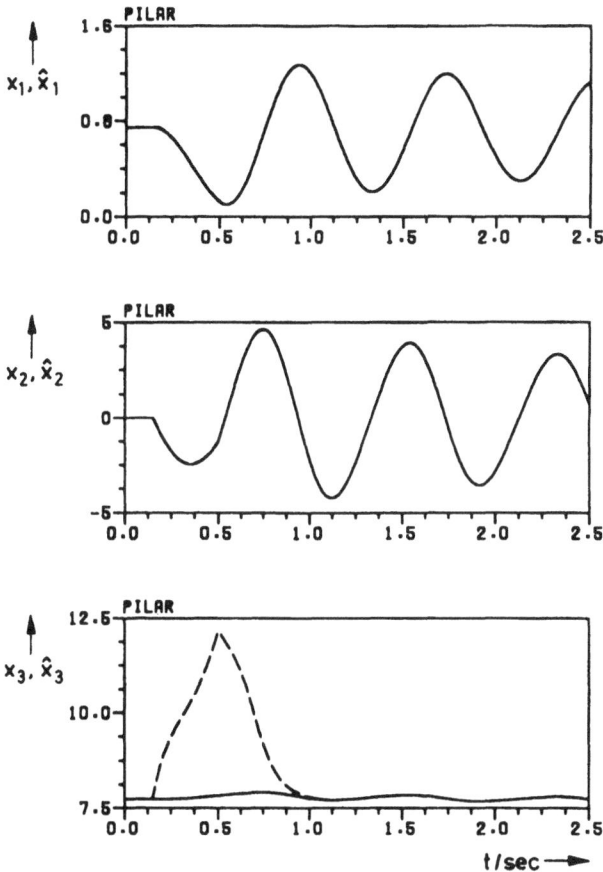

Bild 7/14   Nichtlinearer Zustandsbeobachter (mittels Gütemaßangleichung entworfen) am Synchrongenerator

———— wahrer Wert x_i

– – – – Schätzwert $\hat{x}_i$

$\underline{Q}(y_1)$ berechnen, die dann bekannte Funktionen von y_1 darstellen, deren Verlauf sich numerisch ermitteln läßt. Es zeigt sich, daß die 3. Hauptabschnittsdeterminante, also det $\underline{Q}$, im Bereich $-0,02 \leq y_1 \leq 3,16$ positiv ist. Auch die 1. und 2. Hauptabschnittsdeterminante sind in diesem Bereich positiv. Infolgedessen ist die Ruhelage $\underline{\tilde{x}} = \underline{0}$ der Schätzfehlerdifferentialgleichung global asymptotisch stabil, d.h. der nichtlineare Beobachter führt bei beliebigen Anfangsfehlern zum wahren Wert, sofern der Polradwinkel y_1 im obigen Bereich bleibt. Dieser entspricht dem Intervall $[-1^0, 181^0]$ um die Ruhelage $y_{1R} = 42,75^0$. Eine derartige Aussage ist bei dem im letzten Unterabschnitt beschriebenen Beobachterentwurf nicht möglich, weil er auf einer Linearisierung beruht.

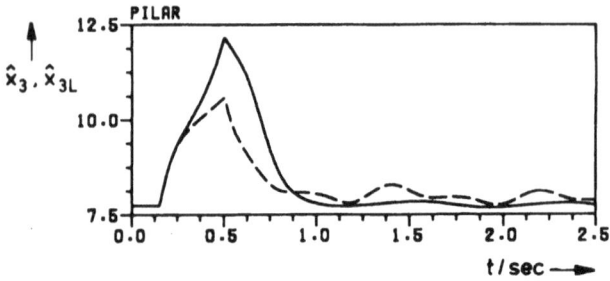

Bild 7/15   Vergleich zwischen nichtlinearem Beobachter und Luenberger-Beobachter zum linearisierten System, beide angewandt auf das nichtlineare System (Synchrongenerator)

——— $\hat{x}_3$ Schätzwert des nichtlineare Beobachters

---- $\hat{x}_{3L}$ Schätzwert des Luenberger-Beobachters des linearisierten Systems

Übungsaufgaben mit Lösungen zu Band II

Aufgabe 19

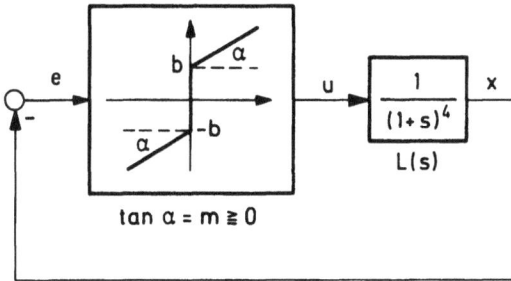

Bild A1

a) Man berechne die Beschreibungsfunktion der Kennlinie.

b) Wie können die lineare und die nichtlineare Ortskurve zueinander liegen?

c) In welchem Wertebereich des Parameters m führt der Regelkreis Dauerschwingungen aus?

d) Welches Verhalten zeigt der Regelkreis für den restlichen Wertebereich von m?

Aufgabe 20

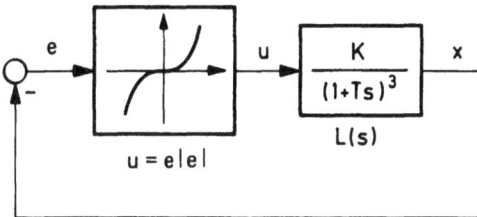

Bild A2

a) Man berechne die Beschreibungsfunktion der Kennlinie

$$u = e|e| = \begin{cases} e^2, & e \geq 0, \\ -e^2, & e \leq 0. \end{cases}$$

b) Man skizziere die Ortskurve.

c) Frequenz und Amplitude von Dauerschwingungen sind zu bestimmen.

Aufgabe 21

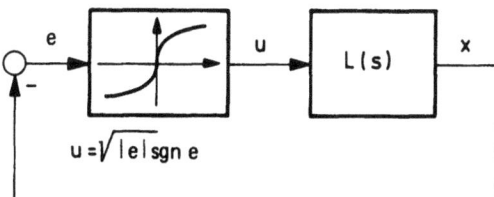

Bild A3

a) Man berechne die Beschreibungsfunktion der Kennlinie

$$u = \sqrt{|e|} \; \text{sgn} \, e = \begin{cases} \sqrt{e} \, , & e \geq 0 \, , \\ -\sqrt{-e} \, , & e \leq 0 \, . \end{cases}$$

Von diesem Typ kann die Durchflußkennlinie zwischen zwei Flüssigkeitsbehältern sein, da die Strömungsgeschwindigkeit der Quadratwurzel aus dem Betrag der Niveaudifferenz proportional ist.

b) Man skizziere die Ortskurven und stelle die Art der Dauerschwingungen fest.

Aufgabe 22

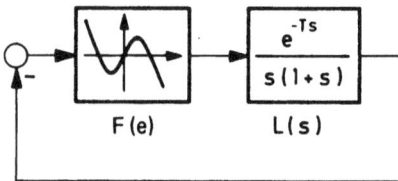

Bild A4

Im Regelkreis von Bild A4 sei

$$F(e) = \alpha e - \beta e^3 \quad \text{mit} \quad \alpha, \beta > 0 \, .$$

a) Man berechne die Beschreibungsfunktion der Kennlinie und skizziere die nichtlineare Ortskurve.

b) Man ermittle Frequenz und Amplitude der stabilen Dauerschwingung.

Aufgabe 23

Für den nichtlinearen Regelkreis im Bild A5 bestimme man mittels des Frequenzkennlinienverfahrens Frequenz und Amplitude der Dauerschwingungen. Wie ist deren Stabilitätsverhalten?

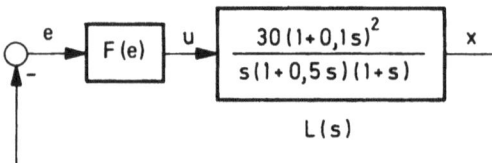

Bild A5

Dabei sei F(e)

a) eine Zweipunktkennlinie,

b) eine Begrenzung,

c) eine Totzone

gemäß Bild A6.

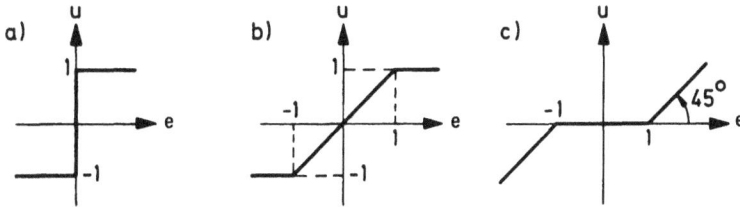

Bild A6

Aufgabe 24

Zu dem im Bild A7 dargestellten Regelkreis mit konstanter Führungsgröße sollen die Parameter der Dauerschwingung berechnet werden.

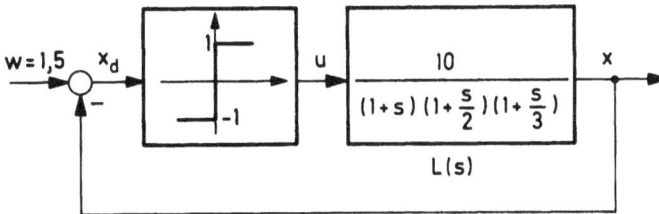

Bild A7

Aufgabe 25

Durch Harmonische Balance ist die Dauerschwingung des Regelkreises im Bild A8 zu ermitteln.

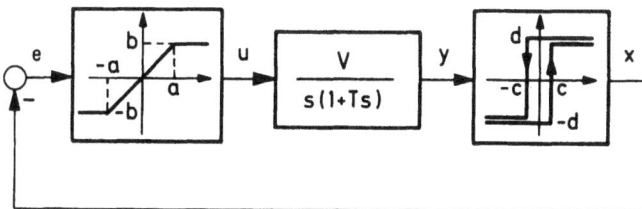

Bild A8

Aufgabe 26

Die Dauerschwingung des Regelkreises im Bild A9 ist zu ermitteln.

a) Obgleich das Integrierglied nur relativ schwachen Tiefpaßcharakter hat, wendet man die Methode von Unterabschnitt 4.9.1 an.

b) Falls man die Tiefpaßeigenschaft des Integriergliedes nicht für ausreichend hält, kann man so vorgehen: Man faßt die gestrichelt eingerahmten Blöcke im Bild A9 zu *einem* komplizierteren nichtlinearen Glied zusammen und berechnet dessen Beschreibungsfunktion. Dann liegt wieder der Standardregelkreis mit nur einer Nichtlinearität vor.

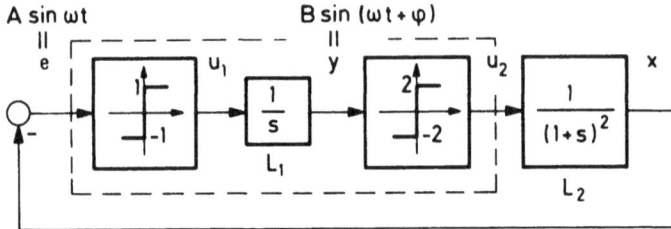

Bild A9

Aufgabe 27

Der Regelkreis im Bild A10 hat keine Standardform. Dennoch kann man auch hier ohne weiteres die Harmonische Balance anwenden, wenn man vom Zustand des Schwingungsgleichgewichts ausgeht und durch die Grundschwingungen approximiert.

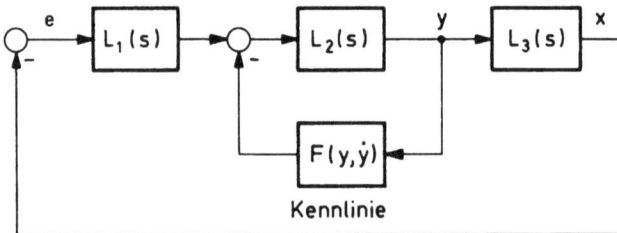

Bild A10

a) Welche wesentlichen Voraussetzungen muß man hierzu machen und wie lauten die Gleichungen zur Bestimmung von Frequenz und Amplitude der Dauerschwingung von e?

b) Man berechne Frequenz und Amplitude, wenn die Nichtlinearität ein Zweipunktglied und

$$L_1(s) = 1, \quad L_2(s) = \frac{1}{(1+Ts)^2}, \quad L_3(s) = \frac{K}{s}$$

ist.

Aufgabe 28

Im Unterabschnitt 4.11.1 wurde die Differentialgleichung einer Reibungsschwingung hergeleitet: Gleichung (4.190). In ihr ist der durch die trockene Reibung verursachte Dämpfungsterm $r \operatorname{sgn} \dot{x}$ nichtlinear. Es sei nun zusätzlich angenommen, daß auch die Rückstellkraft nichtlinear ist, und zwar derart, daß zu $\omega_0^2 x$ noch der kubische Term αx^3 hinzutritt. Dann lautet die Differentialgleichung der Reibungsschwingung:

$$\ddot{x} + \omega_0^2 x + \alpha x^3 + r \operatorname{sgn} \dot{x} = E \sin \omega t \, .$$

Man bestimme mittels der Harmonischen Balance die Amplitude A und die Phasenverschiebung φ der Dauerschwingung von x in Abhängigkeit von der Frequenz ω der Eingangsgröße $E \sin \omega t$.

Aufgabe 29

Die Strecke im Bild A11a wird mittels eines PID-Reglers geregelt. Die Zählerzeitkonstanten des Reglers werden gleich den beiden größten Nennerzeitkonstanten der Strecke gewählt. Die Nichtlinearität y = F(u) ist im Bild A11b genauer dargestellt.

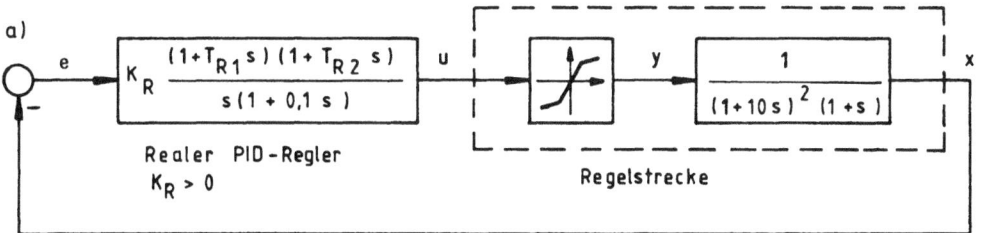

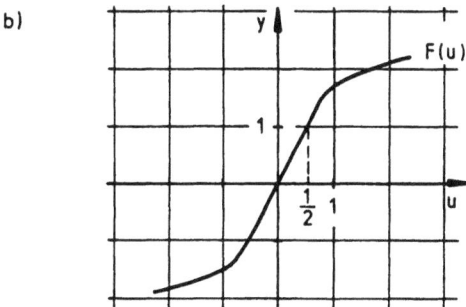

a) Mittels des Popow-Kriteriums soll festgestellt werden, für welche Werte der Reglerverstärkung K_R die Regelung global asymptotisch stabil ist.

b) Wie groß kann man die Reglerverstärkung K_R wählen, wenn die Kennlinie zeitveränderlich ist, und zwar im Sektor $1 \leq \dfrac{F(e)}{e} \leq 2,5$?

Aufgabe 30

Für den im Bild A12 dargestellten Regelkreis ist der Sektor der absoluten Stabilität zu ermitteln.

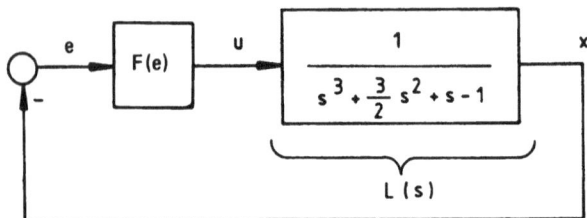

Bild A12

Aufgabe 31

Im Bild A12 sei die Kennlinie zeitabhängig: $u = F(e,t)$. Mit Hilfe des Kreiskriteriums sind Sektoren der absoluten Stabilität zu bestimmen.

Aufgabe 32

Gegeben sei das folgende Eingrößensystem:

$$\dot{x}_1 = -x_1 + 6x_2 + r(x_1,x_2) + w\,,$$
$$\dot{x}_2 = -x_1 - 2x_2 + r(x_1,x_2) + w\,,$$
$$y = 3x_1 + 21x_2\,.$$

a) Man berechne die Übertragungsfunktion $G(s)$ des Systems im Fall $r(x_1,x_2) = 0$.

b) Man zeige, daß $G(s)$ streng positiv reell ist.

c) Man denke sich $w = 0$ gesetzt und als Nichtlinearität

$$r(x_1,x_2) = 1 - e^{3x_1 + 21x_2}$$

gewählt. Es ist zu zeigen, daß das Eingrößensystem dann asymptotisch hyperstabil ist.

Aufgabe 33

a) Gegeben sei das Mehrgrößensystem

$$\dot{\underline{x}} = \begin{bmatrix} -2 & 1 \\ -1 & 3 \end{bmatrix} \underline{x} + \begin{bmatrix} 1 & 0 \\ 0 & 1 \end{bmatrix} \underline{u}\,,$$

$$\underline{y} = \begin{bmatrix} 1 & 0 \\ 0 & 1 \end{bmatrix} \underline{x} \ .$$

Mit Hilfe des Lemmas von *Kalman–Jakubowitsch* ist die asymptotische Hyperstabilität des Mehrgrößensystems nachzuweisen.

b) Bleibt das System asymptotisch hyperstabil, wenn die Eingangsgrößen vertauscht werden?

c) Das nichtlineare System

$$\dot{x}_1 = -2x_1 + x_2 + x_2^2 ,$$

$$\dot{x}_2 = -x_1 - 3x_2 + u ,$$

$$y = x_2$$

soll durch eine geeignete Zustandsrückführung $u = -r(x_1, x_2)$ asymptotisch hyperstabil gemacht werden. Indem man die Nichtlinearität x_2^3 als eine zusätzliche fiktive Eingangsgröße u_1 ansieht und durch $y_1 = x_1$ eine weitere fiktive Ausgangsgröße einführt, kann man die Berechnung von $r(x_1, x_2)$ auf die Behandlung der Teilaufgabe a) zurückführen.

Aufgabe 34

Das dynamische Verhalten einer Strecke werde beschrieben durch die Zustandsgleichungen

$$\dot{\underline{x}} = \begin{bmatrix} x_1^2 \\ x_4 \\ 8x_3 + x_4 \\ x_2^3 + \sin x_4 \end{bmatrix} + \begin{bmatrix} 1 & 0 \\ 1 & 0 \\ 0 & 0 \\ 0 & 1 \end{bmatrix} \underline{u} \ ,$$

$$y_1 = x_1 ,$$

$$y_2 = x_2 \ .$$

a) Berechnen Sie die Ruhelagen des Systems für $\underline{u} = \underline{0}$!
b) Bestimmen Sie die Differenzordnung des Systems !
c) Kann für das gegebene System eine Entkopplungsregelung entworfen werden?

Aufgabe 35

Das System aus Aufgabe 34 wird gemäß Bild A13 um einen Integrator vor dem Eingang u_1 erweitert.

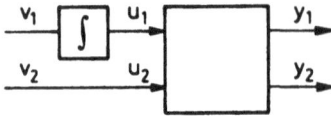

Bild A13

a) Stellen Sie die Zustandsgleichungen des erweiterten Systems auf! Beachten Sie dabei, daß v_1 und v_2 die Eingangsgrößen des erweiterten Systems sind.
b) Bestimmen Sie die Differenzordnung des erweiterten Systems!
c) Kann für das erweiterte System eine Entkopplungsregelung entworfen werden?

Aufgabe 36

Für die Synchronmaschine aus Unterabschnitt 7.5.2 soll eine nichtlineare Regelung durch Kompensation entworfen werden.
Das vereinfachte mathematische Modell der Synchrtonmaschine läßt sich durch die Zustandsdarstellung

$$\underline{\dot{x}} = \begin{bmatrix} x_2 \\ B_1 - A_1 x_2 - A_2 x_3 \sin x_1 - \frac{1}{2} B_2 \sin 2x_1 \\ -C_1 x_3 + C_2 \cos x_2 \end{bmatrix} + \begin{bmatrix} 0 \\ 0 \\ 1 \end{bmatrix} u,$$

$$y = x_1$$

beschreiben. Darin ist x_1 der Polradwinkel, x_2 die Frequenzabweichung (zwischen Netz und Polrad) und x_3 die Flußverkettung (zwischen Rotor und Stator).

a) Welche Differenzordnung δ hat das System?
b) Für welche Werte x_1 des Polradwinkels ist die Kompensation durchführbar?
c) Berechnen Sie den Regler $r(\underline{x})$ der Kompensationsregelung

$$u = -r(\underline{x}) + m(\underline{x})w$$

so, daß die Übertragungsfunktion

$$G(s) = \frac{Y(s)}{W(s)}$$

des geschlossenen Kreises einen dreifachen Pol bei -2 aufweist!
d) Wie muß das Vorfilter $m(\underline{x})$ im obigen Regelungsgesetz lauten?

Lösung von Aufgabe 19

a) Möglichkeit I: Direkte Berechnung
Es ist

$$u = \begin{cases} b + me, & e > 0, \\ -b + me, & e < 0. \end{cases}$$

Da die Kennlinie eindeutig, ist N(A) reell. Daher wird mit $e = A \sin v$:

$$N(A) = \frac{1}{\pi A} \left[\int_0^\pi (b + mA\sin v)\sin v \, dv + \int_\pi^{2\pi} (-b + mA\sin v)\sin v \, dv \right].$$

Substituiert man im zweiten Integral $v = \pi + z$, so sieht man, daß es gleich dem ersten Integral ist. Somit ist

$$N(A) = \frac{2b}{\pi A} \int_0^\pi \sin v \, dv + \frac{2m}{\pi} \int_0^\pi \sin^2 v \, dv,$$

also

$$N(A) = \frac{4b}{\pi A} + m.$$

Möglichkeit II: Aus Bild L1 ist unmittelbar zu sehen, daß sich die Kennlinie im Bild A1 durch Parallelschaltung einer Zweipunktkennlinie und einer linearen Kennlinie darstellen läßt. Da die Beschreibungsfunktion als Frequenzgang einge-führt ist, kann man Beschreibungsfunktionen wie Frequenzgänge miteinander verknüpfen.

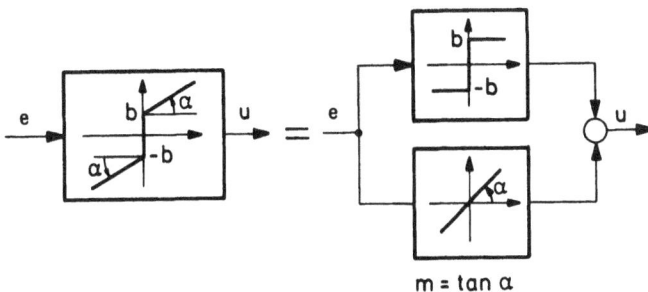

Bild L1

$m = \tan \alpha$

Die Beschreibungsfunktion der Parallelschaltung ist daher die Summe der beiden einzelnen Beschreibungsfunktionen, wobei die Beschreibungsfunktion des Pro-portionalglieds dessen Verstärkungsfaktor m ist:

$$N(A) = \frac{4b}{\pi A} + m.$$

Von einem derartigen Aufbau komplizierter Kennlinien aus einfachen kann man auch sonst manchmal Gebrauch machen.

b) Aus $N_J(A) = -\dfrac{1}{\dfrac{4b}{\pi A} + m}$ folgt die im Bild L2 skizzierte Gestalt der nichtli-

nearen Ortskurve. Bei normaler Gestalt der linearen Ortskurve treten somit die beiden dort skizzierten Fälle ein:

(I)   Keine Dauerschwingung.

(II)   Genau eine Dauerschwingung. Da die lineare Ortskurve von der nichtlinearen Ortskurve von rechts nach links durchstoßen wird, ist diese Dauerschwingung stabil.

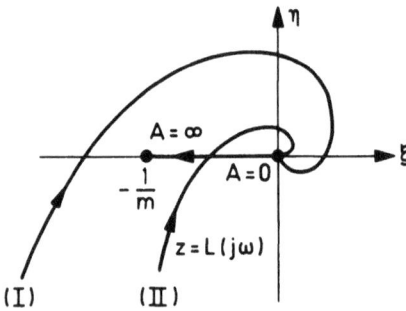

Bild L2

c) Wegen $L^{-1}(j\omega) = (1 + j\omega)^4$ folgt für den Schnittpunkt der linearen Ortskurve mit der reellen Achse aus $\operatorname{Im} L^{-1}(j\omega) = 0$ $\omega_p^2 = 1$ und damit

$$\operatorname{Re} L(j\omega_p) = \frac{1}{\operatorname{Re} L^{-1}(j\omega_p)} = -\frac{1}{4}.$$

Eine Dauerschwingung liegt dann vor, wenn

$$\operatorname{Re} L^{-1}(j\omega_p) > -\frac{1}{m},$$

also

$$m < 4$$

ist.

d)   Es wäre voreilig, auf Grund unserer Faustregel im Abschnitt 4.7 für $m > 4$ auf stabiles Verhalten des Regelkreises zu schließen. Diese Regel kann ja nur dann Gültigkeit beanspruchen, wenn es sich um einen realen Regelkreis handelt, dessen zeitveränderliche Größen nicht unendlich groß werden können. Das ist bei dem vorliegenden Kreis infolge der Abwesenheit von irgendwelchen Begrenzungen aber durchaus möglich.

In der Tat treten hier unbegrenzt aufklingende Zeitvorgänge auf. Darauf weist bereits die Tatsache hin, daß die lineare Ortskurve für $m > 4$ die gesamte nichtlineare Ortskurve umschließt (Lage I im Bild L2), was bei sinngemäßer Anwendung des Nyquist-Kriteriums unbegrenztes Anwachsen der Zeitvorgänge bedeutet.

Man kann sich aber auch unmittelbar hiervon überzeugen, wenn man in Bild A1 die Nichtlinearität durch die Parallelschaltung von Bild L1 ersetzt und anschließend deren Summierungsstelle mit dem Soll-Istwert-Vergleich zusammenfaßt: Bild L3. Wie man sieht, ist der untere Regelkreis linear. Mittels des Nyquist-Kriteriums oder Wurzelortsverfahrens weist man nach, daß für m > 4 Pole von ihm rechts der j-Achse liegen.

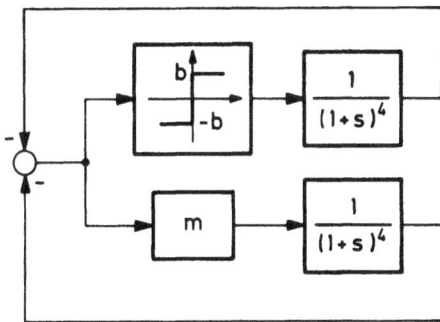

Bild L3

Lösung von Aufgabe 20

a) Mit $e = A \sin v$ wird

$$N(A) = \frac{1}{\pi A}\left[\int_0^\pi A^2\sin^2 v \cdot \sin v \, dv + \int_\pi^{2\pi}(-A^2\sin^2 v)\cdot \sin v \, dv \right].$$

Da $\sin^3 v$ eine ungerade Funktion ist, gilt

$$N(A) = \frac{1}{\pi}\int_0^\pi \sin^3 v \, dv = \frac{2}{\pi}A \cdot \frac{4}{3},$$

also

$$N(A) = \frac{8A}{3\pi}$$

und damit

$$z = N_J(A) = -\frac{3\pi}{8A}.$$

b) Bild L4 zeigt die nichtlineare Ortskurve sowie eine typische lineare Ortskurve. Es gibt somit stets eine instabile Grenzschwingung, die aber, als instabil, in einem realen System nicht auffallen wird.

c) Aus den Gleichungen $\mathrm{Im}\, L^{-1}(j\omega) = 0$ und $N(A) = -\mathrm{Re}\, L^{-1}(j\omega)$ erhält man $\omega_p^2 = \dfrac{3}{T^2}$ und $A_p = \dfrac{3\pi}{K}$.

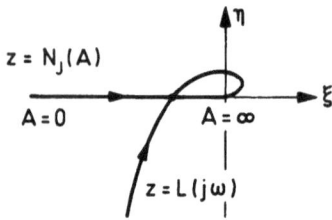

Bild L4

Lösung von Aufgabe 21

a) Mit $e = A\sin v$ wird

$$N(A) = \frac{1}{\pi A}\left[\int_0^\pi \sqrt{A\sin v}\ \cdot \sin v\ dv + \int_\pi^{2\pi}\left\{-\sqrt{-A\sin v}\right\}\cdot \sin v\ dv\right].$$

Substituiert man im zweiten Integral $z = v - \pi$, so sieht man, daß es gleich dem ersten ist. Damit wird

$$N(A) = \frac{2}{\pi}\frac{c_0}{\sqrt{A}}$$

mit der Konstante

$$c_0 = \int_0^\pi (\sin v)^{\frac{3}{2}}\ dv.$$

Mit $z = \frac{v}{2}$ wird daraus

$$c_0 = 4\sqrt{2}\int_0^{\frac{\pi}{2}} \sin^{\frac{3}{2}}z\ \cos^{\frac{3}{2}}z\ dz.$$

Nach der Tabelle einiger bestimmter Integrale in [64], 1.1.3.4, gilt

$$\int_0^{\frac{\pi}{2}} \sin^{2\alpha+1}z\ \cos^{2\beta+1}z\ dz = \frac{\Gamma(\alpha+1)\,\Gamma(\beta+1)}{2\Gamma(\alpha+\beta+2)} \quad \text{für beliebige } \alpha,\ \beta,$$

wobei $\Gamma(x)$ die Gamma-Funktion ist [1]. Daher ist

$$c_0 = 2\sqrt{2}\ \frac{\left[\Gamma\left[\frac{5}{4}\right]\right]^2}{\Gamma\left[\frac{5}{2}\right]}.$$

---

[1] Definition, Eigenschaften und Wertetabelle der Gamma-Funktion in [64], 2.2.1.1. und 1.1.2.1 .

b) Wegen $N_J(A) = -\dfrac{\pi}{2c_0}\sqrt{A}$ erhält man das Bild L5 für die nichtlineare und eine typische lineare Ortskurve. Mithin gibt es stets genau eine stabile Grenzschwingung, sofern es sich um die Ortskurve eines Verzögerungssystems handelt und für dessen Ordnung n $3 \le n \le 6$ gilt.

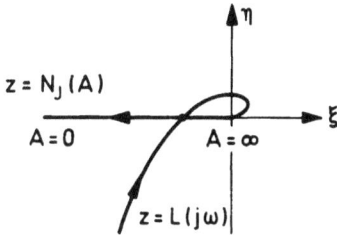

Bild L5

Lösung von Aufgabe 22

a) Mit $e = A\sin v$ ist

$$N(A) = \frac{1}{\pi A} \int\limits_{0}^{2\pi} \left[\alpha A\sin v - \beta A^3\sin^3 v\right]\sin v\, dv\,,$$

also

$$N(A) = \alpha - \frac{3}{4}\beta A^2\,.$$

Bild L6 zeigt die nichtlineare Ortskurve

$$z = N_J(A) = -\frac{1}{\alpha - \frac{3}{4}\beta A^2}\,.$$

Sie verläuft für $A < \sqrt{\dfrac{4}{3}\dfrac{\alpha}{\beta}}$ auf der negativen reellen Achse, springt für $A = \sqrt{\dfrac{4}{3}\dfrac{\alpha}{\beta}}$ von $-\infty$ auf $+\infty$ um und geht dann auf der positiven reellen Achse für $A \to +\infty$ gegen den Nullpunkt.

b) Wie aus Bild L6 hervorgeht, gibt es auf Grund der Harmonischen Balance eine stabile Dauerschwingung nur dann, wenn die lineare Ortskurve den negativen Ast der nichtlinearen Ortskurve schneidet. Die stabile Dauerschwingung ist dann durch den Schnittpunkt mit der kleinsten Frequenz charakterisiert.

Wegen

$$L^{-1}(j\omega) = -\omega(\omega\cos T\omega + \sin T\omega) - j\omega(\omega\sin T\omega - \cos T\omega)$$

erhält man ω_p aus

$$\tan T\omega = \frac{1}{\omega}\,.$$

Die kleinste positive Lösung ω_p dieser transzendenten Gleichung kann man etwa nach Bild 4/26 ermitteln.

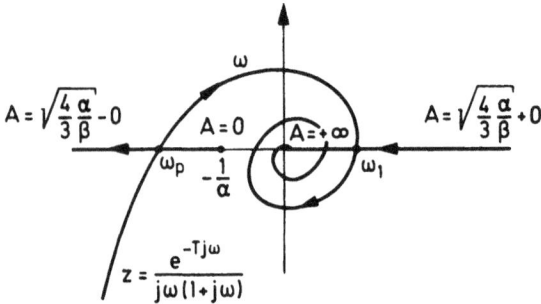

Bild L6

Mit ihr wird

$$\mathrm{Re}\,L^{-1}(j\omega_p) = -\,\omega_p\,\frac{\omega_p + \tan T\omega_p}{\sqrt{1 + \tan^2 T\omega_p}} = -\,\omega_p\,\sqrt{\omega_p^2 + 1}\,.$$

Gemäß $N(A) = -\,\mathrm{Re}\,L^{-1}(j\omega_p)$ wird daher

$$A_p = \sqrt{\frac{4}{3\beta}\left[\alpha - \omega_p\,\sqrt{1 + \omega_p^2}\right]}\,,$$

sofern $-\mathrm{Re}\,L^{-1}(j\omega_p) < \alpha$, also $\mathrm{Re}\,L(j\omega_p) < -\frac{1}{\alpha}$, entsprechend Bild L6.

Lösung von Aufgabe 23

Man zeichnet zunächst die Frequenzkennlinien zu $L(j\omega)$ (mit der Verstärkung 1): Bild L7. Da die Phasenkennlinie die (-180^0)-Linie zweimal schneidet, hat das lineare Teilsystem eine Ortskurve, wie sie qualitativ im Bild L8 wiedergegeben ist.

Aus Bild L7 entnimmt man die Werte

$$\omega_{p1} = 2{,}4 \quad \text{und} \quad \omega_{p2} = 5{,}8\,,$$

für die $\underline{/L(j\omega)} = -180^0$ ist und demgemäß Dauerschwingungen in Frage kommen.

a) Im Fall einer Zweipunktkennlinie wird der *normierte* Frequenzgang des linearen Teilsystems

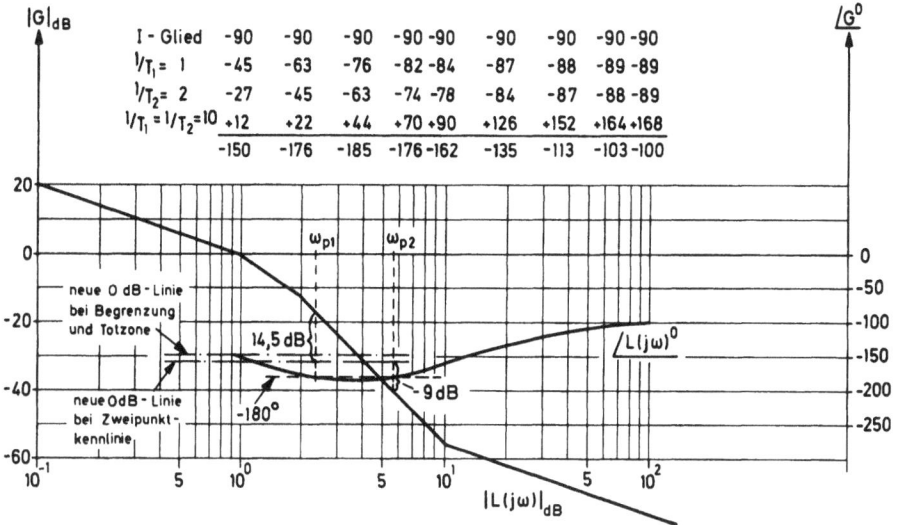

I - Glied	-90	-90	-90	-90	-90	-90	-90	-90	-90
$1/T_1 = 1$	-45	-63	-76	-82	-84	-87	-88	-89	-89
$1/T_2 = 2$	-27	-45	-63	-74	-78	-84	-87	-88	-89
$1/T_1 = 1/T_2 = 10$	+12	+22	+44	+70	+90	+126	+152	+164	+168
	-150	-176	-185	-176	-162	-135	-113	-103	-100

Bild L7

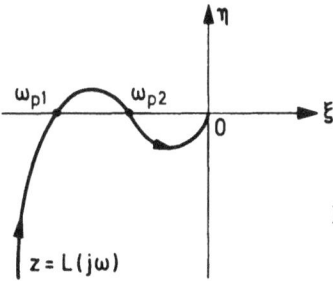

Bild L8

$$L_n(j\omega) = k_n L(j\omega) ,$$

wobei $k_n = \frac{4}{\pi}$ (wegen Bild 4/37 und b = 1). Damit ergibt sich für den Verstärkungsfaktor von $L(j\omega)$:

$$V_n = \frac{4}{\pi}30 = 38,2 , \quad \text{also} \quad V_n = 31,5 \text{ dB} .$$

Man erhält so die in Bild L7 eingezeichnete neue 0-dB-Linie zum Zweipunktglied. Nunmehr liest man ab:

$$|L_n(j\omega_{p1})| = 14,5 \text{dB} , \quad |L_n(j\omega_{p2})| = -9 \text{dB} .$$

Mit diesen Werten bekommt man aus Bild 4/38 (logarithmische Beschreibungsfunktion für das Zweipunktglied)

$$A_{p1} = 5,3 , \quad A_{p2} = 0,35 .$$

Bei der Dauerschwingung mit der größeren Amplitude (und der kleineren Frequenz) handelt es sich um eine stabile Grenzschwingung, weil die nichtlineare Ortskurve die lineare von rechts nach links durchstößt. Hingegen ist die Dauerschwingung mit den Parametern ω_{p2} und A_{p2} instabil.

b) Bei der Begrenzungskennlinie ist nach Bild 4/37

$$k_n = m = 1 \,,$$

sodaß

$$V_n = 30 \quad \text{bzw.} \quad V_n = 29,3 \, \text{dB} \,.$$

Das ergibt die im Bild L7 eingezeichnete neue 0-dB-Linie dieses Falles. Man liest dann ab:

$$|L_n(j\omega_{p1})| = 12,5 \, \text{dB} \,, \quad |L_n(j\omega_{p2})| = -11 \, \text{dB} \,.$$

Da die logarithmische Beschreibungsfunktion der Begrenzung nach Bild 4/40 keine negativen Werte annimmt, gehört zur größeren Frequenz ω_{p2} keine Dauerschwingung. Zu ω_{p1} ergibt sich aus Bild 4/40

$$\alpha_{p1} = \frac{A_{p1}}{a} = 5,3 \,,$$

also wegen a = 1:

$$A_{p1} = 5,3 \,.$$

Denkt man sich die nichtlineare Ortskurve der Begrenzungskennlinie in das Bild L8 eingetragen, so beginnt sie zwischen den Punkten mit ω_{p2} und ω_{p1} und verläuft auf der reellen Achse nach links. Daher ist die obige Dauerschwingung stabil.

c) Für die Totzone erhält man ganz entsprechend wie in b) nur eine Dauerschwingung, und zwar wieder zu ω_{p1}. Sie hat nach Bild 4/41 die Amplitude

$$A_{p1} = 1,55$$

und ist instabil.

Lösung von Aufgabe 24

Obgleich die Kennlinie punktsymmetrisch ist, wird die Dauerschwingung wegen $w \neq 0$ einen Gleichterm enthalten:

$$e = C_p + A_p \sin\omega_p t \,.$$

Zur Ermittlung der drei Schwingungsparameter hat man nach Abschnitt 4.10 folgende Schritte vorzunehmen:

a) Berechnung von

$$\rho = -\frac{1}{k_1} \text{Re} L^{-1}(j\omega_p) \,.$$

Dabei ist k_1 ein Parameter der Kennlinie, den man aus Bild 4/87 entnimmt: k_1 = b = 1. Weiter folgt aus $\mathrm{Im}\,L^{-1}(j\omega) = 0$ die Lösung

$$\omega_p = \sqrt{11}\,.$$

Daher ist

$$\rho = -\frac{1}{10}(1 - \omega_p^2) = 1\,.$$

b) Man bestimmt gemäß (4.183) die Gerade

$$g:\ n_0 = -c\gamma + q \quad \text{bzw.} \quad g:\ \frac{n_0}{q} + \frac{\gamma}{q/c} = 1\,.$$

Darin ist nach (4.182)

$$c = \frac{p_2}{k_0 L(0)}\,,\quad q = \frac{1}{k_0}\left[\frac{W_0 - e_S}{L(0)} - u_S\right].$$

k_0 ist wieder ein Parameter der Kennlinie, den man aus Bild 4/87 zu k_0 = b = 1 entnimmt. p_1 und p_2 sind die Werte, mit denen die Amplitude A und der Gleichterm C normiert sind: $\alpha = A/p_1$, $\gamma = C/p_2$. Beim Zweipunktglied ist nach Bild 4/87 $p_1 = p_2 = 1$. Da die vorliegende Kennlinie symmetrisch ist, liegt ihr Symmetriezentrum im Ursprung: $e_S = 0$, $u_S = 0$. Schließlich ist $L(0)$ = 10. Man erhält so

$$c = 0,1\,,\quad q = 0,15\,,$$

sodaß

$$g:\ \frac{n_0}{0,15} + \frac{\gamma}{1,5} = 1\,.$$

c) Jetzt zieht man die Kurvenblätter des Zweipunktgliedes im Bild 4/89 heran. Man trägt die Gerade g in die n_0-γ-Ebene (Bild 4/89a) ein und stellt ihren Schnittpunkt mit der Kurve zum Parameter $n_1 = \rho = 1$ fest:

$$\gamma_p = 0,25 \quad \text{und} \quad n_{0p} = 0,13\,.$$

d) Nun geht man in die n_0-α-Ebene (Bild 4/89b), sucht wiederum die Kurve mit dem Parameter $n_1 = \rho = 1$ auf und fixiert den Punkt zur Abszisse n_{0p} = 0,13. Seine Ordinate ist

$$\alpha_p = 1,25\,.$$

Somit ist

$$\omega_p = \sqrt{11} = 3,32\,,$$
$$A_p = p_1\alpha_p = 1,25\,,$$
$$C_p = p_2\gamma_p = 0,25\,.$$

Lösung von Aufgabe 25

Da in der Rückführung kein Block liegt, kann man das Zweipunktglied mit Hysterese in der Wirkungsrichtung über den Soll–Istwert–Vergleich verschieben und dann mit der Begrenzung zu *einer* Kennlinie zusammenfassen.

a) Die Vertauschung mit einer Umpolstelle (Vorzeichenwechsel) ist für jede punktsymmetrische Kennlinie durchführbar. Man betrachte etwa die Kennlinie in Bild L9:

$$u = \begin{cases} F_u(e), & \dot{e} > 0, \\ F_o(e), & \dot{e} < 0. \end{cases}$$

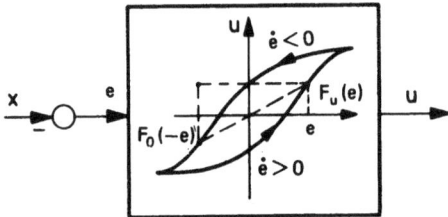

Bild L9

Wegen $F_u(e) = -F_o(-e)$ und $F_o(e) = -F_u(-e)$ kann man dafür auch schreiben

$$u = \begin{cases} -F_o(-e), & \dot{e} > 0, \\ -F_u(-e), & \dot{e} < 0. \end{cases}$$

Wegen $e = -x$, also $\dot{e} = -\dot{x}$, wird daraus

$$u = \begin{cases} -F_o(x), & \dot{x} < 0, \\ -F_u(x), & \dot{x} > 0 \end{cases}$$

oder

$$u = -v, \quad v = \begin{cases} F_u(x), & \dot{x} > 0, \\ F_o(x), & \dot{x} < 0. \end{cases}$$

Die letzten beiden Beziehungen bringen zum Ausdruck, daß der Vorzeichenwechsel jetzt *hinter* der Kennlinie erfolgt.

b) Man erhält so die Reihenschaltung zweier Kennlinien im Bild L10, links. Betrachten wir etwa den Fall $d \leq a$, also $-d \geq -a$. Dann gilt für $\dot{e} > 0$:

$$y = \begin{cases} -d, & e < c, \\ d, & e > c, \end{cases} \quad \text{also} \quad u = \begin{cases} -md, & e < c, \\ md, & e > c. \end{cases}$$

Entsprechend für $\dot{e} < 0$:

$$y = \begin{cases} -d, & e < -c, \\ d, & e > -c, \end{cases} \quad \text{also} \quad u = \begin{cases} -md, & e < -c, \\ md, & e > -c. \end{cases}$$

Der resultierende Zusammenhang zwischen e und u wird daher wieder durch eine Zweipunktkennlinie mit Hysterese dargestellt, wobei die Hystereseschleife die halbe Breite c und die Höhe $h = md = \frac{b}{a}d$ hat (Bild L10, rechts).

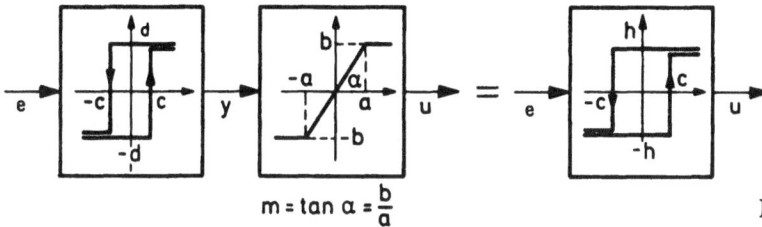

$$m = \tan \alpha = \frac{b}{a}$$

Bild L10

Durch die gleiche Betrachtung erhält man auch im Fall d > a ein Zweipunktglied mit Hysterese, wobei lediglich h = b ist.

c) Auf den so erhaltenen Standardregelkreis aus einem Zweipunktglied mit Hysterese und einem linearen Teilsystem 2. Ordnung kann man nun die Harmonische Balance gemäß Unterabschnitt 4.4.3 anwenden.

Lösung von Aufgabe 26

a) Hier ist

$$L_1(j\omega) = \frac{1}{j\omega}, \quad \text{also} \quad |L_1(j\omega)| = \frac{1}{\omega},$$

$$L_2(j\omega) = \frac{1}{(1+j\omega)^2}, \quad \text{also} \quad |L_2(j\omega)| = \frac{1}{1+\omega^2},$$

$$L^{-1}(j\omega) = (L_1 L_2)^{-1} = j\omega(1 + 2j\omega - \omega^2),$$

$$N_1(A) = \frac{4}{\pi A}, \quad N_2(B) = \frac{8}{\pi B}.$$

Damit lauten die Gleichungen (4.119), (4.120), (4.121):

$$\text{Im}L^{-1}(j\omega) = \omega(1 - \omega^2) = 0, \text{ so daß } \omega_p = 1;$$

$$B = \frac{1}{\omega_p} \cdot \frac{4}{\pi A} \cdot A = \frac{4}{\pi \omega_p};$$

$$A = \frac{1}{1+\omega_p^2} \cdot \frac{8}{\pi B} \cdot B = \frac{8}{\pi} \frac{1}{1+\omega_p^2}.$$

Also ist

$$B_p = \frac{4}{\pi}, \quad A_p = \frac{4}{\pi}.$$

b) Um die Beschreibungsfunktion N des gestrichelt eingerahmten Blocks im Bild A9 zu gewinnen, geht man auf die allgemeine Definition der Beschreibungsfunktion zurück. Man denkt sich $e = A\sin\omega t = A\sin v$ aufgeschaltet und rechnet nacheinander die Zeitfunktionen $u_1(v)$, $y(v)$ und $u_2(v)$ exakt aus. Durch Fourierentwicklung berechnet man die Grundschwingung von $u_2(v)$. Dann ist

$$N = \frac{\tilde{u}_2}{\tilde{e}}$$

die gesuchte Beschreibungsfunktion (wobei das Schlange-Symbol wieder die Zeigerdarstellung bezeichnet).

Im vorliegenden Fall erhält man bei Aufschaltung von $e = A\sin v$ nacheinander die im Bild L11 aufgezeichneten Funktionen. Bei der Berechnung der Funktion y ist zu beachten, daß sie symmetrisch zur v-Achse liegen muß, da keine Gleichterme auftreten können.

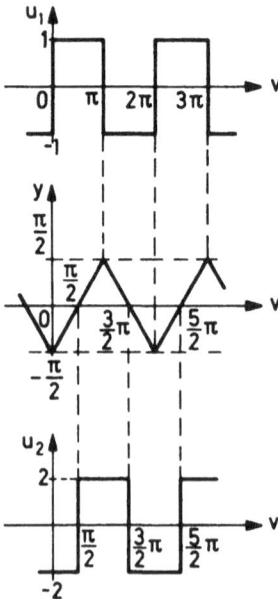

Bild L11

$u_2(v)$ ist eine gerade Funktion. Daher ist ihre Grundschwingung

$$a_2\cos v = a_2\sin(v + \tfrac{\pi}{2}), \quad v = \omega t,$$

mit

$$a_2 = \frac{2}{\pi} \int\limits_{\frac{\pi}{2}}^{\frac{3}{2}\pi} 2\cos v \, dv = -\frac{8}{\pi}.$$

Für die Zeigerdarstellung ergibt sich daraus $\tilde{u}_2 = -\frac{8}{\pi} e^{j(v+\frac{\pi}{2})}$,

also wegen $e^{j\frac{\pi}{2}} = j:$ $\tilde{u}_2 = -j\frac{8}{\pi} e^{jv}$.

Wegen $\tilde{e} = A e^{jv}$ wird somit $N(A) = \frac{\tilde{u}_2}{\tilde{e}} = -\frac{8}{\pi A}j$.

Anstelle der Regelung im Bild A9 kann man also im Zustand der Harmonischen Balance die Regelung im Bild L12 untersuchen, die wieder vom Standardtyp ist.

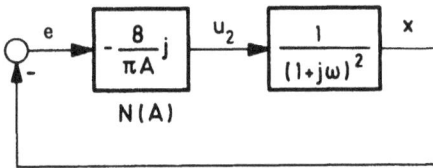

Bild L12

Die nichtlineare Ortskurve ist durch

$$z = N_J(A) = -\frac{8}{\pi}Aj$$

gegeben und im Bild L13 skizziert. Man ersieht aus ihm, daß es genau eine Dauerschwingung gibt, die stabil ist. Man erhält nun in üblicher Weise ihre Parameter aus

$$N(A) = -L^{-1}(j\omega), \quad \text{d.h.} \quad -\frac{8}{\pi A}j = -(1 + j\omega)^2:$$

$$\omega_p = 1, \quad A_p = \frac{4}{\pi}.$$

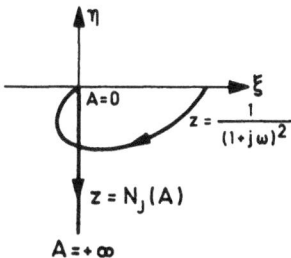

Bild L13

Damit ist das in a) erhaltene Ergebnis legitimiert. Vollständige Übereinstimmung beider Resultate, wie sie hier vorliegt, wird sich bei komplizierteren Verhältnissen allerdings nicht einstellen. Auch ist zu beachten, daß man mit der Methode b) keine Aussage über Amplituden von Schwingungen *innerhalb* des umfassenden nichtlinearen Blocks machen kann. Die Abweichung vom wahren Wert wird dann größer sein. Dies gilt im vorliegenden Fall für B_p. Für die wahre Amplitude von y liest man aus Bild L11 $\frac{\pi}{2} = 1{,}57$ ab, während sich unter a) $B_p = \frac{4}{\pi} = 1{,}27$ ergab. Die Abweichung beträgt somit 19%.

Lösung von Aufgabe 27

a) Damit man die Kennlinie $F(y,\dot{y})$ im Zustand des Schwingungsgleichgewichts durch die Beschreibungsfunktion charakterisieren kann, muß ihre Eingangsgröße näherungsweise sinusförmig sein, denn dies wird bei der Definition der Beschreibungsfunktion angenommen. Das wird der Fall sein, wenn das *Teilsystem mit* $L_2(s)$ *ein genügend starker Tiefpaß* ist. Das Verhalten der beiden anderen linearen Teilsysteme spielt in dieser Hinsicht keine Rolle. Zur Vermeidung von Gleichtermen wird man weiterhin Punktsymmetrie der Kennlinie (sowie monotones Steigen) annehmen. Ihre Beschreibungsfunktion sei dann N(A).

Im Zustand der Harmonischen Balance kann man die Beschreibungsfunktion wie einen Frequenzgang mit anderen Frequenzgängen verknüpfen (wie aus den Zeigerdarstellungen sofort folgt). Daher kann man die Beschreibungsfunktion der inneren Schleife im Bild A10 unmittelbar dort ablesen:

$$N_1(A,\omega) = \frac{L_2(j\omega)}{1+L_2(j\omega)N(A)}\;.$$

Damit folgt die Gleichung der Harmonischen Balance in der üblichen Weise:

$$L_1(j\omega)N_1(A,\omega)L_3(j\omega) = -1\;,$$

und daraus durch einfache Umformung

$$\left[L_1(j\omega)L_3(j\omega)\right]^{-1}N(a) = -1 - \left[L_1(j\omega)L_2(j\omega)L_3(j\omega)\right]^{-1}\;.$$

Ist die Kennlinie eindeutig und N(A) daher reell, so kann man für die letzte Gleichung schreiben:

$$N(A)\,\mathrm{Re}\left[L_1(j\omega)L_3(j\omega)\right]^{-1} = -1 - \mathrm{Re}\,L^{-1}(j\omega)\;, \tag{L1}$$

$$N(A)\,\mathrm{Im}\left[L_1(j\omega)L_3(j\omega)\right]^{-1} = -\mathrm{Im}\,L^{-1}(j\omega)\;, \tag{L2}$$

wobei abkürzend $L = L_1 L_2 L_3$ gesetzt ist.

b) Mit

$$N(A) = \frac{4b}{\pi A}\;, \quad (L_1 L_3)^{-1} = j\frac{\omega}{K}\;,$$

$$L^{-1} = -\frac{2T\omega^2}{K} + j\frac{\omega}{K}(1 - T^2\omega^2)$$

erhält man aus (L1) und (L2)

$$\omega_p = \sqrt{\frac{K}{2T}} \quad \text{und} \quad A_p = \frac{8b}{\pi}\frac{1}{KT-2} .$$

Für $KT > 2$ hat man also mit einer Dauerschwingung zu rechnen.

Lösung von Aufgabe 28

Der lineare Anteil ist durch $\ddot{x} + \omega_0^2 x$ gegeben, so daß

$$P(j\omega) = (j\omega)^2 + \omega_0^2 = \omega_0^2 - \omega^2$$

ist. Die Nichtlinearität

$$F(x,\dot{x}) = \alpha x^3 + r\,\text{sgn}\,\dot{x}$$

entsteht durch Parallelschaltung zweier Kennlinien. Daher erhält man ihre Beschreibungsfunktion als Summe der beiden Beschreibungsfunktionen N_1 zu αx^3 und N_2 zu $r\,\text{sgn}\,\dot{x}$. Hiervon ist N_1 gemäß (4.210) bereits bekannt:

$$N_1(A) = \frac{3}{4}\alpha A^2 .$$

Die Kennlinie $u = r\,\text{sgn}\,\dot{x}$ unterscheidet sich dadurch von der Zweipunktkennlinie, daß die Signumfunktion nicht von e, sondern von der Ableitung $\dot{x}$ abhängt. Wegen $x = A\sin\omega t = A\sin v$, also $\dot{x} = \omega A\cos v$ ist

$$\text{sgn}\,\dot{x} = \text{sgn}(\omega A\cos v) = \text{sgn}(\cos v) ,$$

da A und $\omega > 0$ sind und das Vorzeichen deshalb allein von der cos–Funktion bestimmt wird. Nach (4.196) und (4.197) ist nun

$$\text{Re}\,N_2(A) = \frac{r}{\pi A}\int_0^{2\pi}\text{sgn}(\cos v)\sin v\,dv ,$$

$$\text{Im}\,N_2(A) = \frac{r}{\pi A}\int_0^{2\pi}\text{sgn}(\cos v)\cos v\,dv .$$

Da $\text{sgn}(\cos v)$ gerade ist, wird $\text{Re}\,N_2(A) = 0$ und weiter nach Bild L14

$$\text{Im}\,N_2(A) = \frac{2r}{\pi A}\int_{\frac{\pi}{2}}^{\frac{3}{2}\pi}(-1)\cos v\,dv = \frac{4r}{\pi A} .$$

Daher ist

$$N_2(A) = j\frac{4r}{\pi A} \, .$$

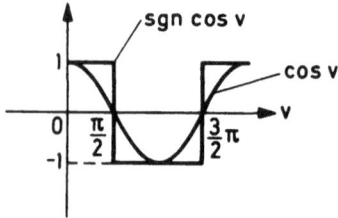

Bild L14

Die Beschreibungsfunktion der gesamten Nichtlinearität $F(x,\dot{x})$ wird so

$$N(A) = N_1(A) + N_2(A) = \frac{3}{4}\alpha A^2 + j\frac{4r}{\pi A} \, .$$

Hiermit erhält man aus (4.203), (4.204) die Gleichungen der Harmonischen Balance des vorliegenden Problems:

$$\left[\frac{3}{4}\alpha A + \omega_0^2 - \omega^2\right]^2 + \left[\frac{4r}{\pi A}\right]^2 = \left[\frac{E}{A}\right]^2 \, , \tag{L3}$$

$$\tan(-\varphi) = \frac{4r \,/\, \pi A}{\frac{3}{4}\alpha A^2 + \omega_0^2 - \omega^2} \, .$$

Aus diesen Gleichungen kann man A und φ in Abhängigkeit von ω berechnen. Insbesondere wird aus (L3)

$$\frac{3}{4}\alpha A^2 + \omega_0^2 - \omega^2 = \pm\frac{E}{A}\sqrt{1 - \left[\frac{4r}{\pi E}\right]^2}$$

oder

$$\omega^2 = \omega_0^2 + \frac{3}{4}\alpha A^2 \pm \frac{E_r}{A} \tag{L4}$$

mit

$$E_r = E\sqrt{1 - \left[\frac{4r}{\pi E}\right]^2} \, .$$

Damit Dauerschwingungen auftreten können, muß also

$$r \le \frac{\pi}{4}E$$

sein: Der Reibungswiderstand darf im Vergleich zur äußeren Anregung nicht zu groß sein.

Lösung von Aufgabe 29

a) Wählt man den Regler in der angegebenen Weise, so erhält man die Struktur im Bild L15 mit $T_1 = 1$ und $T_2 = 0{,}1$.

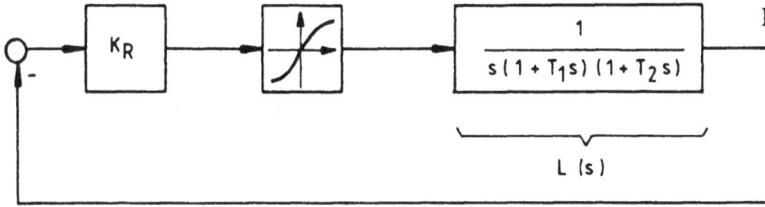

Bild L15

Daraus ergibt sich für die Popow-Ortskurve $z = L_p(j\omega) = \xi(\omega) + j\eta(\omega)$:

$$\xi(\omega) = \mathrm{Re}L(j\omega) = -\frac{T_1+T_2}{(T_1+T_2)^2\omega^2+(1-T_1T_2\omega^2)^2},$$

$$\eta(\omega) = \omega\mathrm{Im}L(j\omega) = -\frac{1-T_1T_2\omega^2}{(T_1+T_2)^2\omega^2+(1-T_1T_2\omega^2)^2}, \quad 0 \le \omega < +\infty.$$

Speziell für $\omega = 0$ folgt daraus:

$$\xi(0) = -(T_1+T_2) = -1,1, \quad \eta(0) = -1.$$

Für den Schnittpunkt mit der reellen Achse (ξ-Achse) wird $1-T_1T_2\omega^2 = 0$, also

$$\omega_S^2 = \frac{1}{T_1T_2}$$

und damit

$$\xi(\omega_S) = -\frac{T_1T_2}{T_1+T_2} = -\frac{0,1}{1,1} = -\frac{1}{11}.$$

Die punktweise Aufzeichnung der Popow-Ortskurve liefert das Bild L16.

Aus ihm liest man ab, daß $-\frac{1}{K_p} = -\frac{1}{11}$, also $K_p = 11$ ist. Die maximale Steigung der Kennlinie im Bild A11b ist 2. Sie ist nach Bild L15 noch mit der Reglerverstärkung K_R zu multiplizieren, da die Verstärkung des linearen Teilsystems zur Kennlinie geschlagen wird. Soll die so entstehende Kennlinie im Sektor $[\epsilon, K_p - \epsilon]$ liegen, wird man $2K_R < K_p$ wählen, also $K_R < 5,5$.

b) Ist die Kennlinie zeitveränderlich, so ist der Parameter q in der Popow-Ungleichung gleich Null zu wählen (Ende von Abschnitt 5.3). Das bedeutet geometrisch: Die Popow-Gerade steht senkrecht auf der reellen Achse. Wie stets muß die Popow-Ortskurve rechts von ihr liegen. Im Bild L16 ist die am weitesten rechts liegende derartige Gerade gestrichelt eingezeichnet. Für den gesicherten Sektor der absoluten Stabilität erhält man so

$$-\frac{1}{K_p^*} = -1,1\,, \quad \text{also} \quad K_p^* = 0,91\,.$$

Da die maximale Steigung der zeitvarianten Kennlinie 2,5 betragen kann, ist $2,5\,K_R < 0,91$ oder $K_R < 0,36$ zu wählen. Dann ist die Regelung auch bei zeitvarianter Kennlinie global asymptotisch stabil.

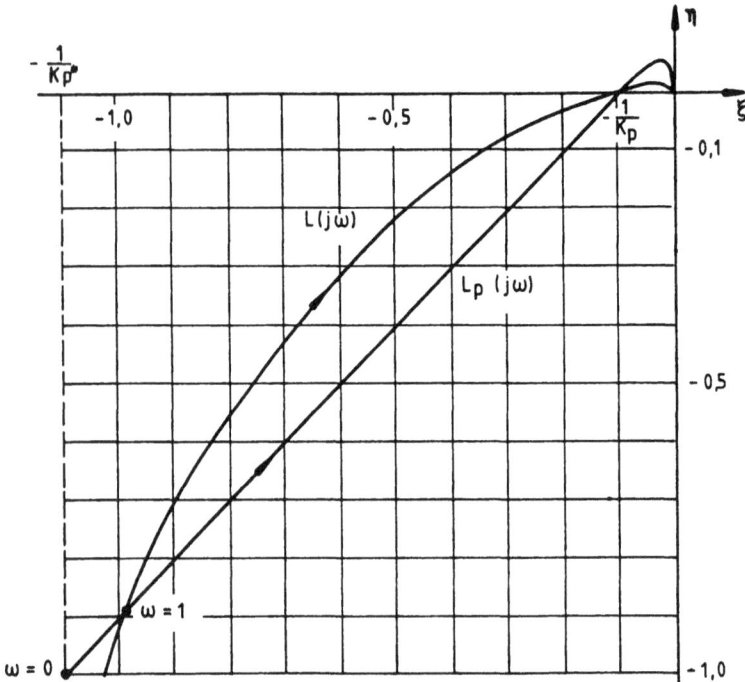

Bild L16

Lösung von Aufgabe 30

Durch Anlegen einer Wertetabelle sieht man, daß $s_1 = \frac{1}{2}$ Pol von $L(s)$ ist, Weiterhin ist $(s^3 + \frac{3}{2}s^2 + s - 1):(s - \frac{1}{2}) = s^2 + 2s + 2$. Die Nullstellen dieses quadratischen Polynoms sind $s_{2,3} = -1 \pm j$.

Man ermittelt zunächst den Hurwitz–Sektor, was mittels des Hurwitz–Kriteriums (oder Routh–Kriteriums), des Nyquist–Kriteriums oder des Wurzelortsverfahren geschehen kann. Am anschaulichsten ist die letzte Vorgehensweise. Bild L17a zeigt den linearen Regelkreis.

Seine charakteristische Gleichung ist

$$s^3 + \frac{3}{2}s^2 + s - 1 + k = 0\,,$$

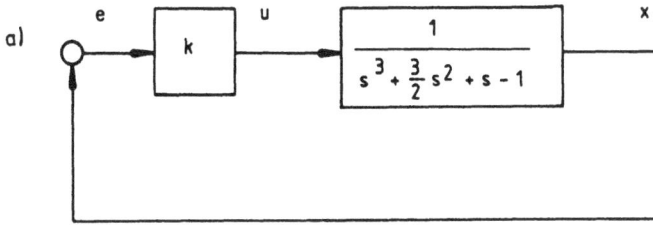

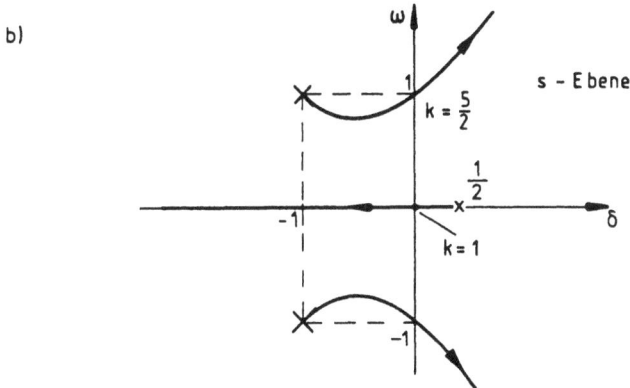

Bild L17

seine Wurzelortskurve ist im Bild L17b skizziert. Ihre Schnittpunkte mit der imaginären Achse erhält man aus der Gleichung

$$(j\omega)^3 + \frac{3}{2}(j\omega)^2 + (j\omega) - 1 + k = 0 ,$$

also aus den beiden Gleichungen

$$k - \frac{3}{2}\omega^2 - 1 = 0 , \tag{L5}$$

$$\omega(1 - \omega^2) = 0 . \tag{L6}$$

Aus (L6) folgt für die Schnittpunktsordinaten

$$\omega_1 = 0 \quad \text{und} \quad \omega_{2,3} = \pm 1 .$$

Damit resultiert aus (L5) für den Schnittpunktsparameter

$$k_1 = 1 \quad \text{und } k_{2,3} = \frac{5}{2} .$$

Die drei Nullstellen der charakteristischen Gleichung zur linearen Regelung aus Bild L17a liegen somit genau dann links der j-Achse, wenn

$$1 < k < \frac{5}{2} \tag{L7}$$

gilt. Damit ist der Hurwitz-Sektor bestimmt.

Jetzt nimmt man eine Sektortransformation vor:

$$u = u^* - 1 \cdot e .$$

Dann wird aus L(s)

$$L^*(s) = \frac{L(s)}{1+1 \cdot L(s)} = \frac{1}{s^3 + \frac{3}{2}s^2 + s} = \frac{1}{s} \cdot \frac{1}{s^2 + \frac{3}{2}s + 1} . \tag{L8}$$

Dieses lineare Teilsystem zeigt I-Verhalten mit $V^* = 1$. Der zugehörige lineare Regelkreis ist deshalb grenzstabil (Abschnitt 5.2).

Man könnte nun die Popow-Ortskurve zeichnen und den Popow-Sektor feststellen. Diese Arbeit kann man sich jedoch sparen, weil man weiß, daß für ein lineares Teilsystem vom Typ (L8) die Aisermansche Vermutung gilt. Die zugehörige nichtlineare Standardregelung ist daher absolut stabil im Hurwitz-Sektor. Das ist, nach Rücktransformation, gerade der Sektor (L7). Somit ist die nichtlineare Regelung aus Bild A12 absolut stabil im Sektor $[1+\epsilon, \frac{5}{2} - \epsilon]$ mit einem beliebig kleinen positiven ϵ.

Lösung von Aufgabe 31

Die Ortskurve $z = L(j\omega)$ des linearen Teilsystems aus Bild A12 wurde im Bild L18 punktweise aufgezeichnet. Da sie eine ungewöhnliche Lage aufweist, ist die gesamte Ortskurve gezeichnet und nicht nur, wie meist üblich, ihre positive Hälfte ($\omega > 0$). Die ungewöhnliche Lage wird dadurch hervorgerufen, daß ein Pol des linearen Teilsystems rechts der j-Achse liegt ($s = \frac{1}{2}$).

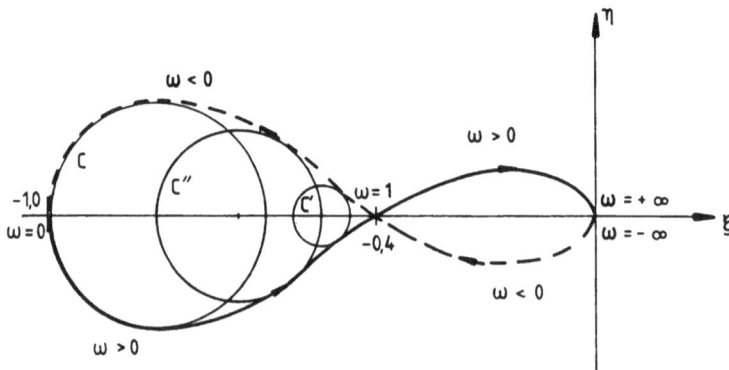

Bild L18

Aus diesem Grund muß die kritische Scheibe genau einmal im Gegenzeigersinn von der Ortskurve $z = L(j\omega)$ umlaufen werden, wenn die absolute Stabilität gesichert sein soll (Abschnitt 5.8.2). Daher hat man bei der Anwendung des Kreiskriteriums die Kreise in die linke Schlaufe der Ortskurve zu legen.

Drei solche Kreise sind eingezeichnet. Da der Kreis C die reelle Achse in den Punkten $-\frac{1}{K_1} = -1$ und $-\frac{1}{K_2} = -0,6$ schneidet, ist $K_1 = 1$ und $K_2 = \frac{5}{3}$.

Daher herrscht absolute Stabilität im Sektor $[1+\epsilon, \frac{5}{3}-\epsilon]$. Der Kreis C' schneidet die reelle Achse an den Stellen $-0,55$ und $-0,45$. Durch ihn wird daher die absolute Stabilität im Sektor $[1,82; 2,22]$ gesichert. Der Kreis C'' nimmt eine Zwischenstellung ein. Für ihn erhält man etwa den Sektor $[1,25; 2]$.

Das Popow-Kriterium kann auf den vorliegenden Regelkreis erst nach einer Sektortransformation angewandt werden, wie sie bei der Lösung der vorigen Aufgabe durchgeführt wurde. Sie führte auf

$$L^*(j\omega) = \frac{1}{j\omega} \cdot \frac{1}{(j\omega)^2 + \frac{3}{2}j\omega + 1}.$$

Ist die Kennlinie zeitvariant, so ist im Popow-Kriterium q = 0 zu wählen, was der vertikalen Stellung der Popow-Geraden entspricht. Im Grenzfall (kritische Gerade) geht sie durch den am weitesten links gelegenen Punkt der Popow-Ortskurve. Bei der Gestalt, welche die vorliegende Ortskurve z = $L^*(j\omega)$ hat, fällt die kritische Gerade mit deren Asymptote zusammen (Bild L19). Nach Bild 5/9 ergibt sich für die Abszisse der Asymptote

$$-\frac{1}{K_p^*} = b_1 - a_1 = 0 - \frac{3}{2}.$$

Das Popow-Kriterium sichert daher absolute Stabilität des transformierten Systems im Sektor $[\epsilon, \frac{2}{3}-\epsilon]$. Für das ursprüngliche System bedeutet das absolute Stabilität im Sektor $[1+\epsilon, 1+\frac{2}{3}-\epsilon]$. Das ist gerade der Sektor der absoluten Stabilität, welcher durch den Kreis C garantiert wird.

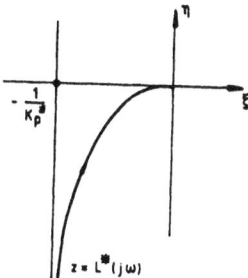

Bild L19

Lösung von Aufgabe 32

a) Laplace-Transformation der Zustandsgleichungen ergibt (bei verschwindenden Anfangswerten)

$$sX_1 = -X_1 + 6X_2 + W,$$

$$sX_2 = -X_1 - 2X_2 + W,$$

$$Y = 3X_1 + 21X_2.$$

Aus den beiden ersten Gleichungen erhält man

$$\begin{bmatrix} s+1 & -6 \\ 1 & s+2 \end{bmatrix} \begin{bmatrix} X_1 \\ X_2 \end{bmatrix} = \begin{bmatrix} W \\ W \end{bmatrix}$$

und aufgelöst nach X_1, X_2:

$$X_1 = \frac{s+8}{s^2+3s+8} W,$$

$$X_2 = \frac{s}{s^2+3s+8} W.$$

Eingesetzt in die Ausgangsgleichung ergibt sich

$$Y = \frac{24s+24}{s^2+3s+8} W,$$

also

$$G(s) = \frac{24s+24}{s^2+3s+8}.$$

b) Berechnung der Pole von G(s):

$$\lambda_{1,2} = -\frac{3}{2} \pm \sqrt{\frac{9}{4}-8} = -\frac{3}{2} \pm j\frac{1}{2}\sqrt{23}.$$

Die Pole von G(s) liegen also links der j−Achse.

Berechnung des Realteils von $G(j\omega)$:

$$\mathrm{Re}\,G(j\omega) = \mathrm{Re}\frac{24j\omega+24}{3j\omega-\omega^2+8} = \mathrm{Re}\frac{(24j\omega+24)(8-\omega^2-3j\omega)}{(8-\omega^2)^2+9\omega^2} =$$

$$= 48\frac{4+\omega^2}{(8-\omega^2)^2+9\omega^2} > 0 \quad \text{für } \omega \geq 0.$$

Damit folgt nach Satz (6.34), daß G(s) streng positiv reell ist.

c) Es ist

$$u = r(x_1,x_2) = 1 - e^{3x_1+21x_2} = 1 - e^y.$$

Das Eingrößensystem hat dann die im Bild L20 angegeben Struktur. Sie ist ein Spezialfall der Struktur von Bild 6/2. Für die in der Rückführung gelegene Nichtlinearität gilt

$$\int_0^t v(\tau)y(\tau)d\tau = \int_0^t \left[e^{y(\tau)} - 1\right]y(\tau)d\tau.$$

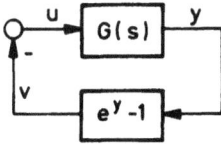

Bild L20

Darin ist $e^y \leq 1$ für $y \leq 0$, $e^y \geq 1$ für $y \geq 0$. Also ist das Produkt $(e^y - 1)y$ stets $\geq$ 0. Infolgedessen gilt

$$\int_0^t v(\tau)y(\tau)d\tau \geq -\epsilon_0^2 \quad \text{für alle } t \geq 0,$$

und zwar für ein beliebiges positives ϵ_0. Somit ist die Popowsche-Integralungleichung erfüllt.

Das dynamische System im Vorwärtszweig hat nach b) eine streng positiv reelle Übertragungsfunktion $G(s)$. Es ist daher nach (6.41) asymptotisch hyperstabil. Gemäß (6.19) ist deshalb die Regelung von Bild L20 und somit das gegebene Eingrößensystem asymptotisch hyperstabil. Daraus folgt insbesondere, daß die Ruhelage $\underline{x}_R = \underline{0}$, $u_R = 0$ des nichtlinearen Eingrößensystems global asymptotisch stabil ist.

Lösung von Aufgabe 33

a) Das Mehrgrößensystem besitzt keinen Durchgriff, d.h. $\underline{D} = \underline{0}$. Wegen $\underline{D} + \underline{D}^T$ $= \underline{V}^T\underline{V}$ kann deshalb die frei wählbare Matrix $\underline{V}$ zu $\underline{V} = \underline{0}$ angenommen werden. Das Mehrgrößensystem ist damit genau dann asymptotisch hyperstabil, wenn sich eine reguläre Matrix $\underline{L}$ sowie eine positiv definite Matrix $\underline{P}$ finden lassen, sodaß das Gleichungssystem

$$\underline{A}^T\underline{P} + \underline{P}\underline{A} = -\underline{L}\underline{L}^T,$$

$$\underline{P}\underline{B} = \underline{C}^T$$

gilt. Da im vorliegenden Fall $\underline{B} = \underline{C} = \underline{I}$ ist, muß auch $\underline{P} = \underline{I}$ sein. Dann muß weiter gelten:

$$\underline{L}\underline{L}^T = -(\underline{A}^T + \underline{A}) = \begin{bmatrix} 4 & 0 \\ 0 & 6 \end{bmatrix}.$$

Diese Gleichung ist erfüllt für

$$\underline{L} = \begin{bmatrix} 2 & 0 \\ 0 & \sqrt{6} \end{bmatrix}.$$

b) Aus der bisherigen Eingangsmatrix $\underline{B}$ wird durch die Vertauschung der Eingangsgrößen die Eingangsmatrix

$$\hat{\underline{B}} = \begin{bmatrix} 0 & 1 \\ 1 & 0 \end{bmatrix} .$$

Wegen $\underline{D} = \underline{0}$ lautet die letzte Kalman–Jakubowitch–Gleichung (6.43c)

$$\underline{V}^T \underline{V} = \underline{0} .$$

Bezeichnet man die Spaltenvektoren von $\underline{V}$ mit $\underline{v}_1, ..., \underline{v}_p$, so sind die Diagonalelemente der Matrix $\underline{V}^T \underline{V}$ durch $\underline{v}_i^T \underline{v}_i = 0$, $i = 1, ..., p$ gegeben. Daher ist $\underline{v}_i = \underline{0}$, $i = 1, ..., p$, und damit $\underline{V} = \underline{0}$.

Aus der zweiten Kalman–Jakubowitch–Gleichung wird so

$$\underline{P} \hat{\underline{B}} = \underline{C}^T ,$$

also wegen $\underline{C} = \underline{I}$,

$$P = \hat{B}^{-1} = \begin{bmatrix} 0 & 1 \\ 1 & 0 \end{bmatrix} .$$

Wie man z.B. mittels des Sylvester–Kriteriums sieht, ist $\underline{P}$ nicht positiv definit. Die Kalman–Jakubowitch–Gleichungen sind daher nicht in der erforderlichen Weise erfüllbar. Daher ist das Mehrgrößensystem nach der Vertauschung der Eingangsgrößen nicht mehr hyperstabil.

c) Gemäß dem Vorschlag in der Aufgabenstellung schreibt man das nichtlineare System in der folgenden Weise um:

$$\dot{x}_1 = -2x_1 + x_2 + u_1 , \quad u_1 = x_2^3 ,$$
$$\dot{x}_2 = -x_1 - 3x_2 + u_2 ,$$
$$y_1 = x_1 ,$$
$$y_2 = x_2 ,$$

wobei

$$u_2 = u = -r(x_1, x_2) = -r(y_1, y_2) ,$$
$$y_2 = y$$

ist. Das so geschriebene nichtlineare System hat die im Bild L21 dargestellte Struktur. Sie entspricht der allgemeinen Struktur im Bild 6/2.

Das im Vorwärtszweig gelegene lineare System ist das in a) betrachtete System und wurde dort als asymptotisch hyperstabil nachgewiesen. Für die strichpunktiert eingerahmte Nichtlinearität im Rückwärtszweig gilt

$$\underline{v} = \begin{bmatrix} v_1 \\ v_2 \end{bmatrix} = \begin{bmatrix} -y_2^2 \\ r(y_1, y_2) \end{bmatrix} = \underline{f}(\underline{y}) .$$

Daher lautet das Integral der Popowschen Integralungleichung

$$\int_0^t \underline{v}^T(\tau)\underline{y}(\tau)d\tau = \int_0^t (v_1 y_1 + v_2 y_2)d\tau = \int_0^t \left[-y_2^2 y_1 + r(y_1,y_2)y_2\right] d\tau .$$

Die Popowsche Integralungleichung

$$\int_0^t \underline{v}^T(\tau)\underline{y}(\tau)d\tau \geq -\epsilon_0^2 \quad \text{für alle } t , \quad \epsilon_0 > 0 ,$$

ist daher gewiß erfüllt, wenn $-y_2^2 y_1 + ry_2 \equiv 0$ ist, was für

$$r = y_1 y_2$$

zutrifft. Wählt man deshalb

$$u = -y_1 y_2 = -x_1 x_2 ,$$

so ist die so erhaltene Rückführungsstruktur nach Satz (6.43) asymptotisch hyperstabil.

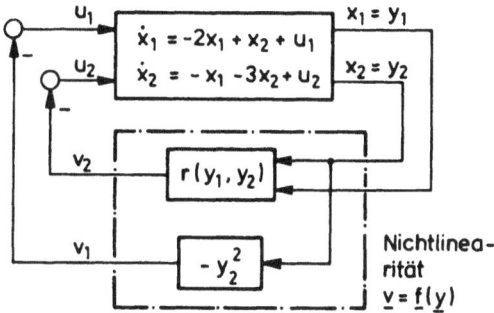

Bild L21

Lösung von Aufgabe 34

a) In der Ruhelage gilt $\underline{\dot{x}} = 0$. Für $\underline{u} = \underline{0}$ lauten die Zustandsgleichungen in der Ruhelage demnach:

$$0 = x_1^2, \quad 0 = x_4, \quad 0 = 8x_3 + x_4, \quad 0 = x_2^3 + \sin x_4 .$$

Dieses Gleichungssystem besitzt nur die Lösung $\underline{x} = \underline{0}$. Folglich ist $\underline{x} = \underline{0}$ die einzige Ruhelage des Systems im Fall $\underline{u} = \underline{0}$.

b) Da es sich um ein Mehrgrößensystem handelt, versteht man unter der Differenzordnung des Systems die Summe der Differenzordnungen bezüglich sämtlicher Ausgangsgrößen. Dabei ist die Differenzordnung bezüglich der Ausgangsgröße y_i die niedrigste zeitliche Ableitung von y_i, auf welche der Steuervektor u direkt einwirkt. Durch sukzessives Ableiten der Ausgangsgröße y_i läßt sich die Differenzordnung ohne viel Rechnung bestimmen. Damit ergibt sich für y_1

$$\dot{y}_1 = \dot{x}_1 = x_1^2 + u_1 \,,$$

für y_2

$$\dot{y}_2 = \dot{x}_2 = x_4 + u_1 \,.$$

Da in beiden Fällen die Eingangsgröße u_1 direkt auf die 1. Ableitung der Ausgangsgröße einwirkt, beträgt die Differenzordnung jeweils 1. Die Differenzordnung des Systems ergibt sich als Summe der Differenzordnungen bezüglich sämtlicher Ausgangsgrößen, hier also zu $\delta = 2$.

c) Der Entwurf einer Entkopplungsregelung erfordert die Inversion der Entkopplungsmatrix $\underline{D}^*$. Dieser Schritt läßt sich genau dann durchführen, wenn die Determinante von $\underline{D}^*$ nicht verschwindet.

Nach Formel (7.48) ergibt sich $\underline{D}^*$ zu

$$\underline{D}^* = \begin{bmatrix} \left[\dfrac{d}{d\underline{x}}c_1(\underline{x})\right]^T \underline{B}(\underline{x}) \\[2ex] \left[\dfrac{d}{d\underline{x}}c_2(\underline{x})\right]^T \underline{B}(\underline{x}) \end{bmatrix} .$$

Wegen $c_1(\underline{x}) = x_1$ und $c_2(\underline{x}) = x_2$ ist

$$\left[\frac{d}{d\underline{x}}c_1(\underline{x})\right]^T = \begin{bmatrix} 1 & 0 & 0 & 0 \end{bmatrix} \,,$$

$$\left[\frac{d}{d\underline{x}}c_2(\underline{x})\right]^T = \begin{bmatrix} 0 & 1 & 0 & 0 \end{bmatrix} \,,$$

also

$$\underline{D}^* = \begin{bmatrix} 1 & 0 \\ 1 & 0 \end{bmatrix} \quad \text{und damit} \quad \det \underline{D}^* = 0 \,.$$

Somit läßt sich $\underline{D}^*$ nicht invertieren, und folglich kann für das gegebene System keine Entkopplungsregelung entworfen werden.

Lösung von Aufgabe 35

a) Zur Berücksichtigung der Integratordynamik wird die weitere Zustandsvariable x_5 eingeführt:

$$u_1 = x_5 \quad \text{und} \quad \dot{x}_5 = v_1 \,.$$

Wegen $u_2 = v_2$ lauten die Zustandsgleichungen des erweiterten Systems:

$$\dot{x}_1 = x_1^2 + x_5 \,,$$
$$\dot{x}_2 = x_4 + x_5 \,,$$
$$\dot{x}_3 = 8x_3 + x_4 \,,$$
$$\dot{x}_4 = x_2^3 + \sin x_4 + v_2 \,,$$
$$\dot{x}_5 = v_1 \,;$$
$$y_1 = x_1 \,,$$
$$y_2 = x_2 \,.$$

Sie sind also von der Form

$$\underline{\dot{x}} = \underline{a}(\underline{x}) + \underline{B}\underline{v} \,,$$
$$y_1 = c_1(\underline{x}) \,,$$
$$y_2 = c_2(\underline{x})$$

mit

$$\underline{a}(\underline{x}) = \begin{bmatrix} x_1^2 + x_5 \\ x_4 + x_5 \\ 8x_3 + x_4 \\ x_2^3 + \sin x_4 \\ 0 \end{bmatrix} \,, \quad \underline{B} = \begin{bmatrix} 0 & 0 \\ 0 & 0 \\ 0 & 0 \\ 0 & 1 \\ 1 & 0 \end{bmatrix} \,,$$

$$c_1(\underline{x}) = x_1 \,, \quad c_2(\underline{x}) = x_2 \,.$$

b) Gemäß der Vorgehensweise bei der Lösung der Aufgabe 34b werden die zeitlichen Ableitungen der Ausgangsgrößen gebildet:

$$\dot{y}_1 = \dot{x}_1 = x_1^2 + x_5 \,,$$
$$\ddot{y}_1 = (x_1^2 + x_5)^{\cdot} = 2x_1\dot{x}_1 + \dot{x}_5 = 2x_1^3 + 2x_1x_5 + v_1$$

und

$$\dot{y}_2 = \dot{x}_2 = x_4 + x_5 \,,$$
$$\ddot{y}_2 = \dot{x}_4 + \dot{x}_5 = x_2^3 + \sin x_4 + v_2 + v_1 \,.$$

Hieraus lassen sich die Differenzordnungen bezüglich der Ausgangsgrößen direkt ablesen:

$$\delta_1 = 2 \quad \text{und } \delta_2 = 2 \,.$$

Addition von δ_1 und δ_2 ergibt die Differenzordnung δ des erweiterten Systems:

$$\delta = \delta_1 + \delta_2 = 4 \,.$$

c) Gemäß der Vorgehensweise bei der Lösung der Aufgabe 34c wird zunächst die Entkopplungsmatrix $\underline{D}^*$ bestimmt. Ohne Verwendung der Formel (7.48) kann $\underline{D}^*$ direkt aus der Synthesegleichung (7.50) abgelesen werden:

$$\underline{y}^* = \left\{ \begin{array}{l} \ddot{y}_1 = 2x_1^3 + 2x_1x_5 + v_1 \\ \ddot{y}_2 = x_2^3 + \sin x_4 + v_1 + v_2 \end{array} \right\} = \underline{c}^*(\underline{x}) + \underline{D}^*(\underline{x})\underline{v} \,,$$

woraus

$$\underline{D}^*(\underline{x}) = \begin{bmatrix} 1 & 0 \\ 1 & 1 \end{bmatrix} \,, \quad \text{also} \quad \det \underline{D}^*(\underline{x}) = 1$$

folgt.

Da $\det \underline{D}^*(\underline{x}) \neq 0$, ist die Entkopplungsmatrix invertierbar, und folglich kann für das erweiterte System eine Entkopplungsregelung entworfen werden. *Allgemein* ist anzumerken, daß Entkoppelbarkeit durch Hinzufügen dynamischer Glieder zum gegebenen System erreicht werden kann.

Lösung von Aufgabe 36

a) Es handelt sich bei der Synchronmaschine um ein Eingrößensystem. Die Differenzordnung δ ist dabei durch die niedrigste Ableitung der Ausgangsgröße y gegeben, auf welche u direkt einwirkt. Um sie zu finden, kann man sukzessive die Ableitungen von y bilden:

$$\dot{y} = \dot{x}_1 = x_2 \,, \tag{L9}$$

$$\ddot{y} = \dot{x}_2 = B_1 - A_1 x_2 - A_2 x_3 \sin x_1 - \tfrac{1}{2} B_2 \sin 2x_1 \,, \tag{L10}$$

$$\overset{(3)}{y} = -A_1 \dot{x}_2 - A_2 \dot{x}_3 \sin x_1 - A_2 x_3 \cos x_1 \cdot \dot{x}_1 - \tfrac{1}{2} B_2 \cos 2x_1 \cdot 2\dot{x}_1 \,,$$

woraus durch Einsetzen von $\dot{x}_1$ und $\dot{x}_2$ sowie Benutzung der trigonometrischen Beziehung

$$\sin 2x_1 = 2 \sin x_1 \cos x_1$$

folgt:

$$\overset{(3)}{y} = -A_1 B_1 + A_1^2 x_2 + A_2(A_1 + C_1)x_3 \sin x_1 - A_2 x_2 x_3 \cos x_1 +$$
$$\tfrac{1}{2}(A_1 B_2 - A_2 C_2)\sin 2x_1 - B_2 x_2 \cos 2x_1 + (-A_2 \sin x_1)\cdot u \,. \tag{L11}$$

Wie man sieht, ist

$$\delta = 3 \,.$$

b) Durch Vergleich der Ausdrücke (L9), (L10), (L11) mit den allgemeinen Formeln (7.35) sieht man, daß im vorliegenden Fall gilt:

$$Nc(\underline{x}) = x_2 ,$$

$$N^2c(\underline{x}) = B_1 - A_1 x_2 - A_2 x_3 \sin x_1 - \tfrac{1}{2} B_2 \sin 2x_1 ,$$

$$N^3c(\underline{x}) = - A_1 B_1 + A_1^2 x_2 + A_2(A_1 + C_1) x_3 \sin x_1 -$$

$$A_2 x_2 x_3 \cos x_1 + \tfrac{1}{2}(A_1 B_2 - A_2 C_2) \sin 2x_1 -$$

$$B_2 x_2 \cos 2x_1 ,$$

(L12)

$$\left[\frac{d}{d\underline{x}} N^2 c(\underline{x}) \right]^T \underline{b} = - A_2 \sin x_1 . \tag{L13}$$

Nach dem Satz über den Entwurf einer Eingrößenregelung durch Kompensation ist der Entwurf durchführbar, wenn $d^*(\underline{x}) \neq 0$ ist, wobei gemäß (7.69) und (L13) im vorliegenden Fall

$$d^*(\underline{x}) = - A_2 \sin x_1$$

ist. Die Kompensation ist also durchführbar, sofern der Polradwinkel

$$x_1 \neq k\pi , \quad k \text{ beliebig ganz} ,$$

ist.

c) Nach (7.67) ist dann

$$r(\underline{x}) = - \frac{1}{A_2 \sin x_1} \left[N^3 c(\underline{x}) + q_2 N^2 c(\underline{x}) + q_1 Nc(\underline{x}) + q_0 c(\underline{x}) \right] . \tag{L14}$$

Hierin ist $c(\underline{x}) = x_1$, während die Operatorpotenzen durch (L12) gegeben sind. Die konstanten Parameter q_0, q_1, q_2 sind zunächst frei.

Die so entworfene Regelung ist gemäß (7.71) wirkungsäquivalent zu dem linearen, zeitinvarianten Eingrößensystem

$$Y(s) = \frac{q_0}{s^3 + q_2 s^2 + q_1 s + q_0} U(s) .$$

Soll dieses System den dreifachen Pol $\lambda_1 = \lambda_2 = \lambda_3 = -2$ haben, so muß

$$s^3 + q_2 s^2 + q_1 s + q_0 = (s + 2)^3$$

gelten. Durch Koeffizientenvergleich folgt daraus

$$q_2 = 6 , \quad q_1 = 12 , \quad q_0 = 8 .$$

Setzt man diese Werte sowie die Ausdrücke (L12) in die Reglerformel (L14) ein, so erhält man für die nichtlineare Rückführung

$$r(\underline{x}) = (6 - A_1 - C_1)x_3 + \frac{1}{A_2 \sin x_1}\left[(A_1 - 6)B_1 - 8x_1 - \right.$$

$$(6A_1 - A_1^2 - 12)x_2 - \frac{1}{2}(A_1B_2 - A_2C_2 - 6B_2)\sin 2x_1 +$$

$$\left. A_2 x_2 x_3 \cos x_1 + B_2 x_2 \cos 2x_1 \right].$$

d) Für das Vorfilter ergibt sich aus (7.68) und (L13)

$$m(\underline{x}) = -\frac{8}{A_2 \sin x_1}.$$

Verzeichnis von Buchveröffentlichungen zu nichtlinearen Systemen

Allgemeine Lehrbücher über nichtlineare Methoden

Hier werden auch allgemeine regelungstechnische Lehrbücher aufgeführt, sofern sie den nichtlinearen Methoden breiteren Raum gewähren.

[1] Atherton, D.P.: Nonlinear Control Engineering. Van Nostrand, 1975.

[2] Böcker, J., Hartmann, I. und Zwanzig, Ch.: Nichtlineare und adaptive Regelungssysteme. Springer–Verlag, 1986.
Nichtlineare Systeme in Kapitel 1–4.

[3] Csaki, F.: Modern Control Theories - Nonlinear, Optimal and Adaptive Systems. Akademiai Kiado, Budapest, 1972.
Nichtlineare Systeme in Teil 1–5.

[4] Gibson, J.E.: Nonlinear Automatic Control. McGraw–Hill, 1963.

[5] Gille, J.-Ch., Decaulne, P. und Pélegrin, M.: Systèmes asservis non linéaires. Tome 1–3. Dunod–Bordas, 3. Auflage, 1975.

[6] Gille, J.-Ch., Pélegrin, M. und Decaulne, P.: Lehrgang der Regelungstechnik. Band I: Theorie der Regelungen. R. Oldenbourg Verlag, 1964.
Teil III: Theorie der nichtlinearen Regelungen.

[7] Göldner, K. und Kubik, S.: Mathematische Grundlagen der Systemanalyse. Band 3, Nichtlineare Systeme der Regelungstechnik. Harri Deutsch, 1983.

[8] Graham, D. und McRuer, D.: Analysis of Nonlinear Control Systems. Wiley, 1961.

[9] Hormann, K.: Direkte Methoden der Stabilitätsprüfung. Verlag Technik, 1975.

[10] Hsu, J.C. und Meyer, A.U.: Modern Control Principles and Applications. McGraw–Hill, 1968.
Nichtlineare Methoden in Kapitel 4–11.

[11] Leonhard, W.: Einführung in die Regelungstechnik. Friedr. Vieweg und Sohn, 5. Auflage, 1990.
Teil II: Nichtlineare Regelvorgänge.

[12] Mohler, R.R.: Nonlinear Systems I/II. Prentice Hall, 1991.

[13] Naslin, P.: Dynamik linearer und nichtlinearer Systeme. R. Oldenbourg Verlag, 1959.
Nichtlineare Systeme in Kapitel 8 und 9.

[14] Nicolis, G. und Prigogine, I.: Die Erforschung des Komplexen. Piper-Verlag, 1987.
Kein Fachbuch, aber eine fesselnde Übersicht über die Bedeutung der nichtlinearen Dynamik auf den verschiedensten Gebieten.

[15] Popow, E.P.: Dynamik automatischer Regelsysteme. Akademie-Verlag, 1958.
Teil IV: Nichtlineare Regelsysteme.

[16] Slotine, J.-J.E. und Li, Weiping: Applied Nonlinear Control. Prentice Hall, 1991.

[17] Solodownikow, W.W.: Instationäre und nichtlineare Systeme. Verlag Technik, 1974.
Nichtlineare Methoden in Teil II und III.

[18] Unbehauen, Heinz: Regelungstechnik II. Friedr. Vieweg und Sohn, 5. Auflage, 1989.
Kapitel 3 Nichtlineare Regelsysteme.

[19] Weinmann, A.: Regelungen, Analyse und technischer Entwurf. Springer-Verlag, Wien.
Band 2 (1984), Kapitel 13-17, 2. Auflage (1987).
Band 3 (1986), Kapitel "Nichtlineare Regelungen".

Bücher zu bestimmten nichtlinearen Themenkreisen

Direkte Methode und Stabilitätstheorie

Bücher mit * sind als Einführung in den Themenkreis zu empfehlen.

[20] Bhatia, N.P. und Szegö, G.P.: Stability Theory of Dynamical Systems. Springer-Verlag, 1970.

[21] Corduneanu, C.: Integral Equations and Stability of Feedback Systems. Academic Press, 1973.

[22] Hahn, W.: Stability of Motion. Springer-Verlag, 1967.
Standardwerk der Ljapunow-Theorie.

[23] Halanay, A.: Differential Equations (Stability, Oscillations, Time Lags). Academic Press, 1966.

[24] Ioos, G. und Joseph, D.: Elementary Stability and Bifurcation Theory. Springer-Verlag, 1980.

[25] Knobloch, H.W. und Kappel, F.: Gewöhnliche Differentialgleichungen. B.G. Teubner, 1974.

[26]* La Salle, J. und Lefschetz, S.: Die Stabilitätstheorie von Ljapunow. BI-Taschenbuch. Bibliographisches Institut, 1967.

[27] Lefschetz, S.: Stability of Nonlinear Control Systems. Academic Press, 1965.

[28]* Malkin, J.G.: Theorie der Stabilität einer Bewegung. R. Oldenbourg Verlag, 1959.

[29]* Parks, P.C. und Hahn, V.: Stabilitätstheorie. Springer–Verlag, 1981.

[30] Schäfer, W.: Theoretische Grundlagen der Stabilität technischer Systeme, Direkte Methode. Friedr. Vieweg und Sohn, Braunschweig, 1976.
Für den Anwender gedachte Zusammenstellung grundlegender Begriffe und Sätze der Stabilitätstheorie.

[31]* Willems, J.L.: Stabilität dynamischer Systeme. R. Oldenbourg Verlag, 1973.

Strukturvariable Systeme

[32] Emeljanov, S.V.:Automatische Regelsysteme mit veränderlicher Struktur. R. Oldenbourg Verlag, 1969.

[33] Flügge–Lotz, I.: Discontinous and Optimal Control. McGraw–Hill, 1968.

[34] Itkis, U.: Control Systems of Variable Structure. J. Wiley, 1976.

[35] Utkin, V.I.: Sliding Modes in Control Optimization. Springer–Verlag, 1991.

Harmonische Balance

[36] Gelb, A. und Van der Velde, W.E.: Multiple–Input Describing Functions and Nonlinear System Design. McGraw–Hill, 1968.
Standardwerk zur Methode der Harmonischen Balance

[37] Popow, E.P. und Paltow, I.P.: Näherungsmethoden zur Untersuchung nichtlinearer Regelungssysteme. Akademische Verlagsgesellschaft Geest und Portig, Leipzig, 1963.
Umfangreiche Monografie über die Harmonische Balance

[38] Starkermann, R.: Die harmonische Linearisierung I,II. BI–Hochschultaschenbücher. Bibliographisches Institut, 1970.

[39] Teodorescu, D.: Entwurf nichtlinearer Regelsysteme mittels Abtastmatrizen. Dr Alfred Hüthig Verlag, 1973.

[40] Tolle, H.: Mehrgrößen-Regelkreissynthese. R. Oldenbourg Verlag.
Band I: Grundlagen und Frequenzbereichsverfahren (1983).
Erweiterung der Harmonischen Balance auf Mehrgrößensysteme im Abschnitt III.3.

Schwingungen

[41] Andronow, A.A., Witt, A.A. und Chaikin, S.E.: Theorie der Schwingungen
I und II. Akademie-Verlag, 1965 und 1969.
Standardwerk über die Anwendung der Zustandsebene.

[42] Blaquière, A.: Nonlinear System Analysis. Academic Press, 1966.

[43] Hagedorn, P.: Nichtlineare Schwingungen. Akademische Verlagsgesellschaft, Wiesbaden, 1978.

[44] Magnus, K.: Schwingungen, Eine Einführung in die theoretische Behandlung von Schwingungsproblemen. B.G. Teubner, 4. Auflage, 1986.

[45] Philippow, E.: Nichtlineare Elektrotechnik. Akademische Verlagsgesellschaft Geest und Portig, Leipzig, 1963.

[46] Siljak, D.D.: Nonlinear Systems. J. Wiley, 1969.
Bringt auch Regelungstechnik.

[47] Stoker, J.J.: Nonlinear Vibrations in Mechanical and Electrical Systems.
Interscience Publishers, 5. Auflage, 1963.

[48] Zypkin, J.S.: Theorie der Relaissysteme der automatischen Regelung. R.
Oldenbourg Verlag, 1958.
Exakte Bestimmung der periodischen Vorgänge in Relaissystemen.

Absolute Stabilität und Hyperstabilität

[49] Aiserman, M.A. und Gantmacher, F.R.: Die absolute Stabilität von Regelsystemen. R. Oldenbourg Verlag, 1965.
Monografie über das Popow-Kriterium und seinen Zusammenhang mit der Direkten Methode.

[50] Landau, I.D.: Adaptive Control. Marcel Dekker, 1979.
Zusammenstellung von Begriffen und Sätzen der Hyperstabilitätstheorie im Anhang B und C.

[51] Opitz, H.-P.: Entwurf robuster, strukturvariabler Regelungssysteme mit der Hyperstabilitätstheorie. VDI-Verlag, Fortschrittsberichte, 1984.

[52] Popov, V.M.: Hyperstability of Control Systems. Springer-Verlag, 1973.

[53] Unbehauen, Heinz: Regelungstechnik III (Identifiktion, Adaption, Optimierung). Friedrich Vieweg und Sohn, 2. Auflage, 1986.
Zusammenstellung von Begriffen und Sätzen der Hyperstabilitätstheorie in 5.3.2 zwecks späterer Anwendung auf adaptive Regelungen (5.3.4 bis 5.5).

Nichtlineare Systemtheorie

[54] Casti, J.L.: Nonlinear System Theory. Academic Press, 1985.

[55] Isidori, A.: Nonlinear Control Systems, An Introduction. Springer-Verlag, 2. Auflage, 1989.

[56] Schwarz, H.: Nichtlineare Regelungssysteme – Systemtheoretische Grundlagen. R. Oldenbourg-Verlag, 1991.
Darin auch ausführliche Behandlung bilinearer Systeme in Kapitel 3 bis 6.

[57] Tolle, H.: Mehrgrößen-Regelungssynthese. R. Oldenbourg Verlag.
Band II: Entwurf im Zustandsraum (1985). Abschnitt III.5 Nichtlinearer Entwurf.

Chaotisches Verhalten dynamischer Systeme

[58] Becker, K.-H. und Dörfler, M.: Dynamische Systeme und Fraktale. Friedrich Vieweg und Sohn, 2. Auflage, 1988.

[59] Devaney, R.L.: An Introduction to Chaotic Dynamical Systems. The Benjamin/Cummings Publ. Co., 1986.

[60] Jetschke, G.: Mathematik der Selbstorganisation. Friedrich Vieweg und Sohn, 1989.
Einführung und Kapitel 1 – 5. Außerdem in Kapitel 6 Bifurkationstheorie, in Kapitel 7 Katastrophentheorie.

[61] Kreuzer, E.: Numerische Untersuchung nichtlinearer dynamischer Systeme. Springer-Verlag, 1987.

[62] Steeb, W.-H. und Kunick, A.: Chaos in dynamischen Systemen. BI-Wissenschaftsverlag, 2. Auflage, 1989.

Bücher über Grundlagen und Querverbindungen

Mathematische Grundlagen

[63] Bellman, R.: Introduction to Matrix Analysis. McGraw–Hill, 1960.

[64] Bronstein, I.N. und Semendjajew, K.A.: Taschenbuch der Mathematik. Verlag Nauka (Moskau), B.G. Teubner, Harri Deutsch, 25. Auflage, 1991. Ergänzende Kapitel. 6.Auflage, 1991.

[65] Föllinger, O.: Laplace- und Fourier-Transformation. Hüthig–Buch–Verlag, 5. Auflage, 1990.

[66] Graham, H.: Kronecker products and matrix calculus with applications. J. Wiley, 1981.

[67] Heuser, H.: Gewöhnliche Differentialgleichungen. B.G. Teubner, 1989.

[68] Jahnke, F., Emde und Lösch: Tafeln höherer Funktionen. B.G. Teubner, 7. Auflage, 1966.

[69] Magnus, W., Oberhettinger, F. und Soni, R.P.: Formulas and Theorems for the Special Functions of Mathematical Physics. Springer–Verlag, 3. Auflage, 1966.

[70] Müller, P.C.: Stabilität und Matrizen, Matrizenverfahren in der Stabilitätstheorie linearer dynamischer Systeme. Springer–Verlag, 1977.

[71] Sauer, R. und Szabo, I.: Mathematische Hilfsmittel des Ingenieurs. Teil I – IV. Springer–Verlag, 1967–70.

[72] Zurmühl, R. und Falk, S.: Matrizen und ihre Anwendungen. Springer–Verlag, 5. Auflage.
Teil 1: Grundlagen, 1984.
Teil 2: Numerische Methoden, 1986.

Regelungstechnische Grundlagen

[73] Föllinger, O., unter Mitwirkung von Dörrscheidt, F. und Klittich, M.: Regelungstechnik, Einführung in die Methoden und ihre Anwendung. Hüthig-Buch–Verlag, 7. Auflage, 1992.

Optimierung

[74] Föllinger, O., unter Mitwirkung von Roppenecker, G.: Optimierung dynamischer Systeme, Eine Einführung für Ingenieure. R. Oldenbourg Verlag, 2. Auflage, 1988.

Nachrichtentechnik

[75] Rupprecht, W.: Netzwerksynthese. Springer – Verlag, 1972.

[76] Schüßler, H.W.: Netzwerke, Signale und Systeme 1 und 2. Springer – Verlag, 2. Auflage, 1990.

[77] Unbehauen, Rolf: Synthese elektrischer Netzwerke und Filter. R. Oldenbourg Verlag, 4. Auflage, 1992.

[78] Unbehauen, Rolf: Systemtheorie, Grundlagen für Ingenieure. R. Oldenbourg Verlag, 5. Auflage, 1990.

[79] Wolf, H.: Lineare Systeme und Netzwerke. Springer – Verlag, 2. Auflage, 1985.

[80] Wunsch, G.: Theorie und Anwendung elektrischer Netzwerke, Teil I. Akademische Verlagsgesellschaft Geest und Portig, Leipzig, 1961.

Sachwortverzeichnis

Weitere Fachbücher
von Otto Föllinger

Nichtlineare Regelungen
Band I: Grundbegriffe, Anwendungen der Zustandsebene,
Direkte Methode
7., überarbeitete und erweiterte Auflage 1993.
190 Abbildungen, 18 Übungsaufgaben mit Lösungen
ISBN 3-486-22497-2
Reihe: Methoden der Regelungs- und
Automatisierungstechnik

Lineare Abtastsysteme
4. Auflage 1990. 413 Seiten, 113 Abbildungen, 2 Tabellen,
ISBN 3-486-21580-9
Reihe: Methoden der Regelungs- und
Automatisierungstechnik

Optimierung dynamischer Systeme
Eine Einführung für Ingenieure
2., verbesserte Auflage 1988. 392 Seiten, 96 Abbildungen,
7 Tabellen, 16 Übungsaufgaben mit Darstellungen des
Lösungsweges
ISBN 3-486-20703-2
Reihe: Methoden der Regelungs- und
Automatisierungstechnik

Otto Föllinger/Dieter Franke
Einführung in die Zustandsbeschreibung
dynamischer Systeme
mit einer Anleitung zur Matrizenrechnung
1982. 224 Seiten, 30 Abbildungen
ISBN 3-486-26551-2

Oldenbourg

Lexika/Wörterbücher

Paul Profos/Heinz Domeisen
Lexikon und Wörterbuch der industriellen Meßtechnik
3., völlig überarbeitete und stark erweiterte Auflage 1993.
251 Seiten, 2000 Begriffe, 97 Abbildungen, 5 Tabellen,
Wörterbuchteil Englisch-Deutsch
ISBN 3-486-22136-1

Die Meßtechnik zählt heute zu den technischen Fachgebieten,
die ein Höchstmaß an Innovation und Wachstum aufweisen.
Ihre schnelle Ausbreitung und ihr Eindringen in die verschiedensten Anwendungsbereiche bringen es mit sich, daß nicht
nur Techniker aller Sparten, sondern auch Laien als Benutzer
technischer Einrichtungen zunehmend mit meßtechnischen
Fachausdrücken konfrontiert werden. Dem dadurch beding-
ten Informationsbedürfnis entspricht dieses Lexikon. Die dritte
Auflage ist eingehend überarbeitet und stark erweitert.

Hans Jürgen Charwat
Lexikon der Mensch-Maschine-Kommunikation
1992. 516 Seiten reichhaltig bebildert
ISBN 3-486-20904-3

Unsere hohe Arbeitsproduktivität verdanken wir dem breiten
Einsatz von Technik. Sie zu verstehen, zu planen, sachgerecht
zu benutzen, zu beschreiben sowie benutzerfreundlich zu ge-
stalten und zu realisieren bildet die Voraussetzung für ihre
Effizienz. Dazu trägt dieses Lexikon bei, indem es mehr als
1800 Begriffe aus 30 Sachgebieten erläutert, sie durch über 650
Bilder veranschaulicht sowie Fakten und Daten in zahlreichen
Tabellen übersichtlich bereithält.

Oldenbourg

www.ingramcontent.com/pod-product-compliance
Lightning Source LLC
Chambersburg PA
CBHW061232220326
41599CB00028B/5403